环境风险评价方法与实践

李金惠　谭全银　编著

中国环境出版集团·北京

图书在版编目（CIP）数据

环境风险评价方法与实践/李金惠，谭全银编著. —北京：中国环境出版集团，2018.6（2024.7 重印）

ISBN 978-7-5111-3627-5

Ⅰ. ①环… Ⅱ. ①李…②谭… Ⅲ. ①环境质量评价—风险评价 Ⅳ. ①X820.4

中国版本图书馆 CIP 数据核字（2018）第 085828 号

责任编辑 侯华华
封面设计 宋 瑞

出版发行 中国环境出版集团
（100062 北京市东城区广渠门内大街 16 号）
网 址：http：//www.cesp.com.cn
电子邮箱：bjgl@cesp.com.cn
联系电话：010-67112765（编辑管理部）
发行热线：010-67125803，010-67113405（传真）

印 刷 北京中科印刷有限公司
经 销 各地新华书店
版 次 2018 年 6 月第 1 版
印 次 2024 年 7 月第 3 次印刷
开 本 787×1092 1/16
印 张 25.75
字 数 453 千字
定 价 78.00 元

前　言

现代社会的高速工业化进程在推动社会不断进步的同时，也导致了各种环境污染事故增多，给人类生存环境带来了严峻的挑战。《“十三五”生态环境保护规划》将“实行全程管控，有效防范和降低环境风险”为核心理念的环境风险管理作为生态环境保护的一项重要内容明确提出。环境风险评价是环境风险源头防控措施的基础，也是环境风险管理决策的重要依据。

1999 年春季，清华大学环境科学与工程系（现环境学院）率先在国内开设了“环境风险评价”课程。在多年的教学实践中，不断充实和完善了该课程教学大纲及教学内容，逐步形成了特有的教学体系。

本书以作者十余年来讲授环境风险评价课程中积累的资料和承担环境风险评价相关研究项目的成果为基础整理而成。阐述了环境风险评价中危险源风险评价、健康风险评价和生态风险评价的理论方法基础，并结合案例介绍了环境风险评价在实际中的应用。

本书的出版将为学生在环境风险评价理论知识和方法等方面的学习，以及对环境风险评价案例的了解提供便利。本书可以作为我国高等院校环境类专业本科生和研究生环境风险评价课程教材，或非环境专业学生选修教材，同时对环境保护部门和企事业单位中环境风险管理相关从业人员等也具有参考价值。

由于编者时间有限，水平和经验不足，加之本书内容涉及的专业领域广泛，书中难免存在疏漏或不足之处，请读者不吝赐教（作者邮箱：jinhui@tsinghua.edu.cn），以便再版时更正。

李金惠于北京清华园

2018 年 1 月

目　录

第一篇　环境风险评价的内涵与外延

第二篇　危险源风险评价

第三篇　健康风险评价

第四篇　生态风险评价

附 录

第一篇

环境风险评价的内涵与外延

第1章 概 述

1.1 引言

从风险评价发展历史来看，用概率这一思路来分析人类的社会活动可行性和利弊得失可以追溯至远古。随着概率论的出现以及社会的不断发展，生产力和科学技术高度发达，风险评价在不断探索、研究和改进中逐步得到发展，至今得以广泛应用。

在人类社会早期（公元前3200—公元500年），人们对生产和生活等活动中的重要问题，如狩猎、婚姻、盖房、外出等做出抉择时，经常咨询巫师、教士等并听取他们的意见。实际上这是最原始的、朴素的概率思想，甚至流传至今。

人类很早就认识到环境的危险性（公元500—1300年），如空气、土地与水受到污染后可能影响健康。例如，在5世纪已发现疟疾与沼泽地有关；4—5世纪被称为“医学之父”的古希腊人希波格拉底（Hippocrate）试图建立疾病与环境相关联的学说。

“风险”的概念最早于19世纪末的经济学领域当中被提出，其后风险评价逐渐发展成为经济学中一类决策技术，当前已被广泛应用于保险、金融和投资等领域[1]。随着评价技术的发展和应用范围的拓展，风险评价与人体健康、生态环境和工程建设项目管理等学科相结合，发展出了多种风险评价类型和评价方法[2]。风险评价的演变过程如图1-1-1所示。一般而言，风险评价是针对人类各种社会活动可能引发或面临的危害（包括自然灾害），评估相应危害可能给社会经济、人体健康和生态系统等造成的损失，并根据评估结果进行决策的过程[3]。

环境风险评价是风险评价的一种，相应的学科形成于近半个世纪。在1970年第一个世界地球日，美国政府设立了环境保护局（United States Environmental Protection Agency，U. S. EPA），并将关注环境（水、土地、空气和其他自然资源）质量提上议事日程。自然灾害、食品安全、化学品和工业生产事故等是公众主要关注的问题。其后，被动吸烟、滥用激素、全球气候变化以及移动电话对人体健康的影响等问题也被列入关注的范围。在政府无力控制某些交叉环境灾害以及公众对灾害体验能力提高的情况下，"我们有权知道事实真相""我们要求知道更多的真相"在公众中迅速扩散。然而，对于相同的数据信息，不同的专家往往有不同的解释和认知，因而公众在面对大量的信息时往往更加不知所措。

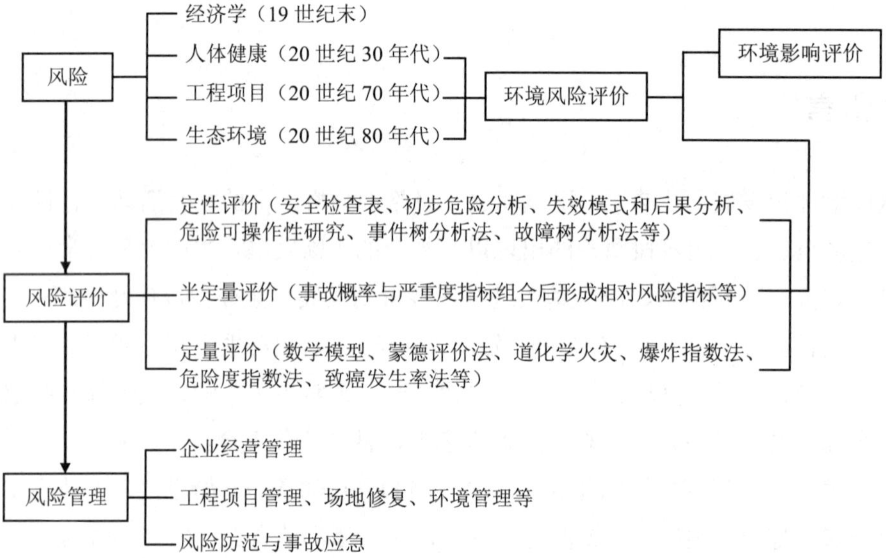

图 1-1-1 风险评价发展历程示意图

20 世纪 80 年代初，美国政府开始注重在环境治理方面投入的产出效益问题，显著增加了在不确定性的条件下进行科学决策的相关研究。基于此背景，风险评价作为一种基于科学原理的系统框架被提出来，用于帮助管理者和公众理解并管理各种各样的风险[4]。美国风险分析学会（Society for Risk Analysis）迅速成长为一个国际性学术性组织，并相继在日本和欧洲建立了分会。美国国家科学院（National Academy of Sciences，NAS）提出环境风险评价分四个步骤进行，即危害鉴别（或危害识别）、剂量-反应评价、暴露评估和风险表征，也称为"四步法"，并对各步骤都做了明确的定义。在此基础上，美国 EPA 陆续制定并颁布了有关风险评价的一系列技术性文件、准则和指南，风险评价的科学体系也于 1989 年基本形成并不断发展和完善[5]。

环境风险评价发展的初期阶段，评价主要限于健康风险方面（也称人体健康风险评价）。自 20 世纪 90 年代之后，人们逐渐开始重视对生态风险的评价。相对而言，健康风险评价方法已经基本定型，同时期生态风险评价仍处于发展和完善的初期阶段，许多技术和问题需通过进一步研究解决。

近年来，人们逐渐意识到，环境问题也应从风险的角度来加以考虑，安全学应归入风险学科。现在，风险评价作为一项新兴的技术，越来越被广泛地应用于各个领域、行业以及科学理论研究中。工程师对桥梁进行风险评价是为了判定部件损坏的可能性和影响，而社会安全工作者对他们的客户进行风险评价则是为了判定反常社会行为重复发生的可能性。在环境领域，环境风险评价已经成为判定和评估环境问题的通用方法，例如，被用于评估转基因产品、化学药品、新化学物质、核辐射和特种化工厂等造成的环境风险。

人类在日常生活和生产中从事的任何活动都存在风险，不同风险类型对应有不同的风险评价方法和评价内容。例如，金融投资类风险评价，城市再生水健康风险评价，持久性有机污染物（POPs）、危险废物或其他有毒有害化学物质的生态风险评价，核电站、大坝、油库、化工厂等建设项目和设施的综合风险评价，气象、地质等自然灾害造成农业减产等风险评价，信息安全性评价，转基因食品安全性评价等。

风险评价作为一种分析、预测和评价过程，具有一套适用范围较为广泛的定性、半定量和定量的评价技术方法。随着风险评价应用领域和范围的逐渐扩展和完善，评价方法也随之发展并形成了针对不同风险类型的评价体系和适用技术，提高了风险事故预测和后果评价的准确性[1]。

将风险评价应用于环境污染防治领域，并建立适用于预测和评估危险源或环境污染后果而形成的环境风险评价，与工程项目和设施的事故风险评价、传统的健康风险评价相比较，在时间、方法和内容等方面均存在着一定程度的交叉、重叠或涵盖的关系。

2005 年 11 月 13 日，中国石油吉林石化公司双苯厂因处理一堵塞苯胺装置不当，引发了连续爆炸事故，并向环境中释放多种危险物质[6]。我国环境保护相关部门自此开始关注工业设施安全性，开展了石油化工等行业的危险源识别和监测工作。针对建设项目环境风险评价，我国制定并发布了专门的技术导则，其中涵盖了风险识别、最大可信事故的发生概率、有毒有害物质的扩散、风险计算和评价等方面的内容。本书以从事环境领域工作所需的风险评价方法和技能为出发点，设计环境风险评价课程的教学内容，将危险源风险评价、健康风险评价和生态风险评价作为环境风险评价的内容。

1.2 环境风险评价

1.2.1 发展历程

在环境风险评价的发展历程中，人们普遍认为环境风险评价是风险评价和环境影响评价交叉发展的结果。一方面，由于化学品的种类、产量和应用比例的日益增长，以及化工生产设备、核设施等工程项目的建设和投产运营，导致了大量可能造成环境污染和生态破坏的潜在风险。因此，开展环境风险事故预测分析，并提出针对事故后果和相应危害程度的科学合理的规避对策和防治措施，是促成环境风险评价和相应研究的客观条件。另一方面，系统安全分析学科和风险评价技术相关研究成果也为环境风险评价的发展提供了理论和技术支持。为了更全面地了解环境风险评价发展历程，本节对美国、联合国环境规划署、欧盟和日本在环境风险评价方面开展的工作进行了简单回顾。

1.2.1.1 美国

美国是在环境风险评价方面方法学研究成果和实践经验最为丰富的国家，在系统安全性评价、人体健康与生态风险评价方面均建立了系统完整的评价方法和程序体系。

1964 年，美国道化学公司（DOW Chemical Company，DOW）根据化工类行业生产工艺流程和设施特点，开发了道化学火灾爆炸危险指数法（Dow Fire and Explosion Index，Dow F&EI），为事故安全性评价奠定了方法论基础[7]。1975 年，美国核管理委员会（Nuclear Regulatory Commission，NRC）基于概率风险评价方法编制了著名的 WASH-1400 报告——《反应堆安全研究》[8]，被国内外学者誉为环境风险评价发展的里程碑。1983 年和 1984 年，美国国家科学院相继发布了《联邦政府的风险评估：过程管理》[9]（通常称为“红皮书”）和《风险评价和管理：决策框架》[10]，确认了风险评估的方法，强调了风险评估过程透明化，并且对评价过程的优缺点进行了全面分析。1987—1990 年，NRC 分三卷陆续发表了《严重事故风险：五座美国核电厂的评价》[11]报告，即 NUREG-1150，该报告在总结概率风险评价方法研究成果的基础上，促进了 NRC 对安全监管体系的完善。

1975 年 12 月，美国 EPA 发布了第一份关于风险评价的文件——《暴露于氯乙烯下人群的定量风险评估》，接着发布了《可疑致癌物健康风险和经济影响评估暂行办法与导则》。文件体现了将健康风险评价和经济影响评估作为严格监管程序的一部分是美国EPA开展风险评价的目的。20世纪80年代，美国EPA公布了关于64种污染物的水质标准，这是对致癌物风险定量评价方法的首次应用。同时期，美国EPA在风险评价工作方面的关注焦点也多与人体健康相关，并于1986年发布了《化学混合物健康风险评价导则》[12]《致癌物风险评价导则》[13]《诱变风险评价导则》[14]《发育毒性风险评价导则》[15]。此外，美国EPA还建立了综合风险信息系统（Integrated Risk Information System，IRIS）[16]，为风险评价工作的开展提供基础参数。1992年，美国EPA发布了《暴露评价导则》[17]，同时开始将生态风险评价的基本模型用于动物、植物及整个生态系统的风险评价当中。为使风险评价过程更加清晰透明，增强评价结果的合理性和一致性，1995年，美国EPA更新并发布了当时通用的风险表征政策，并编制且于2000年发布了《风险表征手册》（Risk Characterization Handbook）以更好地实施该政策[18]。1993—2009年，美国EPA和国家环境评价中心（National Center for Environmental Assessment，NCEA）先后发布了《野生动物暴露因子手册》（1993年）、《致癌物风险评价提议导则》（1996年）[19]、《生殖毒性风险评估导则》（1996年）[20]、《暴露因子手册》（1997年）[21]、《神经毒性风险评价导则》（1998年）[22]、《生态风险评价导则》（1998年）[23]、《致癌物风险评价外部审阅草案导则》（1999年）[24]、《压力源识别指导文件》（2000年）[25]、《发育毒性风险评价导则》（2000年）、《致癌物生命初期暴露敏感性评价补充导则》（2005年）和《微生物风险评价导则》（2009）等一系列导则文件，并持续对已经发布的导则进行修订和补充[26]。美国EPA于2000年发布了《化学混合物健康风险评价的补充实施导则》，对1986年所发布的导则进行了补充和修订；2005年，正式发布了《致癌物风险评价导则》。总而言之，美国EPA针对环境风险评价和管理工作，开发了用于风险评价的数据库和模型，制定了一系列较为完善的导则文件和工具[27]。

美国的环境风险评价工作除关注于评价工作自身外，也十分注重评价的一致性和对于评价结果的应用。1994年，美国成立了总统/国会风险评价与风险管理委员会（Presidential/Congressional Commission on Risk Assessment and Risk Management，CRARM），主要对风险评价程序和评价结果在管理中的应用进行监管，以及对风险评价政策内涵提供建议。

1.2.1.2 联合国环境规划署

联合国环境规划署（United Nations Environment Programme，UNEP）是联合国系统中制定全球环境保护议程的权威机构，致力于解决区域性和全球性环境问题，如全球气候变化和自然灾害等。1987 年，UNEP、国际原子能机构（International Atomic Energy Agency，IAEA）、世界卫生组织（World Health Organization，WHO）和联合国工业发展组织（United Nations Industrial Development Organization，UNIDO）开展了合作研究计划——“能源和其他复杂工业体系所引起的健康与环境风险的评价与管理”（1987—1994 年）；1988 年，UNEP 与各国政府以及工业界联合制定了“地区性紧急事故的意识和防备”（Awareness and Preparedness for Emergencies at Local Level，APELL）计划[28]。相关计划在明确风险意识的基础上，运用计划当中开发的一整套方法和工具，确定事故的预防措施，并组织当地政府、相关行业以及普通民众间的协调和准备工作，以最小化突发环境事件和技术事故所造成的负面影响。APELL 计划最初以固定的设备和装置引发的风险作为控制对象，随着环境风险种类日益多样化，以及评价技术研究的显著进展，该计划的应用范围逐渐扩展至运输业和矿业风险以及自然灾害的评价当中。其中，针对港口地区、危险货物运输业和采矿业的 APELL 计划分别于 1996 年、2000 年和 2001 年先后启动。UNEP 于 1996 年出版了《国际环境技术中心技术出版物系列之三——可持续城市的环境风险评价》，概述了环境风险评价在可持续城市计划战略规划过程中的应用和优势[29]。此外，UNEP 针对含铅、镉、汞等有毒有害物质的化学品和危险废物制定了一系列全过程管理的技术导则，其中，以环境风险评价为主要内容的导则主要包括《汞暴露引发的人体风险识别导则》（2008 年 6 月）[30]和《现有风险管理措施清单汇编——铅和镉》（2008 年 11 月）[31]。

2016 年 5 月，第二届联合国环境大会召开，会议聚焦于联合国《2030 年可持续发展议程》中环境与健康的关系，并发布了题为《健康环境　健康人类》的报告。

1.2.1.3 欧盟

欧盟（European Union，EU）在第五框架计划（1998—2002 年）中首次提出“环境与健康”行动。欧洲环境署（European Environment Agency，EEA）于 1998 年出版了《环境风险评价：方法、经验与信息来源》（*Environmental Risk Assessment: Approaches, Experiences and Information Sources*）一书，详尽介绍了环境风险评价的概念、发展，以及该方法在环境管理中的应用[32]。该书归纳总结了环境风险评价方法，深入分析了健康风险评价和生态风险评价的内容，并探讨了在工业实例中的应用。此外，该书还从软件模型、组织机构、数据库、刊物书籍和网络等方面，罗列了环境风险评价所需信息的来源、获取渠道和方式。2002—2006 年，随着在环境与健康工程领域资金投入力度加大，纳米微粒和水环境污染引发的人体健康风险、综合风险评价和健康影响评价方法以及化学物质活体实验等逐渐成为欧盟的关注焦点[33]。政策法令方面，欧盟颁布的水框架指令（EU Water Framework Directive）[34]，关于化学品注册、评估、授权和限制指令（Regulation Concerning the Registration，Evaluation，Authorisation and Restriction of Chemicals，REACH）[35]，环境空气质量和清洁空气指令及农药框架指令等逐渐成为环境与健康领域研究的重要基础。水框架指令中明确指出，应当以科学的风险评价为依据确定优先控制危险化学物质，同时风险评价过程需要按照针对植物保护产品（91/414/EEC）、现有物质（793/93/EEC）、新通报物质（93/67/EEC）和生物农药产品（98/8/EC）等指令中的相关规定执行；利用现有环境监测数据和收集到的相关信息进行水体环境质量评价，判定水体不能达到环境质量标准要求的可能性和相应的潜在风险。REACH 法规要求化学物质制造商和进口商要获取并提供所制造或进口化学物质的相关信息，并利用所得信息评价物质使用过程中可能引发的风险，以确保上述化学物质及其相关风险可得到恰当管理。REACH 指令的核心目的在于保护人体健康和自然环境免受化学品所引起的风险的危害。指令还要求生产量或进口量达到 10 t 及以上的化学物质在注册时需递交化学品安全性报告，其中需对物质的危害性进行评价和分类。2004 年，欧盟还通过了《欧洲环境与健康行动计划（2004—2010 年）》[36]。该项计划明确指出要确保对潜在的环境和健康风险采取积极的识别和应对措施，加强关于风险的技术交流，调整减小风险的相关政策。此外，欧盟第七框架计划（2007—2013 年）还将环境健康风险评价方法和决策支持工具的研究以及相关政策的制定列为优先解决事项[37]。

1.2.1.4 日本

20 世纪初期，日本由于工厂职工频繁出现健康隐患，因而出台了一系列关于改善工作环境、维护工人健康状况的工厂法律法规以及有毒有害物质的生产禁令，标志着日本国内风险评价和风险管理工作的开始[38]。水俣病、痛痛病和四日市哮喘病等震惊世界的环境公害事件爆发后，日本在环境健康评价和管理方面开展了大量工作。1973 年，日本颁布了《有关公害健康危害补偿等的法律》（以下简称《公健法》），规定造成污染的企业要对受害人进行补偿[39]。日本的环境风险评价工作主要针对化学物质展开。目前，日本环境省（Ministry of Environment，MOE）的环境健康部门下设有环境风险评价办公室，专门开展针对化学物质的环境风险评价工作，从而为 MOE 制定风险减小对策提供科学依据[40]。同时，在日本《土壤污染对策法》[41]中明确规定，当土壤受污染程度超出标准值时，需要开展风险评价，并依据评价结果科学地采取合理的风险管理措施并进行污染治理。在日本最新制定的基本环境计划中，还将减少化学物质引发的环境风险作为优先的政策规划[42]。

1.2.2 环境风险评价的定义

环境风险评价虽然已历经 40 余年的发展，但是截至目前，国内外对环境风险评价的定义仍未达成一致，表 1-1-1 为部分国家和地区政府现阶段采用的环境风险评价定义。

表 1-1-1 环境风险评价的定义

定义来源	定义
美国 EPA[43]	使用风险评价来表征环境中化学污染物和其他压力作用下导致的人体（如居民、职工、游客）健康风险和生态受体（如鸟类、鱼类、野生动物）风险的性质和大小。风险管理者可以利用这些信息来帮助他们决定如何使人体健康和生态环境免于这些压力和污染物质的影响。这里的压力是指任何能够诱发不良效应的物理、化学或生物实体，例如，化学品、土地变化、疾病、物种入侵和气候变化等。这些压力可能会对特定自然资源、整个生态系统，及其与之相互作用的环境产生不利影响。美国 EPA 环境风险评价主要是指健康风险评价和生态风险评价两个方面
欧盟 EEA[44]	环境风险评价是对威胁到生态系统、动物和人类的技术造成的风险进行考察，包括健康风险评价、生态或生态毒理学风险评价，以及以人类、生物种群或生态环境为研究终点的风险评价的具体工业应用
中国①[45]	环境风险是指突发性事故对环境（或健康）的危害程度，用风险值 R 表征，其定义为事故发生概率 P 与事故造成的环境（或健康）后果 C 的乘积，用 R 表示，即 R[危害/单位时间]=P[事故/单位时间]×C[危害/事故]

①国家环境保护总局，建设项目环境风险评价技术导则，2004 年 12 月 11 日发布。

部分学者通过学术论文和专著发表了他们对环境风险评价概念的看法。Critto Andrea 认为环境风险评价是指由于暴露于一种或多种介质中而导致对人体健康和生态环境产生或正在发生不良效应的可能性的评估过程[46]。胡二邦在专著中关于环境风险的定义则深刻影响了我国有关建设项目环境风险评价指导性文件的制定[47]。白志鹏从广义和狭义两个层次分别对环境风险评价进行了定义[48]。广义层次，环境风险评价是指对人类所面临的危害（包括自然危害）和人类的社会经济活动所引发的对人体健康、社会经济、生态系统等可能造成的损失开展评价，并依据评价结果进行管理和决策的过程；狭义层次则是指对有毒有害物质（包括环境化学物质、放射性物质等）危害人体健康和生态系统的影响程度进行概率估计，并提出减小相应风险的方案和对策的过程。

无论基于何种立场或出发点定义环境风险评价，所体现的本质内涵均基本相同，反映了如下 3 个方面的内容：①风险，即人类活动或自然灾害引起的对于人体健康或生态环境的不利影响；②评价事故发生的可能性，以及人体健康或生态环境可能遭受的危害程度；③环境风险评价结果为科学合理的环境风险防范决策和风险管理措施提供依据。

从理论上讲，凡是可能触发环境污染事故的风险都应纳入环境风险评价的范畴，但涉及范围过大且复杂。目前，国内外学者和相关研究开展的环境风险评价内容的重点主要包括灾害风险评价、污染物的健康和生态风险评价、危险源的环境风险评价、建设项目风险评价、突发事故风险评价和污染场地环境风险评价等[49,50]。随着环境风险评价方法和技术日趋完善，评价的范围也不断扩大，这也导致了环境风险评价的定义和评价内容存在差异性和复杂性，从而造成了环境风险评价在内涵和外延上的差异。本书采用的环境风险评价的定义是利用系统安全性评价和生态毒理学方法，对人类各种活动所引发的环境事故发生的可能性及相应危害进行评价，对有毒有害物质通过环境介质或者对其他环境压力造成的对人体健康和生态系统的负面影响程度进行评价的过程。

1.2.3 环境风险评价的内涵

环境风险事故的发生是必然的，但是在何时、何地、何种情况下发生却是多种因素相互作用的偶然结果。科学预测环境事故发生的概率，从而对大概率事故积极采取防范措施，对小概率事故实施最不利条件下的应急准备，是环境风险评价的主要作用。

目前，国内外环境风险评价的类型往往因评价对象和范围的不同而存在较大差异。

但无论开展何种类型的环境风险评价，在评价内容和程序上均会有一定的相似或重叠，即围绕人体健康、生态环境和事故概率三个方面，采用相应评价方法开展环境风险评价，差异之处只在于评价目标的侧重点不同，对环境风险的解释也由此而不同。这种普遍性和共性即为环境风险评价的内涵，可以将环境风险评价内容概括为危险源风险评价、健康风险评价、生态风险评价，见表 1-1-2。

表 1-1-2 环境风险评价的内涵

环境风险评价类型	内涵	评价客体与评价终点	评价程序与评价方法	风险表征	典型应用
危险源风险评价[51]	基于事故场景的方法分析研究实际系统，描述系统的危险状态及潜在事故可能的发生和发展过程，鉴别出其可能后果，并计算出各种危险因素导致事故的发生概率	对工艺过程和生产装置危险度的定量评价；对系统的安全性和可靠性进行分析	系统安全性分析	事件发生概率与事故后果的综合结果	判断工程、系统发生环境风险的可能性及其危害程度，以制定预防措施和管理决策
健康风险评价[52,53]	描述人类暴露于环境危害因素之后，出现不良健康效应的特征	某化学物质在各种暴露条件下对暴露人群产生的不利影响的程度	四步法	暴露评价和毒性评价的综合结果	废物处理处置方案选择、污染场地补救治理方案的选择、优先控制项目的确定、废物减量化方案选择、选择新场（厂）址、环境标准的制定等
生态风险评价[5]	指受一个或多个胁迫因素影响后，对不利的生态后果出现的可能性进行的评估（U.S. EPA，1992a）	某化学物质或某种栖息地变化对生态系统或其中某些部分在结构和功能上产生的有害影响	三步法	定性分级或以暴露和效应为基础的定量估计	对水利、矿业、农牧业、化工业等行业项目建设，以及自然资源开发等活动对地区生态系统的影响进行评价，为区域生态系统维护和流域管理等重大环境决策提供依据和指导

1.2.3.1　危险源风险评价

危险源风险评价的最主要方法是概率风险评价，主要包括以下几个步骤：系统分析与风险识别、事故概率计算、事故后果计算、风险值计算。首先，收集系统相关信息，全面分析待评价系统，在充分了解系统组成结构和系统与外界环境的相互关系基础上，辨识危险源，确定危险因素和风险类型；其次，分析引发风险事故的初始事件、事件链、中间事件，并计算事故发生概率和事故后果；最后，利用概率和危害程度计算风险值。

系统安全性评价是基于系统学发展而成的评价理论，也是较易与概率风险评价相混淆的概念。系统安全性评价通常以化工企业、建设项目、大型构筑物等作为评价对象，主要对所存在的故障隐患开展安全性评估。由于评价对象存在相似性，且两种评价体系均是基于安全系统工程理论，所使用的方法基本相同，因此在实际操作过程中，概率风险评价常与系统安全性评价联系在一起。但在实际应用中，概率风险评价和系统安全性评价仍各有侧重，前者重视事故产生的对人体健康的危害和对环境的影响，而后者在于保障系统和工程的安全运行。

危险源风险评价可使用美国道化学公司化工装置评价法，事件树分析，故障树分析，因果分析，危险分析，预先危险性分析，安全检查表，作业危害分析，危险和可操作性研究，故障形式、影响及严重度分析，日本六阶段评价法，英国帝国化学工业有限公司蒙德火灾、爆炸、毒性指数评价法（Mond Fire，Explosion and Toxicity Index，Mond FFE&T Index）等方法。上述方法既适用于定性分析，又适用于定量分析，实际应用中往往需要多种方法综合使用，使评价过程具有应用范围广的特点，并体现了以系统工程方法研究环境风险问题的系统性、预测性和准确性。

1.2.3.2　健康风险评价

健康风险评价的对象主要为有毒有害污染物质，针对不同类别污染物设计了不同的评价模式和预测模型，以暴露于污染物的人体的健康为评价终点。美国国家科学院定义的公众健康风险评价为：人类暴露于环境危害因素之后，出现不良健康效应的特征[52,53]。

目前，健康风险评价多采用美国国家科学院于 1983 年提出的“四步法”作为评价程序，即危害鉴别、剂量-反应评估、暴露评估、风险表征[9]。危害鉴别是指通过分析物质的分子结构、体外生物学实验、动物实验和人群流行病学调查等资料，鉴别出具有危害特性的物质。剂量-反应评估即通过动物实验或流行病学调查，研究机体对物质毒性的反应和暴露剂量间的定量关系。暴露评估是指通过直接监测或根据排放量、污染物迁移转化规律等方面的参数进行估算，确定人群对物质的暴露水平。风险表征是指利用前述三个阶段提供的数据估算不同暴露条件下某种健康疾病的发生率，对有害因子的健康风险大小作出判断及描述，同时对评价中的不确定性作出评估。为能够准确描述和反映物质的暴露途径和剂量-反应关系，国内外学者基于大量毒理学实验建设了化学物质毒性数据库，开发了一系列预测模型和仿真软件用于模拟污染物在环境介质中的迁移转化规律和可能的暴露途径[54]。这些数据库和预测模型是健康风险评价方法的有机组成部分。

1.2.3.3 生态风险评价

随着社会的不断发展，人类活动对环境的影响不断加剧，环境恶化现象日益严重，并由此引起了生态系统的结构紊乱和功能衰减，因此生态风险评价日益受到人们的重视。美国 EPA 自 1989 年起开始了生态风险评价导则的制定工作，并分别于 1992 年和 1996 年确定了导则制定的工作大纲和公布了指南草案。在之后的数年中，美国 EPA 陆续公布了针对不同生态系统的生态风险评价实例和相关技术规范，最终于 1998 年正式颁布了《生态风险评价导则》。美国 EPA 利用模型评价了农药给野生动物带来的生态风险危害。Hall 等通过对比分析环境中暴露的铜、镉金属浓度分布概率和实验室研究得到的物种分布概率，实现了对美国切萨皮克湾流域铜、镉金属生态风险的表征[55]。欧盟在新化学品风险评价的基础上，明确了针对工业活动生态风险评价的一系列基础数据提交要求[56]。我国也有不少关于生态风险评价的研究，如 Xuegong Xu 等以黄河三角洲的湿地为案例，从风险受体、风险源、风险暴露、不确定性和空间异质性等多方面，开展区域生态风险评价理论和方法的研究[57]。

我国生态风险评价理论和方法研究起步较晚，主要使用美国 EPA 于《生态风险评价导则》中制定的方法，即“三步法”[56-58]：①问题阐述，主要包括选择评价终点和提出评价中的有关假设，从而确定评价范围，制订评价计划；②分析阶段，主要包括分析暴露表征和生态效应表征两个方面；③风险表征，即风险识别和风险解释。从评价内容来看，生态风险评价由四个部分构成：受体评价、危害评价、暴露评价和风险表征，与健康风险评价有类似之处，但是由于生态风险评价的对象不限于一种，复杂程度要高得多。受体评价主要提供关于可能受危害的生物个体、种群、群落或生态系统的信息，包括进行评价时遭受危害的指标的选择、受危害的对象、受体特征、生物或生态系统中受体的生命过程或运动过程等。危害评价主要提供不同有毒有害物质或环境压力因子对不同生态受体的毒理效应方面的信息。暴露评价主要提供有毒有害物质或环境压力因子在环境中的时空分布规律，如环境中有毒有害物质的形态、浓度分布及变化过程、危害受体与有毒有害物质的接触方式和进入受体的途径、受体接触有毒有害物质的暴露量以及有毒有害物质对受体的作用方式等信息。风险表征则基于以上三部分所提供的信息开展综合分析，采用适宜的数学方法表征风险的有无和大小。受体评价、危害评价和暴露评价三者之间相对独立、相互平行地对风险表征起着支撑作用。

环境风险评价中危险源风险评价、健康风险评价和生态风险评价之间的关系见图1-1-2。

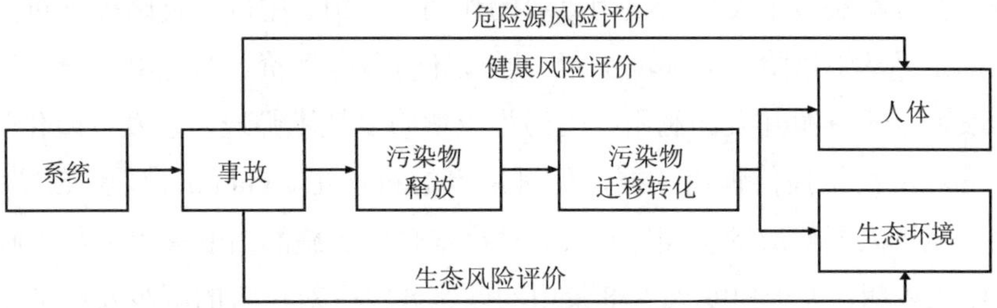

图 1-1-2　几种主要环境风险评价系统关系简图

健康风险评价为生态风险评价提供了理论基础，实现了风险评价在整个生态环境系统层面的拓展应用。现实中，环境风险评价常常是上述三种评价内容的综合：利用危险源风险评价进行事故概率和危害计算、通过健康风险评价估算环境事故对暴露人群健康的影响、采用生态风险评价预测风险状态下环境受污染的程度。

1.2.4　环境风险评价的外延

1.2.4.1　时间外延

环境风险评价是对事故发生的可能性和相应影响的预测，一般于事故发生前进行，因而具有时间相关性。但事故发生后，可能导致新的环境风险评价，新的评价相对于事故发生诱发的后续事故仍是预测性评价。事故发生之后的评价可能会用到风险评价的方法和手段，但是已经属于影响评价。环境风险评价在评价时间上是指事故发生前的评价。

根据引发事故的时间长短，环境风险可分为突发性和非突发性两种。前者主要是指短时间内引发的事故性风险，事故类型包括易燃易爆物质或有毒有害物质泄漏、火灾或爆炸等引发的事故风险；非突发性风险主要是指经过长时间积累造成的对人体健康或环境的不利影响和危害。

1.2.4.2 应用外延

应用方面，环境风险评价不仅包括前述三个方面的风险评价，还涉及开展评价后的一系列风险管理和环境决策等方面的内容，是一个全面评估、综合管理的系统工程。与金融投资类行为以及建设项目在设计和实施前需要进行成本-效益分析一样，环境污染防治和管理等相关决策也需要环境风险评价的支持；与资源、经济和社会因素相比，环境风险评价在环境决策中发挥着更为重要的作用。美国、中国、英国等颁布很多环境政策和标准都是“基于风险”的环境决策。通过环境风险评价，为危险源管理、环保设施规划与建设、自然资源开发和利用、受污染土壤修复技术筛选，以及危险化学品分级、豁免管理等环境决策提供理论依据，促进决策的科学化。Gamo M 等通过评价暴露于有毒有害物质下人群健康的受损害程度，对日本政府实施的白蚁灭虫剂禁用政策进行了评估[59]。结果表明，关于白蚁灭虫剂禁用的政策并没有对风险的减少发挥必要的积极作用。由于环境风险评价的应用性，风险管理相关内容也包括在环境风险评价课程中，主要包括风险交流、环境决策等。加强决策者与民众间关于风险的交流，促进决策过程合理化和透明化，可以最大限度地为社会基础设施建设和经济发展提供有力工具。

1.2.4.3 范畴外延

随着环境风险评价的程序日益规范统一、技术日趋成熟，评价的对象和应用范围也在不断扩大，从传统有毒有害污染物的暴露评价、健康风险评价、工业设施安全性评价和建设项目环境风险评价到生态风险评价，均是现阶段环境风险评价的应用领域。环境风险评价范围可针对某一现有装置或设施、建设项目，甚至某一地区和行业的发展规划进行，也可关注有害废物处理处置过程、化学品生产和使用环节、污染场地等可能引发的环境和健康危害和风险隐患。

本课程涉及的环境风险评价的内容还难以满足全球气候变化加剧引发的一系列诸如自然灾害频发、生态系统退化、生物多样性锐减等严重危害，以及其他自然灾害、转基因作物的潜在环境风险的需要，但是环境风险评价的通用方法在这些领域仍具有重要的借鉴意义。

1.3　风险评价的重要概念

1.3.1　风险与危险

风险（risk），也称为危险度，在日常用语中指“发生灾难的机会”。风险也指遭受损害，甚至损毁和损失的可能性。由于风险描述的是一种可能性，因此又可被定义为不良结果或不期望事件的发生概率。而风险分析中的“风险”有着特殊的定义，即“某一个（或者某几个）特定危险发生的频率或概率，以及危险发生后，相应后果的严重程度”。有学者将风险定义为“用事故可能性与损失或损伤的幅度来表达的经济损失和人员伤害”[60]；也有定义风险为“不确定危害的度量”。Helton[61]将其定义写成表达式：$R=\{[E_i, p(E_i), c(E_i)], i=1, 2, \cdots, n\}$，其中 E_i 指一系列的事件，$p(E_i)$指事件发生的概率，$c(E_i)$指事件发生的后果[62]。

我国比较通用的风险定义是单位时间内产生的危害，即风险值 $R=P$（事故/单位时间）$\times C$（危害/事故）。由此可以看出，发生频率高但危害轻或者危害高但发生频率低的事件，均可能属于低风险事件。对于任何一种风险，都具有双重性：①风险具有出现或发生人们不期望后果的可能性；②风险的某些方面具有不确定性或不肯定性[63]。

开展风险评价，需要明确区分本底风险、新增风险和总风险的异同[64]。本底风险是指人群或受体没有暴露于所评价的特定风险源时的风险；新增风险是所评价的特定污染源所引起的新的风险；总风险则是本底风险和新增风险之和。表 1-1-3 给出的某些常见风险（事故死亡率和其他行动的致癌率）是表示以年为基础的本底风险。

表 1-1-3　有百万分之一死亡风险的行动[33]

行动	风险性质
吸 1.4 支烟	致癌和心脏病
喝 0.5 L 葡萄酒	肝硬化
在煤矿井中停留 1 h	黑肺病
在煤矿井中停留 3 h	矿井事故
在纽约或波士顿居住 2 d	空气污染/心脏病
坐独木舟 6 min	事故

行动	风险性质
骑自行车 16 km	事故
坐小轿车 48 km	事故
坐喷气式飞机飞行 1 600 km	事故
坐喷气式飞机飞行 9 600 km	由于宇宙射线引起癌症
从纽约到丹佛度假住 2 个月	由天然放射性引起癌症
在一个好的医院做一次 X 光胸透	X 射线引起癌症
吃 40 汤匙储存条件不好的花生	由黄曲霉素引起肝癌
与抽烟的人生活 2 个月	癌症、心脏病
饮用大量投氯进行消毒的自来水 1 年	由氯仿引起癌症
饮用 1 000 罐 0.5 kg 的软包装饮料（已禁用）	由丙烯腈单体引起癌症
在聚氯乙烯生产工厂附近住 20 年	氯乙烯引起癌症
食用 100 块用木炭烤的牛排	苯并芘引起癌症
在一个核反应堆 8 km 范围内住 50 年，其中所有的事故风险	辐射引起癌症

注：表中资料是根据 1970 年前统计推断的。

风险和危险两个术语常被混为一谈，其实并不相同。危险与风险既有区别又有联系。

危险（hazard），通常被定义为导致伤害的潜在能力，也可被定义为在特定环境下能导致伤害的属性或者状态。危险是一个描述性术语，是指危险源引发伤害的固有能力，是产生风险的根源。如某种废物所具有的危险与其毒性、迁移性、可降解及其包装情况等一系列因素有关，因此某种危险废物的释放或可能的释放表示一种危险，即风险产生的根源。除非暴露发生或将来可能存在暴露，这种废物并不表示某种风险。危险是对客观事实的本质的描述，是附着在某个事物上的，它并不因为实践与否或承认与否而有所差异。

风险描述的是一种危险所引发的概率，对不同的人可能意味着不同的意义，具有随机性。只有参与和付诸行动才会有风险的存在；是与人的意识有关的一种概念，有是否可以接受的问题。风险是一个更难明确界定的概念，日常生活用语中是指“伤害或者损失发生的可能性”。当被应用于风险分析过程中时，又有其特殊的含义，最广为接受的定义认为它是危险事故发生概率与事故危害程度的结合指标，或是由不期望的风险事件发生的可能性和事件发生后将造成的损害和损失组成的概念。

危险和风险的差别，可以用一个简单的例子来说明。比如说对人体有腐蚀性和刺激性的酸。如果人体暴露于存在这样的酸的环境当中，这些酸对人体健康就存在风险。而暴露的程度取决于特定的暴露途径和情景，如果人体直接接触被稀释的酸，那么对人体健康的风险就可能减小，但这种酸的危险属性却没有改变。

1.3.2　环境风险

环境风险是用于描述由于人类活动（对社会或自然）或自发的自然现象引起的，通过环境介质传播，可对人类社会和自然环境产生损害、破坏甚至毁灭性作用等不幸后果的事件的概率和相应后果的概念[65]。不能简单地将环境风险看作因事故而释放的一种或多种危险因素造成的后果，应将产生与控制风险的所有因素视为一个整体系统——环境风险系统来看待。一个环境风险系统包括：

（1）风险源：指可能产生危害的源头。任何风险源都具有正面效应和负面效应，关键是对相关的效应和风险如何进行权衡和取舍。

（2）初级控制：主要包括维护、管理风险源控制设施，使其能够有效运行等与人有关的因素。

（3）二级控制：主要包括对传播风险的自然条件的控制。美国 EPA 危险性排序系统定义的污染物传播途径包括以下 5 种：直接接触、空气流动、燃烧爆炸、地表水和地下水。

（4）目标：包括人、敏感的物种和区域环境。

1.3.3　风险评价

在风险相关文献中，常常涉及 4 个概念：风险研究、风险分析、风险评价和风险管理[66]。风险研究泛指对风险问题的研究；风险分析强调对风险的分析；风险评价特指对风险本身的评估；风险管理是指基于风险评价对具体风险系统的管理。

无论在日常生活中，还是遇到重大的管理问题时，经常会面对风险，需要经过一定的分析、比较，对将要采取的行动或决策所冒风险的大小作出判断。由于风险是指不期望事件或不良结果发生的概率，因此，风险评价则是对不期望事件或不良结果发生的概率进行定量分析的系统过程。或者说，风险评价是对某一特定时期内安全、经济、生态和健康等方面受到损害的可能性和可能的程度进行定量评估的系统过程。就环境和健康方面而言，风险评价可定义为针对特定的环境有害因子，造成暴露于该因子下的个体或群体不良影响的概率、性质、程度和时间等进行定量评估的系统过程。

风险评价的种类很多，可以按风险因子分类。风险因子的性质可以是自然因素（其中包括物理因素、化学因素、生物因素），相应地就存在针对不同自然因素的风险评价，如有毒化学品风险评价。风险因子的性质也可以是社会因素（包括政治因素、经济因素等），相应地就有财经风险评价、投资风险评价等。有毒化学品的风险评价是目前应用最广泛的风险评价方法，分为致癌风险评价（无阈值化学物质风险评价）及非致癌风险评价（有阈值化学物质风险评价）[67]。如果按风险危及的对象分类，包括人、生态系统及社会行为，也相应地存在对危及人的风险评价（如健康风险评价）、对危及生态系统的风险评价（如生态风险评价）以及对危及社会行为的风险评价（如工程风险评价、投资风险评价、保险风险评价等）。其中，健康风险评价又可依据健康损害的种类，分为致癌风险评价、生殖毒性风险评价、致畸风险评价等。按风险评价提供结果的性质分类，可分为定量风险评价及定性风险评价。

1.3.4 可接受的风险

在确定了风险及风险的不确定程度后，应使这些信息更好地成为环境管理决策的基础，这就需要考虑什么是可接受的风险这一问题。目前，美国 EPA 定义的致癌物质可接受风险值为一生中癌症发病率风险数量级在 10^{-6}～10^{-4} 的范围，非致癌物质的可接受风险指数小于 1.0。但实际上的“接受风险”有超出上述范围的先例，例如，某工业设施所在地的居民愿意为这个设施接受远大于 10^{-4} 的风险。显而易见，“可接受性”是一个人为概念，这就要求最终决定何为可接受风险值公众参与进来。在许多场合，都是公众通过其影响力决定什么样的健康风险是可接受的。

美国 EPA 使用超过正常水平 10^{-6} 的一生中人群癌症风险作为分界线，只在有特殊的减轻风险的环境因素存在时，高于这个值的风险才是可接受的。另一个确定可接受风险的方法是将增加的风险与本底风险值进行比较。观察人群所造成的 10^{-6} 的风险增量，增加了 0.000 1%的发病率，然而这与该人群在本底情况时所造成的 25%的同种疾病的发病率相比是微乎其微的。总风险从 25%增加到了 25.000 1%，从科学的角度来说，没有实质意义。

1.3.5 风险感知

尽管从科学的角度来看，癌症发病率增加 10^{-6} 可能没有什么重要性，它却可以使场址所在地区的居民有所警觉，其原因就是感知。

一些影响风险感知的因素列于表 1-1-4。即使其他因素都一样，自愿采取的行动比被迫采取的行动感知的风险要小。决策者与当地居民可能有不同的感知。

表 1-1-4　风险感知

危险性较小	危险性较大
自愿	非自愿
熟悉	不熟悉
自己控制的	别人控制的
慢性	急性
自然的	人工的
公正的	不公正的
可感知的	不可感知的
记不住的	记得住的

1.3.6　环境风险识别

环境风险识别是指根据因果分析的原则，将环境系统中能够对人类社会、生态系统带来风险的因素识别出来的过程，也可以通俗地理解为回答“哪些环境风险应当考虑？”“引起这些环境风险的主要原因是什么？”等问题的过程。

环境风险识别是在工程分析和环境影响识别的基础上进一步辨识风险影响因素的过程。风险影响因素识别可以分为两个层次：项目筛选和风险因子识别。

项目筛选的方法主要包括：①利用核查表筛选，部分国家或国际金融组织针对一些必须开展环境风险评价的建设项目，如施用杀虫剂的农业开发和病虫害防治，石油化工生产，有机合成工业，天然气运输和供应，危险废物的贮存、运输与处理处置，核电站、水库和大坝建设等，列出了清单以供筛选时进行核查；②采用专家咨询方法对一些新的、复杂的、蕴含风险因素的项目进行筛选。

经项目筛选后确定要开展风险评价的项目，需要进一步辨识存在哪些可能引发重大后果的风险因子及其引发的原因。项目风险因子识别是在该项目的一般环境影响识别和工程分析基础上，对识别出来的风险影响因子做进一步筛选和增补，以最终确定影响风险的因子，并识别引发原因。风险识别应涵盖拟建项目从建设、运行到服务期满的各个阶段，如果可能，宜延伸到项目的设计工作当中。

1.4 风险的特点与类别

1.4.1 风险的特点

1.4.1.1 风险的不确定性

根据定义可以看出，风险具有两方面的含义：一是发生事件的可能性。例如，石油公司利用管道输送原油，存在管道漏油的风险。用无防腐涂层保护的管道输送，发生原油泄漏的可能性较大，即风险较大；若管道防腐等各方面预防措施都做得很好，则发生油泄漏的可能性较小，即风险较小。二是事件结果的严重性。例如，存放爆炸物的地点发生火灾，爆炸可能导致整个设施的损毁和重大人员伤亡，造成严重的后果，即风险较大；而未存放爆炸物的地点发生火灾，则容易进行灭火，火灾造成的损坏可能较小，后果不严重，即风险较小。因此，在分析风险时必须从危害事件发生的概率和事件结果的严重性两个方面综合考虑。

1.4.1.2 风险的时效性

风险是一种属于未来世界的现象，确切地说是一种从现在延续到未来的现象。由于过去已经发生的现象都是既定的、不可改变的及完全确定的，因此对于决策者而言，过去的世界是一个“没有风险”的世界。从决策的角度来看，风险是时间的不可逆性和过去与未来时间的不对称的最集中、最典型的表现之一。例如，我们可根据科学证据推断在许多亿年之前的地质年代里，地球上曾经有过猛烈的火山爆发、极其强烈的地震等强烈的地质活动，但是由于当时没有人类存在，因此我们就不能说那时地球的环境是一个高“风险”的地质环境。然而，在当前社会条件下，如果准备在某一有地震频发历史的地区建造大坝，则是一件存在很大风险的事情。

风险具有持续时间，其定义为从风险事件的发生到消失之间的时间段，风险事件的持续时间取决于事件的类型、特点和现有的环境。例如，地震这一自然风险事件，持续的时间很短，但某些经济风险，如通货膨胀或经济不景气，可分布在某一段较长的时间范围内。

1.4.1.3　风险的随机性

风险的随机性这一特点构成了风险的生命周期——由两个时期构成。从风险事件的可能存在到发生这一时期称为风险的潜伏期，是风险生命周期的第一时期。例如，一个建设工地存在下层地质条件的不确定性。如果施工单位未获得完全信息，或者未能充分考虑地质条件的不确定性，则该建设项目的下层地质风险的潜伏期即为从建设项目的设计到建造的这一段时间。一旦不期望的风险事件发生了，事件的活动将持续一段时间，该活动期即风险生命周期的第二部分——风险活动期。风险活动期内，风险活动表现为进度延迟、质量低劣、成本超支等。

1.4.2　风险评价的优缺点

风险评价和管理已经成为一种日益重要的环境管理的工具，这项技术的优点包括：

（1）用异于往常的“语言”来描述信息；

（2）帮助决策；

（3）可有效地转移风险；

（4）指明研究方向和优先问题。

但这项技术也因各种原因而受到批评，其中有些不是因为这项技术真的有缺点，而是风险分析的哲学基础。这项技术的缺点包括：

（1）对结果可能过分依赖和自信；

（2）对问题的研究更多地局限于部分而非整体；

（3）难以确定风险分析和预防原则之间的关系。

1.4.3　风险评价的类别

无论是作为个体的个人还是社会团体中的一员，人们总是面对着各种风险。有些风险是自愿型的（voluntary risks），有些则是被迫型的（being forced to）。例如，抽烟导致的风险是典型的自愿型风险，与此同时，因别人抽烟而受到的“二手烟”风险则是被迫型的。核废料、地震、洪水等产生的风险也是被迫型的。但是，从认识论的角度来看，可以将风险分为四类。

1.4.3.1　真实风险

真实风险即真实的不利后果事件。源于工业过程的污染问题主要与真实风险相联系，许多针对环境污染的研究主要着眼于业已形成的污染问题。对人类而言，污染是一种不利后果事件。关于污染的研究工作大部分是对现有污染的观测和分析。地震后的灾情评估也属于真实风险研究的范畴，此时，评估的主要工作目的不是推测今后灾情的发展，而主要是为了解灾情状况，对已出现的不利后果事件进行调查、统计、归类，并据此给出评估结果。同时，由于自然灾害的发生有一定的过程，且随着时间的变化，灾情也时常变化较大，因此难以将灾害调查归为真实风险的调查。

1.4.3.2 统计风险

统计风险本质上是对历史上不利后果事件的归纳分析。例如，机动车保险费费率与机动车事故的统计风险密切相关。此外，我们说某江堤设施具有抵御 50 年一遇特大洪水风险的能力，其中提及的洪水风险也是一种统计风险。

1.4.3.3 预测风险

预测风险是对未来不利后果事件的预测。预测风险主要通过对历史不利后果事件的研究，建立系统模型从而进行风险预测。核电站的安全保障措施的制定大多为基于预测风险之上。项目投资的风险、卫星发射失败的风险等类型均可归为预测风险。自然灾害风险既有统计风险的部分（因为部分自然灾害频繁出现），同时也有预测风险的部分（因为部分自然灾害可以预测）。

1.4.3.4 察觉风险

察觉风险是一种通过人类直觉判断的风险类型，是由人们通过观察、比较和经验等来察觉到的。

此外，环境风险可以是关于物理的，如辐射；关于生物的，如有机物或者病原体；关于化学的，如破坏免疫毒性物质。环境风险评价的目标或对象可以是多种多样的，在风险分析中的终点是各式各样的，如健康风险分析中的死亡率或者发病率；对于有些生态风险分析，终点可以是濒危物种的数目或者总的生物量。在许多情况下，环境风险评价是为了分析某种危险源或者危险载体对人体健康（健康风险评价）或者生态系统（生态风险评价）的影响。其中，生态风险评价是在健康风险评价的基础上发展起来的。人群健康风险评价和生态风险评价的评价过程和概念很相似，但是也有区别，基本区别在于两者有着不同的系统发展过程、规则约束和政策支持。必须指出的是，健康风险评价和工业风险评价要比生态风险分析在具体过程上更详尽。这是因为前两个领域的科学技术发展要比后一个领域先进得多。

1.5　环境风险评价的现状及展望

1.5.1　现状

风险评价技术目前仍存在不少争论和有待改善的问题，其中最重要的便是风险评价技术的科学性有待进一步提高。部分风险评价研究人员认为风险评价当中存在太多的推测。为了弥补巨大的数据缺陷，风险评价引入了多种不确定性因素和阈值，这些累计起来可能影响最终结果，并可能导致错误的决策。

通常，一个区域往往同时存在几种来自不同工程项目的环境风险。不同的环境风险又相互联系，同时，环境风险又与效益相联系，这就增加了环境风险评价工作的复杂性；不同国家和地区的人们具有不同的环境风险观，他们所承受的环境风险水平各不相同，这就要求不同地区的环境风险评价又要有所区别。环境风险评价是对环境风险的大小以及事件的后果（包括事件涉及的时空范围和强度等）进行预测和量度。

环境风险评价是一项复杂的工作，既要考虑化学污染物，又要考虑非化学因子对环境的不利影响；既要考虑对单一生物个体，又要考虑对种群、群落，甚至整个生态系统的评价；既要开展单项或局部的评价，又要开展综合性或区域性的评价；既要考虑在常规情况下，长时间、小剂量的化学物质、放射性物质等对人体的健康与生态环境的危害，又要考虑非常规状态下，由于大型设施（如桥梁、大坝、核电站等）故障，易燃易爆、有毒有害物品的泄漏，以及自然灾害导致的突发性的事故对人类和环境的危害等。

环境风险评价还涉及多种学科，需要运用环境化学、环境地质学、环境工程学、生态毒理学、环境污染生态学、数学和计算机科学等科学技术与理论进行综合分析研究。综合来看，环境风险评价研究工作的不足之处主要表现在以下几个方面：

（1）对客观世界的认识具有局限性。

由于客观世界极度复杂，人们认识客观世界的能力存在局限，在已认为是确定性的因素和现象中，实际存在部分随机的、不确定性的因素和现象。例如，在环境影响评价所确定的达标排放和总量控制的情况下，环境质量仍存在着被破坏的风险，而这种风险的产生往往就是不确定性因素影响所造成的。

（2）各研究领域发展不均衡。

就环境风险评价而言，研究的范围较为集中。如相对于水质受污染或严重污染的风险性研究关注程度而言，对某些具体有毒物质——PCBs（多氯联苯）、重金属的致癌作用研究较为集中。对非突发性风险评价研究较多，如由于长期饮用某一水源，该水源中某有毒有害物质对人体健康程度的影响研究较多，而对突发性环境事件的风险评价研究则较少，但现实中许多污染甚至灾害事件往往是由突发性环境事故引起的，如有毒有害物质突然泄漏到水体当中。对于引起环境污染的一些特定种类的问题，如固体废物的处理处置，尤其是垃圾渗滤液污染地下水问题，以及环境噪声等问题研究较少。

（3）风险管理研究深度不够。

开展环境风险评价的目的在于辅助环境风险决策和管理，即环境风险决策管理是整个环境风险评价的最后一个环节。然而纵观环境风险评价研究的发展进程，对于该环节仍缺乏系统性的研究。当然，环境风险决策管理为综合性管理问题，更需要源于多学科、多领域、多层次知识的综合应用，包括经济、技术、政策、法律、政治、公众参与、伦理道德等诸多方面的知识和理论的整合，是一个非常棘手的问题。但是，如果不对环境风险决策管理进行系统研究，那么对环境风险评价的研究也将失去意义和作用。

1.5.2 展望

在对风险的认识上，人们已从传统的安全与危险这两个终点意识转变为风险无处不在的新观念。在考虑环境化学品的接触影响时，只有当它们达到一定浓度时才能造成危害，需要搞清楚环境中已有的某些化学物质是否要消除？消除到什么程度？它们在水、空气与其他介质中容许的浓度是多少？

总体而言，环境风险评价中对人体健康危害评价的研究已比较成熟，框架体系已形成，生态风险评价正处于发展阶段。同时，在环境风险评价中，所研究的污染物的数量已由单一的污染物发展到多种污染物综合评价；评价范围也已由局部地区向更广范围的区域发展，乃至整个地球；生态风险评价已不止考虑单一生物个体、群落，而是考虑整个生态系统；研究方法已由定性分析、半定量评估向定量评价方向发展。

尽管从风险管理角度来看，健康风险评价基本上达到了实用的需要，但还是存在许多不完善的地方，如危害指标不统一、数学模型不能反映有害效应与暴露剂量关系、许多参数还处于估算阶段、评价中不确定性的因素还很多。

许多国家都在设法解决环境风险问题。在制定具体处理措施时，各国所制定的环境政策与社会对现实和察觉到的风险的反应密切相关。对环境风险的理解必将受到环境风险性评价结果的影响，除此之外，还可能受到社会、文化、政治、历史发展和经济、地理因素、最近发生的灾难性事故以及报告机制等多方面因素的影响。

科学的风险评价技术与合理的风险管理措施仍然是未来环境风险评价的研究重点。健康风险评价和生态风险评价相结合，同时在评价方法上追求一体化和统一性是环境风险评价未来的发展趋势[68]，也是世界卫生组织（WHO）、经济合作与发展组织（OECD）和欧盟等各种国际组织在风险评价方面一直努力的方向[69]。另外，注重环境风险评价与其他学科，如毒理学、系统安全工程、管理学等学科之间的交流，及时吸纳其他学科的先进技术和创新思想，从而充分体现环境风险评价的跨学科综合性特点，也是一个发展趋势。

第 2 章　风险管理与应用

风险评价的最终目的在于最大限度地减小可能发生的风险，而并非仅分析和判断风险。对管理部门而言，就是对风险进行控制。风险可通过很多途径进行管理，如消除、转移、保持、削弱等。在管理中，通过考虑一些因素，如政府政策、工业规范以及经济、社会文化因素等，采取行动将风险减小到可接受的水平。环境风险评价技术可用于空气、水、土壤容许值的建立，有毒化学品的管理，有害废弃物浓度限定值的确定。在分析和管理风险时，人们感知风险的途径是十分重要的，人们对于风险的感知程度是判断风险是否可接受以及风险管理手段是否有效的主要依据。

以风险评价为基础的决策——风险管理（risk management）是根据风险预测、分析和评价的结果，结合风险事件的受体或承受者的承受能力，确定风险是否可以接受，并提出减小风险的措施和行动的建议与对策，意即将管理的方法应用于风险的分析、评价和决策的整个过程当中。风险管理的主要目的包括：①控制并使风险减小到可接受的程度；②降低风险决策的不确定性；③提高一般民众对风险决策的信心。部分人认为科学的风险分析过程应当与风险管理决策过程完全分开，但现在看来，这样做是不可能的，这两者已经紧密地结合在一起了。

风险管理可涵盖危害分析、风险估计与评价、管理控制三个部分的程序（见图 1-2-1）。风险管理的最后阶段是控制风险在可接受的程度之下，持续地实施残余风险管理以及紧急应变计划。所谓残余的风险，是指在实施降低风险措施之后，虽说风险程度已被接受，但仍存在着某种程度的风险，仍需继续克服。

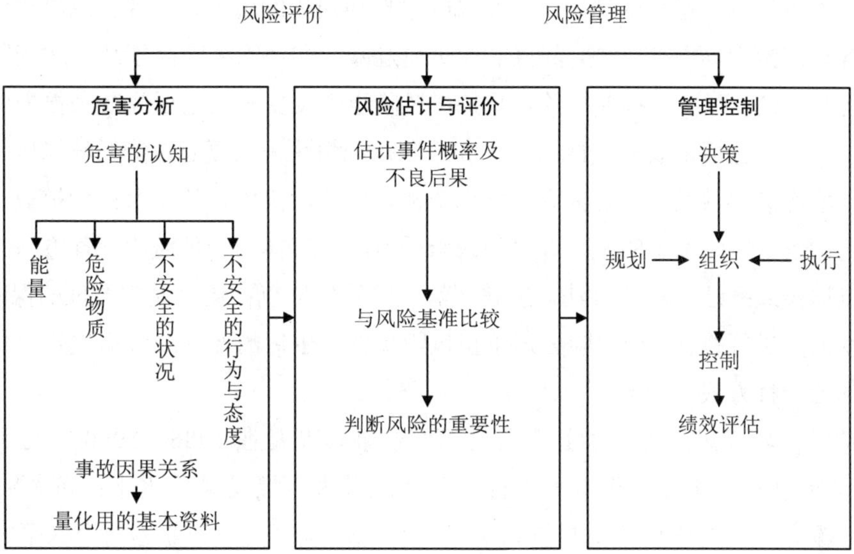

图 1-2-1　风险管理系统

2.1　环境风险评价的应用

环境风险管理（environmental risk management，ERM）是指根据环境风险评价的结果，按照适当的法律法规，确定可接受的损害水平和风险度，选用有效的预防和控制技术，开展关于削减风险的费用和效益分析，基于社会经济、政策等因素分析，决定并采用适当的管理措施以降低甚至消除事故风险，保护人群健康和生态系统的安全。

环境风险管理的内容包括：①制定有毒有害物质的环境管理条例规章和标准；②提高环境影响评价质量、强化环境管理；③制定特定城市、区域或工业行业的综合环境管理规划；④加强风险源控制，明确风险源的分布和定期监控风险源现时状态；⑤风险应急管理及修复技术筛选。通过管理手段，以最小的代价减少风险和提高安全性是风险管理的中心任务。

环境风险管理的措施包括：①避免风险，是指考虑到风险事件造成损失的存在或可能发生的现实，主动放弃或拒绝采用某项可能引起风险损失的方案。如关闭引起环境风险的生产线或工厂。避免风险是一种最简单有效和彻底的风险管理方法。②减轻风险，是指在风险事件无法避免的情况下，在风险事件和损失发生前，为减少或消除可能引起损失的各种因素而采取的措施，其目的在于通过减少和消除风险因素从而达到降低风险事件发生频率的目的。③抑制风险，是指在风险事件发生时或之后为减少损失而采取的各项措施，主要包括采取系统性的安全和控制措施阻止事故蔓延，降低环境风险。如在突发性环境污染事故发生后，立即切断污染源，隔离污染区，防止污染物扩散。④转移风险，是指改变风险发生的地点、时间或承受风险的客体的一种风险管理方法。如通过迁出周围居民或搬迁厂区的方法，转移环境风险发生地点；通过制定合理的保险费率，针对环境风险进行投保，让保险公司承担风险事件发生后的部分经济损失是改变承受风险的客体的一种方式。

在荷兰，环境风险评价和管理方法第一次被提及是在 1986—1990 年的荷兰政府环境管理计划中，并对风险水平进行了分类：最大可接受风险水平；可忽略的风险水平——没有明显的必要采取措施以更进一步降低风险；介于前述两个水平之间的风险，应努力减小到合理可行的水平。

1996 年 3 月 1 日，我国国家环境保护局等多个部门联合发布了《废物进口环境保护管理暂行规定》，要求申请进口该规定附件一所列第二类、第七类、第八类、第九类废物的单位或者废物利用单位，必须开展针对拟进口用作原料的废物及其贮存、运输和利用过程中的环境风险进行评价，并填写《进口废物环境风险报告表》，按照国家环境保护局的有关规定，报环境保护行政主管部门审查。2003 年和 2004 年先后颁布了《新化学物质环境管理办法》(2010 年修订）和《新化学物质危害评估导则》(HJ/T 154—2004)，2011 年发布了《化学物质风险评估导则》(征求意见稿)，规定了生态风险评价的原则、内容、程序、方法和技术要求等，促进了生态风险评价的发展。我国环境保护主管部门于 2004 年、2005 年和 2012 年发布了《建设项目环境风险评价技术导则》(HJ/T 169—2004，2018 年修订后为 HJ/T 169—2018)、《关于防范环境风险加强环境影响评价管理的通知》(环发〔2005〕152 号，2012 年废止）和《关于进一步加强环境影响评价管理防范环境风险的通知》(环发〔2012〕77 号)，使得环境风险评价成为建设项目环境影响评价相关的主要内容之一。国家安全生产监督管理局等部门于 2003 年发布的《安全评价通则》(安监管技装字〔2003〕37 号）[70]也奠定了建设项目危险源项分析的基础。

环境风险评价已经成为政策和法规制定部门的一项传统工具，也为日常环境管理奠定了科学基础：如危险废物处置工程选址标准的确定，造成环境风险的优先污染物的确定，重点监控风险源的确定。就像 ERA 在政府决策中的地位一样，它的作用在工业中也越来越重要。ERA 在工业管理中的应用主要有以下方面：立法、产品安全、经济计划、有关厂址规划的制定、风险削减手段的评价和优先权问题。在工业方面主要关注的是非常规排放和工业化学品的风险分析，一般不做常规排放方面的环境风险评价，因为常规排放采用的标准已经被广为接受。一些公司采用前瞻式的方法试图走在一般通用标准的前面，它们往往制定一套比法定标准更高的自身的内部标准。还有一些公司遵循预防原则，从技术可行性出发试图使排放量达到最小。在欧洲的大型公司中，绿色环保理念表现得尤为突出，因此各个公司都有一套自己的运营管理方法[71]。

对于一个既定情况环境风险评价的结果表明，若其风险较高，那么就需要做出风险管理的决定。这将有助于我们执行风险减小策略，例如，在某场地减少特定物质的排放总量，重新设计或者改造某个工厂的特定部分，重新制定油罐车运输路线或者在不同的运输方式之中作出选择等。有时没有必要进行全面的风险评估，对危害程度的一般估计已经足够，这包括危险鉴定及减少已排放有害物质的风险的适当措施。有害物质的排放量应该小于正式公布的标准，另外还要有一套严格的安全保障系统和一批训练有素的职业人员。

2.2　环境风险评价在建设项目管理方面的应用

建设项目一般都需要开展环境影响评价。在我国，环境风险评价是环境影响评价中不可缺少的重要内容，2004 年 12 月 11 日通过的《建设项目环境风险评价技术导则》，将建设项目的环境风险评价正式并规范性地纳入环境影响评价体系。

建设项目的环境风险评价主要适用于涉及易燃易爆或有毒有害物质生产、使用、贮运等环节的设施的新建、改建、扩建和技术改造项目，主要目的在于通过评估建设项目建设和运行期间可能发生的可预测突发性事件或事故（一般不包括人为破坏及自然灾害）引起易燃易爆或有毒有害物质泄漏，或由于突发事件而产生的新的有毒有害物质，所造成的对人身安全、人体健康及环境的影响和损害，并对应提出防范、减缓和应急措施，从而使建设项目事故发生概率、事故损失及其环境影响达到可接受水平。

2.2.1　评价的准备

建设项目环境风险评价工作开始前首先需要确定评价工作等级。根据拟评价的建设项目重大危险源判定结果，以及建设项目所涉及物质的危险性质和危险程度，项目所在地环境敏感程度等因素，将环境风险评价工作按照表 1-2-1 确定评价工作等级。若建设项目无重大危险源，评价工作等级确定为三级。

表 1-2-1　评价工作级别划分

建设项目所涉及环境的敏感程度	建设项目所涉及物质的危险性质和危险程度		
	极度和高度危险物质	中度危险物质	火灾、爆炸物质
环境敏感区	一级	一级	二级
非环境敏感区	一级	二级	三级

建设项目下游水域 10 km 以内分布的饮用水水源保护区，珍稀濒危野生动植物天然集中分布区，重要水生生物的自然产卵场及索饵场、越冬场和洄游通道，天然渔场，应视为选址于环境敏感区；建设项目边界外 5 km 范围内、管道两侧 500 m 范围内分布有以居住、医疗卫生、文化教育、科研、行政办公等为主要功能的区域，应视为选址、选线于环境敏感区。

重大危险源和物质危险性按照风险识别中所述的方法和步骤进行。危险物质包括火灾、爆炸等伴生/次生的危险物质。

2.2.2 评价的基本内容和范围

建设项目环境风险评价的基本内容主要包括风险识别、源项分析、后果计算、风险计算和评价、提出环境风险防范措施及突发环境事件应急预案 5 个方面。根据评价工作等级划分结果，其中一级评价应当开展所有 5 个方面的内容；二级评价应当进行风险识别、源项分析、后果计算及分析，提出环境风险防范措施及突发环境事件应急预案；三级评价仅需进行风险识别，并对应性地提出环境风险防范措施及突发环境事件应急预案。

此外，根据等级划分结果，环境风险评价范围中大气环境风险评价范围为一级评价距建设项目边界不低于 5 km；二级评价距建设项目边界不低于 3 km；三级评价距建设项目边界不低于 1 km。长输油和长输气管道建设工程一级评价距管道中心线两侧不低于 500 m；二级评价距管道中心线两侧不低于 300 m；三级评价距管道中心线两侧不低于 100 m。地表水环境风险评价范围不低于 HJ/T 2.3 确定的评价范围。此外，可能受到影响的环境保护目标应当纳入评价范围。

2.2.3　评价的过程

风险评价过程见图 1-2-2。

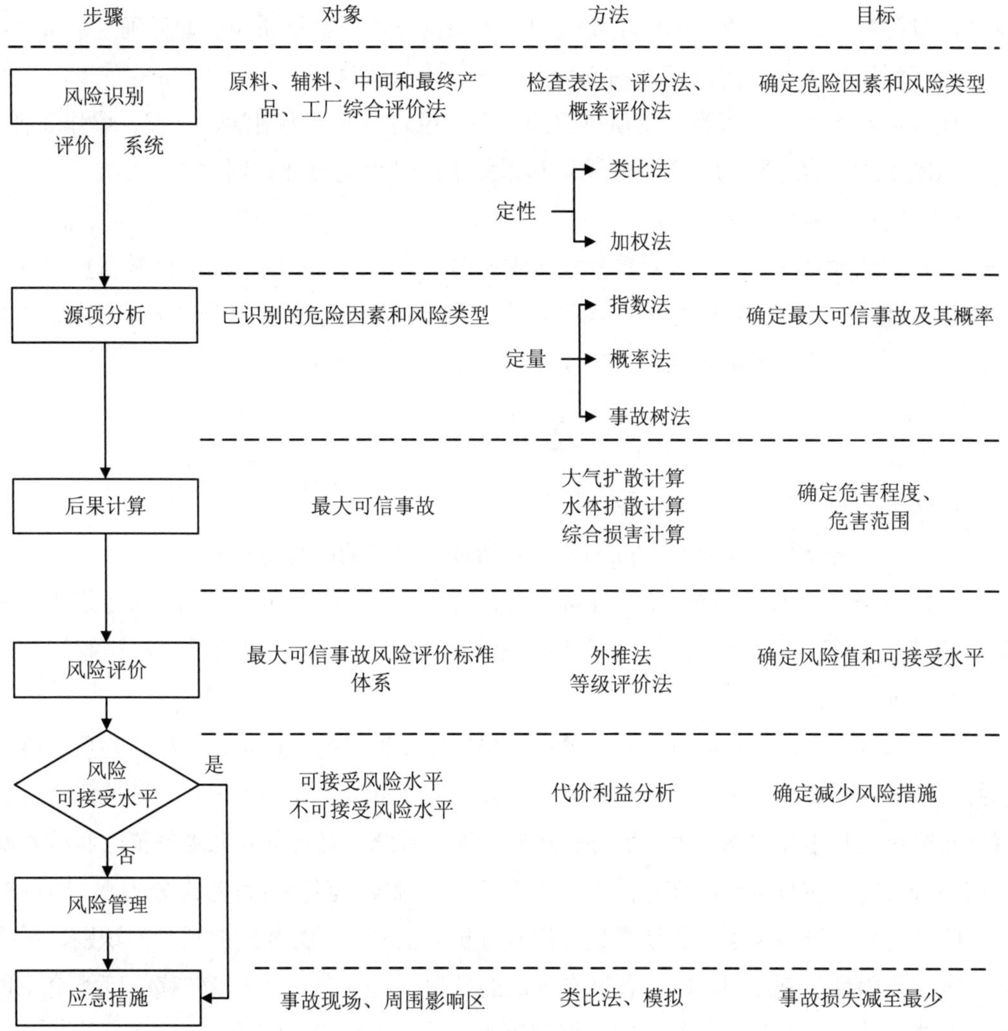

图 1-2-2　环境风险评价流程框图

2.2.3.1 风险识别

风险识别的对象包括生产设施、所涉及物质、受影响的环境要素和环境保护目标。其中，需开展风险识别的生产设施包括主要生产装置、贮运系统、公用工程系统、辅助生产设施及环境保护设施等；需开展风险识别的物质则包括主要原材料及辅助材料、燃料、中间产品、最终产品、“三废”（废水、废气、废渣）污染物、火灾和爆炸等伴生/次生的危险物质；而受影响的环境要素识别则根据有毒有害物质排放途径确定，如水环境、大气环境、土壤、生态等，明确受影响的环境保护目标。

此外，根据引起有毒有害物质排放的原因，风险类型分为泄漏、火灾、爆炸 3 种。

风险识别内容包括物质危险性识别和系统生产过程危险性识别。

（1）物质危险性识别包括：

①重大危险源的识别。针对单种危险物质的危险性识别，按《危险化学品重大危险源辨识》（GB 18218）中所载表 1、表 2、表 3 和表 4 确定。针对多种（n 种）物质同时存放或使用的场所，若满足式（1-2-1），则定为重大危险源。

$$\sum_{i=1}^{n}(q_i / Q_i) \geqslant 1 \tag{1-2-1}$$

式中，q_i——第 i 种物质的实际储存量；

Q_i——第 i 种危险物质对应的生产场所或储存区的临界量。

②危害程度的识别。按《职业性接触毒物危害程度分级》（GB 5044）进行识别，包括对致畸、致癌、致突变物质、持久性污染物、活性化学物质以及恶臭污染等物质进行识别。

（2）系统生产过程危险性识别包括：①根据建设项目的生产特征，结合物质危险性识别，以图表形式给出单元划分结果以及单元内存在危险物质的数量。②开展危险源区域分布分析，其中需要按生产、贮存、运输、管道系统，确定危险源点的范围和危险源区域的分布，并按危险源潜在危险性、存在条件和触发因素进行危险性分析。

除此之外，风险识别过程还需进行事故分析，主要为根据物质的危险性识别、系统生产过程危险性识别结果，分析各潜在事故的类型、危险物质向环境转移的可能途径和影响方式，其中潜在事故包括火灾、爆炸等引发的伴生/次生事故。

在风险识别阶段的资料收集和准备中，应收集和准备的资料包括：建设项目工程资料、环境资料和国内外同行业事故统计分析及典型事故案例资料等。其中，建设项目工程资料主要有：项目可行性研究报告相关材料、工程设计资料、建设项目安全评价资料、安全管理体制及事故应急预案资料；环境资料主要有：环境影响报告书以及涉及项目建设地周边环境和区域环境资料，尤其需要重点收集人口分布资料。

2.2.3.2　源项分析

源项分析工作的内容主要为根据潜在事故分析列出的事故，筛选确定最大可信事故，对最大可信事故给出源强和发生概率。其中，确定最大可信事故的原则为：①最大可信事故情景设定是为估算事故对环境的危害后果，其发生后应存在污染物向环境转移的途径。②最大是指对环境（包括对不同环境要素）的危害最严重。③可信应为科学、客观的设定，一般不包括极端情况。④同类污染物存在于不同单元，对同一环境要素的影响，可只分析其中一个单元发生的最大可信事故。

确定最大可信事故概率可采用事故树和事件树、归纳统计法确定，也可按《建设项目环境风险评价技术导则》（HJ 169—2018）所载附录 A——几种类型事故概率的推荐值进行确定。

事故源强的确定则是根据风险识别结果，对火灾、爆炸及泄漏 3 种风险类型分别进行。其中，事故源强参数包括有毒有害物质的名称、排放方式、排放速率、排放时间、排放量、排放源几何参数等。事故源强的确定主要依据以下 5 点原则进行：①参考性，事故源强是为指导事故防范和风险应急的模拟情景设定；②安全性，事故源强与重大危险源直接相关，能反映事故的最大可信危害后果；③客观性，事故源强设定应是在事故统计基础上的分析结果；④科学性，事故源强设定应是在系统危险性分析基础上的逻辑推理；⑤合理性，事故源强设定应是基于当前工业技术和经济水平之上。具体而言，事故源强主要采用计算法和经验估算法确定。计算法适用于以腐蚀或应力作用等引起的泄漏型为主的事故；经验估算法适用于以火灾、爆炸或碰撞等突发事故为前提的危险物质释放。具体计算步骤和方法可根据《建设项目环境风险评价技术导则》（HJ 169—2018）进行。

2.2.3.3　后果计算

后果计算工作中，有毒有害物质在大气中的扩散主要采用烟团模式进行计算。对于重质气体污染物的扩散、复杂地形条件下污染物的扩散，应对计算模式进行相应的修正。计算过程参数的选取主要包括根据现有导则确定的方法选取最不利的气象条件参数和扩散计算参数，而计算过程中需使用的混合层参数、地形参数、污染物衰减沉降等参数则根据具体评价项目的实际情况进行选取。最终根据计算结果确定有毒有害物质在最不利气象条件下的网格点最大浓度、时间和浓度分布图、主要关心方向关心点最大浓度和位置等信息。

而针对有毒有害物质在水环境中的迁移转化预测的计算，则需要根据有毒有害物质进入水环境的途径和方式，以及迁移转化特征分析进行。具体包括：有毒有害物质瞬时排放或泄漏到河流及其在海洋的扩散；油在海湾、河口的扩散等不同的计算模式。最终，根据计算结果确定有毒有害物质在关注点处浓度随时间的变化过程和影响范围内特征时段的浓度空间分布。对于开敞水域，应分析有毒有害物质在该水域的迁移路径。

2.2.3.4 风险计算和评价

确定风险值。风险值是风险评价表征量，表示为事故发生概率及其后果的乘积，见式（1-2-2）。

$$\text{风险值}\left(\frac{\text{后果}}{\text{时间}}\right)=\text{概率}\left(\frac{\text{事故数}}{\text{时间}}\right)\times\text{危害程度}\left(\frac{\text{后果}}{\text{事故}}\right) \tag{1-2-2}$$

进行风险评价计算的原则包括以下 4 个方面：①针对大气环境风险评价，首先计算浓度分布，然后根据《工作场所有害因素职业接触限值》（GBZ 2）[69]规定的短时间接触容许浓度给出该浓度分布范围及在该范围内的人口分布。②针对水环境风险评价，以水体中污染物浓度分布，包括对面积及污染物质质点轨迹漂移等指标进行分析，以对水生生态损害阈值作比较。③对以生态系统损害为特征的事故风险评价，按损害的生态资源的价值进行比较分析，给出损害范围和损害值。④在中国目前的环境风险评价中，“鉴于目前毒理学研究资料的局限性，风险值计算对急性死亡、非急性死亡的致伤、致残、致畸、致癌等慢性损害后果目前尚不计入”。

对于大型建设项目（如千万吨级炼油、百万吨级乙烯、煤化工联合项目、涉及光气的建设项目等），应考虑进行风险值计算。对任一有毒有害物质泄漏，只考虑急性危害的环境风险。

最大可信灾害事故对环境所造成的风险 R 按式（1-2-3）计算。

$$R = P\cdot C \tag{1-2-3}$$

式中，R——风险值，危害/单位时间；

P——最大可信事故概率，事故/单位时间；

C——最大可信事故造成的危害，危害/事故。

最大可信事故因吸入有毒有害物质造成的急性危害 C 与下列因素相关，见式（1-2-4）。

$$C \propto f\left(C_L(x,y,t),\Delta t,n(x,y,t),P_E\right) \tag{1-2-4}$$

式中，C——因吸入有毒有害气体物质造成的急性危害；

$C_L(x,y,t)$——在 x、y 范围和 t 时刻，不小于 LC_{50} 的浓度；

$n(x,y,t)$——t 时刻相应于该浓度包络范围内的人数；

P_E——人员吸入毒性物质而导致急性死亡的概率。

对一种最大可信事故下存在的 n 种有毒有害物质所致的环境危害 C，为各种危害 C_i 的总和，见式（1-2-5）。

$$C=\sum_{i=1}^{n}C_i \tag{1-2-5}$$

式中，C——最大可信事故下存在的 n 种有毒有害物质所致的环境危害；

C_i——某种有毒有害物质所致的环境危害。

环境风险评价需要从各单元的最大可信事故风险值 R_j 中，选出危害最大的作为评价项目的最大可信事故风险值 $R_{\max}$，见式（1-2-6）。

$$R_{\max}=f(R_j) \tag{1-2-6}$$

式中，$R_{\max}$——项目的最大可信事故风险值；

R_j——各单元的最大可信事故风险值。

将预测计算的最大可信事故风险值 $R_{\max}$ 与同行业可接受风险水平 R_L 进行比较：

当 $R_{\max} \leqslant R_L$ 时，认为环境风险水平是可以接受的；

当 $R_{\max} > R_L$ 时，需要进一步采取环境风险防范措施，以达到可接受水平。

2.2.3.5　风险管理

风险管理工作包括提出风险防范措施及应急预案两个方面。

进行风险防范措施分析论证时，需要针对防范措施的充分性、有效性、可操作性进行，且当建设项目拟采取的风险防范措施不能满足风险防范要求时，应提出替代方案或否定结论。风险防范措施包括事故预防措施、事故预警措施、事故应急处置措施、事故终止后的处理措施和对外环境敏感目标的保护措施，但不局限于前述 5 类措施。项目拟采取的风险防范措施和依托措施应当涵盖所有识别出的重大环境风险。同时，环境风险防范措施的分析论证结果应及时反馈给源项分析及预测计算，对初始风险评价作修正，以确定在采取了风险防范措施之后，识别出的重大环境风险是否已降低并保持在可接受的程度。

在建设项目环境影响评价文件中，应从环境风险防范的角度，提出突发环境事件应急预案编制的原则要求。突发环境事件应急预案应体现“企业自救、属地为主、分类管理、分级响应、区域联动”的原则，并与所在地地方人民政府突发环境事件应急预案相衔接。明确环境风险三级（单元、项目和园区）应急防范体系。对于改建、扩建和技术改造项目，应当对依托企业现有突发环境事件应急预案的有效性进行评估，提出完善的意见和建议；对于新建项目，应当明确事故响应和报警条件，规定应急处置措施。

2.2.4 环境风险评价与其他评价工作的异同

环境风险评价是一个较新的研究领域，在实际研究和工作中时常有人将环境风险评价与安全评价、环境影响评价相互混淆。因此，有必要说明这三种评价工作的关系。

2.2.4.1 环境风险评价与安全评价

环境风险评价和安全评价是最容易在实际工作中被相互混淆的两个概念，两者紧密联系，但又各有侧重之处。安全评价是应用系统安全工程的原理和方法，对某一系统或工程存在的危险和有害因素进行辨识和分析，进而评估系统或工程发生事故、职业危害的概率和相应严重程度，从而制定预防措施，提出系统安全运行的策略和为管理决策提供科学依据。安全评价是以实现系统和工程安全为目的的评价工作。

从内容角度而言，环境风险评价和安全评价类似，均是对系统和工程运行中容易发生事故的环节进行辨识、分析和评估。安全评价中的危险性识别和危险性评价所涉及的范围十分广泛，而环境风险评价则是在其基础上重点突出对环境方面的危害、损失和相应的防范措施。安全评价需要对系统和工程运行的各个方面存在的事故隐患进行辨识和评价，而环境风险评价则是重点筛选可能对环境产生最大影响的事故进行分析。从各自的侧重点这一角度而言，环境风险评价关注事故对环境，尤其是人体健康的影响和危害；安全评价则关注系统和工程的安全运行，辨识事故隐患，并提出削减或消除危险因素的措施。环境风险评价和安全评价在开展风险识别、风险分析时所采用的方法基本相同。

表 1-2-2 列出了针对常见事故类型，环境风险评价和安全评价工作的内容。从表中

可以看出，即使针对同一类型的事故，两者的侧重点仍有明显的差异。环境风险评价重点关注通过自然环境介质如土壤、水体和空气等传递的突发性环境危害，而安全评价重点关注设备因素和人为因素等引起的火灾、爆炸、人员中毒等重大安全危害。同时，从评价的区域范围而言，环境风险评价主要关注事故通过环境介质对系统外的环境影响，而安全评价则关注系统内的影响。

表 1-2-2 典型事故类型中环境风险评价和安全评价内容比较

序号	事故类型	环境风险评价内容	安全评价内容
1	石油化工厂输油管线油品泄漏	土壤污染和生态环境危害	火灾、爆炸
2	大型码头油品泄漏	海洋污染	火灾、爆炸
3	储罐、生产设备有毒有害物质泄漏	空气污染、人员伤害	火灾、爆炸、人员急性伤害
4	采油井井喷	土壤污染和生态环境危害	火灾、爆炸
5	高硫化氢井井喷	空气污染、人员伤害	火灾、爆炸、人员急性伤害
6	石化工艺设备易燃烃类泄漏	空气污染、人员伤害	火灾、爆炸
7	炼化厂二氧化硫等气体污染物事故排放	空气污染、人员伤害	人员急性伤害

2.2.4.2 环境风险评价与环境影响评价

环境影响评价根据评价对象的不同可分为建设项目环境影响评价、规划环境影响评价和战略环境影响评价。针对建设项目，环境风险评价与环境影响评价的主要区别如表 1-2-3 所示。环境影响评价重点关注项目建成后，在运行过程中污染物的排放对环境所产生的长期性和持续性影响，并根据评价结果，提出污染控制措施，以减轻项目对环境产生的影响；环境风险评价则重点关注项目运行中，不期望的突发性事故在短时间内对周围环境产生的损害和破坏。突发性事故的发生具有一定的偶然性和随机性，但造成的影响往往可能是灾难性的，通常采用制定风险防范措施和应急预案的方法进行风险管理，以降低事故发生的概率，减少事故发生后造成的损失。针对新建项目，环境风险评价可以看作是涉及环境风险问题的环境影响评价工作的一部分，是基于特定条件下的特定类型的环境影响评价。

表 1-2-3 建设项目环境风险评价与环境影响评价的主要区别

序号	类别	环境风险评价	环境影响评价
1	分析重点	突发事故	正常运行工况
2	持续时间	短	长
3	需计算的物理效应	火灾，爆炸，向空气和地表水释放污染物	向大气、地表水、地下水释放污染物，噪声，热污染等
4	污染物释放类型	瞬时或短时间连续释放	长时间连续释放
5	需考虑的影响类型	突发性的剧烈效应和事故后期的长远效应	连续的、累积的效应
6	主要危害受体	人、建筑、生态系统	人和生态系统
7	危害性质	急性中毒、灾难性的	慢性中毒
8	大气扩散模式	烟团模式、分段烟羽模式	连续烟羽模式
9	照射时间	短	长
10	源项确定	较大的不确定性	不确定性很小
11	评价方法	概率方法	确定性方法
12	防范措施与应急计划	需要	不需要

2.3 风险评价在企业层面的应用及管理案例

企业所采用的风险分析方法与管理机构所采用的方法存在很大的差异。美国国家科学院于1983年开发的着重分析化学物质对人体健康风险的模型已被广泛地使用和接受。这种方法已经被认为是新化学立法的基础，同时也是人群健康风险分析所采用的主要模型，并应用于很多政策和法规的制定中。但是这种方法并不能有效地用于有关厂址的风险分析或者工业企业的风险分析中。在有关厂址的风险分析中，有必要通过额外的步骤来检验什么时候、通过什么途径以及为什么会有危险进入环境中，这主要依赖于化学方法并且需要排除一切可能使风险分析变得复杂的社会因素。

风险管理有时十分直接、明确，有时又十分模糊。在环境管理的实践中，相关国家和机构形成了一系列导则和技术规范对风险评价进行规范，对风险管理进行说明，并提出要求。在后续各章涉及风险评价方法和案例的描述中，也会对风险管理进行阐述。在很多情况下，风险管理的目标似乎不是很明确，没有现成的规范性文件可以遵循，但是又十分必要，这就需要设计一套适合自己需要的风险管理的方案。

例如，某公司想要重新修订有关环境、安全和健康问题的政策，拟将风险评价的使用和风险管理的准则结合进来，并且将风险管理与它的业务行为相结合。由于公司在地理上是分散的，在不同国家操作的方式也有很大差别，所以风险管理方法需要重视地区问题和价值。为了避免风险管理与现实的决策制定不相关的可能性出现，设计了 6 步来进行风险管理：

①确定风险和风险管理目标；

②开发实现目标的评价标准和价值函数；

③开展风险假定，如那些可能产生负面作用的事件；

④开发对风险事件的反应；

⑤用第 2 步开发的价值函数从经济角度来评价第 4 步的反应机制；

⑥决定如何更好地分配风险管理的资源。

首先通过一系列的磋商会谈来确定公司的基本目标，提出一套公司需遵从的操作目标，包括对一个健康的工作和社会环境的规定，对环境资源的保护等：

①工人或公众的健康和安全；

②保护环境资源；

③公众关心的问题；

④遵守的难易程度；

⑤财务上的表现；

⑥长期的顾客满意程度；

⑦职工的承诺。

风险减少行动被定义为促进目标实现或阻止对目标产生不希望的冲击的作用程度。每个目标必须有一个表现衡量标准，以决定一个行动达成目标的程度。每一个标准需要一个价值函数以决定各种效果的价值。假设“发烧”是一个衡量人类健康的标准，“降低温度”是人类健康风险管理的目标。将一个人的体温从 40℃降低到 38℃，要比其体温从 39℃降低到 37℃重要得多。尽管都是降低 2℃，但一个要比另外一个有价值得多。

在风险管理中，减少某个特殊风险的价值并不一定与减少风险所花代价呈函数关系。强行将某一特定问题降低风险的价值与代价形成函数关系，其结果只能是扭曲它们之间的关系和破坏风险管理方法的价值。

确定评价标准和价值函数的关系要与风险管理系统的需要相协调。评价一个行动在整体上降低风险的效果，每个目标的风险降低必须综合在一起考虑。由于这些目标对于公司来说也许不是同等重要的，所以必须给予它们一定的权重，来确定其重要性。尽管这些权重是暗中发挥作用，但是明确地考虑这些权重将使管理者更加清楚地了解其隐含性。这些权重代表了公司在利用有限资源来解决很多相互竞争的风险上的政策。

在实际中，经济价值是用一系列结果间的权衡来决定的。这一过程在概念上与市场上通过投标来决定商品价格的方式相似。尽管一些结果初看起来还不是很实在，但经济价值仍然可以与这些结果联系起来，其方式如同法庭上法官将经济价值与人的名誉相联系一样。

风险管理包含在问题发生前确认它，评价这些问题的风险，探讨解决的可选办法，并且在正确的时候采取行动。通过将具体实施的决策团队集合在一起相互交流，情节发展的过程就启动了。这些决策团队由操作人员代表和公司代表组成，有健康与安全方面的，也有财政和工程方面的。风险的具体情况通常是通过以下步骤发展的：

①开发一个基本的地图。团队通过将信息汇总编制一个基本的地图，信息包括自然和地理的危险、反应性或环境性敏感地区、土地的使用和设备的情况。这种地图与在开发地理信息系统时建立的地图相似，涵盖了对所描述地区的地理情况必需的所有信息。

②确认潜在的情景。团队开始系统地确认潜在的情景，利用一个可能事件、潜在冲击和接受者的情况表，以构架讨论内容。由于情景的发展依赖于情况表，所以要持续评价和发展这个表的内容。

③发展情节。组织表述情景的细节，包括与每一个衡量标准相关的潜在结果。这些结果在此阶段可能只被描述为低、中、高。对每个情景可能发生的频率也要加以估计，可以利用事件树来估计发生的频率，对与各种特性有关的事件比例进行判断评价。

④策划风险情节。为提早对哪个情景将引发最大的风险有一个认知，必须对每个情景的结果和发生频率进行估计。二维作图是决定每个情景相对重要性的有用工具。

⑤发展反应机制。发展避免风险机制的方法可以通过重新集合团队进行交流讨论实现，并且包含以下步骤：发展基本的多种反应清单；筛选和消除最不可行的反应行动；确认所有由反应而造成的新的风险。

实施风险降低行动都将消耗资源，应以行动带来的风险降低的经济价值为基础来对行动进行优先权排序，并且已有资源能够支撑这种行动。这种排序工作至少可以通过两种不同的方式来进行。首先，也是最容易的，仅在一定时间内针对一定资源进行考虑。在这种方式中，可以从行动的经济所得和费用来考虑与以风险为基础的费用效益相比较。然而，许多行动并不是只发生在一定时期或只需要一种资源，与行动相伴的费用支出也许需要持续许多年，且支付的费用在将来也可能会增加。尽管这些行动在当年财政上显得非常有吸引力，但是实施起来也许会在将来成为预算的负担。对于一些行动来说，最难得到的资源往往不是资金。例如，一个行动也许需要拥有非常稀有技能的人才或专业设备。更现实的情况是以基于风险降低价值的更完美的方式来分配资源，如从多种来源得到资源，可以利用多年的时间开展。在这种情况下，团队可挑选一种行动来配合多年的预算，以便在计划的水平上将降低风险所取得的经济利益达到最大化。例如，什么行动与今后几年内的项目资源相关，使得总体的效益最好。

在风险管理中，可行行动确认的基础是公司减少对目标有害威胁的能力和支付费用改变风险的意愿。采取行动意味着此行动已变为项目管理的一部分，其形式就如同日常业务计划过程变为项目管理的一部分。行动将被记录下来，以后可以将实际的结果与估计的结果相比较，风险管理方法的效果可以被重新评价。

第 3 章　环境风险评价的不确定性

传统的环境风险评价方法由于忽视了如下 3 个方面的问题，可能导致低估风险：①经多种途径同时暴露于风险中的情况作为独立事件进行分析，没有考虑其中的相互影响；②暴露于多种化学物质的情况单独分析，没有考虑综合的毒性效应；③传统的风险评价的不确定性分析往往仅考虑了参数的不确定性，而忽视了模型和情景的不确定性。

不确定性通常可被理解为不确知性、不肯定性或变动性，它广泛存在于自然界以及人类社会当中。环境风险定义本身就蕴含着不确定性，如后果的评价问题、发生的概率估计等，所以也有人将风险直接定义为“不确定危害的度量”。在对环境风险进行评价时，无论是方法、过程，还是定性、定量表述，都存在着不确定性。要想做出一个比较客观准确的环境风险评价，就必须对这些不确定性因素加以考虑和分析。

对于上述提出的前两个限制条件，美国 EPA 提出了聚合风险（aggregate risk）和累积风险（cumulative risk）的概念[73]。但风险评价复杂性的提高，可能带来不确定性的提高。目前关于情景或模型不确定性分析的研究方面，美国 EPA 曾经提出用不同模型的输出范围来估计模型的不确定性范围。

3.1　不确定性的特征

一般来说，不确定性分析的目的包括两个方面：①评价输出的不确定性；②进行敏感度分析，以确定评价模型中各个变量对于评价结果不确定性的贡献。有两种方式来分析不确定性：识别和评价。不确定性的识别是一种定性化的分析，主要确定不确定性的来源和对模型结果的影响。不确定性评价是一种定量化分析[74]。

从表现形式而言，不确定性主要具有以下 4 个方面的特征：随机性、模糊性、灰色性和知识不完备性。

3.1.1　随机性

随机性是指由于事件发生的条件不充分，事件的发生与条件之间难以确定必然的因果关系，从而使事件的发生与否表现出不确定性。同时，由于客观条件的限制或者偶然因素的干扰，人们已知的有限的事件结果在观测中呈现偶然性。例如，在试验中无法预知哪一个事件会发生，也就是说，试验前的所有结果是确定的，而试验后的结果不确定。

3.1.2　模糊性

模糊性是指事物的复杂性及其特性界限不明显，导致不能给出确定性的描述或评定标准。通常模糊性因素有两个来源：一个是集合的等级划分，另一个是边界的模糊性。

3.1.3　灰色性

灰色性是指由于受各种干扰因素和认知主体自身能力的限制，评价人员只能获取事物的部分信息或信息的大概范围，而不能获取全部信息或确切的信息。这种部分信息已知、部分信息未知的信息即灰色信息。

3.1.4　知识不完备性

知识不完备性是一种纯粹的源自认知和主观方面的不确定性，是由于客观条件限制，评价人员对其认知不足、了解不清所导致。即评价人员所掌握的信息或科学证据不足以明确事物的真实状况和数量关系。

3.2　不确定性的来源与类别

3.2.1　不确定性的产生

环境风险评价不确定性的产生与评价工作自身的特点密不可分。

从环境风险和环境风险评价的定义来看，前者是指在自然环境中产生的，或者通过环境介质传递的对人类或者环境造成有害影响的潜在事件；后者是针对某一环境单元内建设项目的兴建、运转或者是环境单元内的开发行为所引发的对人体健康、社会经济发展、生态系统造成危害的可能性和相应后果进行评价，并提出降低甚至消除潜在风险的合理方案或措施。其中，潜在性、可能性的概念就是不确定性的概念，环境风险和环境风险评价本身的定义就蕴含了不确定性。因此，整个环境风险评价中，不确定性的产生是不可避免的。

从环境风险评价的方法步骤来看，从资料收集、风险及影响风险的因素的辨识、评价方法的筛选、参数的确定、风险管理措施的制定、多种风险因素的综合评价等环节都带有不同程度的客观或主观的不确定性。因此，不确定性从一定程度而言是预测方法的固有特性。

总之，环境风险评价与不确定性密不可分，充分认识和了解环境风险评价的不确定性，对风险决策和管理非常必要。决策者不仅应当关心风险的大小，也应当关注评价的可靠程度。

3.2.2 不确定性的类别

按不确定性的产生原因可分为：①主观不确定性，主要是由于知识不完备所带来的不确定性；②客观不确定性，主要是由客观条件限制引起，如随机性和模糊性；③兼性不确定性，主要是由主观不确定性和客观不确定性共同引起的，如灰色不确定性。在实际分析问题过程中，也有更加细化或具体的分类，如 William D.Rowe 将不确定性分为测量的、结构的、暂时性和转换所带来的不确定性[75]。作为一个相对复杂的系统，这 3 种不确定性可能同时存在，但也有可能是某一种或几种所带来的不确定性占据了主导地位，而其他几类所带来的影响相对较小甚至可以被忽略。

通常，从事环境风险评价相关工作和研究的人员将不确定性分为两大类，一类是可以用较确切的语言描述的不确定性，另一类则是不能准确地进行描述的不确定性。例如，进行环境风险评价时，有毒有害物质泄漏等事件的发生具有一定的随机性，但是可以采用诸如故障树分析等特定的分析方法预测事件发生的概率和相应后果的影响程度，该过程的不确定性属于前者。而在环境风险评价中，由于目前人类科学研究或者认识能力所限，往往对某些特定现象或者事件的机理并不具备全面、清晰的认识和了解，因而不能进行准确的描述，这属于第二类不确定性。例如，对于有毒有害物质对人体健康的影响的确定主要通过动物毒理实验获取基础数据，然后对所得数据采用合理方法外推至人类，进行外推时往往会附加不同程度的安全因子，最后以所得数值作为所评定物质对人体健康风险评价的标准参数。实验过程中，人类是物质危害和影响评价的最终受体，但实际受试者是选定的动物。因此，有毒有害物质在人体内的反应机理、对人体健康的影响和程度难以用确切的语言进行描述，仅仅用以往经验表明该评价方法是安全的。

根据前述环境风险评价的分类来看，环境风险评价中不确定性的来源大致可以概括性地分为两类：

一类是源于客观条件的随机性和模糊性引起的不确定性，主要包括自然现象和人类活动引起的不确定性。前者包括地理、水文、日照辐射量、气温、降水量、风向和风速等自然现象的不确定性，尤其是诸如暴雨、洪涝、干旱、飓风等自然灾害事件引起的不确定性；后者主要包括经济发展、社会进步、人口变迁等社会现象引起的不确定性，该种不确定性会随着人类社会的逐步发展而加剧。

例如，在对污染源向水体排放污染物的环境风险评价中，首先，污染源自身就存在不同程度的不确定性。如果是工业废水直接排放，污水的水量和水质必然受工厂生产状况的影响，水量和水质均会有不同程度的波动。生活污水的直排也存在同样的问题，随着人们日常的作息时间，生活污水的水量和水质也有很大波动，这些都带来了很大的不确定性。其次，受纳水体的水量和水质变化也存在着相当大的不确定性，若是向河流排污，而大部分地区河流的流量随季节变化较大。

另一类不确定性则源于人类主观因素，尤其是开展评价的人员的主观因素引起的不确定性。具体表现在以下几个方面：

（1）对复杂环境系统中因果关系的重要程度及相应关系的了解不足；

（2）应用的模型不符合实际情况；

（3）在评价过程中做了假设；

（4）参数获取过程，包括未知参数的推导过程中的不确定性。

人为因素，如违章操作、疲劳操作等造成的风险因素的不确定性突出体现在事故风险的评价中。切尔诺贝利核电站泄漏事件，就是由人为因素造成事故风险的实例。这种不确定性的大小与现场有关人群的整体素质、工作状态都有很大的关系。

在模型的建立方面，主要指在污染物扩散以及危害模型建立过程中，出于对模型求解的方便考虑，所建立的模型过于简化实际过程，此外，水文地质、污染情况调查中并未捕捉到系统的重要特征等产生的不确定性。具体分析有以下几个方面的原因：

（1）不正确的模型结构：由于评价人员对水文地质条件分析不够而选择了错误的数学模型。在风险评价过程中，选择正确的模型结构是十分重要的。例如，河流排污过程中，边界的反射对整个河流中污染物的浓度分布有很大的影响，所以建立河流的污染物浓度分布模型时，要充分考虑边界反射的影响。通常排污口的设置方式有岸边排污和河道中心排污，对于岸边排污，必须考虑河岸反射对浓度分布的影响；而河道中心排污，如果河道很宽，则可以忽略边界反射，河道比较窄的时候就应该考虑边界反射。

（2）模型的简化：实际评价工作中，选用的数学模型在建立过程中往往简化了一些实际的水文地质条件。如污染物的受纳水体一般为非均质、各向异性，这样建立的污染物扩散模型不可避免地会相当复杂，所以就将受纳水体概化为非均质、各向同性流体，甚至为均质、各向同性，因此会人为地在模型中引入很大的不确定性因素。另外，受纳河流的流速通常都是采用断面平均流速，讨论污染物浓度分布的时候通常都是采用离散模型，将河道简化为宽矩形断面的顺直河道，甚至不考虑竖直（不同水深）方向的扩散。

（3）模型外延时的异常情况：在模型识别阶段，研究人员通常希望尽可能多地选择一些时段的资料来校正和检验模型。但是将模型应用于预测时，水文地质条件往往与模型识别阶段不同，甚至存在很大差异，从而引起模型外延时（即通常指的预测）的误差，造成模型的不确定性。此外，模型求解过程的计算过程也会产生计算误差，如数值计算方法的截断误差、数值波动和不稳定等误差，也会引起模型输出结果的不确定性。但相较于主观不确定性引起的误差，该类型的误差一般很小[76]。

模型确定以后，风险分析中需要进行的工作就是选取模型中各个参数。在对自然水体中污染物扩散的风险分析中，重要的参数包括受纳水体本身的参数，如纵向离散系数、横向扩散系数和紊动扩散系数等，以及污染物质物理化学性质相关参数，如挥发性、溶解性、毒性等。模型参数选取过程中不确定性的产生，主要有以下 4 种情况：

（1）直接测量中的随机误差：监测技术的不完善和测量仪器的准确程度导致观测值与真实值之间存在一定的误差。如抽水过程中对水位和流量的测量和水质监测分析过程中监测指标的测定。

（2）系统误差：某一参数的平均观测值与真实值之间有时存在可观的误差。原则上，系统误差可以通过合理性分析、提高监测精度、加大监测密度等方法进行校正，但不能完全排除实际监测过程中可能由于操作人员主观判断失误，而导致部分系统误差仍然存在。

（3）抽样误差：由于实际中所布置的监测点或实验站数量在时间、空间上均是有限的，因此利用有限的监测或实验数据模拟或者代替整体数据时，往往不可避免地与真实值之间存在一定误差。可利用几个监测点上进行的水文水质试验，确定整个受纳水体参数。

（4）一致性误差：观测期和预测期外界客观条件发生变化，从而导致有关参数数值产生变化。如由于人类实际科学技术水平的限制，在进行污染物排放风险分析时，仍然有一些事件不可预测。对于离散方程中纵向离散系数这一重要参数，通常采用断面流速分布资料推算、经验公式估算或基于现场浓度观测资料计算等方法进行确定，但是这些方法最终所得的纵向离散系数，有时候可以相差 20%以上。

在环境风险评价中通常将不确定性分为：情景（scenario）不确定性、模型（model）不确定性和参数（parameter）不确定性。

情景不确定性是指情景信息不完整甚至缺失而导致的不确定性，其来源主要包括描述性误差、聚合误差、专业判断误差以及不完整的分析。描述性误差产生于不正确的或不完整的信息；聚合误差是空间或时间的近似或同质性假设；专业判断误差是一种主观性误差，由于选择不正确的模型或者定义了没有代表性的条件；不完整的分析来源于包括或排除特定的暴露情景。

模型不确定性是指基于数值关系或者因果关系而作出的预测中存在的不确定性，来源包括建模错误和关系误差等。建模错误主要源于对实际情况进行的简单化的描述，而关系误差主要源自模型当中变量间相互关系的错误。

参数不确定性是一种源于参数值选取或设定而导致的不确定性，来源包括采样误差、测量误差、异质性和替代数据的使用。采样误差来源于小样本量或者没有代表性的样本；测量误差是指随机误差（不精确）或者系统误差（偏差）；环境中和暴露相关的数据的异质性，包括季节变动、空间变动、年龄差异、性别差异、地理位置的不同，导致了变动性误差；替代数据是指替代数据的使用带来的误差，例如，由动物外推到人类的毒性数据。参数包含了两层意思：一是指分布参数，即识别变量概率分布的一些常数（如方差、均值等）；二是既包括分布参数又包括模型变量，模型变量是指组成模型的元素，如体重、暴露时间、浓度等。

综上所述，环境风险评价过程中，不确定性是客观存在的，需要通过了解它的规律，采取适当的措施来降低不确定性对于评价的影响，降低事故风险。

3.3 不确定性的量化

针对环境风险评价结果，决策者不仅仅关心风险本身的大小，同时也关注评价的可靠程度。环境风险的突发性和不确定性，使得风险在时间和空间上难以确定，需要对这些不确定性进行度量或量化，以反映不确定性在时间上的积累和空间上的分布。以恰当的方式将不确定性进行量化，并将它们合成到风险分析的结果中去，提供给决策者可以提高环境风险决策的准确性水平。

在迄今所有定量意义上处理不确定性的方法中，概率统计理论的应用获得很大成功，其他定量方法也往往以概率论作为最基本的原型或基础，或者与其相似，或者多少残留着概率论思想的痕迹。对环境风险不确定性的定量处理，首先应对前面所提到的各种不确定性的概率结构进行界定，在这个前提下对各种不确定性加以度量。

3.3.1 不确定性的定量研究方法

不确定性与所研究的问题复杂程度密切相关，同时方法自身也可能存在不完善的地方，从而不能完全反映其真实情形。虽然情景和模型的不确定性会增加环境风险评价过程中整体的不确定性，但是参数不确定性是目前大多数环境风险评价所主要考虑的。常用的分析参数不确定性方法有如下几种：蒙特卡洛模拟法、传递函数法、灵敏度分析和模糊集方法。

3.3.1.1 蒙特卡洛（Monte-Carlo）模拟法

概率不确定性分析中最常用的方法是蒙特卡洛模拟法[77]，它能够较方便地处理复杂模型中的不确定性问题。基本步骤为：

（1）对输入模型的每一个存在不确定性的参数确定或构造一个概率密度函数；

（2）对（1）中涉及的每个输入参数，在概率密度函数的基础上设计一个随机数发生器，并对每个输入参数产生一个随机数代入模型得到输出值；

（3）重复第（2）步，产生大量对应的随机数和输出值；

（4）对输出值进行统计分析，求出输出值的概率密度分布。

在数据充分的条件下，蒙特卡洛方法的精确度相对较高，但也存在一定缺陷。如难以评价输入变量的分布情况对结果的灵敏度，仅仅改变一个值的分布需要全部进行重复计算（一般是几百次或几千次）。另外，蒙特卡洛方法不能告诉评价者哪个变量对于结果的不确定性贡献最大，而很多情况下不确定性分析的执行是为了找到有效的方法减少不确定性。

将蒙特卡洛方法和嵌套方法结合，可以区分 U 或 V 变量，并分别传递两种变量产生的误差，这种方法称为二维蒙特卡洛模拟。假设 Y 是评价受体，并且是 3 个变量 a_1（U 变量）、a_2（V 变量）和 a_3（U 和 V 变量）的函数，基本步骤描述如下：

（1）从 a_1 的概率分布中随机选择一个值赋给 a_1，从 a_3 的参数的概率分布中随机选择值，从而确定 a_3 的概率分布类型；

（2）从 a_2 的概率分布中随机选择一个值赋给 a_2，从由（1）得到的 a_3 的概率分布中随机选择一个值赋给 a_3，然后利用（1）中选择的 a_1 和（2）中选择的 a_2、a_3 估计输出值。

步骤（2）被称为内部模拟。固定 a_1，重复（2）N 次，称为外部模拟。外部模拟运行 1 次，产生 N 个分布；再运行 M 次，则产生 M 组的分布，M 组分布中的每一组都具有不同的 a_1。运用 M 组分布的统计值可以判断结果的不确定性范围。

Barnthouse 等（1986）分析了将单一化学物质毒性拓展外推至对生态系统的影响时的不确定性问题，采用蒙特卡洛模拟法较好地将该过程的不确定性转换为关于某种效应的不确定状态，从而某一特定物质有毒效应水平的风险可通过一个毒性参数和源于外推过程产生的不确定性函数确定。

3.3.1.2　传递函数法

传递函数法是基于误差传递理论，根据各初始变量的不确定性大小渐次分析模型计算结果的不确定性。该方法主要的理论依据是关于随机变量函数的方差计算理论。例如，在张一先等开展的对有毒化学品泄漏事故的源强估算，需要预先给出其确定的数学模式（如大气扩散模式，或者污染物在地表水体和地下水中的迁移转化规律等），并对其中的不确定性参数进行多次抽样，然后借助方差理论，对事故预测泄漏率的不确定性进行计算[78]。

3.3.1.3　灵敏度分析

灵敏度分析是一种常用的评价不确定性的方法，该方法通过度量一种或多种因子的变化对其他因子的影响程度，进而从所有不确定性因素中筛选出主要的风险因子，或者对条件变化最敏感的因素。

如果模型的目标函数为 Min $Z = f(\vec{v},\vec{u},\vec{\theta})$，约束条件为 $St.\,G(\vec{v},\vec{u},\vec{\theta}) = 0$，式中，$\vec{v}$ 是 m 维决策变量，$\vec{u}$ 是 n 维状态变量，$\vec{\theta}$ 是参数向量。目标对参数的一阶灵敏度可以表达为 $\dfrac{\partial Z}{\partial \vec{\theta}} = \dfrac{\partial f}{\partial \vec{\theta}} - \left(\dfrac{\partial f}{\partial \vec{x}}\right)\left(\dfrac{\partial G}{\partial \vec{x}}\right)^{-1}\left(\dfrac{\partial G}{\partial \vec{\theta}}\right)$。

束龙仓等分析了导水系数以及弹性贮水系数对地下水水位下降值的影响程度，指出导水系数的不确定性对结果的影响更多，为地下水资源开采的风险分析提供了依据[79]。

3.3.1.4 模糊集方法

在目前对风险不确定性的定量分析中，模糊集的方法应用得非常多，用于在因子呈非统计特征的情况下处理系统的不确定性。

模糊集方法通过隶属函数 $\mu_A(x) \in [0,1]$ 来表示因子 A 属于集合 x 的程度。模糊集也可作为一种概率分布，不过它所表示的概率分布几乎不受统计规律的限制。在不确定性分析中，运用模糊集理论可以把输入参数分成两部分，一部分是可精确给定的，如系统的一些状态参数；另一部分是不能精确给定的，利用模糊集表示为不定型参数。

钱新明等采用模糊集方法针对易燃易爆气体泄漏扩散过程的不确定性问题开展了相关研究，建立了两个关于泄漏扩散过程的数学模型——泄漏源强；泄漏气体在空间的浓度分布，并通过构造模糊集的方法对泄漏扩散过程的不确定性进行了计算分析，并运用类似的方法对液化气泄漏影响范围的不确定性进行了研究[80,81]。

3.3.1.5 其他方法

此外，还有其他一些方法可用于模型的不确定性分析，如置信区间法、二阶矩法等。置信区间法主要利用统计分布理论，从参数的容许限和置信限的角度，分析参数值的不确定性。二阶矩法则是根据自变量的前二阶矩，取泰勒级数的前一项或者前两项，即采用一次二阶距法或二次二阶矩法分析结果的不确定性。

在情景和模型的不确定性分析中，常用的方法是用不同的情景或模型估值输出，输出范围被考虑作为不确定性范围。目前一种较为完善的情景和模型不确定性分析方法是分布式方法（distributional approach）。分布式方法将风险评价分为一系列的决策点，称为节点。节点的方案具有可选择性，由所有可选择的方案组合成“树”。对于每种选择方案都分配一个概率权重，用于进行树的风险估计，从而得到最后风险分布的结果。

3.3.2　不确定性的联合表达与分析

各种不确定性，包括随机性、模糊性、灰色性及知识不完备性之间的数学关系都与概率论存在着一定的关系，这也为对各种不确定性的联合分析创造了条件。

胡聿贤和陈汉尧[82]在对地震危险性进行分析时指出，只要各种不确定性因素的概率密度分布函数以及各不确定性因素之间的相关性已知，无论其为主观的还是客观的，均可用 Bayesian 公式 $P\left[Y \geqslant y\right]=\int_0^{\infty} P\left[Y \geqslant y \middle| \mu\right] f(\mu) \mathrm{d}\mu$，对随机、模糊和知识的不完备这三类来源的不确定性进行了统一处理。研究还指出模糊不确定性的离散概率密度分布函数，其形式可变成：$P\left[Y \geqslant y\right]=\sum P\left[Y \geqslant y \middle| \mu\right] f(\mu) \Delta\mu$，其中 $P\left[Y \geqslant y \middle| \mu\right]$ 指不确定性因素 μ 取值超过特定值 y 的概率。

胡国华等在对水体环境风险评价的不确定性分析中，引入了灰色-随机风险率的概念，并构造出相应的表达方式与计算方法。将随机不确定性与灰色不确定性进行综合考虑，较好地体现和度量风险的不确定性[83]。

此外，王清印等在《预测与决策的不确定性数学模型》一书中，通过对各种不确定性的数学理论体系进行了探讨，将随机性、模糊性与知识不完备性均归结为灰色信息的特例，从而把对不确定性进行综合处理的问题归结为对灰色不确定性的处理[84]。

3.4　暴露评价的不确定性分析

不确定性分析是暴露评价非常重要的内容，在暴露量评估和选用评价参数中所涉及的不确定性有以下 3 种。

3.4.1　应用环境监测数据引入的不确定性

这种不确定性涉及环境监测结果的代表性问题。多数情况下，人类暴露剂量的评估是以环境监测数据为依据进行的。由于日常环境监测的采样点数及分布、采样频率、样品方法的差异等因素，会使所得到的监测结果与环境实际值之间出现一定的偏差。对于这类不确定性，经典的统计学已有深入的研究，已知其具有随机性质，且可通过增加采样点、增加采样次数、提高分析方法的精度、采用长期监测数据的平均值等办法来加以控制，并可将这种不确定性控制在小于两倍误差的水平。

3.4.2 应用环境模型推算暴露剂量带来的不确定性

在健康风险评价的人类暴露评估步骤中，既可以实测数据为依据计算人群的实际暴露剂量，也可以应用一定的环境模型推算人群的可能暴露剂量。这种推算本身就是一种不确定性的来源，它假设环境有害因子从污染源通过各种暴露途径到达暴露人群的各个环节均符合某种规律，并可以用数学模式予以表达。实际上，每一种暴露途径都涉及源项排放条件、环境传输与扩散、污染物在环境介质间的转移、人对环境的依存关系等过程，并都具有一定的特殊性。一般来说，在应用环境模型推算暴露剂量时，不确定性为50%～200%，其中由长期平均暴露推算出的不确定性较小，而由短期暴露资料推算的不确定性较大。

3.4.3 在不同暴露途径之间进行外推带来的不确定性

暴露途径对环境因子的生物学效应有着决定性影响。根据不同暴露途径的资料推导出的健康风险评价参数，都有对应暴露途径的专一性。也就是说，以某一种暴露途径的资料为依据推导出的健康风险评价参数，只能用于评价与之相同的暴露途径的健康风险。在某些特定情况下，虽然缺少有关暴露途径的评价参数，但又必须对其进行健康风险评价时，可用另一种暴露途径的有关参数作为替代，前提是要有充分的证据证明这种外推在生物学和医学上有合理性。当然，这样的外推不可避免地会造成不确定性。

除上述的三个方面之外，在评价各类环境因子引发的环境风险时，还应考虑多种环境因子相互作用所导致的不确定性。这是因为，在实际情况下，人类是生活在一个受到多种有害因子复合污染的环境中，这些有害因子中的每一种都有可能诱发特定的不良健康反应。

3.5 毒性评价中的不确定性因素

毒性评价方法中存在着各种不确定的因素，例如，生物学过程的复杂性、环境过程的多变性、人类认识的局限性以及监测和检测方法中的误差等，致使所得到的风险评价结果中往往含有许多不确定性因素。如何评估这些不确定性因素对毒性值计算的影响程度，这是毒性值评价要解决的首要问题。

3.5.1　动物之间的差异

动物的毒性试验中，不同种属甚至不同个体的动物对同一有毒有害化学品的敏感性可能完全不同。例如，汽车尾气烟尘中含有 3,4-苯并芘，在进行毒性试验中可以得出对大鼠肝的 DNA 损伤浓度为 10 μmol/L，而小鼠的损伤浓度为 6 μmol/L，仓鼠为 100 μmol/L。但是即使在同一种属的毒性试验中，同一组的动物在相同的有毒化学品剂量、浓度条件下，也会表现出不同的反应——有的存活、有的死亡，明显地呈现个体之间的差异。因此在动物的毒性试验中，应尽可能地多选用几种动物，而且同一种属动物的年龄、性别、体重、健康等条件要相似。只有这样，才能尽可能地减少不确定的因素。

3.5.2　人体与动物之间的差异

在不得不使用动物实验的数据进行评价时，应尽量采用对待评价环境因子最敏感的动物种属的实验数据，并充分考虑多项同类研究工作的结果。但是采用最敏感的动物种属的数据实质上即假设了人类是对该环境因子的作用最敏感的动物，才能确保风险评价结果不致低估该环境因子的风险。

通过动物的毒性试验得到的化学品的毒性数据，不能简单地应用到人体，应对于向人类外推时带来的不确定性做出定量的估算。人体对有毒化学品的代谢、转化、排泄也明显地与其他动物不同，这种人与其他动物的差异也是造成毒性评价的不确定性的重要原因之一。

3.5.3　个体之间的差异

不同种属的动物存在着明显的差异，即使是同一种属之间也存在着差异，人与人之间也存在着复杂的差异。

由于性别的不同，人体对有毒有害化学品的敏感程度也不同。这是因为一般来说，雄性肝脏内的一些酶对有毒化学品的转化能力要高于雌性，即女性的敏感性要高于男性。

随着年龄的变化，人体对有毒化学品的敏感性也不同，一般表现为“幼年＞老年＞

成年”。人的体重与敏感性也有关系，但是又非比例关系，有时需要采用体表面积进行计算。人体健康与毒性也有着很密切的关系，当某一器官不健康或缺损时，就会造成代谢、转化、排泄的不正常，而使有毒化学品在体内沉积[85]。

3.5.4 实验条件与现实环境的差异

对动物进行的毒性试验与实际生活中人们接触的环境具有明显的不同，主要表现在以下几个方面。

首先，动物试验一般是在一定的时间内完成的，在试验期间的温度、湿度、气压、季节等没有明显的变化，而且动物所接触的有毒化学品的剂量、浓度都是成比例关系的。实际工作中，人体长期接触这些有毒化学品，不同的季节条件下，温度、湿度、气压等的改变均会使人体对有毒化学品产生不同的反应，表现出不同的敏感性。

其次，人们由于职业的不同，接触有毒化学品的机会各不相同，即使职业相同，接触有毒化学品的时间、品种、浓度、给药途径等也不尽相同，都在不断变化中，具有很大的不确定性。

3.5.5 外推产生的影响

通过动物实验获取的毒性值用于人体，必须按照剂量-反应曲线，经过估算、数学模型等程序进行确定。虽然是经过合理的假设和严谨的数学推理，但在实际运用中仍然具有不足的地方。

以药物的急性半数致死量（LD_{50}）为例，在以前的研究中，一般认为 LD_{50} 服从对数正态分布，但是按照对数正态分布理论，只有当对数剂量 $\ln X\to\infty$，即剂量 $X\to 0$ 时，实验动物的存活率才等于 100%，也就是说，任何药物的最大耐受量 LD_0 都是 0，显然这不符合经验事实。近年来，在剂量-反应关系的研究中，引入了一些新的统计分布模型，威布尔分布的研究便是其中较为深入的一个方面。威布尔分布的物理模型是最弱环原则，即整体的任何一个部分发生破坏或失效时，就认为是整体发生破坏或失效，这一结论还需要通过大量更为严格的急性毒性实验进行验证。

3.5.6 高剂量向低剂量外推

现阶段人们所掌握的资料，无论是流行病学的还是受控条件下的动物实验资料，均是在所诱发出可见效应的大剂量水平情况下获得的，而实际中人体接触的剂量较低，从高剂量向低剂量推导时多采用人为假设。

在评估小剂量范围的剂量-反应关系时，只能根据在大剂量范围内获得的剂量和效应数据，来拟合能在一定程度上反映该剂量-反应关系的数学模式，然后再根据这些数学模式，把在大剂量区观察到的反应扩展到人类环境中的低剂量水平。任何形式的外推均不可避免地会伴随着不确定性[86]。一般来说，在将大剂量的资料向小剂量外推时，通常会出现两种情况。一种情况是能正确地反映真实的反应，条件是小剂量区的剂量-反应关系为线性；另一种情况是外推结果偏高地估计了小剂量范围的风险。目前最为常见的是线性多级 LMS（least mean square）模型，它是将最大耐受量（LD_0）的可信限初始端延伸至原点，利用该直线的低剂量区域的剂量-反应关系来估计外源有毒有害物质的剂量-反应曲线或毒性。

第4章　环境风险因素

风险因素是指引起或增加风险事故发生概率或增大损失程度的原因和条件[87]，可分为有形风险因素和无形风险因素。有形风险因素是指产生损失的物质方面的因素。无形风险因素是指影响损失发生的可能性和受损程度的非物质形态的因素，主要包括生活态度、风俗文化等方面。在环境风险评价中，关注的物质方面的因素主要是化学品、辐射、噪声、光等，其中化学品是重点关注的方面。

4.1　化学品

化学品作为风险因素，可以以化学物质产品、含有毒有害物质的废物、受到有毒有害废物污染的环境等形式产生环境风险。

化学品是指人工制造的或者是从自然界取得的化学物质，包括化学物质本身、化学物质混合物，以及作为工业化学品和农药使用的物质。美国化学文摘服务登记处（Chemical Abstract Service Registry，CAS）于2009年9月7日宣布CAS REGISTRY^{SM}（化学物质数据库），这一世界最权威、最详尽的已知化学物质信息总汇，将第5 000万种化学物质收录其中[88]。截至2017年3月，CAS REGISTRY^{SM}收录的化学物质已逾1.28亿种，发展概况如表1-4-1所示。

表1-4-1　化学品种类的发展趋势

年份	1880	1910	1940	1978	1990	2009	2011
化学物质/万种	1.2	12	50	500	700	5 000	6 000

有毒化学品

对于有毒化学品或化学毒物的定义，目前还没有统一的界定，主要有以下几种定义：

（1）有毒化学品是指直接或间接为生物摄入体内后，导致或可能导致该生物或其后代发病、行为反常、遗传变异、生理机能失常、机体变形或者死亡的化学物质。

（2）在 1994 年 3 月 16 日国家环境保护局等发布《化学品首次进口及有毒化学品进出口环境管理规定》中的定义，有毒化学品是指进入环境后通过环境蓄积、生物累积、生物转化或化学反应等方式损害健康和环境，或者通过接触对人体具有严重危害和具有潜在危险的化学品。

（3）某种化学物质接触或进入机体后，损害机体的组织器官，并在组织与器官内发生化学或物理化学作用，从而破坏了机体正常的生理功能，引起机体功能性或器质性病理改变，具有这种作用的化学物质，称为有毒化学品。

有毒化学品区别于其他化学品的特性是它的毒性，而在上述 3 种定义中，定义（2）并没有清晰地界定毒性，只是使用了“严重危害”和“具有潜在危险”等定性词语，不适合作为定义，而定义（1）和定义（3）则分别从微观和宏观的水平上表征了毒性，可以说相对完整地对有毒化学品作了定义。不过，这两个定义在时间尺度上对毒性都缺乏界定。为此可进行如下定义：一定剂量的某种化学物质接触或进入机体后，能够在相对短的时间内，损害机体的组织器官，并在组织器官内发生化学或物理化学或生物化学作用，从而破坏机体正常的生理功能，引起机体功能性或器质性病理改变，导致或可能导致该生物或其后代发病、行为异常、遗传变异、生理机能失常、机体变形或者死亡等，具有以上作用的化学物质，称为有毒化学品。

4.2 有毒化学品的危害

化学品在给人类带来便利和福祉的同时，也给人类和生态系统造成空前的灾难。因为人类对它们缺乏足够的认识，导致频频发生灾难性事故。

20 世纪 70 年代，美国密苏里州为控制道路粉尘，曾把混有 2,3,7,8-四氯二苯并二噁英（2,3,7,8-TCDD）的淤泥废渣用于生产沥青铺筑路面，造成了严重的环境污染，导致周围土壤中 TCDD 浓度高达 300 ppb（$1ppb = 10^{-9}$）、污染深度达 60 cm，附近地区牲畜大批死亡，居民遭受各种疾病折磨。美国相关政府部门花费了 3 300 万美元买下该城镇的所有地产，并赔偿了市民的一切损失。

1930—1953 年，美国胡克化学工业公司（Hooker Chemical Company）在纽约州尼亚加拉瀑布附近的拉夫运河（Love Canal）的废河谷填埋了 2 800 多吨桶装危险废物，1953 年填平覆土后以极低的价格出售给当地政府。20 世纪 50 年代末，该地址上兴建了近百户居民住宅和一所学校。1978 年，该地区陆续发现婴儿畸形、居民身患怪异疾病。因大雨和融化的雪水入渗，危险废物中有毒物质大量浸出、迁移扩散至地下水中，使该地区井水变臭；空气中有害气态物质含量超标 500 多倍，测出各类有毒有害物质 82 种，其中致癌物质 11 种，甚至包括剧毒的二噁英。美国政府不得不封闭住宅和学校，将 700 余户居民迁出该地区，并拨款数千万美元进行修复治理。

日本的水俣病，则是由于使用含汞催化剂生产醋酸乙烯和氯乙烯的工厂排放大量的含汞废水所致。含甲基汞的废水排入海湾后经食物链在鱼和贝类体内富集，人食用受污染的鱼和贝类后引起甲基汞中毒。由于中毒事件发生于日本的水俣市，故将相应病症称为水俣病。该病发生在 1953 年，导致 41 人死亡。

由以上案例可以归纳出某些有毒有害化学物质的危害特点：引发的环境事故具有长期性、潜伏性、灾难性。具体表现为，危害具有潜伏性且可以延续很长时间，当人们察觉到危害时，已有大量有毒有害物质进入环境介质当中，广泛分布于地表水体、地下水和土壤等环境介质中，针对受污染环境的治理和被破坏的生态的修复不仅耗时较长，而且需耗费巨资，有的甚至无法恢复，部分危害难以通过金钱衡量。

4.3 化学品的毒性参数

毒性是指有毒物质与机体接触或进入机体内部后，引起机体出现生理变化，易感部位产生病理反应的能力。

中毒是生物体受一定剂量的有毒化学品作用而引起功能性和器质性改变以后出现的疾病状态，是各种毒性作用的综合反应。中毒的严重程度受许多因素的影响，除了有毒化学物质的剂量，毒物的理化性质、生物体差异和环境等都对毒性作用有影响。要掌握有毒化学物质损伤的程度，还应了解有毒化学品的急性和慢性中毒剂量、毒性表现和毒性作用的耙器官（Target Organ）。如有机磷农药的中毒症状主要是由对体内胆碱脂酶活性的抑制引起。

研究有毒化学品与有机体相互作用的科学称为毒理学，重点是探讨剂量与效应关系及毒性作用的规律，通过实验研究和流行病学调查等方法，从质和量两方面的效应去分析。有毒化学物质进入机体有三个相应的过程：接触相（通过皮肤、口腔、呼吸道及误食），有毒化学物质动力学相（体内过程）和毒作用相（作用部位和毒效应）。毒理学研究可分为整体的毒理学和各器官系统的毒理学，从遗传学观点又发展了遗传毒理学、行为毒理学，化学制剂毒理学以及环境毒理学等。

毒性参数有多种表达方式。如致死剂量（Lethal Dose，LD），是指某种有毒化学品能导致生物体死亡的剂量，通常以引起生物体不同死亡率所需的剂量来表示。因而，致死剂量具有不同的表示方法，如绝对致死量（LD_{100}）、半数致死量（LD_{50}）、最小致死量（MLD）、最大耐受量（LD_0）、半数效应剂量（ED_{50}）[89]。

（1）绝对致死量或浓度（LD_{100} 或 LC_{100}），指某种有毒化学品引起试验中全部受试动物死亡的最小剂量或浓度。

（2）半数致死量或浓度（LD_{50} 或 LC_{50}），指某种有毒化学品引起试验中半数受试动物死亡的剂量或浓度。

（3）半数效应剂量（ED_{50}），指某种有毒化学品在非致死条件下，能引起机体某项指标发生 50%的改变所需的剂量。

（4）最小致死量或浓度（MLD 或 MLC），即指某种有毒化学品引起个别动物死亡的剂量或浓度。

（5）最小有作用剂量（MEL）也称中毒阈剂量或中毒阈值，指在一定时间内，一种有毒化学品按一定方式或途径与机体接触，并使某项灵敏的观察指标开始出现异常变化或使机体开始出现损害作用所需的最低剂量。相应地，最小有作用浓度则表示环境中某种有毒化学品能引起机体开始出现某种损害作用所需的最低浓度。最小有作用剂量或浓度对机体造成的损害作用有一定的相对性，应确切地称之为最低观察到作用剂量或最低观察到有害作用剂量。

（6）最大耐受剂量或浓度（LD_0 或 LC_0），是指接触某种有毒化学品可使全部试验动物存活的最大剂量或浓度。

（7）最大无作用剂量（MNEL）也称为未观察到作用剂量，是指某种有毒化学品在一定时间内按一定方式或途径与机体接触后，用目前最为灵敏的实验方法和观察指标，未能观察到对机体造成任何损害作用或使机体出现异常反应的最高剂量。如果涉及有毒化学物质的浓度，就是最大无作用浓度。

（8）阈剂量或浓度：当有毒化学品的剂量或浓度逐渐减少至一定程度时，只引起群体中极少数个体出现最轻中毒效应的最小剂量或浓度，称为阈剂量或阈浓度。

即使在一个种群中，不同个体间对有毒化学品的敏感性和耐受性也存在差异，可能存在少数个体耐受性过低或过高，从而造成绝对致死量或浓度出现较大的降低或增高。所以采用半数致死量或浓度比绝对致死量或浓度更为准确。此外，由于动物的物种间差异、暴露途径和方式都可影响有毒化学品的 LD_{50} 或 LC_{50}，所以，表示 LD_{50} 和 LC_{50} 必须注明试验用物种和接触途径。毒性大小与半数致死剂量 LD_{50} 或 LC_{50} 成反比，不同化学品间毒性差异巨大，可达到几百万甚至上千万倍。

一般吸入毒性以有毒化学品在空气中的浓度 mg/m^3、mg/L 或 ppm 等单位表示，其他暴露途径的以 mg/kg 或 mL/kg 体重表示，偶尔也用单位体表面积的给药量表示，即 mg/m^2。

我国职业性接触有毒化学品危害程度分级是以急性中毒、急性中毒发病状况、慢性中毒患病状况、慢性中毒后果、致癌性和最高浓度六级指标为基础进行综合评估和分类的，分为极度危害、高度危害、中毒危害和轻度危害四级。

有毒化学品在被机体吸收前，首先与接触部位发生作用，刺激周围神经末梢感受器，引起不同的毒性反应。有毒化学品被机体吸收后，便对机体的组织或器官产生作用。多种毒性物质可以产生相加、协同、独立、拮抗作用。在实际中接触到的化学物品一般是混合的，1981 年世界卫生组织（WHO）将其进入机体后对机体的作用分为以下 4 种情况：

（1）相加作用（additive effects），即多种化学品混合物的联合作用的毒性等于各化学品单独产生的毒性之和，如稻瘟净和乐果。

（2）协同作用（synergistic joint action），即多种化学品混合物的联合作用的毒性大于各化学品单独产生的毒性之和，如臭氧和硫酸气溶胶。

（3）独立作用（independent joint action），即各化学品在机体内的作用互不影响，可是常出现某些毒性削弱，而某些增强，但总的毒性仍比单一化学品的毒性来的强。

（4）拮抗作用（antagonistic joint action），即多种化学品混合物的联合作用的毒性小于各化学品单独产生的毒性之和，如铁和锰。

4.4　影响中毒的因素

影响中毒的因素很多，以下从化学品、接触途径、受体因素 3 个方面分别阐述。

4.4.1　化学品的因素

4.4.1.1　剂量

剂量是决定外源有毒化学品对机体造成危害作用的最主要因素。同一有毒化学品，不同剂量对机体可以造成不同程度甚至不同性质的损害作用。剂量的概念较为广泛，可指给予机体的量、与机体接触的量、吸收进入机体的量、在体液或靶器官中的含量或浓度等。虽然有毒化学品对机体的损害作用主要取决于吸收进入体内的数量，或在体液、靶器官中的浓度或含量，即存留剂量，也是体内负荷量，但要准确测定却十分复杂。一般而言，给予机体或与机体接触的有毒化学品的量越大，吸收进入体内或靶器官中的数量也越大。因此，一般多以摄入量或浓度代表剂量。

虽然部分研究学者认为，用单位体表面积接触的有毒化学品量（mg/m^2）比用单位体重的有毒化学品质量（mg/kg）进行剂量的表示能更有效地减少动物种属间反应的差异，但实际上还是 mg/kg 最为常用。

4.4.1.2　理化性质

有毒化学品的理化性质对毒性有很大的影响，如脂水分配系数也称油水分配系数，电离度即化学物的酸度系数，即一种酸解离氢离子的能力（pKa 值），挥发度和蒸气压，分散度、分子量、纯度、空间构型等。

脂水分配系数是指有机化合物在脂相和水相中达到溶解分配平衡时的分配比率。它有助于表达有机化合物在机体内的运动特征，即化学物透过脂质膜结构的能力、在机体内的生物转运和分布特征、代谢特征等。可溶于有机溶剂中的物质，可直接通过细胞膜，得到较快吸收；脂溶性有毒化学物质以简单扩散形式通过细胞膜；水溶性有毒化学物质以滤过形式通过细胞膜。

电离度也是一个重要的理化性质。对于弱碱性或弱酸性有机物，只有在适宜的 pH 条件下，维持非离子状态时才能经胃或小肠吸收。弱酸性化合物在碱性环境下或弱碱性化合物在酸性环境下，将只是部分解离，不易吸收，可以经肾分泌随尿排出。

挥发度和蒸气压也是十分重要的理化性质。蒸气压大的化学品在常温常压条件下更易于挥发，因而空气中的浓度也越高，更容易经呼吸道吸入或皮肤吸收侵入机体。有些有毒化学品的毒性相当，但由于各自的挥发度不同，最终造成实际的毒性危害或危险性有可能存在很大的差异。

4.4.2 接触途径

4.4.2.1 物理因素

（1）气温。

在正常生理状况下，高温环境条件中皮肤毛细血管扩张，血液循环加快，呼吸加速，此外物质的挥发和扩散过程也随气温增高而加快。所以，高温环境条件下有毒化学品以蒸气、气体或气溶胶的形式经呼吸道进入机体的概率增加。由于高温环境中机体排汗量增加，盐分流失加多，胃液分泌减少，且胃酸降低，将影响化学品经消化道吸收的速度和量。但是，高温时尿液量的减少，化学品随尿液排出机体的概率降低，从而延长了化学品或代谢产物在体内存留的时间。高温环境下机体排汗量增加，机体内有毒化学品及代谢物随汗液排出量增加，但同时外源有毒化学品也更容易黏附于皮肤表面，且高湿环境导致表皮角质层水合作用增高，化学物质更易被吸收，经皮肤吸收化学品的速度增大。通常，有毒化学品在低温环境下对机体毒性反应减弱，与化学品的吸收速度和代谢速度减慢有关。

（2）气压和其他物理因子。

物理因子作用于机体所引起的效应是通过生物化学过程来反映的。气压和其他物理因子如射频辐射、微波等的改变也会影响有毒化学物质的毒性。

4.4.2.2 吸收途径

有毒化学品的吸收是指动物或人体经各种途径接触有毒化学品后，其侵入机体或血液系统的过程。化学品进入人体的主要途径如图 1-4-1 所示。按化学品进入人体的渠道分类，常见的有毒化学品的吸收途径有：呼吸道吸收、消化道吸收、皮肤吸收、注射吸收等。

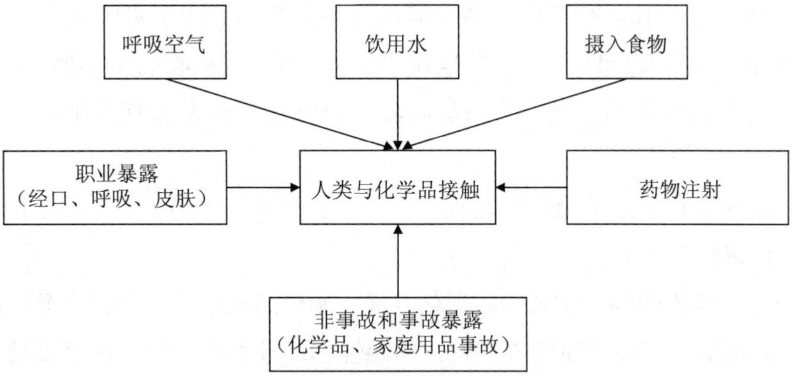

图 1-4-1　化学品进入人体的主要途径

（1）呼吸道吸收。

呼吸道是有毒化学品侵入机体的主要途径之一，以气体、蒸气或气溶胶形式存在的有毒化学品，均可经呼吸道进入机体。特别是肺的某些特殊的生理学和解剖学特点，有利于有毒化学品在肺中的吸收。肺泡总面积大，有毒化学品在肺吸收的总面积可高达 100 m^2；肺泡壁薄，由肺泡上皮细胞和毛细血管内皮细胞组成的"呼吸膜"很薄，肺泡内的有毒化学品经"呼吸膜"进入血液的距离仅为 1.5 μm 左右；在肺泡表面有一层薄薄的液膜覆盖，也有利于有毒化学品的吸收。综上所述，肺对有毒化学品的吸收快，所以常常把呼吸道作为有毒化学品的重要吸收途径。

需要注意的是，不同形式的有毒化学品由于存在的形式和理化性质不同，在呼吸道和肺中吸收的方式和过程也有较大差异。影响有毒化学品通过呼吸道吸收的最重要因素是其在空气中的浓度，即在空气中的分压，浓度越高，吸收越快；影响气体在肺中吸收的因素包括气体在肺泡气与血浆中的浓度差、肺的通气量与血流量、气体的分子量在水中的溶解度等；影响气溶胶和颗粒物沉积的因素包括颗粒物大小、空气流动速度、呼吸的情况。

（2）消化道吸收。

食物和饮用水中的有毒化学品经消化道摄入是日常生活中极为重要的吸收途径。有毒化学品因事故而进入口腔，或不溶性颗粒物由呼吸道吸入后，经纤毛黏液运动转运至口腔。物质的吸收在颊黏膜就已开始，但由于物质在该处停留时间短，故吸收量甚少。在颊黏膜被吸收的有毒化学品不接触胃肠道的消化液和代谢的酶类，也不通过肝门脉系统转运至肝脏。有毒化学品经消化道摄入并不等同于吸收进入机体，摄入的有毒化学品中一部分可能随粪便和尿液排出体外。消化道吸收的主要器官在胃和小肠。解离常数小的有毒化学品主要在胃内被吸收，而解离常数大的有毒化学品则主要在小肠被吸收。

有毒化学品在消化道被吸收的过程主要有 5 种模式：单纯扩散、易化扩散、主动转运、胞吞、经淋巴管吸收。

影响消化道吸收的因素主要有：理化性质、肠胃蠕动情况、肠胃充盈程度、生理状况、年龄、妊娠等。固体物质吸收较差，脂溶性物质较水溶性物质更容易被吸收，分散度大的容易被吸收。蠕动强，停留时间较短，吸收较少；反之，则吸收较多。肠胃内容物较多时，吸收减缓；反之，吸收加快；肠胃中同时存在的食物和其他化学品也会对有毒化学品的吸收产生影响。

（3）皮肤吸收。

皮肤吸收是外源有毒化学品由体外经皮肤再由血管或淋巴管进入血液或淋巴液的过程。皮肤是机体对有毒化学品相对较好的屏障，有明显的防御作用。皮肤的通透性相对较差，但当有毒化学品与皮肤接触时，仍会有不少有毒化学品可透过皮肤而被吸收，如氯仿、有机磷及其他气态物质。构成皮肤第一道防线的是表皮的角质层，角质层是由纤维状、不溶性、含有大量硫的不定形蛋白填充在角化细胞周围组成，因此皮肤对于水和水溶性物质的扩散具有较大的阻力。

外源有毒化学品透过皮肤的机理主要是单纯扩散。皮肤吸收过程包括两个阶段：第一阶段为穿透阶段，即有毒化学品通过被动扩散作用透过角质层以及整个表皮层的过程，脂溶性越大的化学品越容易穿透；第二阶段为吸收阶段，即有毒化学品通过表皮后达到真皮层，并透过毛细血管吸收进入血液的过程，有毒化学品的水溶性对这一阶段的吸收速度有重要影响。

有毒化学品经皮肤的吸收主要受下列因素的影响：

①有毒化学品的理化性质，如化学品的相对分子质量、溶解度、脂水分配系数等；

②血流和细胞间液的流动速度，流动速度越快，吸收越迅速；

③皮肤的完整性，尤其是角质层的完整性；

④有毒化学品与皮肤的接触部位（机体不同部位皮肤的角质层厚度以及脂成分含量均不尽相同，因而对皮肤的吸收速度也有不同的影响）；

⑤物种，不同物种的皮肤结构、覆盖物等存在差异。

（4）其他途径。

除以上几种在生理条件下的吸收途径外，在毒理学实验等过程中，还存在注射的情况。经静脉注射的化学品直接进入血液当中，不存在吸收问题；经腹腔注射，情况与消化道吸收基本相似，但可免去在肠胃中的停留时间，效应更为直接与迅速；经肌肉注射与皮下注射亦不经过肝脏，直接进入血液，但由于经过毛细血管，所以吸收过程较为缓慢。

有毒化学品在肺吸收的总面积可高达 100 m^2，相当于皮肤吸收面积的 50 倍；肺泡内的有毒化学品经"呼吸膜"进入血液的距离仅为 1.5 μm 左右，而消化道为 30 μm 左右，皮肤则在 100 μm 以上。人体毛细血管丰富，有长约 2 000 km 的毛细血管组成的网络。在各种吸收途径中，按吸收速度由大到小依次为：静脉注射＞呼吸道吸入＞腹腔注射＞肌肉注射＞皮下注射＞消化道吸收＞皮肤吸收。

4.4.3　受体因素

受体的身体和精神两方面的状况也对有毒化学品的毒性发挥有一定的影响。在身体方面，一般要考虑种属差异、年龄、性别、激素、生理节律、营养状况等因素；精神因素也十分重要，但是其作用的机理更为复杂。

4.4.3.1　种属差异

不同种属的动物对同一有毒化学品的耐受性可能完全不同，因为不同动物对有毒化学品的吸收与排泄，与血浆蛋白的结合能力有关，也与中毒部位受体对有毒化学品的亲和力大小有关，最重要的是有毒化学品在体内生物转化能力的差异，这主要是代谢酶的质和量的差异。质的差异包括代谢途径、缺乏相应的酶或特异酶反应；量的差异表现在酶的水平不同或由于酶被抑制。此外，有毒化学品在机体内的代谢途径和速度的不同也是造成耐受性差异的原因之一。

4.4.3.2　年龄和性别影响

新生或幼年动物由于解剖生理功能未完全发育，某些酶活性较差，故对有毒化学品的作用较为敏感。生物转化能力随年龄而变化，人和常用的实验动物基本都符合这一规律。

一般经代谢转化后毒性可以降低或消失的化合物，对老年人的毒性作用将相对较强，因为老年人代谢能力降低；反之亦然。雄性动物对有毒化学品的代谢转化能力较雌性强，所以雌性动物对有毒化学品的反应更敏感，这主要源于两性的酶系存在差异。

4.4.3.3 激素

体内的各种激素，如性激素、肾上腺皮质激素、甲状腺素、胰岛素对有毒化学品的毒性都有一定的影响，激素将会影响受体的生物转化功能。

4.4.3.4 生理节律

生理节律亦称为每日节律，对物质代谢过程的影响表现为：每天不同时间，机体的物质代谢能力存在高低差异，这与内分泌系统功能的昼夜节律有关。

4.4.3.5 饮食营养状况

蛋白质、脂类、维生素和无机盐类等营养状况，也会通过影响机体的生物转化功能而影响有毒化学品的毒性。

4.5 化学中毒的分类

4.5.1 急性中毒

在 24 h 之内一次或多次接触有毒化学品，使其大量进入机体后短时间内很快产生毒性效应，甚至引起死亡。外源有毒化学品引发的急性毒性效应出现的时间快慢和强度大小，因有毒化学品的性质（主要为化学结构和理化性质）和中毒剂量大小而存在明显差别。关于所谓“24 h 内一次或多次”具体是指：一次是瞬间中毒如经消化道摄入或注射中毒；但在经呼吸道和皮肤吸收时，是指在一个特定时间内使实验动物持续地接触化学品的过程，所以一次含有时间因素。

4.5.2 亚急性中毒

通常指在一定时间内（一般在 15～30 d），每天或经常接触有毒化学品后所引起的中毒症状，亚急性中毒的中毒时间介于急性中毒和亚慢性中毒之间。

4.5.3 亚慢性中毒

通常指在一定时间内（一般在 90 d），每天或经常接触化学品后所引起的中毒症状，亚慢性中毒的中毒时间介于亚急性中毒和慢性中毒之间。

4.5.4 慢性中毒

通常指小剂量的有毒化学品逐渐地进入机体，并在机体内积蓄到一定程度以后才出现中毒效应。

有毒化学品对人体的危害往往是多系统、多器官的损害。如有毒重金属铅可引起神经系统、血液系统、消化系统及泌尿系统损伤；三硝基甲苯中毒可致产生中毒性肝炎、白内障、贫血、高铁血红蛋白血症等病症。

同一有毒化学品由急性中毒和慢性中毒引起的对靶器官的损害以及毒性效应的临床表现也可能存在巨大差别。例如，苯急性中毒的效应主要表现为对中枢神经系统的麻醉作用，而慢性中毒主要表现为对造血系统的损害。这是有毒化学品对机体的危害中一个常见的现象。此外，有毒化学品对机体的危害是一系列因素和条件综合作用的结果，包括有毒化学品本身的物理化学特性（化学结构、理化性质）、剂量或浓度、作用时间、个体的敏感程度等。有毒化学品与机体的相互作用是一个复杂的过程，中毒后的临床表现千差万别，通过大量研究掌握作用过程和相应表现对有毒化学品的风险防控具有重要意义。

4.6 化学中毒的表示方法

4.6.1 致癌效应和非致癌效应

就定量描述人类健康风险的目的而言，化学品的危害可特征化为致癌效应和非致癌效应。某些化学品既会产生致癌效应，又会产生非致癌效应，在计算人类这两种可能的健康风险中均会出现。

公众对健康风险的关注主要集中在致癌效应上，然而这并不是对致癌和不致癌的化学品加以区别的原因。对其区别对待的重要原因是它们以不同的方式引发两种效应，从而产生两种不同的定量方法把毒性效应归纳为剂量的函数。两类化学品的风险数学表达式是不同的。对于非致癌物质而言，一般认为存在反应剂量阈值，低于该值就不会诱导发生可辨别的不利健康效应。而对于致癌物质而言，一般认为不存在反应剂量阈值，美国 EPA 已采用线性非阈值模型对所有致癌物质的健康效应进行描述和表征。此种模型的假设基础为：无论多小的剂量都会诱发某些致癌风险。但越来越多的证据表明，某些致癌物质有阈值存在。

4.6.2 致癌斜率因子

致癌物的剂量-反应关系通常采用指定物种一生中癌症的发病率（如概率）与剂量的关系的斜率来表示，该斜率通常被称为斜率因子，代表有毒化学品的致癌能力。它以癌症剂量-反应曲线上限的 95%进行计算并以剂量的倒数进行表达（如[mg/（kg·d）]$^{-1}$）。因此，对于给定暴露剂量的致癌物引发癌症的概率可以用斜率因子乘以暴露剂量计算。

在确定某一有毒化学品是否为致癌物时，主要依据为传染病学研究中得出的证据及动物实验所得出的数据。根据人群流行病学调查研究和动物实验所得资料中化学品致癌的强度，国际肿瘤研究中心（International Agency for Research on Cancer，IARC）将资料分为 5 级：①致癌证据充分；②致癌证据有限；③致癌证据不足；④无资料；⑤无致癌证据。美国 EPA 将致癌物分为：对人类致癌、可能对人类致癌、证据提示潜在致癌性、资料不足以评估潜在致癌性、不可能致癌。在所有的致癌物中，只有 14 种有充分的流行病学依据被划分在已知人类致癌物中（A 类）。美国 EPA 优先控制污染物名录中的大多数（约 70%）均属 B2 类（很可能的人类致癌物——没有充分的流行病学证据，但在对至少两种以上的实验动物进行试验时有充分的证据表明其致癌性）。

剂量-反应（dose-response）关系。进入人体内的有毒化学品的剂量是决定机体反应程度的主要因素之一。剂量-反应关系是定量描述外源有毒有害化学品暴露剂量与暴露人群中不良健康效应发生率之间关系的工具。不同物质可以得出 3 种不同的剂量-反应关系曲线，直线、“S”形曲线和抛物线（见图 1-4-2）。一般以剂量为横坐标，以 mg/（kg·d）作为单位，对身体健康有害的反应程度为纵坐标。

直线：中毒效应强弱与暴露剂量大小成正比关系，这种类型的剂量-反应关系在生物学效应中很少见。

“S”形曲线：即在剂量不断增加的过程中，反应随之增强的程度由开始不明显逐渐转为明显，继而出现一段有限的成正比关系的直线，随即又逐渐转为不明显。这种类型在生物学效应中仍不多见。

抛物线：即在剂量不断加大时，反应的增强起初呈直线上升，随即变为越来越缓慢。这种类型在生物学效应中是较常见的。

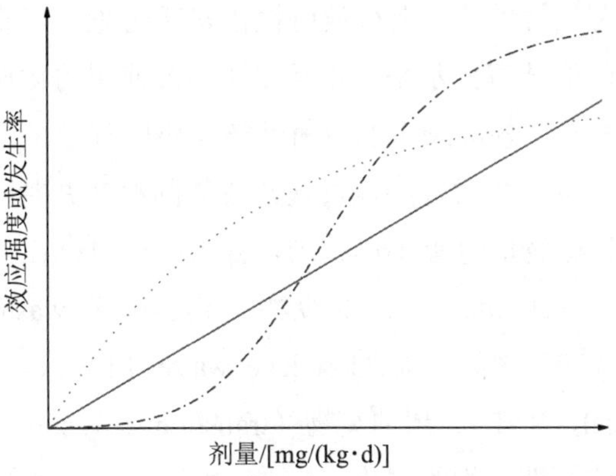

图 1-4-2　剂量-反应曲线

4.6.3　非致癌参考剂量

与致癌物相区别的是，非致癌物对健康的效应影响存在阈值效果。当暴露剂量低于某一特定的剂量时，该物质不会产生对暴露人群健康的不利影响。该阈值被定义为参考剂量（reference dose，RfD），它是以不会产生不利健康影响的每日摄入值进行估计的。

由于一种非致癌物可能引起几种不同的毒性结束点，RfD 被定为最敏感的毒性结束点。例如，对于二硫化碳（CS_2）这一常用的工业溶剂而言，暴露量大时会对人体的中枢神经系统、心血管系统、视觉和听觉系统均造成影响，然而，最为敏感的结束点是影响胎儿的发育。二硫化碳的长期少量暴露，会引起对胎儿的毒害和造成胎儿畸形，因此，这个更敏感的结束点是确定 0.1 mg/（kg·d）为慢性经口摄入的 RfD 的基础，低于这一水平的暴露量不但可防止对胎儿成长的毒性，还可防止其他目标器官受二硫化碳的毒害。

风险指数是定性描述非致癌物风险的标准单位。这个指标是估计的每日摄入有毒化学品质量与其推荐的 RfD 的比值，大于 1.0 的指标表明这种暴露可能会有不利于健康的效应。

4.7　核废物

核辐射是辐射这一风险因素中最为重要的类别。核辐射的来源主要为核废物，又称为放射性废物，是指含有放射性核素或被放射性核素所污染，其放射性核素的浓度或活度已大于审管机构确定的清洁解控水平，并且预期不再使用的物质。具有放射性和放射毒性是核废物最重要的特性。核废物中的放射性核素不断释放α、β或γ射线，可以通过各种仪器进行探测，因而可以相对容易地发现核废物的存在并判断其危害程度。

目前，世界各国对核废物的分类不尽相同，分类标准也存在差异。大致而言，有以下一些种类：锕系元素（actinides）、高放废物（high-level waste，HLW）、中放废物（intermediate-level waste，ILW）、低放废物（low-level waste，LLW）、混合废物（mixed waste）、乏燃料（spent nuclear fuel，SNF）、超铀废物（transuranic waste，TRU）。

高放废物是高水平放射性废物的简称，主要产生于对反应堆的乏燃料进行后处理的过程，以及核武器生产的某些过程。此外，高放废物还包括在后处理过程中直接产生的液体废物和从液体中得到的任何固体废物。高放废物中通常含有短寿命的裂变生成物、高放射性核素、危险化合物和有毒重金属元素，要求通过永久隔离的方式进行高放废物的安全处置。

中放废物是仅在部分国家规定中采用的一种放射性废物类别，目前尚无一致的定义。中放废物可能包括、也可能不包括超铀废物。

低放废物是乏燃料、高放废物和超铀废物之外的放射性废物的总称。

混合废物是既含有放射性材料又含有化学危险的废物。

乏燃料是反应堆中的燃料元件和被辐照过的靶材料。美国的核管理委员会（Nuclear Regulatory Commission，NRC）将乏燃料包括在高放废物这一类别当中，但美国能源部（Department of Energy，DOE）不将它包括在内。这与是否要求它永久隔离有关。

超铀废物是指含有发射α粒子、半衰期超过 20 年，每克废物中浓度高于 100 nCi（即每秒 3.7×10^3 次衰变）的超铀元素的废物。美国 DOE 允许管理人员把含有其他放射性同位素（如 ^{235}U 和 ^{90}Sr）的废物包括在超铀废物中。

辐射量是描述辐射源或辐射场特征，以及辐射与物质相互作用特性的一些量的统称，如：

（1）活度。

一定量的放射性核素在单位时间内发生的核衰变数被定义为活度，其单位为贝可勒尔（Bq，$1Bq=1s^{-1}$）。

放射性活度曾称为放射性强度，专用单位为居里（Ci），居里现在已不是法定单位，

1 Ci＝3.7×10^{10}衰变/s＝3.7×10^{10} Bq。

（2）吸收剂量。

吸收剂量是辐射与受体相互作用时单位质量受体吸收辐射能量多少的量度，定义为$\mathrm{d}\overline{E}$与$\mathrm{d}m$之商，见式（1-4-1）。

$$D=\mathrm{d}\overline{E}/\mathrm{d}m \tag{1-4-1}$$

式中，$\mathrm{d}\overline{E}$——辐射授予质量为$\mathrm{d}m$的受体物质的平均能量，J；

D——吸收剂量，J/kg，国际单位制单位为戈瑞（Gy），曾用单位名称拉德（rad），1 J/kg=1 Gy=100 rad。

（3）剂量当量。

人体受到不同类型辐射的照射而吸收剂量相同时，生物效应无论是在严重程度还是在发生率方面都是不一样的。剂量当量即用适当的修正因子对吸收剂量加权后得到修正的吸收剂量，组织中某一点处的剂量当量H被定义为D、Q和N的乘积，即

$$H=D\cdot Q\cdot N \tag{1-4-2}$$

式中，D——吸收剂量，Gy；

Q——品质因素，量纲一；

N——其他修正因子之积，国际放射防护委员会（ICRP）规定，N=1。

剂量当量的单位 J/kg，单位专用名称为希沃特（Sv），曾用单位名称雷姆（rem），1 Sv=100 rem。

（4）有效剂量当量。

当所考虑的效应是随机性效应时，在全身受到非均匀照射的情况下，受到危害的各器官和组织的剂量当量与相应权重因子乘积的总和，即

$$H_E=\sum_T W_T H_T \tag{1-4-3}$$

式中，H_T——器官或组织T所受到的剂量当量；

W_T——组织或器官T的危险度权重因子，其数值由 ICRP 规定。

有效剂量当量H_E的单位与剂量当量相同。

（5）集体剂量当量。

集体剂量当量是受给定辐射源照射的群体，各人群组平均每人全身或任一特定器官或组织所受的剂量当量与各组成员数乘积的总和，即

$$S = \sum_i \overline{H_i} N_i \tag{1-4-4}$$

式中，S——集体剂量当量，人·Sv；

H_i——第 i 人群组平均剂量当量，Sv；

N_i——第 i 组的人数，人。

思考题

1．重要名词

危险；风险；本底风险；增加风险；可接受风险；风险管理；风险不确定性来源；有毒化学品；致癌斜率因子；参考剂量。

2．重要问题

（1）简述环境风险评价的应用范围。

（2）简述危险和风险的异同。

（3）简述毒性评价中的不确定因素。

（4）分析环境风险评价和环境影响评价的异同。

（5）论述健康风险评价中暴露评价的过程和需要考虑的问题。

（6）简述风险评价不确定性的来源。

（7）简述环境风险因素。

（8）简述有毒化学品毒性数据来源。

（9）目前国际上环境风险评价的发展有何趋势？

（10）环境风险评价与安全评价有何异同？

（11）有毒有害化学品风险评价分为哪几步？

（12）简述国际有毒有害化学品风险管理的现状和发展趋势。

（13）目前国际上针对有毒有害化学品的风险管理条约有哪些？

（14）环境风险管理与环境风险评价的关系是什么？

参考文献

[1] 李金惠，李颖. 环境风险评价内涵与外延研究. 安全与环境学报，2012，12（1）：119-125.

[2] 魏一敏. 风险和风险管理基本知识简介. 中国防汛抗旱，2005（1）：64.

[3] 刘琰，郑丙辉，万峻，等. C 市饮用水水源风险评价实例分析. 环境科学研究，2009，22（1）：52-59.

[4] National Research Council Committee on the Institutional Means for Assessment of Risks to Public Health. Risk assessment in federal government：managing the process. Washington DC. National Academy Press，1983.

[5] U. S. EPA. Framework for ecological risk assessment. EPA/630/R-92/001，1992.

[6] 李俊杰. 吉林石化分公司双苯厂爆炸事件之启示. 长春：吉林大学，2007.

[7] Tim Overton，Tim Wagner. Use of Layer of Protection Analysis（LOPA）within the Dow Chemical Company：John Wiley & Sons，Inc.，2010：347-353.

[8] U. S. Nuclear Regulatory Commission. Summary of reactor safety study—an assessment of accident risks in U. S. Commercial Nuclear Power Plant WASH-1400（NUREG-75/014），1975.

[9] U. S. National Research Council. Risk assessment in the Federal Government：managing the process. Washington，D.C：National Academy Press，1983.

[10] U. S. EPA. Risk assessment and management：framework for decision making. EPA：600/9-85-002，1984.

[11] U. S. Nuclear Regulatory Commission. Severe accident risks：an assessment for five U. S. nuclear power plants，1990.

[12] U. S. EPA National Center for Environmental Assessment. Guidelines for the health Risk assessment of chemical mixtures，EPA/630/R-98/002，1986.

[13] U. S. EPA. Guidelines for carcinogen risk assessment. EPA/630/P-03/001F，2005.

[14] U. S. EPA. Guidelines for mutagenicity risk assessment. EPA/630/R-98/003，1986.

[15] U. S. EPA. Guidelines for developmental toxicity risk assessment. EPA/600/FR-91/001，1991.

[16] U. S. EPA. Integrated risk information system. http://www.epa.gov/iris/subst.

[17] U. S. EPA. Guidelines for exposure assessment. EPA/600/Z-92/001，1992.

[18] U. S. EPA. Risk characterisation handbook. EPA 100-B-00-002，2000.

[19] U. S. EPA. Proposed guidelines for carcinogen risk assessment. EPA/600/P-92/003C，1996.

[20] U. S. EPA. Guidelines for reproductive toxicity risk assessment. EPA/630/R-96/009，1996.

[21] U. S. EPA. Exposure factors handbook. EPA/600/P-95/002F a-c，1997.

[22] U. S. EPA. Guidelines for neurotoxicity risk assessment. EPA/630/R-95/001F，1998.

[23] U. S. EPA. Guidelines for ecological risk assessment. EPA/630/R-95/002F，1998.

[24] U. S. EPA. Guidelines for carcinogen risk assessment external review draft. NCEA-F-0644，1999.

[25] U. S. EPA. Stressor identification guidance document. EPA-822-B-00-025，2000.

[26] U. S. EPA. The history of risk at EPA. http://epa.gov/riskassessment/history.htm.

[27] U. S. EPA. Guidance Documents. http://cfpub.epa.gov/ncea/cfm/recordisplay.cfm？deid=173444.

[28] UNEP. Division of Technology，Industry，and Economics（DTIE）. The APELL Process. http: //www. unep. fr/scp/sp/process/apell.htm.

[29] UNEP International Environmental Techoology centre. Environmental risk assessment for sustainable cities IETC technical publication series 3，Dsaka，Janpan，1996.

[30] UNEP. DTIE Chemicals Braneh，World Health Organization. Guidance for Identifying populations at risk from Mercury Exposure，Geneva，Suitzerland，2008. http://who.int/foodsafety/publications/chem/mercaryexposure.pdf.?Ua=1.

[31] UNEP. Compilation of an inventory of existing risk management measureas lead and cadmium. 2008. http://www.unep.org/chemicalsandwaste/Portals/9/Lead_Cadmium/docs/Risk/Compilation_Inventory_RMM_ Nov_08.pdf.

[32] EEA. Environmental risk assessment—approaches，experiences and information sources，1998. http://www.eea.europa.eu/publications/GH-07-97-595-EN-C2.

[33] Barnthouse L W，Suter G W II. User's manual for ecological risk assessment. Washington D.C，1986.

[34] European Parliament and Council of EU. Directive 2000/60/EC of the European Parliament and of the Council of 23 October 2000 establishing a framework for community action in the field of water policy，2009.

[35] European Commission Environment Directorate General. REACH in brief，2007.

[36] European Summaries of EU legislation. Environment and health action plan 2004—2010，2004. http://europa.eu/legislation_summaries/public_health/health_determinants_environment/ l28 145_en.htm.

[37] European Commission Research & Innovation-Environment. Research history and policy relevance. http://ec.europa.eu/research/environment/index_en.cfm？pg=health.

[38] J Kagawa. Risk assessment and risk management in Japan. Toxicology and Industrial Health，1991，7（5-6）：347-350.

[39] 日本环境省. 保健和化学物质对策，关于公害健康危害的补偿等. http://www. env.go.jp/cn/chemi/index.html.

[40] Environmental Health Department MOE，Environmental Risk Assessment Office. Profiles of the initial environmental risk assessment of chemicals. http://www.env.go.jp/en/chemi/ chemicals/profile_erac/index.html.

[41] Soil Environment Management Division. MOE. Soil contamination countermeasures. http://www.env.go.jp/en/water/soil/contami_cm.pdf.

[42] MOE. Misistry of the Environment，Government of Japan the Basic environment plan，2006. http://env.go.jplen/poliey/plan/basic/Contents.html.

[43] U. S. EPA. What is Risk Assessment？ Basic information of EPA risk assessment. http://epa.gov/riskassessment/basicinformation.htm#arisk.

[44] European Environment Agency. Introduction to risk assessment concepts. http://www.eea.europa.eu/publications/GH-07-97-595-EN-C2/chapter1h.html.

[45] 国家环境保护总局. 建设项目环境风险评价技术导则（HJ/T 169—2004），2004.

[46] Andrea Critto，Glenn W Suter. Environmental risk assessment. Decision support systems for risk-based management of contaminated sites，2009：29-51.

[47] 胡二邦. 环境风险评价实用技术、方法和案例. 北京：中国环境科学出版社，2009.

[48] 白志鹏. 环境风险评价. 北京：高等教育出版社，2009.

[49] 马德毅，王菊英. 中国主要河口沉积物污染及潜在生态风险评价. 中国环境科学，2003，23（5）：521-525.

[50] 郝红，周怀东，王剑影，等. 漳卫南运河沉积物重金属污染及其潜在生态风险评价. 中国水利水电科学研究院学报，2005，3（2）：109-115.

[51] 颜兆林，周经伦，龚时雨，等. 概率风险评价及其应用. 劳动保护科学技术，2000（6）：26-29.

[52] 段刚，刘晓海. 环境风险评价构架的探讨. 四川环境，2005，24（4）：59-62.

[53] 孟宪林，孙丽欣，吕晓莹，等. 医疗废物焚烧灰、渣对人体健康风险评价. 哈尔滨工业大学学报，2008，40（6）：884-886.

[54] Harry M Tiebout，Kristin E Brugger. Ecological risk assessment of pesticides for terrestrial vertebrates：evaluation and application of the U. S. Environmental Protection Agency's quotient model. Conservation Biology，1995，9（6）：1605-1618.

[55] Lenwood W Hall，Mark C Scott，William D Killen. Ecological risk assessment of copper and cadmium in surface waters of Chesapeake Bay watershed. Environmental Toxicology & Chemistry，1998，17（6）：1172-1189.

[56] 殷浩文. 生态风险评价. 上海：华东理工大学出版社，2001.

[57] Xuegong Xu，Huiping Lin，Zaiyi Fu. Probe into the method of regional ecological risk assessment—a case study of wetland in the Yellow River Delta in China. Journal of Environmental Management，2004，70（3）：253-262.

[58] Simon J Pollard，Roger Yearsley，Nick Reynard，et al. Current directions in the practice of environmental risk assessment in the United Kingdom. Environmental Science & Technology，2002，36（4）：530-538.

[59] M Gamo，T Oka，J Nakanishi. A method evaluating population risks from chemical exposure：a case study concerning prohibition of chlordane use in Japan. Regulatory Toxicology & Pharmacology，1995，21（1）：151-157.

[60] 胡二邦，姚仁太，任智强，等. 环境风险评价浅论. 辐射防护通讯，2004，24（1）：20-26.

[61] J C Helton，D R Anderson，B L Baker，et al. Helton uncertainty and sensitivity analysis results obtained in the 1992 performance assessment for the waste isolation pilot plant. Reliability Engineering & System Safety，1996，51（1）：53-100.

[62] 凯利. 贝叶斯概率风险评估. 北京：国防工业出版社，2014.

[63] 费尔曼，米德，威廉姆斯. 环境风险评价方法、经验和信息来源. 北京：中国环境科学出版社，2011.

[64] 中国石油天然气集团公司 HSE 指导委员会. 健康、安全与环境管理体系风险评价. 北京：石油工业出版社，2001.

[65] 柴立元，何德文. 环境影响评价学. 长沙：中南大学出版社，2006.

[66] 罗云. 风险分析与安全评价（第 3 版）. 北京：化学工业出版社，2016.

[67] 王德高，王莹. 化学物质环境风险评价. 北京：科学出版社，2015.

[68] T Munns Vermeire，WR Sekizawa J，et al. An assessment of integrated risk assessment. haman and ecological risk assessment，2007，13（2）：339-354.

[69] Jim Bridges. Human health and environmental risk assessment：the need for a more harmonised and integrated approach. Chemosphere，2003，52（9）：1347-1351.

[70] 国家安全生产监督管理局. 安全评价通则. 安监管技装字〔2003〕37 号，2003.

[71] Ferguson C，Darmendrail D，Freier K，et al. Risk assessment for contaminated sites in Europe. Volume 1. Scientific Basis. Nottingham：LQM Press，1998.

[72] 中华人民共和国卫生部. 工作场所有害因素职业接触限值（GBZ 2—2002），2002.

[73] U. S. EPA. Framework for cumulative risk assessment. EPA/630/P-02/001F，2003.

[74] Z. Al-Jobeh，quantifying uncertainty in environmental risk assessment. Water Resources & the Urban Environment，1998.

[75] William D. Rowe. Understanding Uncertainty. Risk Analysis，1994，14（5）：743-750.

[76] 刘建龙. 基于随机理论的住宅室内环境健康风险评价及模拟方法研究. 长沙：湖南大学，2008.

[77] 曾光明，钟政林. 环境风险评价中的不确定性问题. 中国环境科学，1998，18（3）：252-255.

[78] 张一先，许国栋. 化学品突发性事故预测的不确定性分析. 安全与环境学报，2001，1（5）：14-18.

[79] 束龙仓，王茂枚，刘瑞国，等. 地下水数值模拟中的参数灵敏度分析. 河海大学学报（自然科学版），2007，35（5）：491-495.

[80] 钱新明，冯长根. 易燃易爆危险物质泄漏扩散仿真及其应用的研究. 中国安全科学学报，1997（3）：30-33.

[81] 钱新明，吴庆善，陈宝智. 应用模糊集理论对液化气泄漏影响范围的不确定性研究. 劳动保护科学技术，1995（4）：45-48.

[82] 胡聿贤，陈汉克. 关于地震危险估计中不确定性的统一分析. 地震学报，1994，16（4）：511-518.

[83] 胡国华，夏军，赵沛伦. 河流水质风险评价的灰色-随机风险率方法. 地理科学，2002，22（2）：249-252.

[84] 王清印. 预测与决策的不确定性数学模型. 北京：冶金工业出版社，2001.

[85] 李丽娜. 上海市多介质环境中持久性毒害污染物的健康风险评价. 上海：华东师范大学，2007.

[86] Elizabeth J Kelly，Katherine Campbell. Separating variability and uncertainty in environmental risk assessment—making choices. Human & Ecological Risk Assessment，2000，6（6）：1-13.

[87] 冯瑞，李良. 保险基础与实务. 北京：北京大学出版社，2008.

[88] CAS. CAS REGISTRY Fact Sheet，2009. https://www.cas.org/about-cas/cas-fact-sheets/ registry-fact-sheet.

[89] D L Hunt，S N Rai，C S Li. Summary of dose-response modeling for developmental toxicity studies. Dose-Response，2008，6（4）：352-368.

第二篇

危险源风险评价

第 1 章　安全性评价概述

环境风险评价中危险源风险评价也称危险源的安全性评价，主要是在安全性评价方法的基础上，有机地综合风险评价的理论和方法进行。

1.1　安全性评价发展史

系统安全的观念于第二次世界大战后首先在飞机制造领域开始萌芽，系统安全分析方法的开发和应用于 20 世纪 50—60 年代导弹的发展时期逐渐发展和推广[1]。因为，同时期以液体为推进剂的导弹常常发生意外爆炸，这些液体推进剂的毒性和反应性甚至高于第一次世界大战使用的毒气，其腐蚀性也远远超过工业界使用的有毒有害物质，且压缩气体压力可达到 6 000 psi（1 psi = 6.895 kPa），爆炸威力巨大。

核电工业是系统安全和概率风险评价方法建立和应用的一个重要领域[2]。1975 年的 WASH-1400 是世界上第一个对商业核电厂所做的较完整的风险评估报告[3]。在此研究中，大量运用故障树分析和事件树分析以评估这些商业核电厂对一般公众的风险[3,4]。1986 年 1 月 28 日，挑战者号航天飞机在进行代号为 STS-51-L 的第 10 次太空任务时，由于右侧固态火箭推进器上的一个“O”形环失效，引发了一系列连锁反应，并于升空后 73 s 时发生爆炸，解体坠毁，同时机上的 7 位宇航员均在此次事故中丧生。在挑战者号航天飞机事故后，美国航空航天局（National Aeronautics and Space Administration，NASA）制定了更严格的质量和安全保障措施，开发了一套完整的基于概率风险评价方法的评价程序对航天任务开展评价。概率风险评价作为工程系统安全风险管理程序的重要组成部分，目前已广泛应用于工程系统的设计、制造以及使用和运行阶段当中[5]。

文本 2-1-1 反应堆安全性研究：美国商业核电厂事故风险评价（WASH-1400），1975 年

反应堆安全性研究是对美国轻水核电厂可能发生的所有事故风险的第一个综合性的评价。WASH-1400 研究的目标是：

- 进行反应堆事故对公众风险的现实评估；
- 开发进行评价的方法学手段，并了解其限制；
- 提供并独立检查工业和政府的反应堆安全实践的有效性，同时鉴别未来安全性研究的领域。

该研究的主要结论如下：

- 最可能的核心坍塌事故对公众有一定的影响；
- 反应堆导致的事故同人群已经暴露事故相比不大，常常较小；
- 反应堆的事故频率小于有类似后果的大多数其他事故。

化学化工行业是安全性评价应用最为广泛的行业[6]。1964 年，美国道化学公司推出道氏火灾与爆炸指数（Dow fire and explosion index，Dow F&EI）以评估化工厂的火灾与爆炸危害[7]。同时期，英国帝国化学工业有限公司（Imperial Chemical Industries，ICI）开发了针对化工厂过程安全的具有预估性质的危害与操作性研究（hazard and operability studies，HAZOP）方法[8]。从 20 世纪 60 年代到 80 年代，化工行业借鉴核工业、军工业领域的故障树分析、事件树分析等概率风险评价方法，开发并逐步形成了两种安全性评价方法体系[9]。一种是对工艺过程和生产装置危险性的定量评价体系，采用世界各国广泛接受的对化工装置和工艺过程的火灾与爆炸危险评价及相应安全措施的方法，以美国道化学公司评价方法为主，也可采用美国保险协会、杜邦公司、日本劳动省等开发的评价方法，以及英国 ICI 蒙德指数（Mond index）等方法[10]。这些评价方法主要从物质的物理化学特性、生产工艺过程等方面考虑装置的危险性，适用于理想状况下的化工装置安全性评价。国内化工装置的预危险性评价也大多采用此类方法。另一种方法体系则是对系统的安全性和可靠性进行评价的体系，主要方法包括事故树分析，检查表法，可操作性研究，故障类型、影响及致命度分析等。此类评价方法以概率论为基础，从系统工程分析出发进行评价，且评价过程的量化程度相对较高，但同时也存在工作量大、费用昂贵的问题。

目前，系统安全性评价在高风险工业和国防工业的应用业已积累了不少经验，已发展应用的方法超过 50 种，若再包括一些特殊用途的技术（如防止能量流向人或设备并减少灾害用的危险能量流动的屏障分析），则近 100 种方法。

1.2　国际安全性评价实践

世界对工业重大灾害的觉醒始于 1974 年 6 月 1 日发生在英国弗里克斯镇（Flixborough）的环己烷工厂大爆炸。此事件是一般民众对工业灾害由漠视到严重关切的分水岭。从事石化、炼油的工业行业，处理各种易燃易爆物、腐蚀性物质、毒性物质，虽说其安全记录好且风险甚低，但重大灾害的控制仍是社会各界共同关注的问题，有时甚至跨越国界，成为全球性的焦点。

1.2.1　欧洲

1976 年，意大利的塞维索市（Seveso）化工厂泄出二噁英毒气云，污染范围达 1 800 万 m^2，成千上万的动物因此死亡，不少儿童感染皮肤病[11]。有鉴于灾害的深度和广度，欧洲共同体（European Community）的成员国于 1982 年在意大利塞维索市讨论石化工厂重大灾害控制问题，并发出指令——Directive 82//50l//EEC（1982），规定欧洲经济共同体（European Economic Community）各国石化工厂涉及使用危险物质的过程，必须采取所有必要的防范措施，以避免发生重大灾害，伤害工人、公众和环境。这类石化工厂必须培训员工，将危害通知政府及厂外民众，制订紧急应变计划，提交安全评估报告。各国有关当局必须提交一份该国危害分析、风险评估的报告给欧洲共同体委员会。

由于受弗里克斯镇爆炸的影响，英国于 1974 年 4 月 1 日开始实施《工作卫生安全法》（*Health and Safety at Work Act*），在卫生安全署（Health and Safety Executive）内设置重大危害组（Major Hazard Unit），并成立重大危害咨询委员会（Advisory Committee on Major Hazards）[12]。重大危害组中设立风险评估小组（Risk Appraisal Group）。重大危害咨询委员会的主要任务是认定重大危害工厂的种类（不包括核电厂）、危害的性质及程度，并对控制危害的方法提供建议，如厂址选择、规划、设计、操作、维护、危险物和有毒有害物的处理等。为达到上述目的，英国政府颁布了下述 4 个规章：①危险场所（通报与调查）规章（1978 年）；②处理危险物品场所通报规章（1982 年）；③重大事故危害管制规章（1984 年）；④健康危害物质管制规章（1988 年）。

荷兰也对重大危害进行了立法管制。早在 1974 年即有由企业提出职业安全报告（occupational safety report）的构想，但正式法规到 1982 年才付诸实施。1985 年，约有 100 家大公司完成安全报告。在荷兰，重大危害分属中央政府两部门管辖：①涉及厂外一般大众安全的，规范在《公害法》（*Nuisancece Act*）之内，由住宅、规划与环境卫生部（Ministry of Housing，Planning and Environmental Hygiene）负全责。立法目的在于防范或减少公众遭受重大危害，其特点是实行执照制度。可能涉及重大危害的工业设施，在建厂之前，需先提供资料，说明其危害，向当地政府申请设厂许可执照，经过听证会之后才发给许可执照。②涉及厂内员工安全、卫生的，规范在《劳工情况法》（*Labour Conditions Act*）之内，由社会事务部（Ministry of Social Affairs）负全责。此法制定了保障员工安全卫生的内部社会政策[13]。

1.2.2 美国

美国联邦政府与美国各州都有管制重大危害的立法。美国联邦政府的权责机构在 EPA 与职业安全卫生局（Occupational Safety and Health Administration，OSHA）[14,15]。各州虽各有其法规，但管制最低标准需高于联邦法规。

美国 OSHA 涉及重大危害管制的法规主要是 1992 年 8 月 26 日生效的《高度危险化学品的过程安全管理》（29 CFR 1910.119）[16]。此法规列出了：①适用范围；②过程工厂必须报备的资料；③涉及危险品的员工知晓权利与培训；④过程危害分析；⑤变更设备与程序的管理；⑥事故调查；⑦应急计划；⑧法令执行等[17]。美国 EPA 在《综合环境反应、补偿与责任法》（*Comprehensive Environmental Response Compensation and Liabilty Act*，CERCLA）下实施风险评价的管理工作[18]。CERCLA 风险评价的目的在于评估对人体健康和环境构成威胁的化学品。美国各州对火灾、爆炸、毒气外泄等重大灾害的管制性立法大同小异。

1.3　系统安全性分析要素

1.3.1　系统与系统安全

系统，是指由若干相互联系的、具有独立功能的要素（子系统），为了达到特定目标而结合所构成的整体[19,20]。对生产系统而言，构成系统的要素包括人员、物资、设备、资金、任务指标和信息 6 个方面。

一般而言系统都具有 4 个特性：

①系统是由 2 个或 2 个以上的要素构成的具有统一性的整体；

②系统内各要素之间是彼此联系、相互作用的；

③系统具有既定的任务目标；

④系统的存在具有一定的条件，并处于一定的环境中。

对系统安全而言，安全就是指系统或要素受伤害或损坏的风险低于可接受的程度的状态。系统安全是指在系统生命周期的各阶段通过工程与管理原则、标准和技术的应用，在运行效率、时间和成本等因素限制范围内所达成的安全的最佳情况。

1.3.2　系统安全性分析基本要素

针对大量事故的调查分析结果表明，导致灾害性事故的原因基本可分为两大类型：一是系统的不安全的状态；二是系统中不安全的行动[19,21,22]。具体包括：物的原因、人的原因和环境条件 3 个方面。从消除导致灾害性事故的主要原因的立场入手，开展危险分析、预测和评价，可有效防止事故的发生。

1.3.2.1　物的原因

主要包括设备或装置的设计或构造存在缺陷、材料强度不够、磨损和劣化过度、有毒有害物质及火灾爆炸危险性物质、防护器具或安全装置缺陷等因素[23]。对系统中各种机械、装置、贮罐、管道等的作用、重要程度和位置，这些设施在何种情形和条件下可能发生故障，这些故障发生后可能对系统的安全造成什么影响，系统内各有毒有害物质或危险性物质的储存、运输和使用情况，都应当进行细致且具体的分析，以便于事故风险的防范和控制。

1.3.2.2 人的原因

主要包括误操作、误判断、误指挥、违章作业、注意力不集中、身体疲劳或缺陷等[8]。其中，误操作是指在生产活动中，作业人员在正常生产操作或处理异常情况时，对当前情况的辨识、判断和行动上的错误。化工厂发生的重大火灾、爆炸事故中，超过一半的事故发生的原因为误操作。因此，在具有较大危险性的工业生产中，保证作业人员处于良好的身体和精神状态是避免发生事故的重要手段。

进行工业生产分析，必须考虑生产系统中人的因素，即人的误判断、误操作等因素的影响[24]。这些错误中有的可能只是生产作业中微小的简单差错，但也可能导致灾难性的后果。人的操作错误概率可按以下程序求出：

①分析人的操作程序；

②分析各程序中的作业内容及因素；

③查询各项作业要素的误差率的经验数据；

④计算总的操作错误概率。

1.3.2.3 环境条件

主要包括生产作业时环境中的照明、温度、湿度、通风、噪声、震动、色彩等条件，以及由于邻近的有毒有害物质的泄漏扩散或火灾爆炸等事故可能形成的次生灾害。

1.4 系统安全性分析相关名词

系统安全性分析有关的专有名词包括危害分析、风险评估、安全分析、危害评估、安全评价等[25,26]。这些名词大都由安全、危害、风险等字眼与分析、评估（assessment）、评价（evaluation）或管理等词语组合而成，在不同论著和书籍中的含义略有差异。为方便读者阅读，本书特对常出现的名词含义进行梳理和明确。

1.4.1 危害分析

危害分析（hazard analysis）是从危害的认知（identification and recognition）开始，进而分析事故发生的因果关系，最后估计（estimate）事故发生的概率和事故造成的不良影响（人员伤亡、财产损失、环境损坏等）的大小程度、范围。

危害分析包括定性分析和定量分析。定性分析是认知危险的能量、危险的物质等事故媒介物，认知不安全设施、设备等不安全的状况，以及认知不安全的行为、工作态度和人为失误等，是指认事故各原因之间的关系，或指认偏离（deviation）正常操作的步骤或异常情况的征兆等。一些涉及人因工程或人可靠度的不良因素也应进行事前了解或事后调查分析。

危害分析的定量分析是估计事故发生的概率和事故不良后果的大小程度、范围。危害分析有时只能进行半定量数值，有时可得到全定量化数值（如 Dow index 的损毁半径）。

1.4.2　风险评估

风险评估（risk assessment）所涵盖的意义大于危害分析。风险评估强调事故风险大小或重要性（importance）的判断（judgement）。风险评估的范围根据面临的危害而定，通常包括下列主要工作项目：

①对危害的认知；

②分析意外事故发生的因果关系；

③估计危害不良影响的大小程度；

④估计事故及不良后果的可能性，可能性以概率或频率表示；

⑤对以上各项分析的结果作判断，并对估计的风险的重要性作判断；

⑥采取改善措施或决策时，决策者以第⑤项的判断为基础，并考虑风险评估的不确定性，权衡成本效益作最适的决策。

危害分析通常包括上述的第①项、第②项，但有时也包括第③项、第④项。一般而言，凡涉及事故概率与后果的评估，皆属风险评估的范围。因此，第③项、第④项属风险评估（estimation），第⑤项属风险评价（evaluation），第⑥项已属管理的控制危害问题。

1.5　安全性定量评价

1.5.1　故障率

故障率是指设备或部件工作 t 时间后，单位时间内发生失效或故障的概率，用 $\lambda(t)$

表示。其中，失效是指系统丧失规定的功能，而对于系统内可修复的失效则称为故障。在进行安全性评价的定量分析时，为计算事故的发生概率，必须确定设备或部件的故障率[27]。

由许多零部件组成的设备，其故障率随时间变化的曲线为“U”字形，如图 2-1-1 所示，是一个典型的故障率曲线。

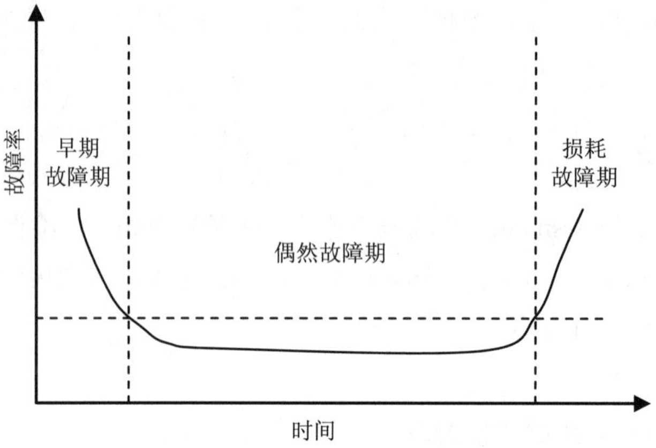

图 2-1-1 故障率曲线

设备故障率随时间的变化可大致分为 3 个时期[28]：

（1）早期故障期。

故障率随设备使用时间的逐渐增长由高值迅速下降。该时期内，设备中部分元器件因内部缺陷，在试验或调试过程中发生损坏，使得在后续的使用中被排除。

（2）偶然故障期。

该时期内设备的故障率基本稳定并趋近于固定常数。这一期间所产生的故障是可能随机发生的，故障率低而且稳定。同时，在此期间的故障率也体现了系统在正常工作状况下的可靠性。

（3）损耗故障期。

该时期内设备的故障率随使用时间延长又呈迅速上升趋势。故障率上升主要由元器件老化和长期损耗所致。因此，若能预知损耗故障期的开始时间并进行相应部件的更换，就可以有效降低设备的故障率，从而延长设备或系统的有效寿命。

1.5.2 概率风险评价

概率风险评价（probabilistic risk analysis，PRA）是一种定性分析和定量评价相结合的安全性评价技术，通过系统结构的逻辑性推理，将整个系统的失效概率与各个层次子系统、部件和外界条件等要素的失效概率相联系，从而预测系统中各类事故的发生概率[24,29,30]。PRA 是可用于定量分析事故或系统失败的发生频率、系统响应程度、影响大小的一个方法，主要用于核工业设施、工业设施、危险品运输的安全性评价[31]。

同时，PRA 也是一个方法论，要求将自上而下（如故障树分析）和自下而上（如故障模式影响分析）的分析模式相结合，将定性分析与定量评价相结合，将多层次的实验数据（完整系统、子系统、部件的直接实验和类似系统的实验数据）、模型计算结果、多种有关信息以及专家经验综合考虑。PRA 既强调定量计算，又充分考虑工程技术人员实际经验对于评价的重要性；既期望得到整个系统和各子系统总的安全性定量计算结果，又希望得到针对引起故障的基本原因的定性分析[30]。

1.6 安全性评价在环境领域的应用

安全性评价一般关注危险源厂界内的财产损失和对人的伤害。但是对于利用易燃、易爆和有毒、有害物质的危险源除了其厂界内的危害，还可能危害周围环境和人群，因此涉及易燃、易爆和有毒、有害物质的危险源的风险分析也是环境风险评价的重要内容。

1.6.1 在核电安全方面的应用

20 世纪 70 年代初期，美国核能管制委员会（Nuclear Regulatory Commission，NRC，当时称为原子能委员会，AEC）进行了核反应堆安全研究（WASH-1400，1975）[3]。在此研究中，大量运用故障树和事件树以评估这些商业核电厂对一般公众的风险。美国核电厂因系民营，一般民众对核电厂的风险性高低不清楚，有些人甚至存有恐核症，因此政府监督严密，规定核电厂需自行进行安全分析与量化风险分析[29]。

1.6.2 在石油化学过程安全方面的应用

目前有不少安全性评价技术起源于石油化学公司的研发单位，如美国道化学公司化工装置评价法、危险和可操作性研究等[32]。英国政府在坎维岛（Canvey Island）石化工业区的风险评估，也使用故障树分析与事件树分析来定性和量化风险。假设分析（what-if analysis）、安全检查表（check list）分析方法可能是石化行业使用最早的定性危害评估技术。发达国家或地区如美国、加拿大或欧盟，或由政府立法规定，或由业者自行实施过程危害评估。以美国为例，联邦政府在 1992 年 8 月规定业者需对其拥有的高危险化学品进行危害分析，以协助员工及雇主决定如何促进安全或减少危害的后果[16,33]。美国职业安全卫生署（OSHA）要求石化业者或相关行业，凡运输、供销、使用高度危险物品者，必须进行危害分析，以防止易燃、易爆物或有毒、有害物质可能出现的危害[16]。

1.6.3 在工业安全卫生方面的应用

系统安全性评价方法在工业卫生方面也有应用。故障树分析、故障型式及影响分析已经应用在气体泄漏侦测系统、通风换气系统缺氧侦测警报系统、石棉危害防治、密闭空间作业等方面[13,34]。

1.6.4 在环境保护工程方面的应用

系统安全性评价技术可应用于环境保护工程的设计、操作、废弃等系统的整个生命周期，甚至是概念设计阶段。例如，在建造危险品或危险废物贮存和处置设施之前，即可应用初步危害分析（PHA）等方法评估其风险[35]。初步危害分析是初步评估该设施操作上的危害及风险，评估范围包括危害的认知、危害严重性评估、系统或子系统的确认、估计发生概率、控制方法（包括操作程序、设备、人员等控制）等。

1.6.5 在环境管理方面的应用

化学品的运输、贮存和使用会产生风险，而一旦发生事故，泄漏的危险化学品会对周围环境和人体健康产生影响，因此重大危险源的管理是环境管理的一项重要内容。如危险物质的生产、贮存、使用和经营等各类型企业或组织的重大危险源辨识。在建设项目中大多数国家都要求进行环境影响评价，风险评价是其中的重要内容之一[36]。我国

《关于防范环境风险加强环境影响评价管理的通知》中规定，新建化工石化类建设项目及其他存在有毒、有害物质的建设项目，必须进行环境风险评价。除根据《建设项目环境风险评价导则》[37]等相关要求外，还应包括以下内容：分析建设项目产品、中间产品和原辅材料的规模及物理化学性质、毒理指标和危险性等；针对项目运行期间发生事故可能引起的易燃易爆、有毒有害物质的泄漏，或事故产生的新的有毒有害物质，从水、大气、环境安全防护等方面考虑并预测环境风险事故影响范围，评估事故对人身安全及环境的影响和损害；提出环境风险应急预案和事故防范、减缓措施，特别是要针对特征污染物提出有效的防止二次污染的应急措施。

1.7　安全性评价在危险化学品生产企业的应用

危险化学品生产是高风险的行业之一，最有可能带来环境和人体健康问题，因此该行业的安全性评价在环境风险评价中具有示范意义。

1.7.1　危险化学品生产企业的安全性评价工作程序

危险化学品生产企业的安全性评价包括 7 个步骤[38]：

（1）确定现状安全性评价范围；

（2）收集、整理安全性评价所需资料；

（3）确定安全评价采用的安全性评价方法；

（4）定性、定量分析安全性评价内容；

（5）与被评价单位交换意见；

（6）整理、归纳安全性评价结果；

（7）编制安全性评价报告。

1.7.2　安全性评价所需资料清单

根据《危险化学品生产企业安全评价导则（试行）》[39]安全性评价所需资料清单包括以下内容：

（1）被评价单位概况，包括危险化学品生产工艺、装置和设备、储存、运输设施等基本情况。

（2）被评价单位外部资料，包括所在地的自然条件资料、周边的重要场所和区域、基础设施和单位分布情况、周边交通道路和交通管制措施示意图、被评价单位周边 24 h 人员居住和活动分布情况。

（3）安全生产管理资料，包括企业管理机构设置和相应职责文件、岗位设置及相应责任等制度文件、安全生产管理制度、设备和装置安全操作规程、安全生产管理机构和安全生产管理专职人员的设置和配置文件、安全生产管理记录和档案、事故应急救援方案等。

（4）从业人员资料，包括主要负责人培训考核情况表及证书、安全管理人员培训考核情况表及证书、特种作业人员培训考核情况表及证书、其他从业人员培训考核情况表。

（5）设备、设施资料，包括生产系统、辅助系统、消防系统。

（6）工艺技术资料，包括车间、设备、装置等平面布置图，工艺流程图、工艺规程、1 年内的生产运行记录、工艺变更情况。

（7）物料资料，包括生产原料、辅助材料，产品、中间产品、副产品，生产过程中产生的废物等物料的相关资料，如物料的数量、分布情况、变更情况、物理化学性质和危险性等资料。

（8）厂房、车间、仓库等建筑工程资料，包括厂房、车间、仓库等建筑工程清单，公安消防机构针对建筑消防设计的消防验收文件等。

（9）作业场所资料，包括作业场所清单及相应检验检测报告，职业危害防治措施清单，工作人员劳动保护用品配备、维护、保养和更换情况，厂区内有害因素检测资料（有毒有害物质、粉尘、作业温度、噪声、辐射等）。

（10）安全设施管理资料，包括安全设施清单，安全设施的检验检测报告，安全设施维护、保养情况。

（11）重大危险源管理资料，包括重大危险源清单，重大危险源检测、评估报告，重大危险源的监控措施情况。

（12）事故应急救援管理资料，包括器材、设备配备清单，应急救援器材、设备维护、保养、检修记录，医疗救护情况。

1.7.3　安全性评价内容

（1）危险、有害因素的识别，包括分析危险、有害因素并进行分类。

（2）分析生产装置、设施的生产单位外部周边情况和所在地自然条件，包括分析生产装置、设施的危险、有害因素对生产单位周边社区的影响；分析生产单位周边社区对生产装置、设施的影响；分析自然条件对生产装置、设施的影响。

（3）安全生产条件的分析，包括管理层安全生产工作情况；生产层安全生产工作情况。

（4）固有危险程度，包括根据已确定的危险、有害因素，分析、确定生产装置、设施的固有危险程度；根据已确定的危险、有害因素，辨识、确定危险目标和重大危险源。

（5）预测可能发生的危险化学品事故后果。

（6）安全性评价结论，包括根据安全性评价结果，做出可接受程度的结论；针对安全性评价结果，做出采取何种措施后的可接受程度结论；做出假设整改计划实施后的可接受程度结论。

第 2 章　危险源的安全性评价方法

2.1　危险源的安全性评价方法概述

针对危险源的风险评价可以采用安全性评价的方法，包括：安全检查表，假设分析，预先危险性分析，危险分析，作业危害分析，危险和可操作性研究，故障型式、影响及严重度分析，美国道化学公司化工装置评价法，英国帝国化学工业有限公司蒙德火灾、爆炸、毒性指数评价法，日本六阶段评价法，作业条件危险性评价法，事件树分析，故障树分析，因果分析等[13,24,40]。

安全检查表（check list）是一种定性分析的检查方法。该方法将整个系统分成若干子系统，根据规程、标准、经验和事故情报等资料，对各个子系统中存在的安全问题进行周密分析和检查，并将检查的项目和要点通过列表的形式进行记录，以便于按既定项目进行安全检查和诊断[24,41]。

假设分析（what-if analysis）是一种主要依靠过去积累的经验和直观判断进行风险定性分析的方法[40]。该方法要求对系统中所有工艺过程或反应的每一步均需要提出：如果发生故障会对系统造成何种影响？导致什么危害？现有什么安全措施？通过这样的分析过程，确定系统中最危险的部位[42]。

预先危险性分析（preliminary hazards analysis，PHA），也称工艺危险性分析（process hazards analysis），是在系统的安全程序设计阶段，对系统内危险因素的状态进行定性分析，以判明系统的主要危险因素，并评估相应风险，通过制定风险管控措施，使系统到达安全状态。在系统开发阶段进行预先危险性分析，可以有效避免后来变更设计，保证系统的安全性和经济性。预先危险性分析可按检查表进行检查，或者根据经验、事故情报资料以及技术分析进行判断。这种方法还可用于分析导致潜在灾害的危险条件及其危险程度，以确定防止潜在灾害的手段。

危险分析（hazards analysis，HAZAN），也叫危险量化，包括对可能导致危害物质化的不良事件的识别，对这些不良事件可能发生机制的分析，以及对不良事件后果的估计。

作业危害分析（job hazard analysis，JHA），又称作业安全分析（job safety analysis，JSA）、作业危害分解（job hazard breakdown），是一种定性的风险分析方法，适用于涉及手工操作的各种作业，许多石油和天然气公司采用了这种方法[43]。作业危害分析将涉及的作业活动细致划分为若干单一步骤，并对每一个步骤进行分析，以辨识相应步骤和作业过程的潜在危害，制定对应的安全保障措施[43-45]。

危险和可操作性研究是英国帝国化学工业有限公司于 1974 年开发的系统安全性分析方法，是一个系统的归纳性的方法[41]。该方法通过系统地分析新设计建造或已有工厂的生产工艺流程和功能，以评价装置和设备的个别部位因操作误差或机械故障而引起的潜在的危险，并进一步评估该危险对工厂的影响[46]。它通过指导性语言鉴别引起危险情况的偏离，从而对整个系统的危险和操作性问题进行鉴别。

美国道化学公司化工装置评价法是该公司于 1964 年发布的供内部用于对化工过程和生产装置的火灾和爆炸危险性进行评价，并制定相应安全措施的方法[5]。该方法基于物质系数这一基础数据，结合特定物质、一般工艺或特定工艺的危险修正系数，计算得出火灾、爆炸指数，并根据指数结果大小分成 4 个等级，按等级的要求制定相应的措施[47]。

英国帝国化学工业有限公司蒙德火灾、爆炸、毒性指数评价法，是在美国道化学公司化工装置评价法的基础上补充完善而形成的评价方法，包括 DOW/ICI 总指标、火灾潜在性的评价、爆炸潜在性的评价、毒性危险性评价及总危险性系数[47]。该评价方法基于工艺、物质、毒性、布置等因素的危险性，计算采取措施前后的火灾、爆炸、毒性和整体危险性指数，评定各类危险性等级[46]。

日本六阶段评价法是 1976 年由日本厚生劳动省（Ministry of Health，Labour and Welfare）在《化工厂安全评价指南》中提出的一种对工程项目的安全性进行定性和定量评价的方法，主要应用于对化工产品的制造和储存过程。该方法的评价步骤包括：①资料的整理和分析；②项目设计和运行的定性评价；③将装置分成多个工序，基于物质、容量、温度、压力和操作 5 个指标将工序中各单元的危险程度进行定量评价并划分等级；④根据工序评价出的危险度等级，制定针对设备和管理的相应安全措施；⑤参考同类型装置，采用过往事故案例进行安全性再评价，对于再评价属于第 2 级、第 3 级危险度的装置终止评价；⑥针对属于第 1 级危险度的情况用故障树分析进行再评价。

作业条件危险性评价法是由美国的 K. J. Graham 和 G. F. Kinney[48]所提出的评价方法，该方法评价步骤包括：①以类比作业条件为基础，由熟悉此类作业条件的人员组成评价小组；②评价小组成员按照标准给 L、E、C 各项分别打分，取 3 项分值集合的平均值作为 L、E、C 的计算分值，用以计算危险性分值 D，评价条件的危险性等级。表 2-2-1 为作业条件危险性评价法参数选取和结果判定依据，判定计算过程如式（2-2-1）所示。

$$D = L \times E \times C \tag{2-2-1}$$

式中，D——危险性；

L——危险发生事故的可能性大小；

E——人体暴露在这种环境中的频繁程度；

C——一旦发生事故会造成的损失后果。

表 2-2-1 作业条件危险性评价法参数选取和结果判定

a. L——危险发生事故的可能性大小

分数值	事故发生的可能性
10	完全可以预料
6	相当可能
3	可能，但不经常
1	可能性小，完全意外
0.5	很不可能，可以设想
0.2	极不可能
0.1	实际不可能

b. E——人体暴露在这种环境中的频繁程度

分数值	暴露于危险环境的频繁程度
10	连续暴露
6	每天工作时间内暴露
3	每周一次或偶然暴露
2	每月一次暴露
1	每年几次暴露
0.5	非常罕见地暴露

c. C——一旦发生事故会造成的损失后果

分数值	发生事故的后果	财产损失/美元
100	大灾难，许多人死亡	>1 000 万
40	灾难，数人死亡	100 万～1 000 万
15	非常严重，一人死亡	10 万～100 万
7	严重，重伤	1 万～10 万
3	重大，致残	1 000～10 000
1	引人注目，需要救护	100～1 000

d. D——危险性等级划分标准

分数值	危险程度	风险等级
>320	极其危险，不能继续作业	5
160～320	高度危险，要立即整改	4
70～160	严重危险，需要整改	3
20～70	一般危险，需要注意	2
<20	稍有危险，可以接受	1

事件树分析（event tree analysis，ETA）是一种归纳逻辑图法，也可用于定量分析[24]。它是从事件的起始状态出发，按一定程序对系统各要素的状态（成功或失败）进行比较，以查明系统最后的输出状态。

故障树分析（fault tree analysis，FTA），即逻辑分析，是对事故进行预测和分析的一种科学方法[49]。在生产过程中，可能由于作业人员的误判断、误操作，设备、装置故障或误动作，以及受毗邻场所发生事故的影响而导致一定的危险性[50]。

因果分析（cause-consequence analysis，CCA）是将故障树与事件树兼容并蓄而形成的图形分析方法，其利用故障树分析向后追寻事故原因，利用事件树向前推断事故后果的方法，以图表示其因果关系。由服务于丹麦原子能委员会风险实验所的 Nielsen 于 1971 年所创[13]。

故障型式、影响及严重度分析（failure modes，effects and criticality analysis，FMECA）是首先在美国国防科技中研究提出的一种归纳分析方法[5]，主要应用于对系统的可靠性和安全性分析，尤其在设计阶段即充分分析并提出系统可能发生的故障和辨识故障类型，判明其对系统的影响程度和故障发生概率等。该方法通常包括两部分工作，即故障型式、影响分析（failure modes and effects analysis，FMEA）和严重度分析（criticality analysis，CA）。故障型式是描述故障具体发生的方式，如泄漏、裂开、折断、变形等。严重度为故障型式发生的频率及其发生后后果（consequences）的一种相对度量。严重性（severity）指故障型式的后果，用于表明一旦故障型式存在，其可能造成最严重的后果，严重程度依系统损毁、财产损失或伤亡程度而定。FMECA 常运用于预测复杂产品的可靠度，预估产品或其零件在特定时间和条件下发生故障的机制和概率，以及发生故障之后对其他零件、产品甚至整个系统的影响。此外，FMECA 用途还包括：①协助评估所设计的装置，如复联系统（redundancy）、故障侦测（fault detection），以及失效保护（fail-safe）特性等；②对测试、采购（procurement）、检查、改善措施等进行排序的参考数据；③提供故障隔绝（fault isolation）及维护性（maintainability）分析的参考数据；④提供系统安全分析（如故障树分析）所需的硬件数据[13]。

2.2 美国道化学公司化工装置评价法

美国道化学公司化工装置评价法，也称道氏火灾与爆炸指数法（Dow fire & explosion index，Dow F&EI），是危险源风险分析中常见的相对等级（relative ranking）评价技术。Dow F&EI 是根据物质系数（material factor，MF），结合事故统计数据和现行防灾措施情况，定量评价生产、贮存和处理，可燃、易燃、易爆或活性物质的操作过程和公用工程中，系统、锅炉、管道、整流器、变压器、污水处理设施等过程单元潜在火灾、爆炸和反应性事故的危险指数[51]。

2.2.1 美国道化学公司化工装置评价法发展史

美国道化学公司于 1964 年研究发布了第一版《道化学公司化工装置评价法》。第二版在 1966 年发行，增加了一些安全防范措施。第三版、第四版相继在 1972 年和 1976 年出版，有增有删，比如增加危险物质的物质系数，对一般过程危害（general process hazards）和特殊过程危害（special process hazards）中每一种化学反应或状况，皆赋予一个数值代表其安全性，称为危险系数。凡危害性高者，点数亦较高。对于各种安全防范措施，也建立其补偿系数。

1981 年出版第五版，提出了风险评估的表格。由物质系数、过程温度、压力燃料的量 3 个因素确定暴露半径（exposure radius）。损失控制补偿系数也分成 3 类：过程控制、物料隔绝与防火。而且可从最大可能的财产损失（maximum probable property damage，MPPD）利用图表求得最大可能设备停机日数（maximum probable days outage，MPDO），最后计算出生产停顿的损失。

1987 年出版第六版，相对于第五版略有增删，主要包括：①改变气体与液体闪点的范围以确定物质系数；②在特殊过程危害部分增加毒性物质的危险系数；③简化补偿系数算法；④提供保险公司的汇整数据，其中含厂内风险分析的各种资料。

1994 年出版第七版，仍沿袭原来格式，简化了评价过程所用表格，使其易于填写，增加了依据温度调整物质系数的项目，更新了危害物质资料和物质系数[52]。

2.2.2 危害分析的计算程序

（1）数据和资料收集。包括：①厂区详细配置图；②生产工艺流程图；③Dow F&EI 表格（见表 2-2-2）；④安全措施补偿系数表（见表 2-2-3）；⑤风险分析摘要（见表 2-2-4）；⑥过程安装设备的成本数据。

（2）确定过程单元。选择过程单元的主要依据包括：①物质的潜在化学能；②危险物质数量；③资金密度；④操作压力与温度；⑤以往火灾、爆炸事故的发生情况；⑥工艺过程的关键设备等。

（3）确定物质系数 MF。

（4）根据单元工艺条件，评估危害促成因素，并确定适当的危险系数。

（5）根据一般工艺危险系数 F_1 与特殊工艺危险系数 F_2 的乘积，确定单元危险系数 F_3。

（6）计算单元危险系数 F_3 与物质系数 MF 的乘积，即为火灾、爆炸指数 F&EI。

（7）根据 F&EI 计算危害暴露区域的范围和面积。

（8）估算危害暴露区域内所有设备的价值，并计算危害系数和基本最大可能财产损失（base MPPD）。

（9）利用安全措施补偿系数和 base MPPD，计算实际最大可能财产损失（actual MPPD）。

（10）利用 actual MPPD，确定最大可能设备停机日数，计算生产停顿损失（business interruption loss，BI）。

表 2-2-2 Dow F&EI 表格

厂址__________厂名__________过程单元__________分析者____________审查者____________

使用危险物或有害物________________________________

操作状况□ 启动□ 停机□ 正常操作 确定 MF 的危险物

物质系数（过程单元温度超过 60℃则需要）⟶ ☐

1．一般危害程度（F_1）	危险系数	使用的危险系数
A．放热反应（0.3～1.25）	1.0	1.0
B．吸热反应（0.2～0.4）		
C．物料搬运与输送（0.25～1.05）		
D．封闭或是被过程单元（0.25～0.9）		
E．接近过程单元（0.35）		
F．排放（0.25～0.5）______gal[①]		
F_1 ⟶ ☐		
2．特殊过程危害（F_2）		
基数 ⟶	1.0	1.0
A．毒性物质（0.2～0.8）		
B．低压（＜500 mmHg[②]）（0.5）		
C．在易燃性范围或接近易燃性范围操作		
□ 惰性化　　□ 未惰性化		
（1）储存-易燃性液体的槽区（0.5）		
（2）过程失控或迫净失效（0.3）		
（3）经常处于或接近于易燃性范围操作（0.8）		
D．粉尘爆炸（0.25～2）		
E．压力：操作压力___psig[③]，释放压力____psig		
F．低温（0.2～0.3）		
G．易燃物或不稳定物质的量：___lb[④]，H_C=　　BTU[⑤]/lb		
（1）过程内液体，气体和反应物		
（2）储槽内液体或气体		
（3）储槽内固体可燃物，过程中粉尘		
H．腐蚀与侵蚀（0.1～0.75）		
I．泄漏——结合处与包装（0.1～1.5）		
J．使用火焰加热器		
K．热油热交换系统（0.15～1.15）		
L．旋转的设备（0.5）		
F_2 ⟶ ☐		
过程单元危险系数（$F_3=F_1\times F_2$）⟶ ☐		
F&EI=F_3×MF		

注：① 1 gal（UK）=4.546 09 L；

② 1mmHg=1.333 22×10^2Pa；

③ psig-压力（表压），1psig=6.894 76 kPa；

④ 1lb=0.453 592 kg；

⑤ BTU 为英国热量单位，1BTU=1.055 kJ。

表 2-2-3 安全措施补偿系数表

Ⅰ．过程控制（C_1）	
（1）紧急电（动）力---0.98	（5）电脑控制------------------0.93～0.99
（2）冷却------------------0.97～0.99	（6）惰性气体------------------0.94～0.96
（3）爆炸控制------------0.84～0.98	（7）操作教导或程序---------0.91～0.99
（4）紧急停车------------0.96～0.99	（8）查核反应性化学品------0.91～0.98
C_1 总数_____	
Ⅱ．物料隔断（C_2）	
（1）遥控阀---------------0.96～0.98	（3）平时排放-----------------0.91～0.97
（2）紧急泄放或排放---0.96～0.98	（4）联锁-----------------------0.98
C_2 总数_____	
Ⅲ．防火（C_3）	
（1）侦漏------------------0.94～0.98	（6）自动淋水系统----------0.74～0.97
（2）结构钢---------------0.95～0.98	（7）水帘----------------------0.97～0.98
（3）地下储槽与地上双壁式储槽-----0.84～0.91	（8）泡沫灭火系统----------0.92～0.97
（4）水源-----------------0.94～0.97	（9）手提式灭火器----------0.95～0.98
（5）防火侦测系统-----0.91	（10）电路防护---------------0.94～0.98
C_3 总数_____	
安全措施补偿系数= $C_1 \times C_2 \times C_3$ ___________（填入下列 D 项）	

过程单元分析提要

A-1	F&EI	________
A-2	暴露半径	________
A-3	暴露范围	________
B	损毁系数	________
C	base MPPD（A-3 × B）	￥________
D	补偿系数	________
E	actual MPPD（$C \times D$）	￥________
F	MPDO	________
G	BI	￥________

表 2-2-4 工厂风险分析摘要

城镇________________部门____________________分析日期____________________

厂名________________置换费___________________分析者______________________

过程单元	MF	F&EI	暴露面积内设备价值	base MPPD	actual MPPD	MPDO	BI
反应器							
熔炉							
压缩机							

2.2.3 确定物质系数

物质系数是表征物质由于燃烧或发生化学反应而引起的火灾、爆炸过程中潜在释放能量大小的内在特征。物质系数是考虑物质的两种危害而决定的：①易燃性（N_f）；②反应性（N_r），以 1～40 表示。

根据美国国家消防协会（National Fire Protection Association，NFPA）物质的易燃性分级 N_f 及反应性分级 N_r，危险物质的物质系数可根据表 2-2-5 确定。

表 2-2-5 物质系数确定准则表

易燃液体或可燃性的液体和气体	NFPA325M or 49	物质系数				
		$N_r=0$	$N_r=1$	$N_r=2$	$N_r=3$	$N_r=4$
不燃物	$N_f=0$	1	14	24	29	40
F.P.＞200℉	$N_f=1$	4	14	24	29	40
100℉≤F.P.＜200℉	$N_f=2$	10	14	24	29	40
F.P.＜100℉ B.P. ≥100℉	$N_f=3$	16	16	24	29	40
F.P.＜73℉ B.P.＜100℉	$N_f=4$	21	21	24	29	40
可燃性粉尘或烟雾						
St-1（K_{St}≤200 bar m/s）		16	16	24	29	40
St-2（K_{St} = 200～300 bar m/s）		21	21	24	29	40
St-3（K_{St}＞300 bar m/s）		24	24	24	29	40
可燃性的固体						
厚度＞40 mm，紧密的	$N_f=1$	4	14	24	29	40
厚度＜40 mm，疏松的	$N_f=2$	10	14	24	29	40
塑料泡、塑胶、粉末	$N_f=3$	16	16	24	29	40

注：F.P.为闪点；B.P.为沸点；1 bar=10^5 Pa；摄氏温度（*C*）与华氏温度（*F*）换算：*C* =5×（*F*－32）/9。

对于美国国家消防协会无 N_f、N_r 值的物质，其 N_f 和 N_r 值可通过计算求得。从物质的闪点可计算易燃性分级 N_f，或者当闪点低于 100℉时，从沸点导出，或者根据 H_{cv} 计算［H_{cv} 是燃烧热与 80℉（80.60℉=27℃）蒸气压的乘积］。凡沸点低于 80℉者，取其蒸气压为 1。从分解温度 T_d 可计算反应性分级 N_r。T_d 可由计算化学结构热力学数据得到（见表 2-2-6）。

表 2-2-6　易燃性分级 N_f 与 H_{cv}，反应性分级 N_r 与分解温度 T_d 的关系

闪点/℉	H_{cv}	N_f	T_d/K	N_r
无	＜10^{-5}	0	＜830	0
＞200	10^{-5}～0.6	1	830～935	1
100～200	0.6～10	2	935～1 010	2
0～100	10～150	3	1 010～1 080	3
＜0	＞150	4	＞1 080	4

注：1 K= –272.15℃。

2.2.4　一般工艺危险性

一般工艺的危险是影响事故损害大小的重要因素，主要包括以下六大因素，其中每一因素的各个类型均赋予危险系数[9]。

2.2.4.1　放热反应

（1）轻度放热反应。危险系数为 0.3，包括：①加氢；②水合；③异构化；④磺化；⑤中和。

（2）中度放热反应。危险系数为 0.5，包括：①烷基化；②酯化；③加成——不饱和碳氢化合物与无机酸的反应，若无机酸为强酸，则危险系数为 0.75；④氧化——物质在氧中燃烧或在控制条件下与氧反应，若使用强氧化剂，如氯酸盐、硝酸盐等，则危险系数为 1.0；⑤聚合；⑥缩合。

（3）剧烈放热反应。危险系数为 1.0，如卤化反应。

（4）特别剧烈的放热反应。危险系数为 1.25，如硝化反应。

2.2.4.2　吸热反应

反应器中发生的任何吸热反应，危险系数均为 0.2（注意：此危险系数仅适用于反应器）。当由固体、液体、气体燃料提供吸热反应所需能量时，危险系数为 0.4，包括：①煅烧（危险系数为 0.4）；②电解（危险系数为 0.2）；③热解或裂解（危险系数为 0.2，但用火焰直接加热时为 0.4）。

2.2.4.3 物料处理与输送

（1）经由输送管线装卸第一类易燃物料（即闪点低于 37.8℃的液体）或液化石油气，危险系数为 0.5。

（2）采用人工加料，且空气可随原料进入离心机、间歇式反应器或混料机，并能引起燃烧或引发反应时，无论是否采用惰性气体进行置换，危险系数均为 0.5。

（3）储存于仓库或仓储区的可燃性物质。危险系数为：①N_f= 3 或 N_f= 4 的易燃性液体或气体，危险系数为 0.85；②N_f= 3 的可燃性固体，危险系数为 0.65；③N_f= 2 的可燃性固体，危险系数为 0.4；④闪点为 37.8～60℃的可燃性液体，危险系数为 0.25。上述物质储存在货架上且没有安装自动洒水灭火系统时，危险系数均增加 0.2。

2.2.4.4 密闭或室内过程单元

处理易燃液体或气体的工作场所宜保持开放、通风良好的情况，以便于挥发的蒸气迅速消散，减少潜在的爆炸危险。集尘器和滤尘设备也应设置于开放的场所，远离其他设备。

密闭场所指有顶且三面或多面墙的场所，或者无顶但四周有墙围绕的场所。

设计良好的通风系统，其效率也不及开放性结构，但是如果通风系统能将易燃性物质全部收集并排出，则危险系数可以降低。情形如下：

（1）于密闭场所内安装的集尘和滤尘设备，系数为 0.5。

（2）密闭场所内处理易燃液体，当温度高于其闪点时，系数为 0.3；若液体量超过 10 000 lb（约 4 540 kg），系数为 0.45。

（3）密闭场所内处理液化石油气或任何易燃性液体，当温度高于物质的沸点，则系数为 0.6。若物质量超过 10 000 lb，系数为 0.9。

（4）若安装设计良好的通风系统，上列第（1）项和第（3）项的危险系数可减少 50%。

2.2.4.5 紧急救援通道

过程单元周围必须有紧急救援设备通道，最低标准是在至少两个方向上设有通道。确定密闭场所的过程单元危险系数时，应予以特别考虑。自道路至少可通往一条通道。设置有监控火灾爆炸的喷水枪并易于取用的消防道路，可视为第二个接近过程单元的通道。

通道设置不符合要求，且操作区域面积大于 925 m^2 时，系数为 0.35。

通道设置不符合要求，且仓库面积大于 2 312 m^2 时，系数为 0.35。

对于小于上列面积的过程，在评估通道设置是否符合要求时，需加以判断。若经由准确的工程判断显示通道设置影响消防活动时，系数为 0.2。

2.2.4.6　排放和泄漏控制

本项系数仅适用于过程单元内物质闪点低于60℃，或操作温度高于该物质闪点的情况。

评价排放和泄漏控制是否足够，需估算易燃或可燃物总体积，以及事故时消防水能否被及时排放。

（1）F&EI 表中排放量计算依据下列原则进行：

①对过程单元，使用单元容量；对贮存设备，使用最大储罐的贮量以及第二大储罐贮量的 10%之和。②采用 30 min 的消防水量，其中危险物质为农用化学品或危险环境化学物质时，消防水量设置为 60 min。

（2）确定危险系数：

①设置堤坝以防止泄漏液体流到其他区域，但堤坝区域内设备均为露天放置时，系数为 0.5。

②单元四周为平坦区域，会使泄漏液体蔓延，一旦失火会造成周围区域火灾，系数为 0.5。

③单元三面均设置堤坝，能将泄漏液体引流至蓄液池或封闭排放沟渠，当符合下列条件时，无危害系数：i. 蓄液池或封闭排放沟渠地面斜度满足：土质表面斜度大于 2%，硬质表面斜度大于 1%；ii. 从过程单元至蓄液池或封闭排放沟渠最短距离在 15 m 以上，或距离大于大型垂直储槽的直径（过程单元是大型垂直槽时）；iii. 蓄液池容量至少等于上列（1)-①和（1)-②之和，若仅部分符合上述条件，则危险系数为 0.25。

④若蓄液池或封闭排放沟渠处设置有公共设施管路，或管线距离不符合要求，系数为 0.5。

综上所述，仅当设置有良好的排放设施时才能够不计算危险系数。

2.2.5　特殊工艺危险性

特殊工艺危险是影响事故发生概率的重要因素。

2.2.5.1 毒性物质

毒性物质的毒性系数是以美国消防协会在 NFPA 704 识别系统中的 N_h（健康危害，health hazard）数值为基准。N_h 值为 0～4，其意义如下：

（1）N_h=0，发生火灾时，除一般可燃物的危险外，短期接触没有其他危险的物质。

（2）N_h=1，短期接触会造成刺激性，但不加治疗也仅有很小的后遗性伤害，包括佩戴合格的滤罐式面罩即可防范的物质。

（3）N_h=2，在高浓度或连续暴露时，除非迅速就医，否则会造成临时性工作能力的丧失或后遗性伤害，包括要求使用单独供给空气的辅助呼吸设备的物质。

（4）N_h=3，短暂暴露后，即使迅速就医，也会造成严重的暂时或后遗性伤害的物质，包括要求进行全身防护的物质。

（5）N_h＝4，即使短暂暴露也能致人死亡或严重伤害的物质。

2.2.5.2 负压操作

本项适用于空气泄漏进入系统中会造成危害的过程。危害源于空气与对湿度敏感或对氧敏感的物质接触，或者空气的混入形成易燃性混合气体。本项危险系数（0.5）仅适用于绝对压力低于 500 mmHg 的情况。

如果使用了本项系数，便不需要再使用后续 2.2.5.3 项“燃烧范围或其附近的操作”和 2.2.5.5 项“释放压力”中的危险系数，以避免重复。

2.2.5.3 燃烧范围或其附近的操作

本项为会将空气引入系统的操作情况。空气的引入会形成易燃性混合气体，从而导致危险，包括下列情况：

（1）储存 N_f= 3 或 N_f= 4 易燃性液体的储罐，在泵出液体或突然冷却时，空气可能被吸入储罐，危险系数为 0.5。打开放气阀或操作过程（吸、压）无惰性气体保护时危险系数是 0.5。储存可燃性液体的温度高于其闭杯闪点，且无惰性气体保护时，危险系数是 0.5。若使用密闭的充入惰性气体保护的蒸气回收系统，且保障其气密性，则无危险系数。

（2）仅当仪表或设备故障时，过程设备或储罐才可能处于或接近易燃性范围，此时危险系数是 0.3。凡是借助惰性气体吹扫，才能脱离易燃性范围的过程单元，其危险系数是 0.3。充填绝缘材料的货船或槽车也适用，若已按上列 2.2.5.2 项“负压操作”计算时，不再计算此危险系数。

（3）操作经常处于或接近于燃烧范围，无论是由于惰性气体吹扫措施不适用或未使用惰性气体吹扫，危险系数为 0.8。

2.2.5.4 粉尘爆炸

本项危险系数适用于涉及粉尘处理的单元。粉尘的最大压力值和最大压力上升速度主要受粉尘颗粒尺寸的影响。一般而言，粉尘颗粒粒径越小，危险性越大。

任何粉尘都有一定的粒径分布范围。本项危险系数的确定采用10%粒径（D_{10}）的概念，即10%的粉尘的粒径小于该值，其余90%大于该值。危险系数的确定参见表 2-2-7。除非已通过粉尘爆炸试验证明不具有粉尘爆炸危险，否则均需考虑粉尘爆炸危险系数。

表 2-2-7 粉尘爆炸危险系数

粒径/μm	通过泰勒标准筛（Tyler）筛网号数/目	危险系数
175 以上	60～80	0.25
150～175	80～100	0.5
100～150	100～150	0.75
75～100	150～200	1.25
75 以下	200 以上	2.0

注：若在惰性气体保护条件下进行操作，则危险系数减半。

2.2.5.5 释放压力

操作压力高于环境大气压时，高压可能导致高速率的泄漏，需要使用危险系数。但是否采用危险系数，取决于工艺单元中可能导致易燃物料泄漏的设备构件是否会发生故障。

操作压力高于 3 000 psig 的系统超出标准规范的范围（ASME 规范）。对于该类操作压力较高的过程，以图 2-2-1 计其危险系数。闪点低于 60℃的易燃性与可燃性液体可直接引用图 2-2-2 的危险系数。其他物质，则根据以下规则进行修正：

（1）高黏度物质，如沥青、焦油、柏油、润滑油，危险系数乘以 0.7。

（2）单独使用的压缩气体或加压至 103 kPa 以上的易燃液体，危险系数乘以 1.2。

（3）液化的易燃气体（包括所有储存在高于其沸点的其他易燃物质），危险系数乘以 1.3。

铸造和挤压操作均不适用。

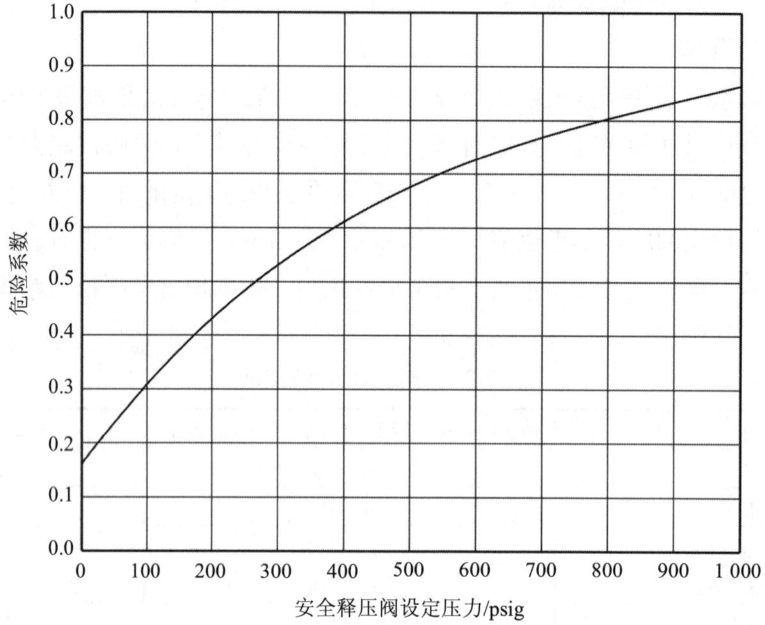

$$Y = 0.161\,09 + 1.615\,03(X/1\,000) - 1.428\,79(X/1\,000)^2 + 0.517\,2(X/1\,000)^3$$

图 2-2-1 压力危险系数——易燃和可燃液体释压阀设定压力

2.2.5.6 低温

本项主要考虑碳钢或其他金属在低于其展延或脆化转变温度条件下工作时，可能存在的脆性问题而导致危险的情况。若经过认真地评价，确认在正常操作或即使异常情况下均不会出现低于转变温度的情况，则不计算该项危险系数。

应使用危险系数的情况：

①使用碳钢作为结构材料的工艺设备，当操作温度低于或等于转变温度时，危险系数为 0.3。缺少材料的转变温度数据时，则假设转变温度为 10℃。

②设备材质为碳钢以外的材料，操作温度等于或低于材料转移温度时，危险系数为 0.2。此外，如果材料适于操作过程的最低可能温度，则可不计算危险系数。

2.2.5.7 易燃和不稳定物质的量

本项考虑过程单元中易燃和不稳定物质的量与危险系数的关系，共有 3 种不同的情况，分别以图 2-2-2、图 2-2-3、图 2-2-4 计算危险系数。每个过程单元，能且仅能计算 1

个系数，计算依据为已确定为计算该单元物质系数的代表物质。

（1）过程中的液体或气体——使用图 2-2-2。

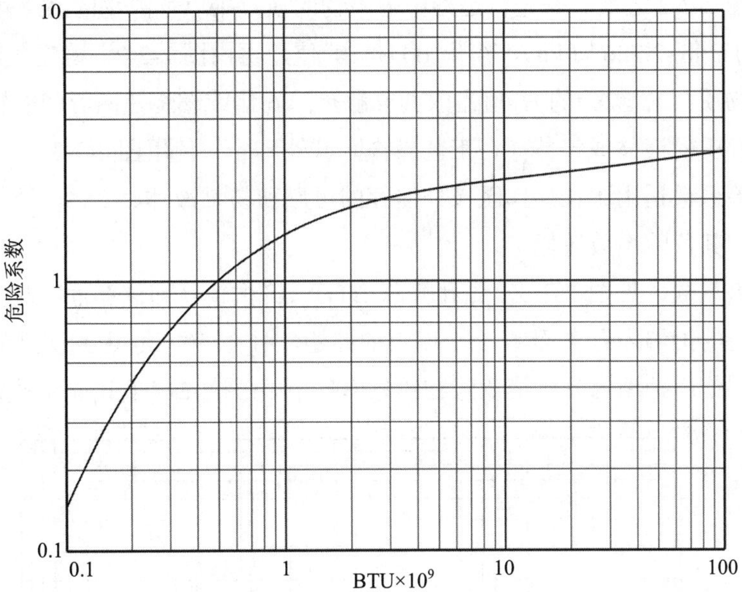

$$\lg Y = 0.17179 + 0.42988\lg X - 0.37244(\lg X)^2 + 0.17712(\lg X)^3 - 0.029984(\lg X)^4$$

图 2-2-2　危险系数——过程中的液体或气体

本情况适用于可能泄漏而造成火灾危险的物质的量，或者因暴露在火中而可能导致化学反应事故的物质的量。该项危险系数适用于任一过程，包括将物料泵入储罐。系数适用于下列已经作为单元物质系数代表的物质：

①闪点低于 60℃的可燃液体和易燃液体；

②易燃气体；

③液化易燃气体；

④闭杯闪点高于 60℃的可燃液体，且操作温度高于相应闭杯闪点；

⑤反应性化学物质，无论其易燃性如何（N_r=2、3 或 4）。

计算该项危险系数，首先需确定过程单元内危险物的量。物质的量计算依据为 10 min 内从单元或连接的管道中能够泄漏出来的可燃物的量。计算有多少可燃物可能泄漏时需根据一般常识进行。经验表明，采用下列两种情形中的较大值作为能够泄漏的量是合理估计：①过程单元内危险物的量；②最大的相连过程单元内危险物的量。在紧急情况下，相连接的过程单元若可由遥控阀隔断时，则不予考虑。

在使用图 2-2-2 之前，需先将过程中危险物的质量乘以危险物的燃烧热（H_c 单位为 BTU/lb，1BTU/lb=2.326 kJ/kg），得出 BTU×10^9 值，再由图 2-2-2，确定危险系数。

不稳定物质（N_r≥2）的 H_c 值需取其分解热的 6 倍或燃烧热两者间的较大值。

（2）储存中的液体或气体（在工艺操作区域外）——使用图 2-2-3。

该项危险系数适用于在操作区域外储存的可燃和易燃液体、气体、液化气体。因不在操作区内，其危险系数较低。

计算危险系数，见图 2-2-3，先计算总 BTU×10^9 数值（即储存危险品量乘以 H_c）。若在一个普通的护墙内有 2 个或 2 个以上的储槽，且在 30 min 内无法排放到容量足够的蓄液池，则使用护墙内各储槽危险物的总 BTU，由图 2-2-3 求其危险系数。

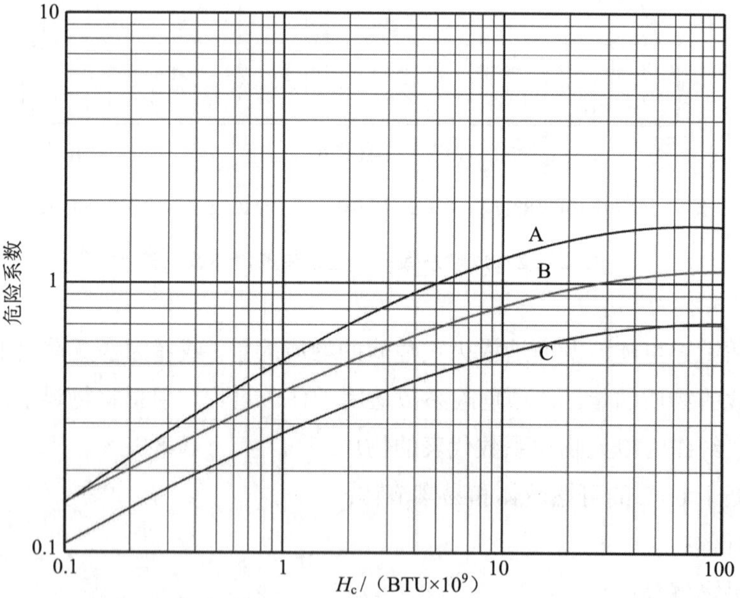

曲线 A：$\lg Y = -0.289\,069 + 0.472\,171\lg X - 0.074\,585(\lg X)^2 - 0.018\,641(\lg X)^3$

曲线 B：$\lg Y = -0.403\,115 + 0.378\,703\lg X - 0.046\,402(\lg X)^2 - 0.015\,379(\lg X)^3$

曲线 C：$\lg Y = -0.558\,394 + 0.363\,321\lg X - 0.057\,296(\lg X)^2 - 0.010\,759(\lg X)^3$

A. 液化气体；B.第一类易燃液体（闪点<37.8℃）；C. 第二类可燃液体（37.8℃≤闪点<60℃）

图 2-2-3　危险系数——储存的液体或气体

不稳定物质求取危险系数的方法与上列第（1）项相同。

图 2-2-3 中，曲线 A 用于液化气体，曲线 B 用于第一类易燃液体［闪点＜37.8℃（100℉）］，曲线 C 用于第二类可燃性液体（37.8℃≤闪点＜60℃）。

若危险物有多种，算其总 BTU 是多少，由图 2-2-3 求危险系数。

（3）储存的易燃性固体或过程中的粉尘——使用图 2-2-4。

该项危险系数依据储存的固体量或过程中的粉尘量，再依据危险物的密度、引燃难易程度和维持火焰的能力，而使用图 2-2-4 求取危险系数。若物质密度低于 14.88 kg/m^3，使用曲线 A；大于 14.88 kg/m^3 者，使用曲线 B。

至于不稳定物质（N_r≥2），取过程单元中物质量的 6 倍，再使用曲线 A 求危险系数。

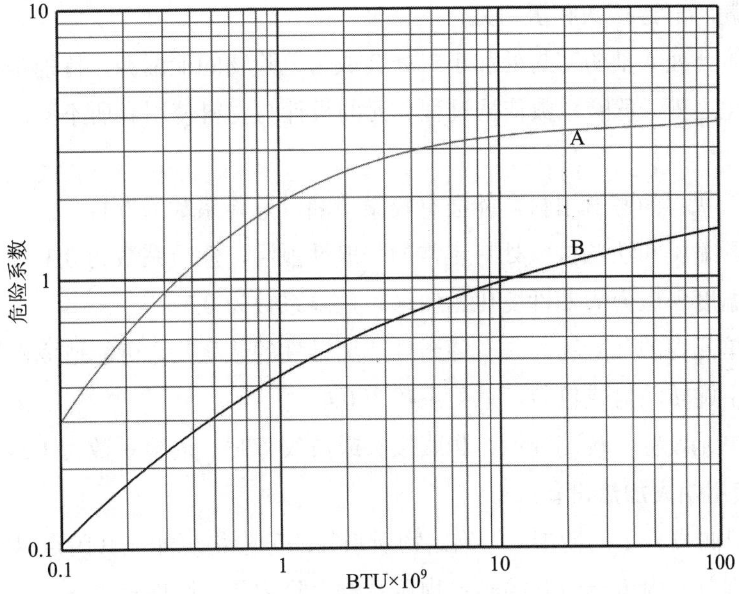

曲线 A：$\lg Y = 0.280\,423 + 0.464\,559 \lg X - 0.282\,91(\lg X)^2 + 0.062\,18(\lg X)^3$

曲线 B：$\lg Y = -0.358\,311 + 0.459\,926 \lg X - 0.141\,022(\lg X)^2 + 0.022\,76(\lg X)^3$

A. 物质密度＜14.88 kg/m^3；B. 物质密度＞14.88 kg/m^3

图 2-2-4　危险系数——储存的可燃性固体或过程中有粉尘

2.2.5.8 腐蚀与侵蚀

下列这些情况会造成过程内在或外在的腐蚀：①工艺过程流体中所含杂质；②油漆脱落；③保护衬垫、衬里，如塑料、砖等在缝隙、接合处脱落或潜在缺陷。

危险系数的确定：

①腐蚀（形成凹洞或局部侵蚀）速率小于 0.5 mm/年时，危险系数为 0.1；

②腐蚀速率在 0.5～1.0 mm/年时，危险系数为 0.2；

③腐蚀速率大于 1 mm/年时，危险系数为 0.5；

④有应力腐蚀裂纹风险时，危险系数为 0.75；

⑤用衬里防范腐蚀时，危险系数为 0.2；

⑥如果衬里仅用来保护产品以防污染和变化，不计算危险系数。

2.2.5.9 泄漏——连接头和填料处

垫圈、接合处或轴的密封处和填料处会成为危险物的泄漏源，特别是在有温度、压力周期性变化之处。危险系数依据过程单元的设计与物料使用有所不同。下列危险系数适用于：

①泵和活塞杆的密封填料可能会有轻微泄漏，危险系数为 0.1；

②泵、压缩机和法兰接头处有正常的一般性泄漏，危险系数为 0.3；

③发生温度和压力周期性变化的情形，危险系数为 0.3；

④过程单元内的危险物为具有渗透性或腐蚀性的浆状物，可能造成密封问题，以及过程单元使用旋转轴封或包装，危险系数为 0.4；

⑤过程单元设置有玻璃视镜、膨胀接头或波纹管时，危险系数为 1.5。

2.2.5.10 使用明火加热设备

（1）使用曲线 A-1 的情形：①确定物质系数的危险物可能在其闪点以上泄漏的过程单元；②过程单元内可能泄漏的确定物质系数危险物是可燃性粉尘。

（2）使用曲线 A-2 的情形为确定物质系数危险物可能在其沸点以上泄漏的过程单元。

操作过程中若存在明火加热设备，一旦发生易燃蒸气、液体或可燃性粉尘泄漏，则会增加引燃的概率。本项危险系数计算，有两种方法可供使用：①明火加热设备是 F&EI 计算中的过程单元；②明火加热设备附近存在各种过程单元，则依据距明火加热设备空气入口到过程单元潜在泄漏点的距离按图 2-2-5 确定危险系数。

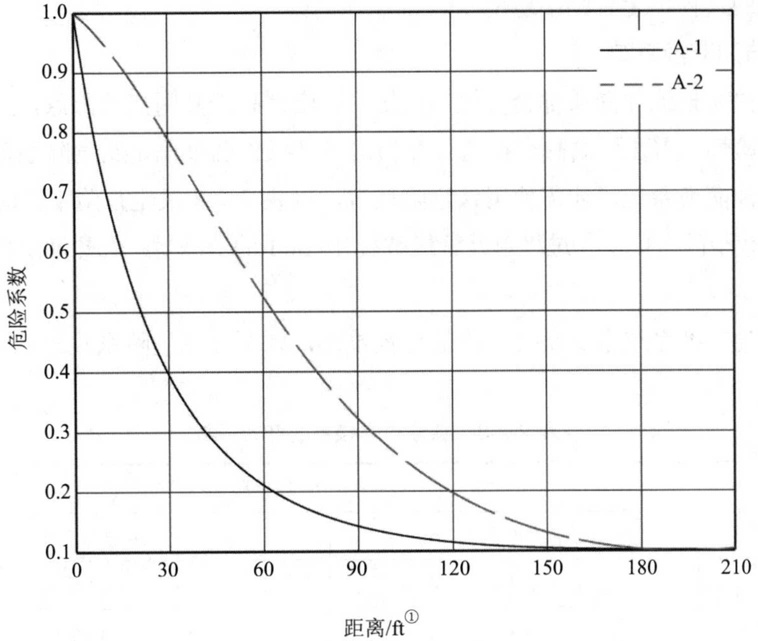

曲线 A-1：$\lg Y = -3.3242(X/210) + 3.75127(X/210)^2 - 1.42523(X/210)^3$

曲线 A-2：$\lg Y = -3.3745(X/210) - 2.70212(X/210)^2 + 2.09171(X/210)^3$

A-1. 高于闪点；A-2. 高于沸点

图 2-2-5 危险系数明火加热设备

如果明火加热设备本身是被评价的过程单元，则至可能的泄漏源的距离为 0；如果明火加热设备加热的物质是易燃或可燃物，则危险系数是 1.0，即使被加热的物质未达其闪点。

如果明火加热设备位于过程单元内，且过程单元内被选作物质系数的物质可能泄漏时的温度高于其闪点，则无论其距离多少，危险系数均不低于 0.1。

本项所涉及的其他任何情形，如被处理的危险物未达到其闪点，则不适用危险系数。

对于设计为“压力燃烧器”的明火加热设备，其空气入口距地面 3 m 以上，且不靠近任何排放口或潜在泄漏源时，危险系数仅为标准燃烧器的 50%，但是明火加热设备本

① 1 ft = 3.048×10^{-1}m。

身为被评价的过程单元时则不适用。

2.2.5.11 热油交换系统

大多数热交换流体介质都会燃烧，且使用温度常高于其闪点或沸点，因而会增加过程单元的危险性，需要依据热交换流体介质的量及操作温度确定其危险系数。仅当过程单元使用热油交换系统时才需使用该危险系数。以表 2-2-8 决定危险系数时，选用以下两者流体量较少的一项：①过程单元管线破裂 15 min 的泄漏量；②热油交换系统中油的总量。

如果热油交换系统本身是被评价的过程单元，则不计算危险系数。

表 2-2-8 热油热交换系统危险系数

量/gal	危险系数	
	在闪点之上	在沸点之上
<5 000	0.15	0.25
5 000～10 000	0.30	0.45
10 000～25 000	0.50	0.75
>25 000	0.75	1.15

2.2.5.12 旋转的设备

过程单元内的大功率转动设备会引起一定危险。以下各过程单元配以 0.5 的危险系数：超过 600 hp[①]的压缩机；超过 75 hp 的泵；混合机和循环泵因缺乏冷却措施而使过程生热；其他曾发生过事故的大型高速旋转设备，如离心机等。

2.2.6 确定单元危害系数

单元危害系数（以 F_3 表示）是一般过程系数（F_1）与特殊过程系数（F_2）的乘积。

F_3 的范围为 1～8（见图 2-2-6），图中的损毁系数（damage factor）表示损毁暴露程度的大小。MF 和 F_3 增加时，损毁系数将从 0.01 增至 1.00。F_3 代表由各种促成因素引起的燃料或反应性能量外泄造成的火灾与爆轰波损毁的全部情况。

① hp：马力，英制单位，1 hp=745.700 W。

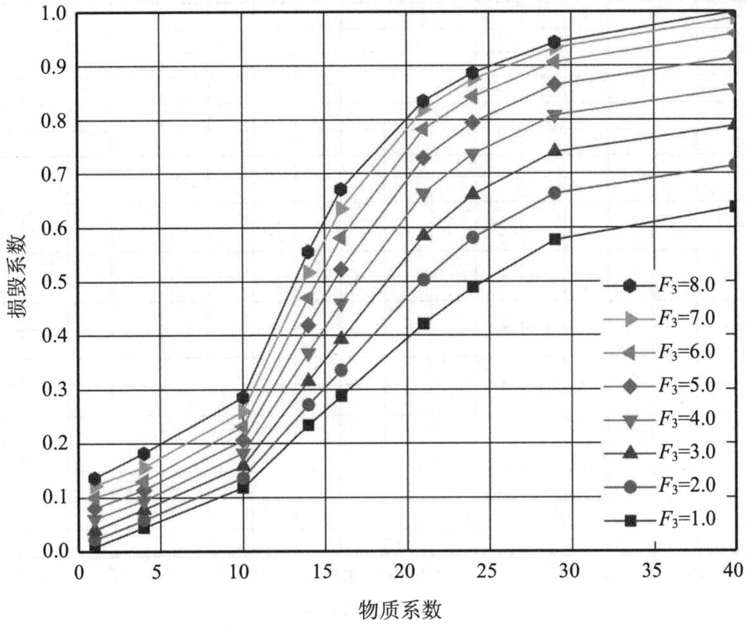

图 2-2-6　损毁系数

此外，F_3 可用来决定 F&EI。F_3 与 MF 的乘积即 F&EI。

2.2.6.1　确定火灾爆炸指数（F&EI）

假设有两个单元 A 与 B，其 F_3 皆等于 4，单元 A 的 MF=16，单元 B 的 MF=24，可知单元 A 和单元 B 的损毁系数分别等于 0.45 和 0.74，则单元 A 及单元 B 的 F&EI 分别是 64 与 96。分列如下：

（1）单元 A：F_3= 4；MF=16；损毁系数=0.45；F&EI=64；暴露半径=54 ft（约 17 m）。

（2）单元 B：F_3=4；MF=24；损毁系数=0.74；F&EI=96；暴露半径=80 ft（约 24 m）。

其中，暴露半径可从图 2-2-7 求出。对单元 A 而言，其周围 9 503 ft（883 m^2）的区域内可能 45%遭受损毁；而对于单元 B，其周围 20 106 ft（1 868 m^2）的区域内可能74%遭受损毁。在某单元因燃料外泄而引发火灾、爆炸，其附近的一些设备可能暴露在火灾、爆炸的危害之中，此被波及的范围是暴露范围（area of expospture）。暴露范围内的这些设备的价钱乘以损毁系数，可得 base MPPD。

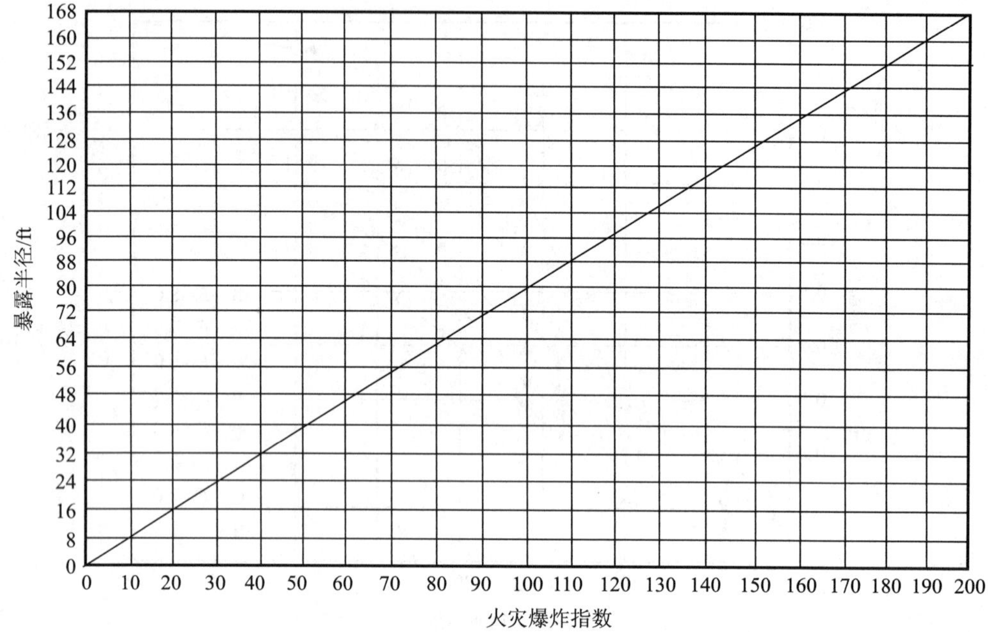

计算公式：$Y=0.84X$。

图 2-2-7 暴露范围

2.2.6.2 base MPPD 与 actual MPPD

base MPPD 是从暴露范围内的设备置换费得来的。

$$置换费=原来的价格\times0.82\times通货膨胀系数$$

设备的置换费可从目前的财务记录，或在暴露半径内设备、建筑物的成本估计得来。将估计所得的设备价格乘以损毁系数，即得 base MPPD。

base MPPD 表示发生事故后，在毫无安全防范设施或措施之下，工厂可能遭受的最大损毁。但现今在厂房设计建造之初，即已考虑安全问题，以期减少灾害发生的概率，并缩小暴露范围。美国道化学公司认为化工厂可采取 3 种安全措施或设施：

（1）过程控制（C_1）：如装设紧急应变装置、防爆抑爆系统、完善的作业程序教导与说明书、审查各种化学过程及其变更情形、物料的储运等。

（2）物料隔绝（C_2）：如遥控隔绝阀、排放设施、联锁等。

（3）防火设施（C_3）：如安装气体侦测器、足够的消防用水源、各种防火侦测及灭火系统等。

有了这些安全措施或设施，base MPPD 可降低至 actual MPPD。其降低方法是将 C_1、C_2、C_3 的损失控制补偿系数相乘（即 $C_1 \times C_2 \times C_3$），再利用图 2-2-8 转换成补偿系数（credit factor）。base MPPD 与补偿系数的乘积，是为 actual MPPD。

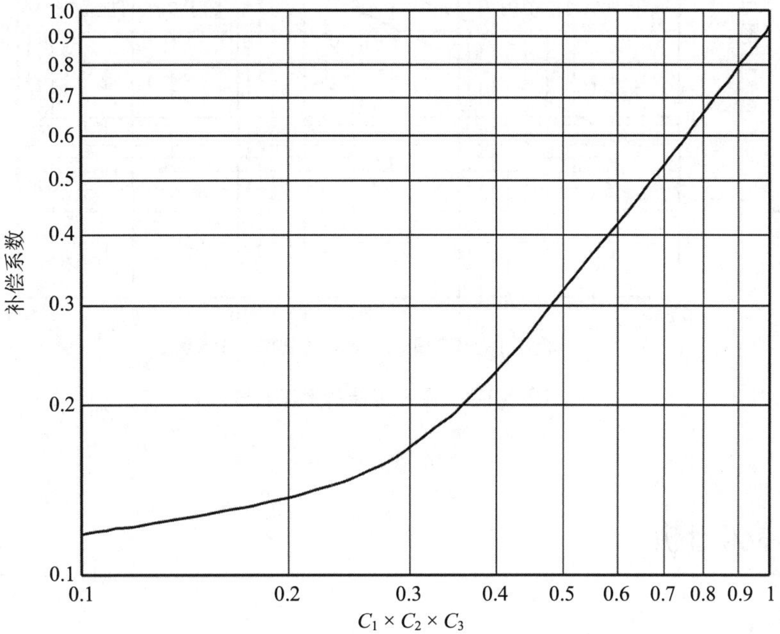

图 2-2-8　补偿系数

2.2.6.3　最大可能停机日数（MPDO）与生产停顿损失（BI）

发生火灾、爆炸事故后，机器损毁或故障，必须停机维修，维修期间造成生产停顿的损失。因此事故所造成的损失，除人员伤亡之外，尚有财产损失（包括维修费用），以及生产停顿无法供应买主。

根据图 2-2-9 求出针对 MPPD，可算出 MPDO，再由式（2-2-2）计算出 BI，单位为美元。

$$BI = (MPDO/30) \times \text{所制造产品的价值（VPM）} \times 0.70 \qquad (2\text{-}2\text{-}2)$$

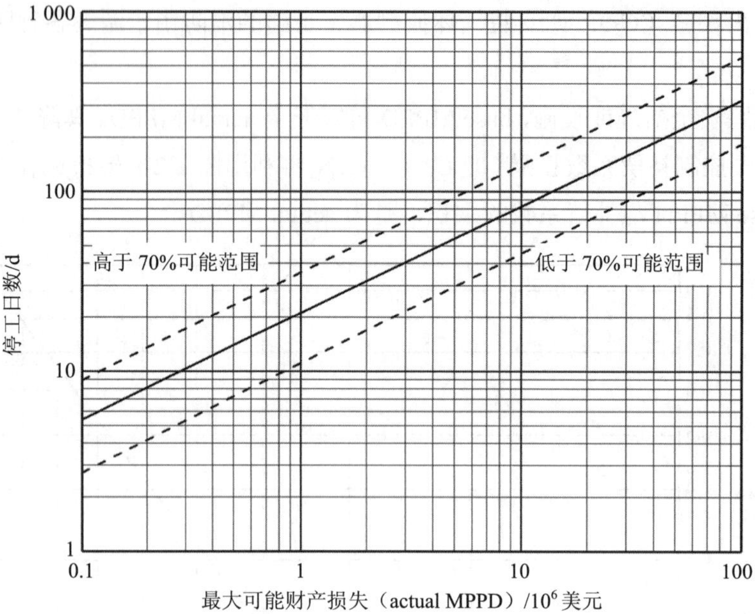

图 2-2-9　最大可能的停工日数

2.3　故障树分析

2.3.1　逻辑分析图

生产过程中，可能由于作业人员的误判断、误操作，装置或设备故障或误动作，以及因邻近场所发生的事故等影响而导致危险性。为避免这些危险性因素引发灾害性后果，需要预先分析和判断生产系统或作业中可能发生的危险类型和影响，何种条件可能诱发这些危险及危险发生的概率大小，并制定相应的危险防控和消除措施，或者限制事故发生的场合，将事故造成的损失降至最小限度。在分析一个完整系统，尤其是一个大且复杂的系统时，必须预先辨识并确定所有可能导致危险的因素，即细致分析构成该系统的各个单元或子系统的功能和相互关系，以及对导致该系统发生灾害事故的因素的影响，并进行详细的逻辑推理。对可能引发事故的各个因素考虑得越周详，推理越充分，才能更有效地控制事故发生的概率和造成的损害。为研究和分析上述问题，采用了系统安全工程中一种简明形象的逻辑分析图加以描述。

逻辑分析图是对既定的生产系统或作业中可能出现的各种事故条件及可能导致的灾害后果，按工艺流程、先后程序和因果关系绘成方框图[53]。逻辑分析图通常可由一个或几个系列构成，对所列出的单元或系列要逐步分析，并确定哪些是单独存在就可能导致下一个危险条件的成立，而哪些则是必须同时存在才可能导致下一个危险条件的成立，然后把各个因素间的相互关系和作用，用逻辑符号表示出来，绘制成逻辑分析图。

逻辑分析图的特点是由顶端事件依据系统构成，按逆程序逐项展开[54]。如以反应装置的火灾、爆炸事故为顶端事件，则需要按控制系统的逆程序，先分析可能导致火灾爆炸事故的温度、流量和压力等参数的变动，继而分析可能造成上述条件变动的泵、管道、阀门或仪表系统的故障，按它们之间的相互联系或制约关系，即输入（原因）与输出（结果）的逻辑关系，用规定的符号加以表示，见表 2-2-9。

表 2-2-9　逻辑分析常用符号及其意义

类别	名称		符号	意义
事件	基本事件			无须探明发生原因的底事件
	未探明事件		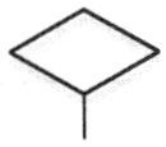	暂时不必或暂时不能探明原因，但原则上应进一步探明原因的底事件
	结果事件			其他事件或事件组合导致的事件，可分为顶端事件（所有事件联合发生作用的结果事件）与中间事件（底事件和顶端事件之间的结果事件）
	特殊事件	开关事件	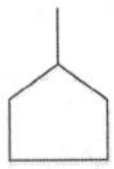	正常工作条件下必然发生或必然不发生的特殊事件
		条件事件	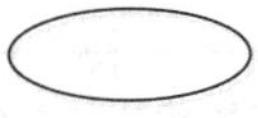	描述逻辑门起作用的具体限制条件的特殊事件

类别	名称		符号	意义
逻辑门	与门			仅当所有输入事件均发生时，输出事件才发生
	或门			至少有一个输入事件发生时，输出事件就能发生
	非门		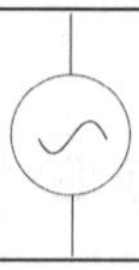	表示输出事件是输入事件的对立事件
	特殊门	顺序与门	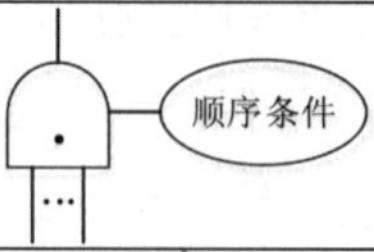	仅当输入的事件按规定的顺序条件发生时，输出事件才能发生
		表决门	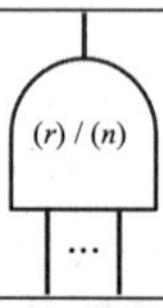	仅当 n 个输入事件中有至少 r 个发生时，输出事件才能发生（$r=1$ 时为或门；$r=n$ 时为与门）
		异或门		仅当单个输入事件发生时，输出事件才发生
		禁门	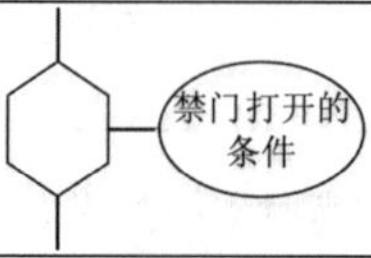	仅当发生条件事件时，输入事件的发生才能导致输出事件的发生
转移符号	相同转移符号	转向符号		下面转到以字母或数字为代号所指的子树去
		转此符号		由具有相同字母或数字的转向符号转到此处来
	相似转移符号	相似转向		下面转到以字母或数字为代号所指结构相似而事件标号不同的子树去
		相似转此		由具有与此子树相似转向符号，但事件符号不同的子树相似转移到此处来

逻辑分析应注意的问题[50,53]：

①任何一种系统，无论其形式和结构如何，都常常存在一定的危险，有的已被发现，有的是潜在的危险，在分析中必须细心，不遗漏每个因素，才可能做到分析完善和可靠。

②一般来说，各种工厂所发生的事故，常常有类似的原因，但是在具体分析一个系统或装置时，必须针对分析对象的特点，按照一种灾害形式绘制一种逻辑分析图的原则进行具体分析。

③在分析各个事故因素时，要特别注意判明各因素间的逻辑关系和制约条件。

④绘制一个逻辑分析图，必须确定展开到什么程度，一张概略或笼统的分析图，往往没有实际的指导意义，而一张完整的分析图，应当把所有可能出现的意外事件和潜在危险全面、严格地表示出来。

⑤逻辑分析图主要应用于危险性大、相关因素多、控制条件复杂等不易判明危险的系统。

⑥必须充分估计人的因素，即操作中的差错，如误判断、误操作等因素，这在化工装置的事故分析中尤为重要。

逻辑分析图具有以下功用，便于进行概率运算及定量评价[55]：

①对引发灾害事故的各种因素作出直观、科学和全面的描述；

②发现和查明系统内潜在的或固有的危险因素，为安全设计和制定安全生产措施及防止发生灾害性事故提供依据；

③使作业人员全面深入地认识和掌握各项安全生产和事故防控要点；

④对已发生的事故进行原因分析。

对一个系统或子系统进行逻辑分析的步骤如下：

①确定系统，并掌握系统分析的知识；

②确定顶端事件；

③绘制逻辑分析图。

2.3.2　故障树

故障树是采用前述的事件符号、逻辑符号和转移符号描述系统中各种事件之间因果关系的一种特殊的倒立树状逻辑关系图[56]。故障树的顶端事件为系统可能发生的灾害事故。对化工生产过程而言，主要包括有毒有害物质泄漏和扩散、火灾、爆炸等可能造成重大损失的意外事件。分析的范围可以只是一个生产工艺过程、一个生产装置或一种作业形式。对于多因素复合影响的系统，应当找出其中的主要危险，以便展开分析。

故障树是一种演绎分析工具，用于描述导致特定工艺过程达到顶端事件的某一特定状态的所有可能故障关系[57]。顶端事件同时也是风险评价的目标事件，可以是一个序列的事故，也可以是风险评价中认为重要的任何事故状态。通过故障树分析还能预测顶端事件发生的概率。

绘制故障树需要先辨识系统内潜在的或固有的危险因素。系统的危险性可能有许多原因，如设计上的缺陷、操作的差错、设备本身的隐患、使用时的疏忽大意、未知环境因素的随机影响，以及安全技术规程不完善等。对所分析的对象、设备、零部件、物资等都要弄清其各种可能发生失效的状态、相互联系及对系统的影响，找出各种失效（故障）对所要完成功能的影响，以便于按系统自身的特点展开分析。

搜集有关事故发生概率的数据信息并进行概率运算。有关计算事故发生概率的资料包括设备、装置、仪表的平均故障率（即在一定时间内发生故障的概率）和作业人员操作的误差率等。这些数据通常由实验方法近似确定或根据统计资料整理确定。逐项分析故障树各个枝节的故障资料，按逻辑代数公式可计算得出顶端事件的概率。

根据分析与计算结果，对系统的安全性作出总体评价，并选择、改进和完善控制系统及防灾措施的最优方案。

在应用故障树前，需要先将复杂的环境风险系统分解为相对简单且易于识别的小系统[53]。例如，可以把化工厂建设的环境风险分解为物理风险、化学风险等。其中，化学风险可以进一步分解为有毒原料的贮存和输运、各生产线上各单元的反应过程控制和单元内涉及有毒物料的操作、有毒成品的贮存和外运等。

化学风险是石油加工业、化学工业、有毒有害化学品运输业相关项目所必须考虑的因素[58]。不同的建设项目，有不同的分解方法和内容。就化工厂而言，也同样存在物理风险，如运输过程中化学品遗漏或散落造成的危险。简而言之，事故分解的原则是将复杂的环境风险问题单元化、明确化。其评价过程包括：

①原始资料调查，熟悉待评价系统。对待评价系统的环境状况、结构和作业情况等方面都应充分了解，并绘制系统工艺流程图。对待评价系统或类似该系统的其他系统所发生的事故的各种因素进行调查、分析和总结，如设备老化、磨损，机械故障，操作或

管理失误，以及环境条件不佳等[31]。

②绘制故障树图。从顶端事件开始，通过演绎分析方法，逆序地逐级辨识直接原因事件，直至到达最基本事件才终止，并根据各层次事件的逻辑关系，用逻辑门进行事件的连接，绘制形成故障树。

③估算底端事件（基本事件）发生的概率和所分析事故（顶端事件）发生的概率。

④对系统进行修正。

以 1995 年大亚湾核电站内 48 V 直流电源系统于年检后再送电时，因为过程仪表系统动作引起的反应堆保护系统 B 列发出“安全壳压力高”信号，而导致误发安全壳喷淋保护信号的电厂运行事故为例，说明故障树分析方法中故障树的设立[59]。

在反应堆保护的逻辑设计中，安全壳的压力和换料水储存箱（RWST）水位分别通过 4 个压力探测器和 4 个水位传感器监测，并分别送入过程仪表系统 A、B 列中相应的阈值继电器。当安全壳内的压力超过 0.24 MPa 时，引起阈值继电器动作，并发出“安全壳压力高”信号；当 RWST 水位降到+6.92 m 和+3.12 m 时，产生“RWST 水位低”信号。以上信号经隔离耦合器进入反应堆保护系统四取二逻辑电路，再经反向放大器驱动双稳继电器触发专设安全系统动作[60]。

大亚湾核电站反应堆保护系统设计中，为了防止“失电”误动，在反应堆保护系统和过程仪表系统间增加了一个由 48 V 的直流电源供电的备用闭锁保护回路，防止过程仪表系统机柜失电时闭锁其发出的误动信号，而影响安全系统动作[61]。

安全系统的故障树分析，采用如图 2-2-10 所示的概率风险评价（probabilistic risk analysis，PRA）保护信号误动故障树描述。根据法马通（Framatome）核能公司提供的可靠性数据，底事件失效概率如下：失电工况 I4A（大亚湾核电站规程编号）的失效概率为 6.5×10^{-4}；闭锁保护回路失效概率为 1；手动切换电源到 220 V 交流不间断电源母线（LNE）的过程，人为因素失效概率为 0.1；220 V 交流不间断电源母线（LNE）失效概率为 5.04×10^{-5}。根据故障树进行定量计算顶端事件（“安全壳压力高”信号及“RWST 水位低”信号误动）概率为 6.5×10^{-4}。

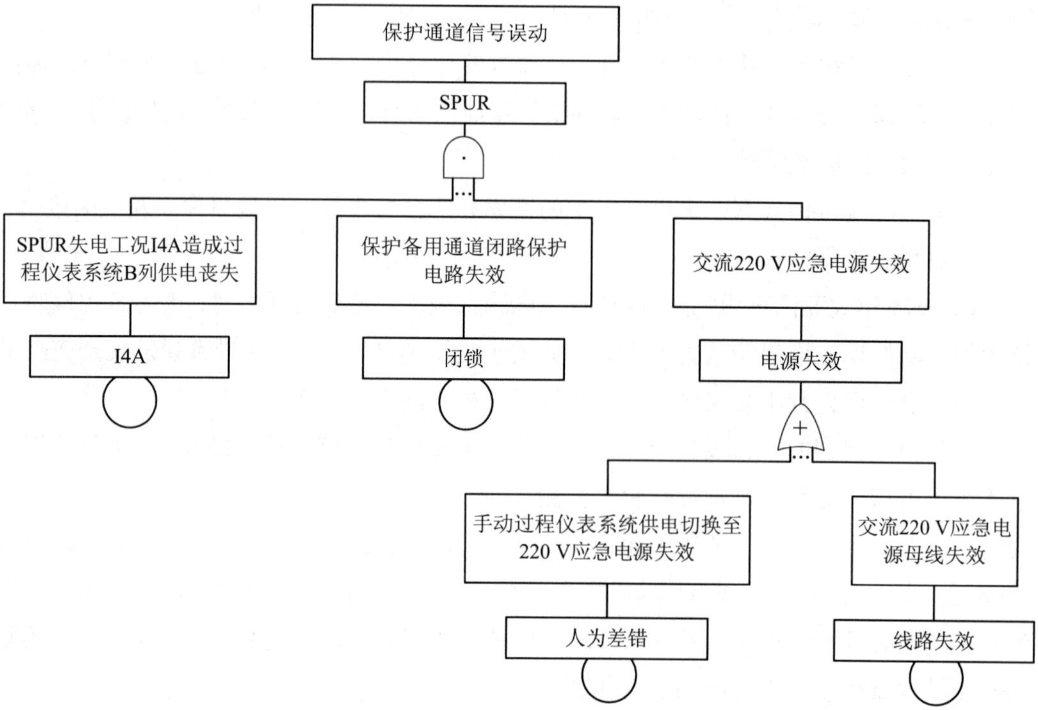

图 2-2-10　保护信号误动故障树

2.3.3　故障树分析

故障树建立之后，往往需要进行定性分析与定量分析。其中，定性分析包括：①寻找故障树的最小割集；②基本事件的重要性；③易于衍生共因（或共型）故障的最小割集。定量分析则包括：①割集和顶端事件的概率；②顶端事件的重要性。

2.3.3.1　布尔代数在故障树分析中的应用

故障树分析中使用的符号“与门”和“或门”，源自布尔代数（Boolean algebra）在电路设计上的应用。布尔代数为一种记号逻辑，应用于数值不超过两者时，特别有用，如是、否，真、伪，开、关，上、下，来、回等。二值系统使操作简化，失误减少，故现今广泛应用于计算机和其他复杂的电机线路设计上。概率分析、安全和流体力学也已使用。

表 2-2-10　布尔代数的基本原理

1．交换律
①$A \cdot B = B \cdot A$
②$A + B = B + A$
2．结合律
①$A \cdot (B \cdot C) = (A \cdot B) \cdot C$
②$A + (B + C) = (A + B) + C$
3．分配率
①$A \cdot (B + C) = A \cdot B + A \cdot C$
②$A + (B \cdot C) = (A + B) \cdot (A + C)$
4．恒等率（全等性）
①$A \cdot A = A$
②$A + A = A$
5．吸收率
①$A \cdot (A + B) = A$
②$A + A \cdot B = A$
6．互补率
①$A \cdot A' = 0$
②$A + A' = 1$
③$(A')' = A$
7．狄默根定理
①$(A \cdot B)' = A' + B'$
②$(A + B)' = A'B'$
8．0 与 1 的运算
①$0 \times A = 0$
②$1 \times A = A$
③$0 + A = A$
④$1 + A = 1$
⑤$0' = 1$
⑥$1' = 0$
9．其他
①$A + A' \cdot B = A + B$
②$A \cdot (A' + B) = AB$
③$A' \cdot (A + B') = A' \cdot B' = (A + B)'$

2.3.3.2 以布尔代数式简化故障树

故障树中不同分枝（如图 2-2-11 中 A_1 与 A_2）的基本事件，有时会相同（如图 2-2-11 中 A_1 下的 B 与 A_2 下的 B）。这些相同的基本事件若不删除，在计算顶端事件发生的概率时，将是不正确的。简化方法，为应用集合的概念，以故障树图 2-2-11 及图 2-2-12 说明。

图 2-2-11 中 B 同为 A_1 及 A_2 的基本事件，有简化的必要。假设各基本事件 B、C、D 的失误率分别为 1.8×10^{-4}、2×10^{-5}、1×10^{-5}。机器设备及其组成分子的失误率以λ表示，为在某一单位时间内发生故障的频率。机器设备的可靠度为该设备或零件在一单位时间，一般认可的环境下，完满达成其既定功能的概率。以 $R=e^{-\lambda t}=e^{-(t/T)}$表示，e =2.718，$t$ 为操作时间，T 即两次失误间的平均时间（mean time between failures，MTBF）。

各种机器设备及其零件的失误率可由一些专用数据查出，如柴油引擎的失误率为 $1\ 733.111\times10^{-6}$ h，空气压缩指示器为 1.020×10^{-6} h，按钮开关为 0.270×10^{-6} h，释放阀为 1.514×10^{-6} h。

$$\begin{aligned}\lambda A &= (\lambda A_1)(\lambda A_2)\\ &= (\lambda B+\lambda C)(\lambda B+\lambda D)\\ &= (1.8\times10^{-4}+2\times10^{-5})(1.8\times10^{-4}+1\times10^{-5})\\ &= (2\times10^{-4})(1.9\times10^{-4})\\ &=3.8\times10^{-8}\end{aligned}$$

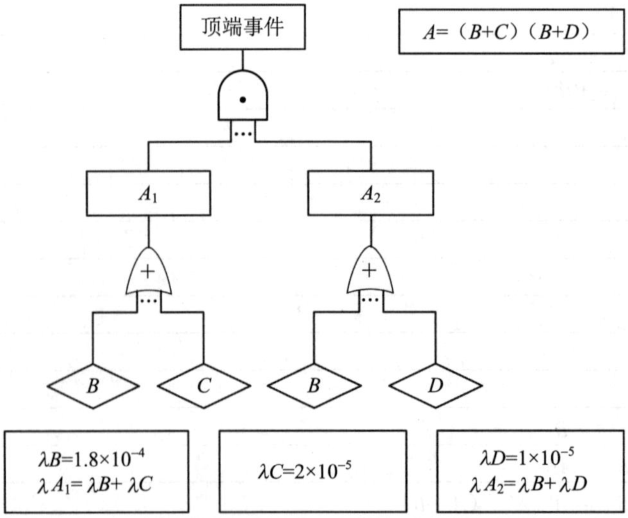

图 2-2-11 顶端事件 A 故障树图

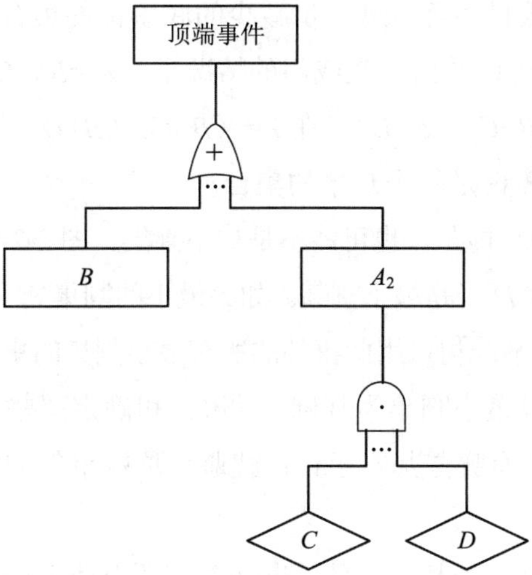

图 2-2-12　顶端事件 *A* 故障树简化图

由图 2-2-11 布尔代数式

$A = A_1 \times A_2$

$= (B + C)(B + D)$

$= BB + BD + BC + CD$

$= B + BD + BC + CD$

$= B(1 + D + C) + CD$

$= B + CD$

所以 $A = B + CD$，图 2-2-11 可简化成图 2-2-12。

$\lambda A = \lambda B + (\lambda C)(\lambda D)$

$= 1.8 \times 10^{-4} + (2 \times 10^{-5}) \times (1 \times 10^{-5})$

$= 1.8 \times 10^{-4} + 2 \times 10^{-10}$

$= 1.800\,002 \times 10^{-4}$

比较图 2-2-11 及图 2-2-12 所得顶端事件 *A* 的失误率，即知图 2-2-11 的 λA 有重复计算的错误。

2.3.3.3　割集

割集（cut sets）是导致故障树顶端事件发生的若干底事件的集合。最小割集是导致故障树顶端事件发生的数目不可再进一步减少的底事件的集合。最小的割集不包含其他任何割集。从图 2-2-11 可以看出，在或门的情况下，$A_1=B\cup C$，即 $A_1=B+C$；而在与门时，$A=A_1\cap A_2=A_1\times A_2=$（$B+C$）（$B+D$）。在 $A=$（$B+C$）（$B+D$）中，（$B+C$）与（$B+D$）皆是割集。图 2-2-11 的故障树是两个割集的集合。

但需注意的是，割集可能是，也可能不是最小割集。图 2-2-12 的故障树，以布尔代数式表示，$A=B+CD$，B 与 CD 皆是最小割集。如果最小的割集处于失误状态，整个系统就处于失误状态。某一事故的故障树可用此事件的所有最小割集的集合来表示。

故障树的定性分析以最小割集为基础，以辨识和确定那些会促使顶端事件发生的基本事件：不同最小割集共有哪些基本事件；就避免顶端事件的发生而言，哪些基本事件需予以特别注意等问题。

最小割集也许仅含有一个基本事件，也许含有两个或多个基本事件。有且仅有一个基本事件的最小割集，称为一元最小割集。含有两个基本事件的最小割集，称为二元最小割集。依此类推，含有 n 个基本事件的最小割集，称为 n 元最小割集。一个 n 元最小割集必须其所有集合内的基本事件皆发生失误，才可能引发顶端事件。

以最小割集来表示顶端事件，可以用式（2-2-3）表示：

$$A=A_1+A_2+\cdots+A_k \tag{2-2-3}$$

式中，A 为顶端事件，A_1，A_2，…，A_k 等皆是最小割集。每个最小割集是各基本事件的集合，因此 n 元最小割集可以用式（2-2-4）表示：

$$A_1=B_1B_2\cdots B_n \tag{2-2-4}$$

式中，B_1 或 B_2 是故障树的基本事件。

图 2-2-12 故障树的布尔代数式 $A=B+CD$，B 是一元最小割集，CD 是二元最小割集。

2.3.3.4 确定最小割集的方法

从故障树寻找最小割集的方法有 3 种：观察法、矩阵法和布尔代数法。兹举例并分别讨论如下。

（1）观察法。

例如，某一故障树的其中一部分见图 2-2-13：

先从最底层的基本事件来看，假设 X_4 故障，则 X_4 便向上流动。可是 A_{21A} 的底下是与门，$A_{21A}=$（X_4）∩（X_5）。

由此可知，单由 X_4 并不能使 A_{21A} 发生，X_5 亦然。因为 X_4 与 X_5 皆不是一元最小割集。

再假设（X_4，X_5）是个二元最小割集，X_4 与 X_5 可使 A_{21A} 发生。但是往上一层看，因 A_{21}=（A_{21A}）∩（A_{21B}），故单由（X_4，X_5）并不能使 A_{21A} 发生。因此，（X_4，X_5）也不是二元最小割集。

简而言之，由下向上寻找，依此类推，直到所有的最小割集找到为止。

例：试看 X_1 是否为最小割集。

解：因 A_1=（X_1）∪（X_2），而且 A=（A_1）∪（A_2），并且顶端事件=$A∪B∪C$，因此 X_1 发生，使顶端事件发生，可以说 X_1 是一元最小割集。

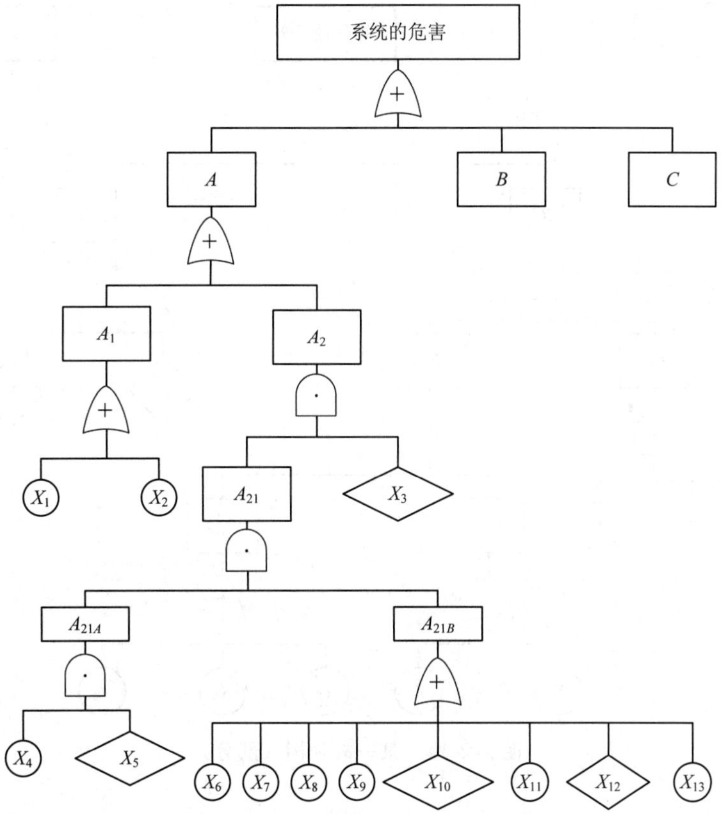

图 2-2-13　某一故障树（部分）

（2）矩阵法。

例如，某一故障树的其中一部分见图 2-2-14：

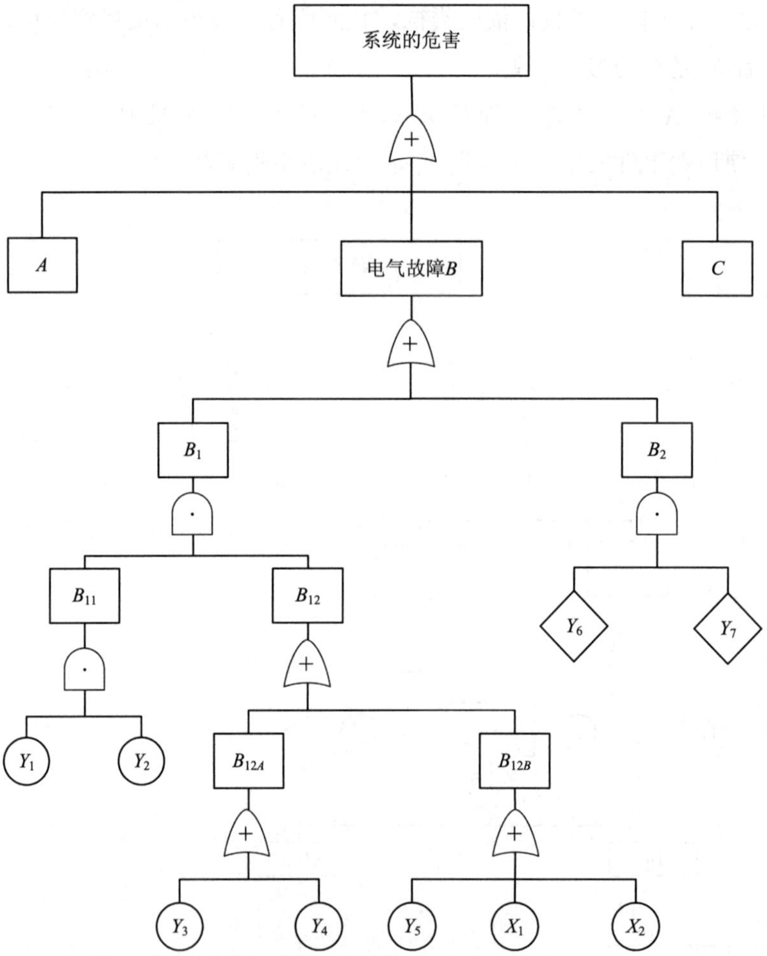

图 2-2-14 某一故障树（部分）

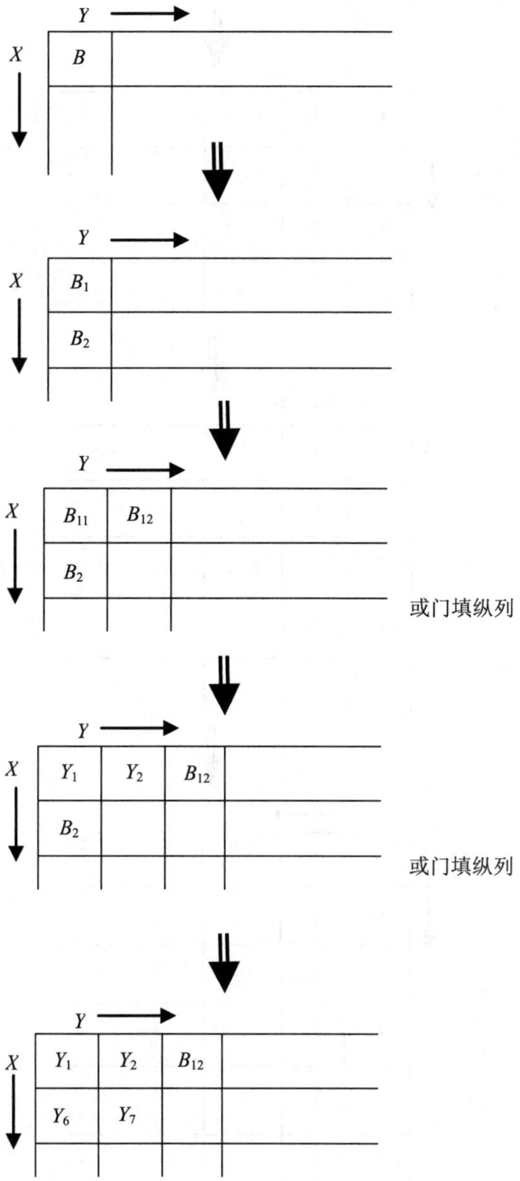
Y
X
B
Y
X
B_1
B_2
Y
X
B_{11}
B_{12}
B_2
或门填纵列
Y
X
Y_1
Y_2
B_{12}
B_2
或门填纵列
Y
X
Y_1
Y_2
B_{12}
Y_6
Y_7

⇓

Y →

X ↓

Y_1	Y_2	B_{12A}	
Y_1	Y_2	B_{12B}	
Y_6	Y_7		

⇓

Y →

X ↓

Y_1	Y_2	Y_3	
Y_1	Y_2	Y_4	
Y_1	Y_2	B_{12B}	
Y_6	Y_7		

⇓

Y →

X ↓

Y_1	Y_2	Y_3	
Y_1	Y_2	Y_4	
Y_1	Y_2	Y_5	
Y_1	Y_2	X_1	
Y_1	Y_2	X_2	
Y_6	Y_7		

上列的矩阵每一行（横向）皆为布尔割集（Boolean indicated cut sets，BICS），然而未必是最小割集，需再化简成布尔集（Boolean indicated sets，BIS），BIS 等于最小割集。

由 BICS 化简为 BIS，需查看矩阵中是否有下列情形：

①每一列的基本事件是否有重复；

②任一 BICS 是否为另一个集合的子集合；

③列与列之间是否有重复。

凡是有重复情形或子集合，皆须去除，即简化成 BIS。

由于最后的矩阵中没有重复的情况，可知此部分的故障树有 1 个二元最小割集和 5 个三元最小割集。

由 BICS 化简成 BIS：例如，故障树运用上述方法可得到下列矩阵：

Y →

X ↓

A	*B*	
B	*B*	*C*
A	*A*	*D*
B	*D*	*C*
B	*C*	

首先查看每一列有无重复者，重复者去掉，则

Y →

X ↓

A	*B*	
B	*C*	
A	*D*	
B	*D*	*C*
B	*C*	

再查看有无重复的列，有则去之，则

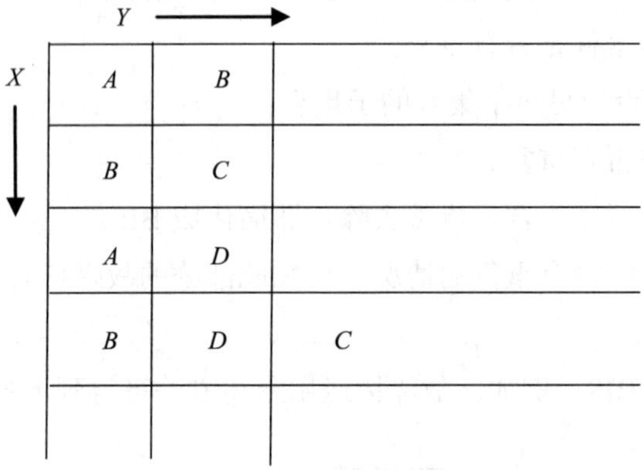

最后除掉超集（super set）。因（B，D，C）为（B，D）与（B，C）的交集，可见（B，D，C）的集合在（B，C）的集合之内，故去掉（B，D，C），否则重复。

（3）布尔代数法。

使用布尔代数式直接表示故障树，并寻求最小割集的方法，在图 2-2-11、图 2-2-12 中即已略述，现再以图 2-2-15 详述其过程。运用此法求取最小割集，可自顶端事件 A 开始，称为由上往下法；也可由基本事件如 B_1、B_2、B_3 开始，称为由下往上法。现先使用由上往下法求取。

$$A=A_1A_2$$

$$A_1=B_1+A_3$$

$$A_3=B_3+B_2$$

$$A_2=B_2+A_4$$

$$A_4=B_1B_3$$

图 2-2-15　顶端事件 A 事件故障树布尔代数式

将 A_1A_2 代入，得

$A=(B_1+A_3)(B_2+A_4)$

$\quad =(B_1B_2)+(B_1A_4)+(A_3B_2)+(A_3A_4)$

代入 A_3 得

$A=(B_1B_2)+(B_1A_4)+(B_2+B_3)+(B_2+B_3)A_4$

$\quad =(B_1B_2)+(B_1A_4)+(B_2B_3)+(B_2B_2)+(B_3A_4)+(B_2A_4)$

运用吸收律及恒等律，可得

$A=B_2（B_1+B_3+1+A_4）+B_1A_4+B_3A_4$

$\quad =B_2+B_1A_4+B_3A_4$

代入 A_4，并运用恒等律，得

$A=B_2+B_1B_1B_3+B_3B_1B_3$

$A=B_2+B_1B_3$

此 A 事件的最小割集是 B_2 和 B_1B_3，一个一元最小割集和一个二元最小割集。因此，图 2-2-15 可简化成图 2-2-16。

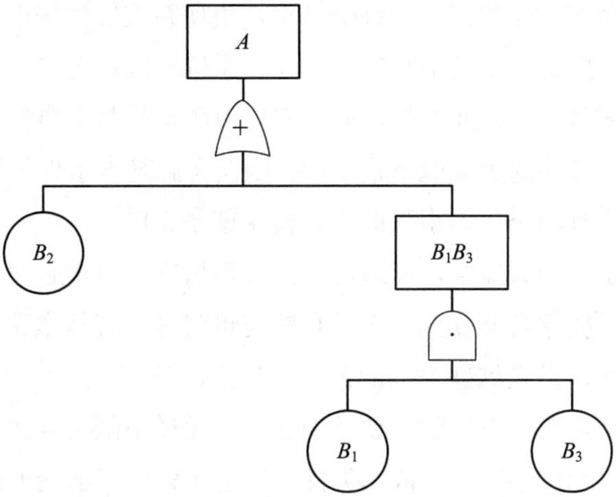

图 2-2-16　顶端事件 *A* 事件故障树

由下往上法也同样运用布尔代数的基本原理，读者可试做看看能否得到相同的结果。

图 2-2-16 的故障树可以用一个实例——水泵浦系统（见图 2-2-17）说明。

假设意外事故是“水未流到反应器”，且假设水源充足，管路正常，则

A=水未流到反应器；

B_1=泵浦 1 未能运转；

B_2=控水阀关闭；

B_3=泵浦 2 未能运转。

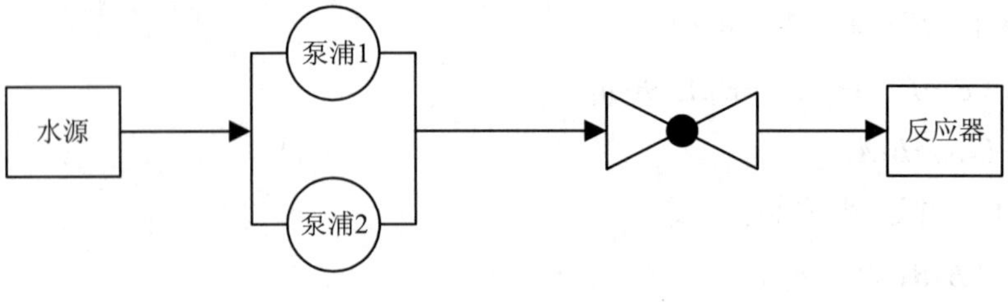

图 2-2-17 水泵浦系统

2.3.3.5 最小割集的重要性

最小割集可使系统发生失误，但每个最小割集使系统发生失误的概率未必相同。一般而言，一元最小割集比二元最小割集更容易使系统故障；而二元最小割集又比三元最小割集较易于使系统故障。依此类推，最小割集中所含的基本事件越少，系统越容易发生失误。如一个基本事件的失误概率是 10^{-3}，则仅含此基本事件的最小割集的失误概率当然也是 10^{-3}，而含有两个基本事件的失误概率就是 10^{-6}。

以上所言，仅是一个大原则，可适用于大多数情况，但未必适用于所有情况。毕竟每个基本事件的失误概率各不相同，而且有些逻辑门可能有基本事件越多，越容易促使顶端事件发生的情况，但是这些少数的情况可视为例外。

因此，就促使顶端事件发生的重要性而言，一元最小割集列在最优先，其次是二元最小割集，然后是三元最小割集，依此类推。使用计算机列出最小割集的重要性也如此依序排列，但有时基本事件甚多，为减轻操作负荷，常只取一元、二元、三元最小割集，其余四元或多元最小割集可予以省略。

2.3.3.6 共因或共型故障分析

故障树的定性分析最后一项工作就是找出共因或共型故障。共因故障可定义如下：

系统中许多零组件发生故障，从而使该系统产生故障，都是由一个状况或原因引起，此单一状况或原因称为共因事件。由共因事件所造成的系统故障，称为共因故障。

显然共因事件具有不独立性，换言之，共因事件彼此互依，使得零组件互相影响，而发生两个或两个以上零组件故障的情形，致使系统不能完成其正常功能。如电力中断而同时使两具泵浦不能运转。

要找出共因故障，需要先了解共因类型。共因类型为能造成零组件互依的分类范围。

由共因类型才易于认定演变成共因故障的最小割集。图 2-2-20 为共因故障的分类。由图 2-2-20 可以看出共因故障可分为工程方面和操作方面两大类。

这两大类别，可再分成一些不同种类的故障原因，称为固有故障原因。固有故障原因是共因事件的结果，如温度过高。分析固有故障原因需考虑下列因素：

①共同地点，单一发生的地点能影响在该地点范围内所有的零组件；

②互依情况，最小割集内的各基本事件互相影响；

③演发性，即由于固有故障原因或某种情况，而使基本事件发生的倾向。

现举一例说明共因故障的影响。假设有两泵浦具有互辅性质，一旦某一泵浦无法运转，另一泵浦即行接替操作。图 2-2-18 为此系统的简单故障树。两泵浦同时故障，系统方才失误，故用与门。P_1 和 P_2 两泵浦的故障率是 0.001 和 0.002，则系统失误率是 2×10^{-6}。

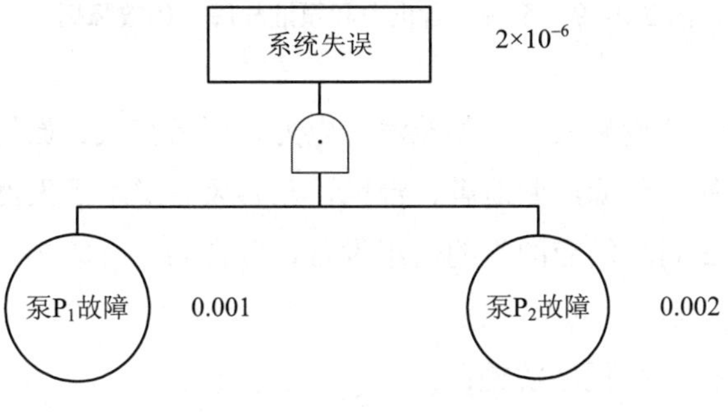

图 2-2-18 两泵浦同时故障的故障树

进一步调查发现，共因事件是电力中断，而电力中断的概率是 0.000 5。因此，两泵浦故障率在不包含电力故障率的情况下，分别是 0.000 5 和 0.001 5。加上电力系统故障的故障树，见图 2-2-19。顶端事件的概率变成

$$0.000\,5+（0.000\,5\times0.001\,5）-（0.000\,5\times0.000\,5\times0.001\,5）=0.000\,500\,75\approx0.000\,5$$

因此，故障率由原来的 2×10^{-6} 变成 0.000 5，增加了 250 倍。由此例可知共因事件是系统不可靠度最大的促成因素。

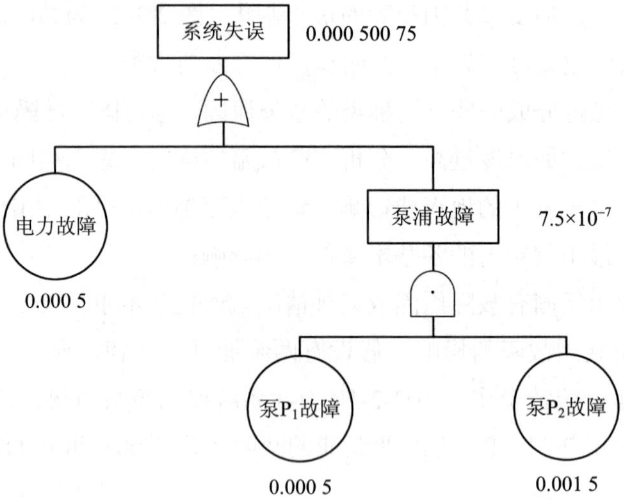

图 2-2-19 系统（含电力和泵浦故障）的故障树

共因事件常见于：①设施故障，如蒸汽、电力、厂房空气、氮气、燃料气的供应中断；②人为失误；③外在环境，如地震、台风、龙卷风、洪水等天然灾害；④设备制造上的缺失，同一制造商同时供应同类的一组设备，俱含同一种缺失，则拥有同一种共因故障型式。

共因故障分析可依下列程序实施：

①决定故障树中较值得注意的最小割集；

②使用图 2-2-20，决定可以应用到系统的故障共同型式；

③决定与每一个基本事件有关的零组件的位置；

④决定割集中各个基本事件在每个固有故障原因中是否有一共同地点；

⑤寻找最小割集的共同原因；

⑥由共因事件、共同地点、互依情况等搜寻共同原因，研讨系统的设计、作业与环境状况，以确认每一个共因事件的可能情形；

⑦结论与建议，以防系统发生共因故障，并改进系统设计。

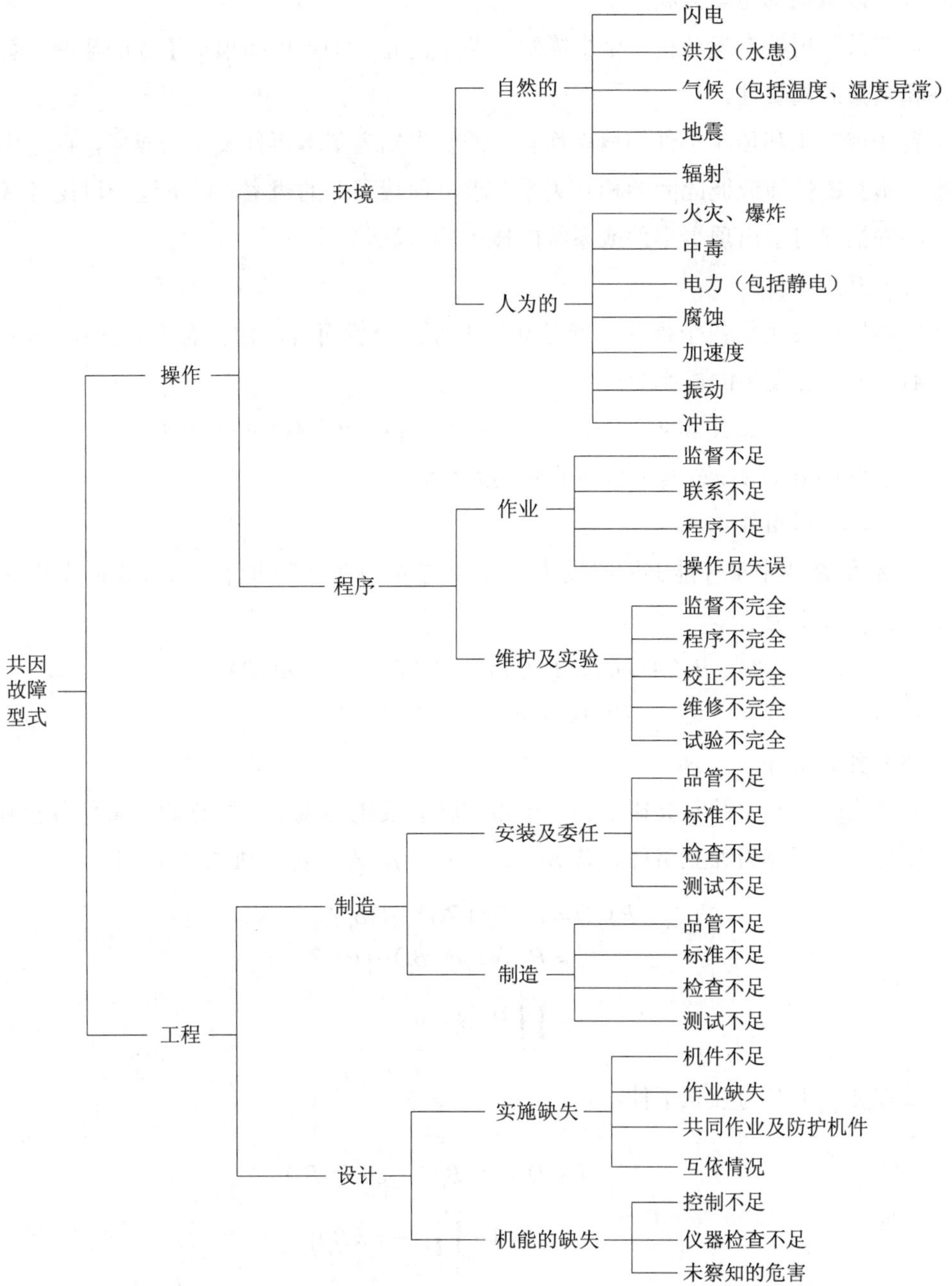

图 2-2-20 共因故障型式[62]

2.3.3.7 故障树的定量分析

从事故障树的定量分析，至少需解决两个问题：①割集和顶端事件的概率；②基本事件和割集的重要性。

首先就割集和顶端事件的概率而言，需要先知道基本事件发生的概率，再运用各基本事件本身的性质或彼此间的相互关系，求出顶端事件的概率。以下逐一讨论各基本事件在不同情况时求出顶端事件或系统的概率的方法。

（1）互斥事件

不能同时发生的各个事件，皆是互斥事件。一般而言，数目有限的互斥事件 A_1，A_2，A_3，…，A_n 发生的概率为

$$P(A_1 \cup A_2 \cup A_3, \cdots, \cup A_n) = P(A_1) + P(A_2) + \cdots + P(A_n)$$

而 $A_i \cap A_j = \phi$（指任意两个事件的交集为空集合）。

（2）非互斥事件

若 A 和 B 两个事件能够同时发生，则 A 与 B 为非互斥事件。A 与 B 两个事件至少发生一件的概率为

$$P(A \cup B) = P(A) + P(B) - P(A \cap B)$$

或

$$P(A \cup B) = 1 - P(\overline{A})\ P(\overline{B})$$

（3）独立事件

一个事件的发生并不会影响另一个事件将会发生的概率，则称此两事件各自独立。

①在与门下互为独立事件。若 B_1，B_2，…，B_n 皆是互为独立事件，则

$$\begin{aligned} P(A) &= P(B_1 \cap B_2 \cap \cdots \cap B_n) \\ &= P(B_1)\ P(B_2) \cdots P(B_n) \\ &= \prod_{i=1}^{n} P(B_i) \end{aligned}$$

②在或门下互为独立事件，则

$$\begin{aligned} P(A) &= P(B_1 \cup B_2 \cup \cdots \cup B_n) \\ &= 1 - \prod_{i=1}^{n} [1 - P(B_i)] \end{aligned}$$

（4）不独立事件

一个事件的发生会影响另一个事件将来发生的概率，则此两个事件为不独立事件。具体而言，若 A 与 B 两事件皆为不独立事件，则 $P(A \cap B) \neq P(A)P(B)$。

2.4 事件树分析

事件树分析（event tree analysis，ETA）是从事件的起始状态出发，按一定程序对系统各要素的状态（成功或失败）进行比较，以查明系统最后的输出状态的方法[63]。事件树分析是一种归纳逻辑图法，也可用于定量分析。事件树逻辑图中上连线表示期望发生的事件（成功事件），下连线表示不期望发生的事件（失败事件）。

事件树分析从初因事件出发，按照事件形成和发展的时序，分不同阶段，一步一步分析后继事件，每一步都从成功和失败（可能或不可能）两种结果或者多种可能的状态进行分析（分支），直到最后用水平树状图表示事故可能的后果（见图 2-2-21）[64]。事件树分析可以定性、定量表现和分析整个事故的动态变化过程以及各种状态的发生概率。事件树的初因事件可能来自系统外的事件或系统内的失效事件，但由于初因事件而相继引发的后续事件（安全系统的逐一投入）则取决于系统的设计和功能，它们投入的次序是一定的。由两个系统组成的事件树图中可能的事件序列数目为 2^n，这样的事件树又称为完全事件树。

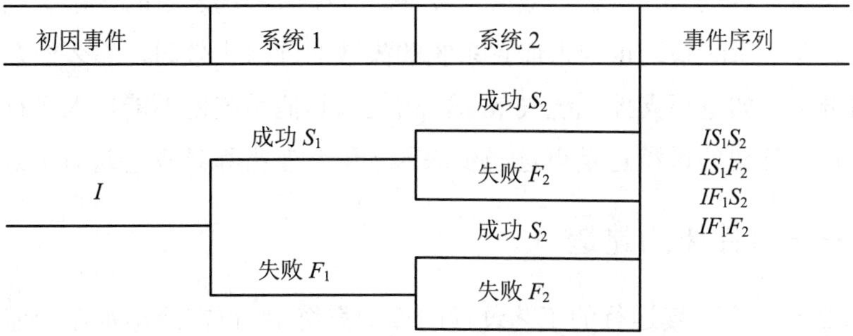

图 2-2-21 事件树分叉示意图

针对污染物向环境系统事故排放为顶端事件的故障树分析结果，可得到导致事故排放的故障原因事件及其发生概率。而事故排放的后果的所有可能性需要通过事件树分析方法展开进一步分析。

针对不同故障事件作为初因事件的选择，对于简单的污染源源强分析而言，可选取事故排放的顶端事件作为事件树的初因事件。事件树分析可得出相应不同的事件链。事故排放的故障树分析所确定的可能导致污染物向环境系统排放的各种顶端事件，由于故障原因和排放的污染物形态各异，使得事故排放的源强有所差别，因此都应作为源强事件树分析的初因事件。应用事件树分析，可以最终得出事故源强和相应后继事件以及最终结果的概率分布图。事件树分析也可以评估事故排放后污染物通过环境介质传输，造成受体暴露和安全风险的过程。

事件树分析的步骤如下：

①辨识和确定可能引发系统严重不利后果的初因事件，并进行事件分类。可将那些可能导致相同事件树的初因事件划分为同一类；

②绘制事件树，先绘制功能事件树，然后绘制系统事件树；

③事件树简化；

④事件序列量化。

完全事件树中事故序列有时不仅数量多，而且存在部分事件链并没有发展至最后的功能系统时事件链已发展结束，因此可对事件树进行简化，简化原则主要包括以下两点：

①失效概率极低的系统可以不列入事件树中；

②如果系统已经失效，从物理效果角度而言，在该系统之后的各系统已经不可能减轻后果时，或者之后的系统也因为前置系统的失效而同时失效时，那么该系统之后的系统则不必再分叉。如电源支撑系统失效后，相关的其他系统便不能投入运行，因而也同时失效。简化事件树的过程也是更进一步深入了解和掌握系统动态进行的过程。

案例分析——事件树的建造

图 2-2-22 是一个连续运行的工艺过程的冷却系统中，正常冷却水在管道断裂时引起系统失水的案例[61]。此时，失水信号探测器 D 在监测到系统失水后将发出信号，依次启动泵 P_1 和泵 P_2，如果两台泵均启动成功，则系统成功（S）；如果仅一台泵启动成功，那么系统是 50%的部分成功（P）；第三种情况是系统失效。

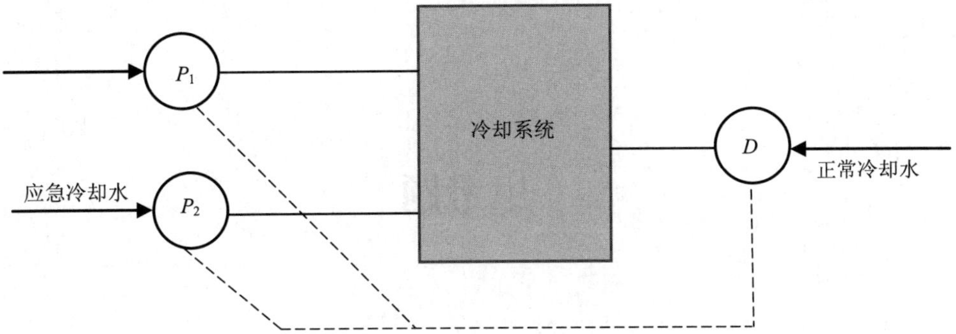

图 2-2-22　系统冷却示意图

建造这种过程的事件树（见图 2-2-23），初因事件次序是一定的。得到系统的最终状态有三种：完全成功（*S*）、部分成功（*P*）、系统失效（*F*）。它们发生的概率是：若已知各系统事件发生概率均为 0.99，则

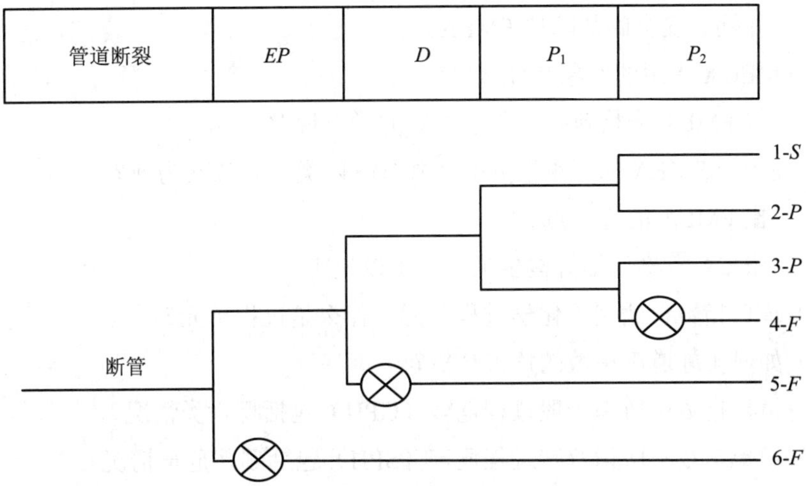

图 2-2-23　冷却系统事件树

P（S）$=0.960\,596$（0.99^4）；

P（P）$=0.019\,406$；

P（F）$=0.019\,998$。

思考题

1．重要名词

概率风险评价；事故（故障）树分析法；事件树分析法；故障率。

2．重要问题

（1）利用图示说明故障系统安全性分析的基本要素。

（2）简述故障树分析法。

（3）简述美国道化学公司化工装置评价法。

（4）试作锅炉安全阀故障的 FMEA。

（5）FMECA 应用的对象是什么？

（6）一张 FMEA 表格包括哪些事项？并予以说明。

（7）使用于 FMEA 的严重性分类，共分哪四类？其意义为何？

（8）列出 FMEA 的优缺点。

（9）一张 CA 表格包括哪些事项？并予以说明。

（10）道氏指数仅适用于化学过程单元。什么是过程单元？

（11）如何实施道氏指数的危害分析？

（12）道氏指数中所谓一般过程危害（GPH）包括哪六类情况？

（13）道氏指数中所谓特殊过程危害（SPH）包括哪些危害情况？

（14）某重量的危险物求得其燃烧热是 $3\text{BTU}\times10^9$，试问其危险系数？

（15）某过程的火灾爆炸指数是 150，求其暴露范围。

（16）实施事件树分析（ETA）的程序为何？

（17）ETA 中的起始事件大多是哪些情况？

（18）假设某一易燃物储槽内有两座马达。以马达 A 为主，马达 B 为在故障树分析中，使用的长方形、菱形、圆形等符号各代表哪些事件？

（19）故障树中常用的 AND gate 和 OR gate 符号及其意义为何？

（20）故障树中 summation gate 符号及其意义为何？

（21）故障树中 Vbting（or sampling）gate 符号及其意义为何？

（22）所谓故障树的定性分析是实施哪些工作？

（23）所谓故障树的定量分析是实施哪些工作？

（24）用逻辑符号描述某事故发生的关系，对有关初始事件发生的概率进行假设，列出计算确定顶端事件发生的概率的公式。

（25）建造某事件的事件树，根据事件发生概率进行事故概率的定量分析。

（26）建造某爆炸事故的故障树（不低于 4 个层级），根据基本事件发生概率进行事故概率的定量分析，如果氧化剂输入和可燃物输入中的两个基本事件相互之间不独立，分析对风险分析的结果可能造成什么影响。

（27）假定危险废物焚烧处置设施风险最大可信事故为烟气净化系统发生故障，绘制事件树图。

参考文献

[1] U. S. EPA. Integrated risk information system. http://www.EPA.gov/iris/subst/.

[2] 刘新栓. 核电站人因失效分析与预防. 核科学与工程，2001，21（4）：346-351.

[3] U. S. Nuclear Regulatory Commission. Summary of reactor safety study—an assessment of accident risks in U. S. Commercial Nuclear Power Plant WASH-1400（NUREG-75/014），1975.

[4] 赵云. 核电厂事件根源调查方法. 核动力工程，1998（4）：348-352.

[5] U. S. Department of Defense，MIL-TD-1629A，Procedures for performing a failure mode，effects and criticality analysis，Washington，DC，U.S. 1980.

[6] Contini A，Servida. Risk analysis in environmental impact studies. Environmental Impact Assessment，1992，1：79-103.

[7] J P Gupta. Application of DOW's fire and explosion index hazard classification guide to process plants in the developing countries. Journal of Loss Prevention in the Process Industries，1997，10（1）：7-15.

[8] Gretchen Burrett，Susie Foley. Integrating human error management strategies throughout the system lifecycle. Springer London，2003：19-41.

[9] 彭理通. 石油化工工业环境风险评价探讨. 环境科学，1998（8）：48-51.

[10] 郭文成，钟敏华，梁粤瑜. 环境风险评价与环境风险管理. 云南环境科学，2001，20：98-100.

[11] G Rocco，T Petitti，N Martucci，et al. Survival after surgical treatment of lung cancer arising in the population exposed to illegal dumping of toxic waste in the land of fires（'Terra dei Fuochi'）of southern Italy. Anticancer Research，2016，36（5）：2119-2124.

[12] U.K. government. Health and Safety at Work，Act，1974.

[13] 黄清贤. 危害分析与风险评估. 台北：三民书局股份有限公司，2006.

[14] National Academy of Sciences（NAS）. Risk assessment in federal government：managing the process. Washington DC：National Academy Press，1983.

[15] National Research Council. Risk assessment in the federal government：managing the process. Washington DC：National Academic Press，1983：219-249.

[16] OSHA. Process safety management of highly hazardous chemicals，CFR 1910.119. 1992.

[17] 徐泽滨. 美国《高危险化学品的过程安全管理》标准要素. 石油化工安全环保技术，2001（5）：1-5.

[18] Environmental Protection Agency. Comprehensive environmental response，compensation，and liability act of 1980. Environmental Policy Collection，2002，96（510）：7-120.

[19] 中国安全生产协会注册安全工程师工作委员会. 安全生产事故案例分析. 北京：中国大百科全书出版社，2011.

[20] 胡二邦. 环境风险评价——实用技术和方法. 北京：中国环境科学出版社，2000.

[21] 胡聿贤，陈汉尧. 地震危险性估计中不确定性的概率分析. 地震工程与工程震动，1993，11（4）：1-9.

[22] 胡聿贤，陈汉尧. 关于地震危险性估计中不确定性的统一分析. 地震学报，1994，16（4）：511-518.

[23] 牟善军，姜春明. 过程安全与设备完整性管理技术. 安全、健康和环境，2006，6（8）：2-5.

[24] 王起全. 安全评价. 北京：北京化工出版社，2015.

[25] 刘国东，宋国平，丁晶. 高速公路交通污染事故对河流水质影响的风险评价方法讨论. 环境科学学报，1999，9（5）：572-576.

[26] 赵国藩. 工程结构可靠性理论与应用. 大连：大连理工大学出版社，1996.

[27] 胡德福. 化学突发事故风险评估的研究与应用. 北京：北京科学出版社，1995.

[28] 黄祥瑞. 可靠性工程. 北京：清华大学出版社，1990.

[29] 马明泽. 核电厂概率安全分析及其应用. 北京：原子能出版社，2010.

[30] 赵丽艳，顾基发. 概率风险评估（PRA）方法在我国某型号运载火箭安全性分析中的应用. 系统工程理论与实践，2000，20（6）：75-91.

[31] 申海玲，程声通. 环境风险评价方法探讨. 上海环境科学，1995，14（1）：35-36.

[32] 张峥，李寅年. 石油化工项目环境风险评价实例分析. 环境科学研究，1999，12（2）：32-35.

[33] U.S.Department of Energy. Process Safety Management for Highly Hazardous Chemicals. DOE-HDBK-1101-96，1996.

[34] 龙军，俞珂. 用事故树分析法进行炼厂油罐爆炸事故的环境风险评价. 化工环保，1995（2）：113-119.

[35] 张一先，蒋勇，张隆，等. 化学危险品事故源强不确定性实例分析. 苏州城建环保学院学报，1998，

11（3）：1-5.

[36] 齐邦智，孔海鸿. 风险评价在新建项目环境质量影响评价中的应用. 辽宁城乡环境科技，1997，17（1）：31-34.

[37] 国家环境保护总局. 建设项目环境风险评价技术导则（HJ/T 169—2004）. 2004.

[38] 潘自强. 环境危害评价. 北京：原子能出版社，1991.

[39] 国家安全生产监督管理局. 危险化学品生产企业安全评价导则（试行）（安监管危化字〔2004〕127 号）. 2004.

[40] 吴济民. 国外化工企业工艺安全技术管理概述. 中国安全生产科学技术，2011，7（7）：192-198.

[41] 张乃禄，刘灿. 安全评价技术（第二版）. 西安：西安电子科技大学出版社，2011.

[42] 汪晶. 风险评价技术的原理与进展. 环境科学，1998，19（2）：95-96.

[43] 王广亮. 作业危害分析法. 现代职业安全，2003（8）：44-45.

[44] 胡国华，夏军. 风险分析的灰色——随机风险率方法研究. 水利学报，2001（4）：1-6.

[45] 钟政林，曾光明，杨春平. 环境风险评价研究进展. 环境科学进展，1996，4（6）：17-21.

[46] 罗云. 风险分析与安全评价（第 3 版）. 北京：化学工业出版社，2016.

[47] 郑亮. 火灾爆炸危险指数评价法在催化裂化装置中的运用. 安防科技，2009，8（6）：91-95.

[48] K J Graham，G F Kinney. A practical safety analysis system for hazards control. Journal of Safety Research，1980，12.

[49] 陈建华. 故障树法在组织创新风险中的应用研究. 统计与决策，2005（8）：56-58.

[50] 郑仲金，黄政. 故障树分析在船用起重设备伤害事故预防中的应用. 起重运输机械，2008（6）：91-93.

[51] 项平. 易燃易爆物品的环境风险评价及危害范围的计算确定. 重庆环境科学，1995（6）：39-41.

[52] American Institute of Chemical Engineers (AIChE). Dow's Pire Explosion Index Hazard Classification Guide，Seventh Edition. 2010. New York，U.S. http://onlinelibrary.wiley.com/doi/bock/10.1002/9780470938195.

[53] 孙爱凤. 故障树分析技术用于油气田远程终端的 RTU 故障诊断. 油气田地面工程，2013（5）：80-81.

[54] 王莉. 基于 FMEA 与 FTA 的通风系统可靠性分析. 阜新：辽宁工程技术大学，2011.

[55] 陈宝智. 系统安全评价与预测. 北京：冶金工业出版社，2011.

[56] 景国勋，施式亮. 系统安全评价与预测. 徐州：中国矿业大学出版社，2016.

[57] 顾传辉，陈桂珠. 浅议环境风险评价与管理. 新疆环境保护，2001，21（4）：38-41.

[58] 杨晓松．环境风险评价的不确定性及其度量．国外金属矿选矿，1996（10）：53-56．

[59] 柳延延. 概率与决定论. 上海：上海社会科学院出版社，1996.

[60] 罗上庚. 国际原子能机构加强放射性废物的安全管理. 核科学与工程，1996（4）：383-384.

[61] 夏林泉. 大亚湾核电站厂用低压交、直流电源失去后对核岛安全的影响. 核电工程与技术，1995（2）：21-30.

[62] Sol W Malasky. System safety: technology and application（2 edition）. New York: Garland STPM Press，1982.

[63] 钱新明，陈宝智．定量风险分析中不确定性研究新方法——易燃气体泄漏监测传感器布置模糊分析．东北大学学报（自然科学版），1996（3）：291-295．

[64] 曾光明，钟政林，曾北危．环境风险评价中的不确定性问题．中国环境科学，1998（3）：252-255．

第三篇

健康风险评价

第 1 章　概 述

1.1　健康风险评价的发展史

20 世纪初期爆发了产业革命，产生大量工人受到不利影响而危害健康的问题。科学上可以确认大量的疾病与暴露在工厂车间中的有毒化学品有关（1900—1930 年）。

20 世纪 30 年代，欧美各国开始把保护人群免受车间、集市、环境中化学物质的危害当作公众确认的目标和需要[1]。风险评价在此时期逐渐形成，其特征是以人群的健康与化学物质毒性和暴露程度有关为前提，并提出可接受浓度的概念。

20 世纪 40 年代末期，传染病得到有效控制。人们在注意到车间高浓度化学物的危害后，开始更多地注意到更敏感的、潜在的、隐蔽的危险和危害，关注低浓度污染物对健康的危险性（1940—1950 年）。第二次世界大战结束后，石油、化工工业的快速发展也带来了日益严重的环境污染，环境中有害因素对健康的危害成为重要的议题。

1950—1970 年的 20 年是毒理学和风险评价的重要时期，此时期提出用动物实验求得 NOEL（未观察到效应的剂量水平）或 NOAEL（未观察到有害效应的剂量水平，即阈值），除以安全系数（safty factor）外推到人的 NOEL 或 NOAEL，用估计值来制定可接受摄入量。其目的是保证不致低估有阈化学物质对人类健康的危害，从而最大限度地保证人群安全[2]。

1970—1985 年开始强调癌症的危害性。1976 年美国 EPA 首先采用了风险评价系统；公布致癌物质风险评价指南；成立致癌物评价小组，提出评价的科研报告或有关的政策文件中均应有风险评价分析的结果；该评价小组还倡议各国均开展风险评价工作。

20 世纪 80 年代初，美国政府开始重视环境治理方面相关投入的产出效益问题，大力资助研究人员开展关于如何在不确定性的情况下进行合理决策的研究。在这种背景下，风险评价作为一种基于科学原理的系统框架被提出，以帮助人们认识和管理各种各样的风险。美国风险学会（Society for Risk Analysis）迅速成长为一个国际性学术组织，并相继在日本和欧洲建立了分会。美国国家科学院于 1983 年提出的风险评价方法由 4 个步骤构成，因而也被称为风险评价“四步法”（即危害鉴别、剂量-反应评价、暴露评价和风险表征），并对各步骤都作出了明确的定义[3,4]。基于此形成了风险评价的基本框架。在此基础上，美国 EPA 也制定并颁布了关于风险评价的一系列技术性文件、指南和准则[5-10]。1989 年起，风险评价的科学体系基本形成，并处于不断发展和完善当中。

同时，20 世纪 80 年代以来，随着环境科学和相关学科如生态毒理学、环境医学、环境化学等的进一步发展，尤其是生态毒理学的发展，使人类认识到自身健康和生态环境受有毒有害化学品的威胁和损害，也让借助毒理学和相应试验研究方法探究有毒有害化学品的危害性成为可能。随着人们对有毒有害化学品危害的逐渐重视，生态毒理学等相关学科的内容也被相继纳入环境风险评价研究领域中，成为重要的组成部分。

广泛认可的采用科学原理估算风险定量值的过程包括下述 4 步：

①危险鉴定：即确定哪些化合物重要；

②暴露途径分析：即这些有毒有害化合物到何处去，哪些人会暴露于这些有毒有害化合物的影响中，以及暴露的方式和程度；

③毒理学分析：即确定或计算风险毒理学指标数值；

④风险描述：即估计风险值及其所估风险值的不确定性。

1.2 健康风险评价的目的

风险评价的目的是作为决策基础而进行风险管理。在环境管理方面，风险评价为决策者提供行动可能产生后果的信息，可使用风险评价的重要决策包括：选择废物处理处置方案、污染场地的补救治理方案选择、确定优先控制危险废物名录、废物减量化方案、选择新场（厂）址以及新产品的开发等[11]。风险评价是一种在决策过程中使用的工具或知识，而环境管理决策还常常受政治、社会、经济或其他因素的影响[12]。

风险评价在污染场址修复治理的决策中扮演着十分重要的角色，它为修复治理方案的选择提供了最重要的基础[13]。假设各种可供选用的修复方案完全付诸实践，计算出各修复方案产生的暴露风险，便能够对每一种修复方案减少风险的有效性作出比较和权衡。此外，风险评价在污染场址修复活动中还可以用于确定清除的标准，确定清除要达到的程度[14]。

第 2 章　健康风险评价的过程

2.1　概述

目前，健康风险评价多采用美国国家科学院于 1983 年提出的健康风险评价研究报告中的风险评价“四步法”，即通过四个步骤的工作完成对某个环境因子的健康风险评价[3]。四个步骤分别为：危害鉴别（hazard evaluation）、剂量-反应评价（dose-response assessment）、暴露评价（exposure assessment）、风险表征（risk characterization）。危害鉴别即通过对化学物质的分子结构、体外生物学实验、动物实验及流行病学调查等研究资料的分析，就被评化学物质的毒性作出判断。剂量-反应评价即通过动物实验或流行病学调查研究机体对化学物质毒性的反应与暴露剂量间的定量关系。暴露评价即通过直接监测或者根据排放量和污染物迁移、转化规律等方面的参数进行计算，确定人类对化学物质的暴露水平。风险表征即利用前述三个阶段提供的数据估算不同暴露水平下某种健康效应发生的概率，并对有害因子的健康风险大小作出判断和描述，同时对评价中的不确定性作出评估。

美国 EPA 采用的环境风险评价框架见图 3-2-1，环境风险评价的三个层次见图 3-2-2。

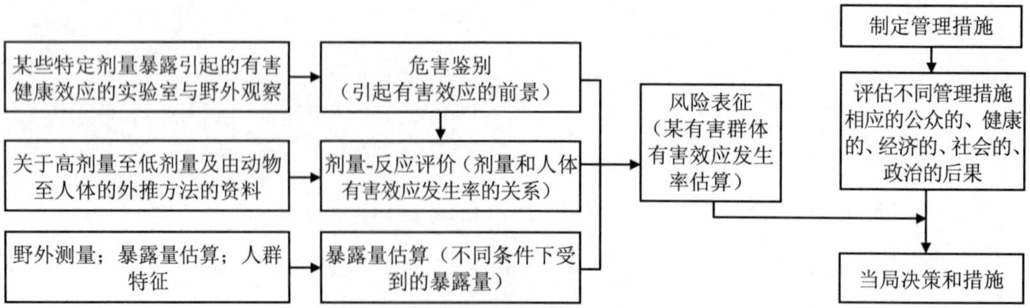

图 3-2-1　美国 EPA 采用的环境风险评价框架

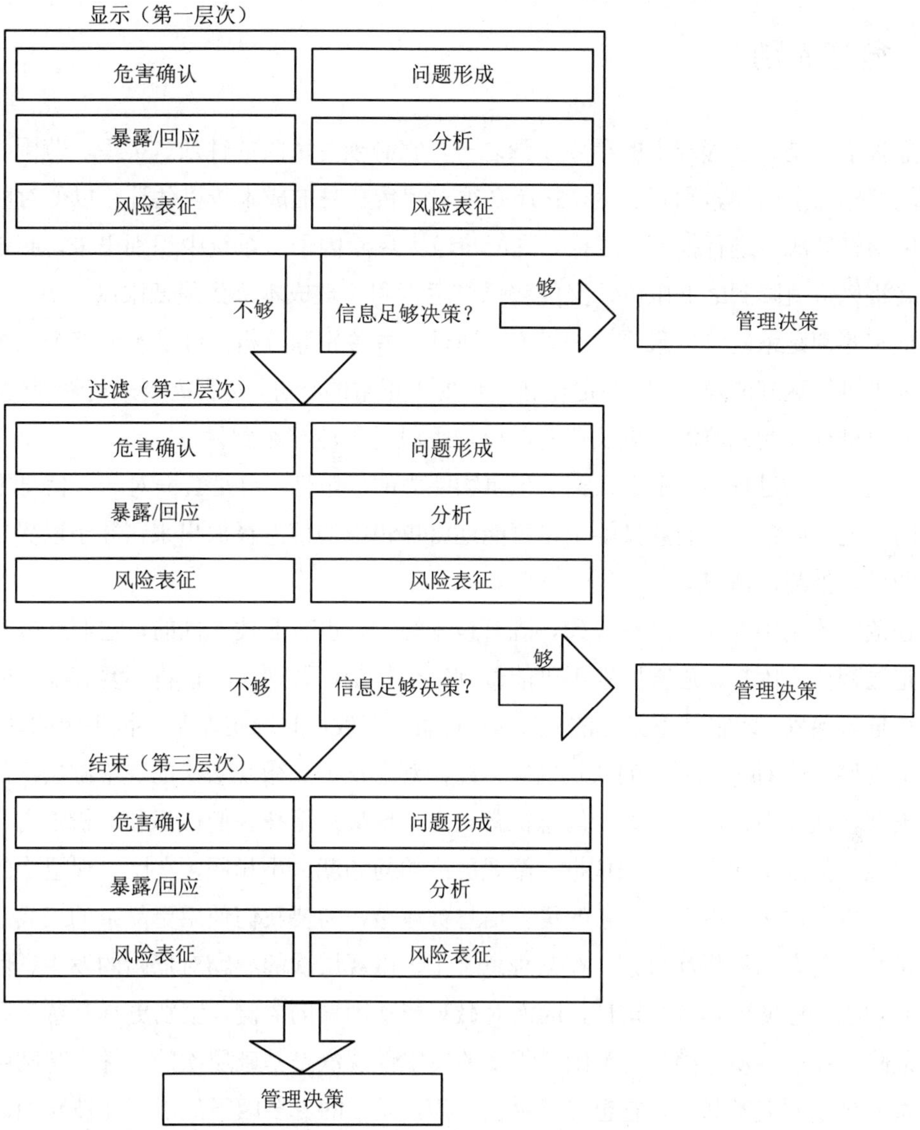

图 3-2-2 环境风险评价的三个层次

2.2 危害鉴别

危害鉴别是风险管理中的重要步骤之一，它必须对风险的性质、类型、范围、数量及可能性作出全面的鉴别。当然，它还必须对评价自身的成本予以估计，以便对整个系统的风险管理成本进行控制。这样，既能将较大风险因子从系统中识别出来，制定针对性策略将风险值降到最低限度，又能将系统运行和管理成本降到最低限度。

危害鉴别是系统管理最重要的基石，通过这种鉴别和分析，可以预测整个系统在运行过程中可能遇到的障碍，以确定设施是否处于正常的状态、是否需要采用针对性措施、是否需要进行控制或监测，以及已有的监控手段是否能够达到目标。

在危害鉴别过程中，由于人类认识事物能力的局限性，总是会面对一个信息不完全可知的系统。危害鉴别的意义就是尽可能地将黑箱中的信息释放出来，并予以界定、鉴别、归纳、推测、估值。

在危害鉴别中存在着种种障碍，既有技术性的，也有非技术性的，它们从多个角度对鉴定过程造成困扰。危害鉴别不可能做到完全精确，否则风险也将不复存在。应该这样看待危害鉴别，即它是不完全的，它的可能性、有效性只限定在某一被限定的阈值中。

危害鉴别面对 3 个层次的认识内容，即宏观层次的、微观层次的、基础层次的。系统的宏观层次问题，基本上处于信息裸露状态，也最易于被我们认识和解析，它一般属于危害鉴别的逻辑起点和方法依据。微观层次的问题就大不相同，它比宏观层次的问题更复杂、更多样化和更无序，它的更多信息被遮蔽，需要我们使用更复杂的工具、方法对其进行更复杂的解析和鉴别。在某种意义上，微观层次的事物对危险的发生、性质变化及其规模、程度更具有决定性，因而对微观层次因素的监测、鉴别更具有意义和有效性。危险存在的性质、类型、范围、程度的决定性层次是基础层次的条件。基础层次的条件基本处于被遮蔽状态，它也最不易被认识，其中的更多因子处于不能被我们认知的完全潜伏状态。

鉴定的程序一般是从宏观到微观，再到基础级层次。有时也可能出现例外情况，即从基础级的某一因子中提取出某种可能性，然后反推到微观、宏观级层次。

危害鉴别的相对性和不完全性是风险管理中需要考虑的。风险鉴别是系统地确定企业活动、设施及所用材料等存在的危险及危险可能产生的危害的过程。危害鉴别的对象包括过去、现在和新的活动或设施、材料。危害鉴别就是要通过调查了解活动和设施等存在着哪些危险及它们可能导致的危害，对照法规要求、工业或行业标准及公司的健康、安全与环境要求[15-18]，确定危险和危害是否已得到了有效控制，是否已满足评判准则的要求，是否达到了符合实际并尽可能低的程度。

在已被污染场址经常可监测到多达百种的不同化学物质。危害鉴别就是要对在待评价场址发现的所有污染物数据进行审查，确定所关心的重点化学物质，指出该场址所具有的主要风险。风险评价要求清楚地了解一个场址内存在的化合物种类、浓度和空间分布，以及这些化合物如何在环境中从该场址迁移到可能接受点。对场址进行现场调查可得到大量迫切需要的数据。

在危害鉴别阶段，一种方法是检查在任意一种介质中测出的所有化学污染物数据，并选择由所关心的特殊化合物组成的一组化学物质，作为在此场址所测出的所有化学物质的代表。这种做法的目的是限制在迁移转化和最终归宿分析中必须加以模拟的化学物质的数目，并将注意力集中到最明显的危险中。当然，计算机技术和计算方法的进步已能同时处理大量化学物质的迁移转化及最终归宿信息，在很多情况下可省去选择代表性化学物质这一步骤。然而，选择性化学物质的选取可以节约现场监测费用，简化分析复杂程度，仍然具有重要的现实意义。

代表性化学物质应以能够最好地代表研究场址所具有危险的化学物质为基础来选择，这些化合物应该有毒、难降解且易迁移[15]；空间分布和浓度较为普遍；暴露较显著。代表性化合物应包括对场址风险的99%做出贡献的化学物质，并应包含能支持进行致癌风险和非致癌风险评价的化学物质。

2.2.1　初步筛选

用于从所有测到的化学物质中选择一组代表性化学物质的初步筛选方法步骤为：

①按物质的毒性将污染物分为致癌和非致癌污染物质。

②用表列出每一所测化学物质在研究场址的浓度范围及其平均值。

③鉴定各暴露途径的致癌斜率因子和非致癌参考剂量。

④确定每一化学物质在每一暴露途径的毒性得分。

对非致癌化学物质：

$$TS = \frac{C_{max}}{RfD} \tag{3-2-1}$$

式中，TS——毒性得分；

C_{max}——最大浓度；

RfD——参考剂量。

对致癌化学物质：

$$TS = SF \times C_{max} \tag{3-2-2}$$

式中，SF——斜率因子（也称致癌强度因子）。

⑤对每一暴露路线，按毒性得分排出化合物的顺序。

⑥对每一暴露路线，选择构成毒性总得分 99%的化合物。

需要注意的是，化学物质若同时有致癌作用和非致癌作用，均应出现在相应的排序中。具有最大毒性的化学物质的选取取决于它们的最大浓度及其毒性参数。

2.2.2 化学物质的进一步筛选

选择代表性的化学物质要求进一步评估考察每一化学物质的浓度范围、在环境中的迁移性和其他一些问题，包括平均浓度、监测频率、迁移性、在环境中的可降解性、与场址运行有关联的化学物质的可处理性。

通常不需要对检出频率低或平均浓度特别低的化学物质进行直接评估。评估某化学物质在环境中的迁移性需要的信息包括半衰期、亨利定律常数、蒸气压、辛烷/水分配系数、溶解度等物理化学性质。化学物质的难降解性和易迁移性对其风险的显著性有很大影响，在代表性化学物质名录中应保留这类化学物质。同样，在风险评价中应该把化学物质的降解产物加入代表性化学物质的名录中。

虽然代表性化学物质名录应包括构成 99%风险的化学物质，但可能只有 10%的名录检出化学物质。

2.3 暴露评价

暴露被定义为生物机体与化学物质或物理因子的接触。暴露量可由直接测定或者计算某一特定时期通过交换界面（即肺、胃肠、皮肤）的拟评价化合物的量来确定。暴露量评估包括估算（定性或定量）和确定暴露量的大小、暴露的持续时间、暴露频率和暴露途径等内容[8,19]。暴露量评估需考虑过去、当前以及将来可能的暴露情况，对评估的不同时期应采用不同的评估方法。当前时期的暴露量评估可基于现有条件的监测结果和模型计算结果进行；对将来可能的暴露量评估可结合未来的条件以及模型进行计算；对过去的暴露量评估则可根据监测结果或模型计算所得的过去浓度或测定化学品浓度进行。暴露评价作为健康风险评价四个步骤之一，是与剂量-反应评价相平行的步骤，其目的都是为风险表征奠定基础，是进行风险评价的定量依据。

2.3.1 暴露评价的基本概念

除前述提及的暴露和暴露量评估外，暴露评价中相关的基本概念还包括：

①暴露事件：生物机体与物理因子或化学物质接触的事件。一个暴露事件可以由时间（如天、小时等）和事件本身（如食用被污染过的鱼）进行描述。

②暴露点：生物机体与物理因子或化学物质潜在的接触地点。

③暴露路径：物理因子或化学物质从污染源到暴露生物机体的路线。每条路径包括源项或源项释放，暴露场所和暴露途径。如果暴露点不同于释放源，迁移/暴露介质（如空气）也应包括进去。

④暴露途径：物理因子或化学物质进入生物机体的方式（如食入、吸入、皮肤接触）。

⑤摄入量：摄入量的测定表示为单位时间、单位体重在交换界面接触的污染物数量[即 mg 化学物质/（kg 体重·d）]。

⑥终身平均日摄入：表示单位时间、单位体重在交换界面同有机体接触的污染物数量的终身平均值。

2.3.2 暴露评价的内容

暴露评价主要包括以下 5 个方面：

①源项评估：污染源的表征。

②途径和结果分析：分析污染物从污染源到潜在暴露人群的迁移和转化情况。

③环境浓度估算：利用监测数据或用模型计算，估计潜在暴露人群位置的污染物浓度。

④暴露人群分析：分析潜在暴露人群的数量、年龄、位置和生活习惯等。

⑤综合暴露量评估：计算针对暴露人群的暴露水平和评估暴露量评估的不确定性。

暴露量评估的过程通常有 3 个步骤（见图 3-2-3）。

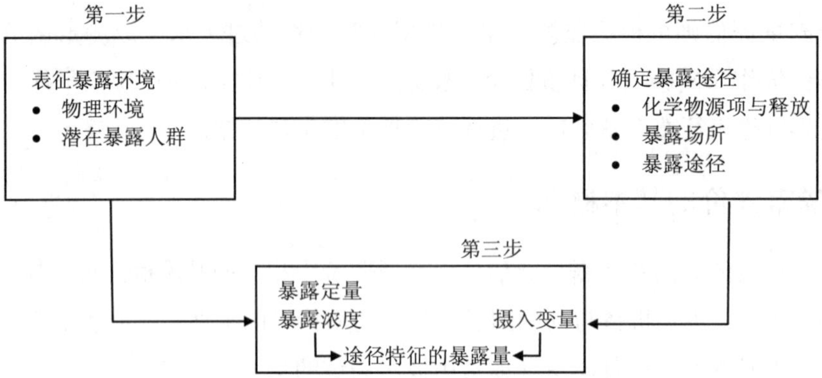

图 3-2-3　暴露量评估步骤

2.3.3　暴露表征

暴露评价的第一步是对物理环境、暴露场所及附近潜在暴露人群进行表征，对影响暴露的位置和周围人群的定量评价，为后续的暴露途径识别做准备。

2.3.3.1　物理特征描述

对暴露场所的一般物理环境的特征进行描述，重要的场所特征包括：气候（气温、降雨）、气象（风速、风向）、地质地理特征、植被（森林、草地）、土壤类型（沙质、有机质、酸性、碱性）、地下水文（深度、流动方向和类型）、地表水描述（类型、流速、盐度）。

2.3.3.2　潜在暴露人口表征

对暴露场所及附近人群的相对位置、活动方式及敏感人群进行表征。

2.3.3.3　确定当前潜在暴露人群的相对位置

生活在暴露场所及附近的人群是最大的潜在暴露人群，应对这类人群的位置及方向进行测定。测定范围应包括异地潜在暴露人群，如自来水、鱼、贝和农产品的消费者，也应把将来可能受到暴露场所转移而来的化学物影响的人群包括进去。可以通过以下途径获取信息：现场调查、暴露场所附近人群调查、地形、土地利用、住房、娱乐及商业活动的调查。

2.3.3.4 确定土地的当前使用情况

对潜在暴露人群的活动及活动方式进行表征。暴露场所的土地使用范围常分为以下几类：居住区、商业/工业和娱乐区[20]。需对暴露场所及周围地区的土地使用情况进行调查。最好现场调查房屋、商业区、公园、运动场、工业区或其他使用情况[21]。确定暴露场所的土地利用后，应该通过如下问卷调查，确定与土地利用相联系的人类活动方式。

①哪些敏感的公共设施位于接近场址地区（如学校、医院、幼儿园）？

②有哪些室外活动设施（如最近的公园、游戏场所、娱乐设施）？

③不同人群组在哪些时间会在可能受污染的区域内活动（如小学生）？

④是否可能存在二次暴露（如最近农场谷物的污染）？

2.3.3.5 预测土地的将来使用

确定当前与土地使用有关的活动在将来是否会发生变化。例如，目前没有作为饮用水水源的地下水将来由于其良好的水质而饮用。同时也应明确暴露场所本身的土地使用将来是否可能改变。例如，目前的工业区将来是否可能变为居民区或娱乐场所。

2.3.3.6 暴露人群的识别

通过分析暴露场所的情况，可以看出是否存在由于敏感性增强、行为方式而导致具有更高危险的人群，或有来自其他源的过去和当前的暴露。婴儿、儿童、老人、孕妇和慢性病患者，他们对化学物暴露的敏感性很大，而儿童有更多机会接触土壤。受到从其他源暴露影响而具有更高危险的人包括从事与某化学物质暴露有关和那些居住在工业区的人群。

为识别暴露人群，需要确定附近学校、幼儿园、医院、老年人活动中心、有儿童的居住区、重要商业或娱乐性场所和包含潜在化学暴露的工业区的位置。

2.3.4 暴露途径分析

这一步主要是对所考察地区的潜在人群暴露途径进行识别。一条暴露路径描述了化学物质或物理因子从污染源到暴露受体的过程。其分析应把污染源、位置及环境释放类型同人口位置及活动方式结合起来，以确定重要的人类暴露路径。

一条暴露路径一般包括以下 4 个部分：①化学源项和释放机理；②滞留或迁移介质（或包含化学物转移介质的情况）；③潜在人群和污染介质的接触点（如暴露点）；④在暴露点的暴露途径（如食入）。作为过去污染释放的污染媒介可以是其他介质的污染源

（如由于先前泄漏而污染的土壤可能又是地下水或地表水的污染源）。在一些情况下，污染源本身就是暴露点，并不释放给其他介质。在后面这些情况下，一条暴露路径包括：①污染源；②暴露点；③暴露途径[22,23]。

化学源和接受介质：首先应对污染源做全面的了解，在缺乏补救措施的情况下，确定可能的释放源，识别潜在的释放机理和接受介质的过去、现在和将来的释放。使用监测数据结合污染源位置情况可以支持对已发生、持续的及有威胁的释放的分析。

表 3-2-1 污染物释放机理[24-27]

环境介质	机理	时间框架
空气	挥发	长期
	气载粉尘产生	长期、短期
	燃烧	短期
土壤	冲蚀	长期、短期
	渗滤液产生	长期
	溢流	短期
地表水和地下水	渗滤液产生	长期
	溢流	短期

释放介质中的归宿和转化评估：评估化学物质的迁移和归宿以预测将来的暴露情况，同时有助于建立污染源与当前污染介质的联系。化学物质释放到环境中，可能会发生迁移，包括物理迁移、化学迁移、生物迁移，并在一种或多种介质中累积。

表 3-2-2 影响化学物质的环境迁移转化的机理

介质	归宿	迁移转化机理
水体	挥发	生物降解、吸附、光化学降解
土壤	植物摄入	生物降解、溶解于雨水
大气	雨水洗涤	臭氧氧化、重力沉降

暴露点和暴露路径识别：污染介质或潜在污染介质确定以后，通过分析在哪里存在潜在暴露人群与这些介质接触以确定暴露点。任何一个与污染介质潜在接触的点都是暴露点，并需要识别出暴露浓度最高的那些暴露点。对于潜在非现场暴露，最高暴露浓度点常常是离暴露场所下游或下风向的最近点。在一些情况下，最高浓度可能会汇合于远

离暴露场所的某一点。例如，与暴露场所关联的化学物可能迁移并沉积到距离较远的水体中，随后在生物体内富集。

确定暴露点后，根据在暴露点的污染介质和期望的活动识别出可能的暴露途径（如食入、吸入或皮肤接触）。表 3-2-3 所示为人群/暴露途径矩阵，可以用于确定暴露场所的潜在暴露途径。

表 3-2-3　潜在暴露途径矩阵

暴露介质/暴露途径	居住人群	商业/工业人群	娱乐人群
◆　地下水			
摄入	L	A	—
皮肤接触	L	A	—
◆　地表水			
摄入	L	—	L，C
皮肤接触	L	A	L，C
◆　沉积物			
偶然摄入	C	A	C
皮肤接触	C	A	L，C
◆　空气蒸气化学物吸入			
室内	L	A	—
室外	L	A	L
◆　微粒吸入			
室内	L	A	—
室外	L	A	L
◆　土壤/尘土			
偶然摄入	L，C	A	L，C
皮肤接触	L，C	A	L，C
◆　食物摄入			
鱼和贝	L	—	L
肉和兽	L	—	L
奶酪	L，C	—	L
蛋	L	—	L
蔬菜	L	—	L

注：L—终身暴露；
C—儿童暴露可能比成人大很多；
A—对成人的暴露（最高暴露可能发生在职业活动中）；
— —经过这种途径的暴露不可能发生。

由此可以确定出暴露场所存在的完整的暴露途径。只有存在以下 3 个部分时，暴露途径才是完整的：①源项和源项化学释放；②接触发生的暴露点；③接触发生点的暴露途径。否则，暴露途径就不完全，如有污染源释放到空气中但当地没有人群。

从所有完整暴露途径中选择出在暴露评价中需要进一步评价的途径。如果暴露途径中存在暴露亚群，就必须进行定量评估。只有下列情况可以把暴露途径从详细分析中排除：来自这条途径的暴露量比包含同样介质在同一暴露点其他途径的暴露量小得多时；这条途径的潜在暴露量很低；或者当前暴露发生的可能性非常低并且与之联系的危险不高（但如果一条暴露途径会带来灾难性后果，即使它发生的可能性很低也应该考虑）。

通过暴露人群、暴露介质、暴露点和暴露途径的识别，对暴露场所的所有完整暴露途径的情况进行适当的汇总。应注明此途径是否需要进一步定量评估。如果某一途径被排除，则应给出合理的说明。这些信息对下一步定量暴露评价的范围确定有重要作用。表 3-2-4 列出了对这些信息汇总的样本。

表 3-2-4　暴露场所完整暴露途径情况汇总表格样式

潜在暴露人群	暴露途径、介质和暴露点	进一步评价	选择或排除理由
◆ 当前土地利用			
居住	从暴露场所下坡向井内摄取地下水	是	居民从井里获取地下水饮用
	居民从饮用地下水中摄入某些挥发性化学物	是	居民饮用地下水中所包含的化学物质是挥发性的
工人	在暴露场所与土壤中的潜在化学物直接接触	是	在野外工作人员可能接触了被污染的土壤
◆ 未来使用的土地			
居住	在暴露场所直接接触土壤中潜在化学物质	是	这些地区在未来被开发为居住地
	富集在当地鱼塘鱼体内的化学物质的摄入	否	因为没有潜在的化学物质广泛地通过鱼体途径积累，经由此暴露途径的有效暴露潜力较低

化学物质从场址到达接受点处的环境途径称为环境路线，确定环境路线需要分析污染物在环境中的迁移转化及其最终归宿。环境路线由以下 8 个单元组成。

①源；

②化学物质释放机制（如浸出）；

③输送机理（如地下水流动）；

④迁移机理（如吸附）；

⑤转化机理（如生物降解）；

⑥暴露点（如居民饮水井）；

⑦接受者（如饮水井的居民用户）；

⑧暴露途径（如食入）。

对于每一种所关心的化学物质，均需建立从污染源处到接受者间的环境路线。一般有三种环境路线：一种与地下水输送有关，另一种则是大气输送，最后一种涉及土壤和地下水。

污染物自污染场址的释放产生于如可溶性化学物质浸出到地下水中等自然过程，场址排水管网的建造等人类活动，以及化学物质溢出等事故。除确定从一污染源处释放哪些化学物质外，最重要的是要确定这些化学物质释放后如何被输送、如何迁移和转化（见表 3-2-5）。输送过程可能涉及对流和扩散。还有很多机理会将污染物传递到其他介质或储存在场址内（如土壤表面吸附）。在某些情况下，有机污染物在环境条件下会被转化为二氧化碳和水；但在其他一些情况下，降解产物可能比其母体有机化合物的毒性要大得多（如氯乙烯）。

表 3-2-5 污染物释放和迁移转化机理

介质	机理	时间框架	归宿迁移	机理转化
大气	挥发	长期	雨水洗涤	臭氧氧化
	气载粉尘产生	长期、短期	重力沉降	
	燃烧	短期		
土壤	冲蚀	长期、短期	植物摄入	生物降解
	渗滤液产生	长期	溶解于雨水	
	溢流	短期		
地表水和地下水	渗滤液产生	长期	吸附	光化学降解
	溢流	短期	挥发	生物降解

2.3.5 潜在暴露人口数确定

在暴露途径评价中确定潜在暴露人口数的步骤如下：

①确定场址附近地区的人口现状数；

②预测出场址附近地区的将来人口数；

③确定需特殊考虑的人口数（如铅污染情况要考虑青少年的暴露）；

④在任何恢复治理活动中现场的可能工人数。

目前人口数可按生活在场址边界一定距离范围内（如 1 km 或 2 km）的人口数来确定。但是，按照迁移转化和最终归宿分析的结果，任何距离都可能被指定为边界。可能暴露人口的确定要以表 3-2-6 场址周围土地利用情况和正式文件的人口统计资料为基础。

表 3-2-6 统计资料来源

资料	来源
地形图	地方政府测绘部门
户口普查	户籍管理部门
市区地图	土地利用数据
项目所在地土地利用	场地踏勘
人类活动方式	航空图片

某些人群组，如孩子、孕妇、老人以及患有慢性病的人，对有毒化学品具有较高的敏感性，需要特别加以考虑。最基本的要求是确定位于敏感性设施（学校、幼儿园和养老院）的人群组。评估将来暴露人口的关键是弄清楚影响风险估值的变化因子有哪些。例如，虽然地下水目前未被用作饮用水水源，但将来可能成为饮用水水源，这就可能显著地影响对将来的风险计算。

2.3.6 暴露情景的构建

在确定可能暴露人口数和暴露路线后，应对可能暴露人群所处条件加以表征。这涉及评价场址利用现状及将来可能的合理利用，从而建立一组暴露发生的可靠条件。在暴露情景确定后，就可选定控制暴露的特定参数，如暴露频率、时间长度和摄入速率。

某些常用于暴露情景的例子包括：工作场所情景、误入情景、居民区情景、娱乐情景以及建设情景。

2.3.6.1　工作场所情景

评价场址目前是否用于工业活动？工作人员是否在正常条件下暴露于与要评价的化学物质有关的场地？将来场址改为他用后，或在场址治理恢复过程中，工作人员是否暴露于污染物质？评价工人所受到的潜在风险，通常是在假设条件下评价是否存在不可接受风险，而不是制定使工人在其正常活动时不面对风险的作业。

2.3.6.2　误入情景

评价场址是否经常发生误入事件？是否设有限制进入场址的隔离墙？如有隔离墙，是否处于良好的工作状况？场址是否同学校、购物中心或居民区隔离，这些区域的儿童是否有原因或意向在场址玩耍？场址是否对儿童有吸引力？

2.3.6.3　居民区情景

场址目前是否用于居民用途？将来是否用于或可能用于居民用途，有无合同约束或限制场址用于居民用途？是否可能使用地下水？对居民区情景的评价常常以最坏的情况作为假设。在居民区情景下的暴露通常对任何年龄组都选择最严格的条件。

2.3.6.4　娱乐情景

这种情景特别适用于评价与可供钓鱼、游泳、划船、涉水等娱乐活动的地表水体有联系的潜在风险。现场调查活动期间所做观察可用于发展娱乐暴露情景。与国家或地方有关部门确认核实要评价的地表水体的法定用途及水体类别是非常重要的。

2.3.6.5　建设情景

场址处是否计划或可能有建设活动？建设活动是否会导致现场接受者（如直接与土壤接触的建筑工人）或/和远离现场的人群（如远离现场的居民或工人暴露于由于土壤挖掘和运输等活动产生的扬尘和挥发性化学物质）的可能暴露？

2.3.7　暴露的量化

为进行风险评价，需要估算污染物经过所有环境路线后在暴露点的浓度，包括在空气、地下水、地表水、沉积物和食物中的浓度。对于现状暴露，只要可能，就应该尽量使用在暴露点的实际监测数据。例如，应该获得污染物在场址附近饮用水中的浓度。对于现场暴露点，土壤和地下水中的代表性浓度应该采用算术平均值或几何平均值（取决于场址污染物浓度分析数据的统计分布）。

将来的状况可能会与现在全然不同。污染带会迁移到潜在的暴露点，但如果采取补救治理措施将会大大减少污染物的迁移。在综合性风险评价中，必须对目前状态及几种补救治理方案的暴露点浓度进行估算。在确定污染物在暴露点的将来浓度时，常常需要使用迁移转化模型计算。使用迁移转化模型时的主要工作是对模型进行校正。一旦模型得到验证就可用它估算在所给定条件及假设情况下的污染物在暴露点的浓度。

对于地下水污染物，可使用水文地质模型估算污染物将来在地下水下游水井中的浓度。对于释放进入大气的污染物，可以采用高斯模型估算将来的下风向浓度。通常，在数据收集和数学模拟中所做的努力决定了所估计出的风险的可靠性。

所有的数学模拟均要求注明假设条件。基本要求是要对假设条件是否合理进行仔细检查。可通过敏感性分析来检查所做假设条件对暴露点浓度，甚至对最终所得风险值的影响。敏感性分析会指出在所输入的众多变量中，哪一种（些）变量对所得风险值影响最明显。

暴露评价的下一步是对选择的人群和暴露途径按照暴露大小、频率和周期进行定量评价。这一步常分为两个阶段进行：首先评估暴露浓度，其次计算摄入剂量。

（1）确定最大合理暴露。

如果暴露持续发生，总暴露量除以所需研究的时间周期，可得到单位时间的平均暴露率。平均暴露率也可以表示为身体体重的函数。对于一条给定途径应综合考虑所有摄入变量以确定最大合理暴露量。最大合理暴露量是指在暴露场所期望合理发生的最高剂量。最大合理暴露量对应于特定途径，但是人群受到多条暴露途径影响，暴露量的组合也代表一个最大合理暴露量。

一般情况下，估计暴露浓度需要大量专业知识。暴露浓度的测定可以通过单独使用监测数据，或监测数据和环境迁移转化模型相结合。大多数情况下，采用后者。

（2）直接使用监测数据。

使用监测数据常适用于暴露包含了与监测介质的直接接触（如直接与土壤或沉积物接触），或者监测直接在暴露点进行（如居民饮水井或公共自来水供应）。对于这些途径，监测数据提供了最好的估计当前浓度的办法。

（3）使用迁移转化模型。

一些情况下，仅仅使用监测数据并不能满足暴露量化的需求，需要结合迁移转化模型进行。暴露点在空间上不同于监测点。对暴露点而言，迁移转化机理存在，而暴露点又远离污染源；时间分配数据缺乏，通常所收集的数据都是相对短期的，只是揭示当前暴露场所的情况。在暴露评价中需要进行长期和短期评估，尽管可以假设在一段长时间内浓度保持不变，但在大多数情况下，监测数据的时间跨度并不足以预测将来的浓度，对这种预测就需要环境模型。监测数据被浓度范围所限制，环境模型也用于极低浓度下但仍会引起毒性效应（即使浓度非常低）的情况。例如，轻微污染的地下水排入河流，稀释作用足以把浓度降到不能直接监测的范围，然而，化学物质在极低浓度下仍表现出较强毒性或通过生物富集而对人造成危害。

2.3.8　接受者剂量

暴露评价的最后环节是估算各种类代表性化学物质对在暴露点的潜在接受者的剂量。如前所述，暴露途径有三条：食入、吸入及皮肤直接接触。剂量也有三种：管理剂量或摄入剂量（食入、吸入或与皮肤接触的数量）、吸收剂量（人体吸收数量），以及目标剂量（到达目标器官的数量）。

就风险计算来说，剂量应该与特定化学物质和所研究环境路线的剂量-反应关系中剂量的形式和类别相同。只要得到暴露点的污染物浓度，计算暴露点的管理剂量是很简单的。相反，在管理剂量基础上计算吸收剂量需要考虑一些复杂的因素。影响人体摄入污染物质的关键因素简单归纳如下：

①食入，包括：食入的介质中污染物的含量；食入介质的数量；对肠胃道系统的生物可利用性。

②吸入，包括：污染物在空气和灰尘中的浓度；颗粒大小分布；对肺系统的生物可利用性；吸入速率。

③皮肤接触，包括：污染物在土壤和灰尘中的浓度；灰尘自空气中沉积的速率；与土壤的直接接触；生物可利用性；暴露皮肤的数量。

在确定污染物摄入量时需要考虑的其他因素包括：生活方式、暴露频率和暴露持续时间（即长期、中期或短期），以及接受者体重。在多数污染场址，最主要考虑的常是长期的、慢性的暴露。

计算管理剂量的方法摘要归纳总结为下述一般方程式[13]（3-2-3）：

$$I=\frac{C\times \mathrm{CR}\times \mathrm{EF}\times \mathrm{ED}}{\mathrm{BW}\times \mathrm{AT}} \tag{3-2-3}$$

式中，I——摄入速率，mg/（kg·d）；

C——在暴露点的浓度，mg/L 水，mg/m^3 空气；

CR——接触速率，L/d 或 m^3/d；

EF——频率，d/年；

ED——暴露持续时间，年；

BW——体重，kg；

AT——平均时间，d。

对于特定的暴露路线，可对式（3-2-3）加以改进使之具体化。如以下示例所示：

①因吸入扬尘导致的摄入剂量可用式（3-2-4）来计算：

$$I=\frac{C\times \mathrm{CR}\times \mathrm{EF}\times \mathrm{ED}\times \mathrm{RR}\times \mathrm{ABS}}{\mathrm{BW}\times \mathrm{AT}} \tag{3-2-4}$$

式中，RR——保留因子；

ABS——血液系统吸收分数。

空气中扬尘浓度按式（3-2-5）计算：

$$C=C_s\times P_c \tag{3-2-5}$$

式中，C_s——化学物质在扬尘中的浓度，mg/mg；

P_c——空气中扬尘的浓度，mg/m^3。

②地下和地表水摄入计算。

个人可能暴露于地表水或地下水中潜在化学物质的途径包括饮用地下水或地表水而摄入；游泳时偶然摄入地表水；皮肤接触地下水或地表水。

经饮水摄入量计算见式（3-2-6）：

$$I=\frac{\mathrm{CW}\times \mathrm{IR}\times \mathrm{EF}\times \mathrm{ED}}{\mathrm{BW}\times \mathrm{AT}} \tag{3-2-6}$$

式中，I—— 摄入剂量，mg/（kg·d）；

CW —— 水中化学物质的浓度，mg/L，特定点的测量或模型值；

IR —— 饮水速率，L/d 或 m^3/d，与年龄有关，成人可假设为 2 L/d；

EF —— 暴露频率，单位时间内的暴露次数，对于饮水而言使用“d/年”进行计数，对于游泳而言使用“次/年”进行计数；

ED —— 暴露持续时间，年；

BW —— 体重，kg，与年龄有关，成人体重可假设为 70 kg；

AT —— 平均时间，d，对于非致癌效应，一定暴露途径的实际暴露时间，对终身致癌效应为 70 年（70 年×365 d/年）。

对于一部分时间在家外的居民，摄入速率（IR）要低一些。而且，暴露频率（EF）将随土地使用而变化。

游泳时摄入地表水量的计算见式（3-2-7）：

$$I = \frac{\mathrm{CW} \times \mathrm{IR} \times \mathrm{ET} \times \mathrm{EF} \times \mathrm{ED}}{\mathrm{BW} \times \mathrm{AT}} \tag{3-2-7}$$

式中，I —— 摄入剂量，mg/（kg·d）；

CW —— 水中化学物质的浓度，mg/L，特定点的测量或模型值；

IR —— 接触速率，L/h，取 50 mL/h；

ET —— 暴露时间，h/次，特定暴露路径值；

EF —— 暴露频率，单位时间内的暴露次数，对于饮水而言使用“d/年”进行计数，对于游泳而言使用“次/年”进行计数；

ED —— 暴露持续时间，年；

BW —— 体重，kg，与年龄有关，成人体重可假设为 70 kg；

AT —— 平均时间，d，对于非致癌效应，一定暴露途径的暴露实际时间，对终身致癌效应为 70 年（70 年×365 d/年）。

皮肤接触（如游泳、涉水、洗澡）从水中吸收的摄入剂量的计算见式（3-2-8）：

$$I = \frac{\mathrm{CW} \times \mathrm{SA} \times \mathrm{PC} \times \mathrm{ET} \times \mathrm{EF} \times \mathrm{ED} \times \mathrm{CF}}{\mathrm{BW} \times \mathrm{AT}} \tag{3-2-8}$$

式中，I —— 摄入剂量，mg/（kg·d）；

CW —— 水中化学物质的浓度，mg/L，特定地点的测量或模型值；

SA —— 接触的皮肤表面积，cm^2；

PC —— 皮肤渗透系数，cm/h；

ET —— 暴露时间，h/次，一定暴露途径值，洗澡可选择暴露时间 12 min；

EF —— 暴露频率，单位时间内的暴露次数，对于饮水而言使用“d/年”进行计数，对于游泳而言使用“次/年”进行计数；

ED —— 暴露持续时间，年；

CF —— 水的体积变换因子，1 L/1 000 cm^3；

BW —— 体重，kg，与年龄有关，成人体重可假设为 70 kg；

AT —— 平均时间，d，对于非致癌效应，一定暴露途径的暴露实际时间，对终身致癌效应为 70 年（70 年×365 d/年）。

在此情况下，计算的暴露量就是吸收剂量，并不是与皮肤接触的化学物质的量。这是因为皮肤渗透系数（PC）反映了污染物穿过皮肤到达角质层再进入血液流动的过程。

③计算土壤、沉积物或灰尘的摄入量。

人体暴露于土壤、沉积物或尘土的途径有：①偶然摄入；②皮肤接触。

偶然摄入剂量计算见式（3-2-9）：

$$I = \frac{\mathrm{CS} \times \mathrm{IR} \times \mathrm{CF} \times \mathrm{FI} \times \mathrm{EF} \times \mathrm{ED}}{\mathrm{BW} \times \mathrm{AT}} \tag{3-2-9}$$

式中，I —— 摄入剂量，mg/（kg·d）；

CS —— 土壤中化学物质的浓度，mg/L，特定点测量值；

IR —— 暴露速率，mg/d，6 岁以下儿童可假定为 200 mg/d，6～12 岁儿童可假定为 100 mg/d；

CF —— 变换因子，10^{-6} kg/mg；

FI —— 从污染源摄取的组分的比例，特定暴露途径值（应考虑污染物位置和人群的活动方式）；

EF —— 暴露频率，次/年；

ED —— 暴露持续时间，年；

BW —— 体重，kg，可采用如下数据：成人取 70 kg，6 岁以下儿童取 16 kg，6～12 岁儿童取 29 kg；

AT —— 平均时间，d，对于非致癌效应，一定暴露途径的暴露实际时间，对终身致癌效应为 70 年（70 年×365 d/年）。

皮肤接触摄入剂量的计算见式（3-2-10）：

$$I=\frac{\mathrm{CS}\times\mathrm{CF}\times\mathrm{SA}\times\mathrm{AF}\times\mathrm{ABS}\times\mathrm{EF}\times\mathrm{ED}}{\mathrm{BW}\times\mathrm{AT}} \tag{3-2-10}$$

式中，I—— 摄入剂量，mg/（kg·d）；

CS —— 土壤中化学物质的浓度，mg/L，依据测量值；

CF —— 转换因子，10^{-6} kg/mg；

SA —— 接触的皮肤表面积，cm^2；

AF —— 皮肤附着系数，mg/cm^2；

ABS —— 吸收系数，量纲一；

EF —— 暴露频率，次/年；

ED —— 暴露持续时间，年；

BW —— 体重，kg，可采用如下数据：成人取 70 kg，6 岁以下儿童取 16 kg，6～12 岁儿童取 29 kg；

AT —— 平均时间，d，对于非致癌效应，一定暴露途径的暴露实际时间，对终身致癌效应为 70 年（70 年×365 d/年）。

需要注意的是，同水中化学物质的暴露相比，由式（3-2-10）计算出的是吸收剂量，不是化学物同皮肤的接触量。

④空气摄入剂量的计算。

气态化学物质吸入计算见式（3-2-11）：

$$I=\frac{\mathrm{CA}\times\mathrm{IR}\times\mathrm{ET}\times\mathrm{EF}\times\mathrm{ED}}{\mathrm{BW}\times\mathrm{AT}} \tag{3-2-11}$$

式中，I—— 摄入剂量，mg/（kg·d）；

CA —— 空气中化学物质的浓度，mg/L，特定点测量或模型值；

IR —— 呼吸速率，m^3/h，成人取 20 m^3/h；

ET —— 暴露时间，h/次，特定暴露途径值；

EF —— 暴露频率，次/年，特定暴露途径值；

ED —— 暴露持续时间，年；

BW —— 体重，kg，成人取 70 kg，6 岁以下儿童取 16 kg，6～12 岁儿童取 29 kg；

AT —— 平均时间，d，对于非致癌效应，一定暴露途径的暴露实际时间，对终身致癌效应为 70 年（70 年×365 d/年）。

颗粒物吸入量的计算见式（3-2-12）：

$$I=\frac{CA\times IR\times ET\times EF\times ED}{BW\times AT} \tag{3-2-12}$$

式中，I —— 摄入剂量速率，mg/（kg·d）；

CA —— 空气中化学物质的浓度，mg/L，特定点测量或模型值；

IR —— 呼吸速率，m^3/h，成人取 20 m^3/h；

ET —— 暴露时间，h/次，特定暴露途径值；

EF —— 暴露频率，次/年，特定暴露途径值；

ED —— 暴露持续时间，年；

BW —— 体重，kg，成人取 70 kg，6 岁以下儿童取 16 kg，6～12 岁儿童取 29 kg；

AT —— 平均时间，d，对于非致癌效应，一定暴露途径的暴露实际时间，对终身致癌效应为 70 年（70 年×365 d/年）。

⑤食物摄入剂量的计算。

经食物的暴露有 3 种方式：①食入鱼和贝；②禽畜肉类；③蔬菜和其他农产品。计算公式见式（3-2-13）：

$$I=\frac{CF\times IR\times FI\times EF\times ED}{BW\times AT} \tag{3-2-13}$$

式中，I —— 摄入剂量，mg/（kg·d）；

CF —— 食物中化学物质的浓度，mg/L，特定点的模型或测量值；

IR —— 食入速率，kg/餐；

FI —— 从污染源摄入的食物比例，特定途径值；

EF —— 暴露频率，餐/年，特定途径值；

ED —— 暴露持续时间，年；

BW —— 体重，kg，特定年龄值，成人可取 70 kg；

AT —— 平均时间，d，对于非致癌效应，一定暴露途径的暴露实际时间，对终身致癌效应为 70 年（70 年×365 d/年）。

确定风险评价中的基本参数是重要的工作，如皮肤表面积、土壤摄入速率以及吸入速率。其他一些参数，如暴露频率和时间，常以特定场址可得到的实际资料，或专业判断来加以确定。例如，在评价误入者情况时，在场址调查期间对误入者的观察能给出暴露频率（如每年的天数或每年的事件数）和暴露时间（如有活动出现的年数）的使用值。一般的感觉在选择暴露参数时也起重要作用。

平均时间 AT 是摄入方程中必须加以定义的另一重要参数。平均时间的选择主要取决于所评价的剂量类型。例如，在分析暴露于非致癌物质的长期、慢性效应时，摄入是对整个暴露持续时间（以 d 表示）进行考虑的；但是，在分析暴露于致癌物质的长期、慢性效应时，则应对一生（假设为 70 年，即 25 550 d）进行考虑，以便与在开发斜率因子时采用的方法相一致。

表 3-2-7 给出一个这类计算所用参数的实例。应该注意，根据所假设的暴露条件（即所选定的暴露情景）不同，这些参数的数值会有很大变化。例如，表中所给成年男性呼吸空气的速率为 0.83 m^3/h，但是对于正在进行激烈运动的体育锻炼者，其呼吸空气的速率将从休息时的 0.6 m^3/h 变为 7.1 m^3/h，相差一个数量级。

表 3-2-7 计算某填埋场的剂量和摄入量的标准参数值

参数	成人	6～12 岁的儿童	2～6 岁的儿童
平均体重/kg	70	29	16
皮肤表面积/cm^2	18 150	10 470	6 980
饮水速率/（L/d）	2	2	1
呼吸空气速率/（m^3/h）	0.83	0.46	0.25
保留率（吸入空气）/%	100	100	100
吸收率（吸入空气）/%	100	100	100
土壤食入量/（mg/d）	100	100	200
洗澡时间/min	30	30	30
暴露频率/d	365	365	365
暴露持续时间/年	30	6	4

【例 1】计算成人污染物摄入量。

确定成人通过慢性吸入对非致癌化学物质的摄入量是某填埋场扬尘浓度的函数。

解：对于暴露于非致癌成分的成人，可用式（3-2-4）来计算摄入量：

$$I_{\mathrm{N}}=\frac{C\times\mathrm{CR}\times\mathrm{EF}\times\mathrm{ED}\times\mathrm{RR}\times\mathrm{ABS}}{\mathrm{BW}\times\mathrm{AT}}$$

由表 3-2-7 查出：成人呼吸空气速率 = 0.83 m^3/h；CR = 0.83 ×24 = 19.92 m^3/d；

暴露频率 EF = 365 d；对于长期暴露于非致癌物，暴露持续时间 ED = 30 年；在缺乏较好的资料时，保守的做法是假设保留率 RR 和血液系统吸收率 ABS 均等于 1.0；体重 BW = 70 kg；AT = 365 × 30=10 950 d。因此

$$I_{\mathrm{N}}=\frac{C\times 19.92\times 365\times 30\times 1.0\times 1.0}{70\times 10\,950}$$

$$I_{\mathrm{N}} = 0.285\times C\ [\mathrm{m^3/（kg\cdot d）}]$$

【例 2】计算儿童污染物摄入量。

确定年龄在 6～12 岁的儿童通过呼吸作用对致癌化合物的慢性日摄入量。

解：由式（3-2-4）可得

$$I_{\mathrm{c}}=\frac{C\times \mathrm{CR}\times \mathrm{EF}\times \mathrm{ED}\times \mathrm{RR}\times \mathrm{ABS}}{\mathrm{BW}\times \mathrm{AT}}$$

由表 3-2-7 查出：CR = 0.46 ×24 = 11.04 $\mathrm{m^3/d}$; EF = 365 d; ED = 6 年；RR=ABS=1.0; BW = 29 kg；AT = 365 × 70=25 550。

$$I_{\mathrm{c}}=\frac{C\times 11.04\times 365\times 6\times 1.0\times 1.0}{29\times 25\,550}$$

$$I_{\mathrm{c}} = 3.26\times C\ [\mathrm{m^3/（kg\cdot d）}]$$

【例 3】计算皮肤接触土壤时氯苯的日摄入量。

确定现场工人皮肤接触某场址的土壤时，在 1 年暴露期内日均摄入氯苯量。假设下述其他参数值为：A（暴露皮肤）=皮肤面积×20%= 18 150 $\mathrm{cm^2}$ × 20%= 3 630 $\mathrm{cm^2}$；DA（附着灰尘）= 0.51 $\mathrm{mg/cm^2}$；ABS（皮肤吸收率）= 6%；SM（土壤基质影响）= 15%（即由于土壤基质影响，实际上只可能接触 15%的污染物）；EF = 156 d（每天 2 次暴露事件，每年暴露 156 d）；ED = 1 年；AT = 365 d。

解：

$$\begin{aligned}I_{\mathrm{N}}&=\frac{C\times A\times \mathrm{DA}\times \mathrm{ABS}\times \mathrm{SM}\times 2\times \mathrm{EF}\times \mathrm{ED}\times 10^{-6}}{\mathrm{BW}\times \mathrm{AT}}\\&=\frac{C\times 3\,630\times 0.51\times 0.06\times 0.15\times 2\times 156\times 1\times 10^{-6}}{70\times 365}\\&=2.03\times 10^{-7}\times C\ [\mathrm{mg/(kg\cdot d)}]\end{aligned}$$

假设氯苯在土壤中的平均浓度为 1.39 mg/kg，故氯苯的日摄入量为 1.39×2.03×

10^{-7} mg/kg，

则 $I_N = 2.82 \times 10^{-7}$ mg/(kg· d)

【例 4】 皮肤接触土壤氯仿日摄入量。

确定现场工人皮肤接触某场址的土壤时，在 1 年暴露期内日均摄入氯仿量。假设摄入估算值将用于评价氯仿的致癌效应（即计算 I_c）。

解:

$$I_c = \frac{C \times A \times \text{DA} \times \text{ABS} \times \text{SM} \times 2 \times \text{EF} \times \text{ED} \times 10^{-6}}{\text{BW} \times \text{AT}}$$
$$= \frac{C \times 3\,630 \times 0.51 \times 0.06 \times 0.15 \times 2 \times 156 \times 10^{-6}}{70 \times 25\,550}$$
$$= 2.91 \times 10^{-9} \times C\ [\text{mg/(kg} \cdot \text{d)}]$$

假设氯苯的日摄入量为 1.12 mg/kg，

则 $I_c = 3.26 \times 10^{-9}$ mg/（kg· d）。

应该指出，与口服或吸入暴露途径不同，对于皮肤暴露途径一般没有可接受的参考剂量或斜率因子。在这种情况下，可以使用口服 RfDs 和 SF 值，但是应该请教毒理学家。

暴露量化中最重要的一步是摄入剂量的计算。值得注意的是，在此计算的摄入剂量表示在交换界面且可被吸收的化学物质的量。摄入剂量并不等于吸收剂量。后者表示吸收进入血液的化学物质的量。

2.4　毒性评价

在健康风险评价过程中，毒性评价的任务是确定每一代表性化学物质的毒性（即剂量-反应关系）。除为计算风险提供一套数学常数外，毒理学评价还应该分析在这些数字中固有的不确定性，并且说明这种不确定性对风险估算值的影响大小。

目前，已经有各种各样的手册和数据库列出各种有毒有害化学品的毒性数据。这些数据都是在试验的基础上，经过多次检查和测定、采用各种外推的形式获得的。表 3-2-8 列出了生物毒性研究中常用的剂量-反应模式。常用于毒理学评价的数据获取的研究方法包括生物急性、亚急性毒性试验，流行病学调查、动物的“三致”试验，生态毒性试验等[28]。

表 3-2-8 生物毒性研究中常用的剂量-反应模式

模式	表达式	参数范围
正态分布	$P(d)=\psi(\alpha+\beta\log d)$	$-\infty<\alpha$，$\beta<\infty$
单次反应	$P(d)=1-\exp(-\lambda d)$	$\lambda>0$
多次反应	$P(d)=1-\sum\frac{\exp(-\lambda d)(xd)^k}{k_i}$	$\lambda>0$
多阶段	$P(d)=1-\exp(-\sum_{i=0}^{n}x_i d^i)$	$X_i\geqslant 0$
线性内插入法	$P(d_e)=UCL\times d$	0
威布尔分布	$P(D)=1-\exp(-\alpha-\beta d^m)$	α，β，$m>0$
Doll-weibull 分布	$P(d)=bd^m(t-w)^k$	$t\geqslant w>0$；b，m，$k>0$

化学物质的危害可特征化为致癌效应和非致癌效应，部分化学物质同时具有致癌效应和非致癌效应[29]。非致癌物质存在反应剂量阈值，当剂量低于此值时就不会诱导产生可分辨的不利健康效应，而致癌物质则不存在反应剂量阈值。美国 EPA 采用线性非阈值模型进行所有致癌物质健康效应的描述。目前，毒性数据的一个重要来源是美国 EPA 的综合风险信息系统（integrated risk information system，IRIS）。可从 IRIS 数据库中查询得到关于致癌或非致癌物质毒性的定性和定量的数据，此外这些毒性指数每月都会进行更新。其中收录的信息包括：化学物质经口摄入和呼吸摄入的慢性非致癌健康效应的 RfD，经口摄入和呼吸摄入的慢性致癌暴露的斜率因子 SF 等。UNEP 潜在有毒化学品登记数据库（international register of potentially toxic chemicals，IRPTC）也是一个重要的毒性数据来源，其中包括：法规数据库、哺乳动物和特殊毒性研究、有机体在环境中的化学生物动力学和影响、环境致死性测试和进入环境中的致死效应和途径等。欧盟为了 REACH 法规的实施，开发了国际统一化学品信息数据库（international uniform chemical information database，IUCLID）[30]，用于储存、获取和交换化学品固有性质和危险性数据。此外，还有大量的工具书、手册、法规列出了有毒化学品的特性数据。

国际癌症研究机构（International Agency for Research on Cancer，IARC）[31]根据人群流行病学调查研究和动物实验所得资料中化学品致癌的强度，将资料分为 5 级：

①致癌性证据充分；

②致癌证据有限；

③致癌证据不足；

④无资料；

⑤无致癌证据。

致癌化学品的剂量与癌症发病率之间的定量关系可以采用致癌斜率因子（或致癌强度系数）来表示。美国 EPA 致癌物评价组推荐采用致癌强度系数（carcinogenic potency factor，CPF）[5]，其含义是：受试动物或人群终身持续暴露于一个单位浓度[1 mg/（kg 体重·d）]的致癌物时致癌的概率。其值为线性多阶模型剂量-反应斜率系数的最大似然估计值的 95%上限[32]。CPF 越大，单位剂量致癌物所导致的人或动物的超额患癌率越高。

对于各数据库无相关资料的化学品而言，求致癌强度系数有两个途径：一是根据毒理资料估算；二是根据人群流行病学调查研究资料估算。

2.4.1　根据毒理资料估算

首先，求动物致癌强度系数[以 q_1（动物）表示]，可采用美国 EPA 开发设计的线性多阶模型程序（GLOBAL 82 及 86）进行。需输入的参数包括：动物实验中各剂量组的有效动物数量，各剂量组受试动物的终身暴露剂量率[mg/（kg 体重·d）]，各剂量组中观察到带瘤（包括良性肿瘤）的动物数量及带瘤率等。给出的值为线性多阶模型剂量-反应斜率系数的最大似然估计值的 95%上限，即 $q_{1\,动物}$。

再将 $q_{1动物}$ 转换为人的致癌强度系数 $q_{1人}$，宜按体表面积进行转换，见式（3-2-14）。

$$q_{1人}=q_{1动物}\times\left(\frac{\mathrm{BW}_{人}}{\mathrm{BW}_{动物}}\right)^{1/3} \tag{3-2-14}$$

式中，$\mathrm{BW}_{人}$ ——人体的体重，我国成年人的标准体重建议值为 70 kg；

$\mathrm{BW}_{动物}$ ——受试动物体重。

为了检测化学品的毒性，需要进行各种毒性试验，其中最常用的是动物试验，包括整体动物和离体器官或细胞。毒性试验的目的主要是通过动物试验研究外源性化学物质，特别是环境污染物的毒性大小，进入机体的途径，在体内的分布、代谢、排泄过程，作用的靶器官和毒性损害的发生机理等。动物可能只有一次接触有毒化学品，也可能是在一定期间或整个生命周期内多次重复接触有毒化学品。

试验类型一般包括：急性毒性试验，亚急性毒性试验，慢性毒性试验，生物蓄积试验，联合毒性试验，机能测试试验，繁殖试验，早期生命阶段的毒性试验，致畸、致突变、致癌试验等。

哺乳动物广泛应用于各种毒性试验中，一般采用大鼠或小鼠，经不同的用药途径（如口、静脉、皮下、腹腔等），按不同剂量以及试验条件（敞开、封闭）、给药持续时间等条件，得出动物全部致死到全不致死的剂量范围，同时要求最小剂量组的死亡率为0，最大剂量组的死亡率为100%。

通常使用数理统计方法对收集到的试验数据进行处理，判定不同浓度的有毒化学品对试验动物的作用是否明显，一般包括以下4个步骤：

（1）求平均数。

$$\bar{x}=\frac{\sum x}{n} \tag{3-2-15}$$

式中，$\bar{x}$——平均数；

x——每个变量；

n——每组动物数；

$\sum$ ——总和。

（2）标准差：表示每个变量离散程度，说明一套变量值的分布情况。

$$S=\sqrt{\frac{\sum x^2-\frac{\left(\sum x\right)^2}{n}}{n-1}} \tag{3-2-16}$$

（3）标准误差：表示样品均数离散程度，说明样品均数的可靠性。

$$S\bar{x}=\frac{S}{\sqrt{n}} \tag{3-2-17}$$

（4）测试：测定两个均数之间的差别是否显著，统计学上常以5%作为差别显著的界限。

$$t=\frac{\bar{x}_1-\bar{x}_2}{S\,\bar{x}_1-\bar{x}_2} \tag{3-2-18}$$

式中，

$$S\overline{x}_1-\overline{x}_2=\sqrt{S_c^2\left(\frac{n_1+n_2}{n_1n_2}\right)} \tag{3-2-19}$$

而

$$S_c^2=\frac{(n_1-1)S_1^2+(n_2-1)S_2^2}{(n_1-1)+(n_2-1)} \tag{3-2-20}$$

自由度：

$$n'=n_1+n_2-2 \tag{3-2-21}$$

其中，下标 1、2 表示不同的组将得出的 t 值以及相应的自由度查 t 值表，比较不同组的差别是否显著。

当相比较的组超过两个时，t 测试的方法就要扩展到方差分析。方差即标准差的平方。

$$\text{校正数}\ C=\frac{\left(\sum\sum x\right)^2}{N} \tag{3-2-22}$$

式中，$\sum\sum x$——各组 $\sum x$ 之和；

N ——动物总数。

总的离均差平方和 $$\text{SS}=\sum\sum x^2-C \tag{3-2-23}$$

组间的离均差平方和 $$\text{SS}=\sum\frac{(\sum x)^2}{n_i} \tag{3-2-24}$$

式中，n_i—— 每组动物数。

$$\text{组内的离均差平均和SS}=\text{总的SS}-\text{组间的SS} \tag{3-2-25}$$

总的自由度 $$n'=N-1=nk-1 \tag{3-2-26}$$

组间的自由度 $$n'=k-1 \tag{3-2-27}$$

组内的自由度 $$n'=(n-1)k \tag{3-2-28}$$

$$\text{均方}=\frac{\text{相应的SS}}{\text{相应的}n'} \tag{3-2-29}$$

$$F=\frac{\text{组间的均方}}{\text{组内的均方}} \tag{3-2-30}$$

将得到的 F 值与表中相应的 F 值进行比较，如计算所得到的 F 值大于查表所得 F

值，则有显著意义，反之，则无显著意义。

为了得到人类在特定条件下接触有毒化学品的安全性，对通过动物试验得到的资料进行估算。用恰当的数学模型等，将试验结果外推到人。

2.4.2 根据人群流行病学研究资料估算

$$Q = \frac{(\mathrm{RR}-1)\times \mathrm{LR}}{X} \tag{3-2-31}$$

式中，Q——致癌强度系数，mg/（kg·d）；

RR——暴露人群的相对危险度（暴露者中的发病率/非暴露者中的发病率），量纲一；

X——终生日均暴露剂量，mg/（kg·d）；

LR——当地整体人群个体终生患癌危险度，量纲一。

非致癌参考剂量（reference dose，RfD，或非致癌参考浓度 reference concentration，RfC）所显示的非致癌物与致癌物不同，非致癌物存在阈值效应，当低于某特定暴露剂量，可认为这些物质不会对暴露人群产生任何不利于健康的影响。参考剂量（RfD）是以不会产生不利健康影响的每日摄入值进行估计的，即人群一生中出现不利健康效应的概率极低，或者实际上不可辨别时的个体或人群的终生暴露水平，单位为[mg/（kg·d）]。RfD 的计算程序：

（1）利用毒理学及人群流行病学的数据资料确定该物质的 NOAEL。如无 NOAEL，则可用最低可见有害作用水平（lowest observed adverse effect level，LOAEL）代替，两者均为阈值的替代值。或者通过基准剂量软件“benchmark dose software（BMDS）”计算关键效应的基准剂量（benchmark dose，BMD）。

（2）确定不确定性系数（uncertainty factor，UF，原称安全系数）。不确定性系数包括：由动物外推到人的种属间差异、个体敏感性差异造成的种属内差异和由亚慢性研究外推到慢性研究之间出现的差异（UF=10）；用 LOAEL 代替 NOAEL 推导 RfD 造成的差异（UF=10）；由于数据库不完整等带来的其他不确定性[也称修饰系数（MF），值为 1～10]。种属间差异和种属内差异的不确定性系数宜将种属间外推的不确定系数分解为 4 倍（毒代动力学）和 2.5 倍（毒效动力学）两个分系数，种属内变异的不确定系数平均分配为毒代动力学和毒效动力学各 3.16 倍。如果没有毒代动力学和毒效动力学资料，两个不确定性系数值均可采用 10。

（3）求 RfD（或 RfC）。

$$RfD=NOAEL（或 LOAEL）/UFs \qquad (3\text{-}2\text{-}32)$$

或者

$$RfD=BMD/UFs \qquad (3\text{-}2\text{-}33)$$

式中，UFs——所有 UF 的乘积，即 $UFs=\prod_1^n UF_i$；

BMD——计算出的 BMD 的 95%可信下限。

无论是 NOAEL、LOAEL、BMD 或 RfD（或 RfC）值，一般来说是可以通用的，均可参照有关国家或者国际组织的数据，不必从头计算。

（4）数学模型。

动物试验所接触的剂量往往高于实际人体接触的剂量，从高剂量向低剂量外推时，可选用的模型有 Probit 模型、Logit 模型、Weibull 模型、Ohehit 模型、Multi-hit 模型、Mulbistage 模型等。对于缺少足够资料的情形，美国 EPA 推荐采用线性多阶段模型来求 SF（致癌斜率因子），因为线性多阶段模型是最保守的模型之一。美国 EPA 指出，一般来说，在数据符合适当的模型后，要计算 95%的可信度，这就是 SF（致癌斜率因子），它代表一个人一生摄入一种化学物质，超过 95%的计算结果与实际反应相一致（即仅有 5%的机会，实际反应结果可能大于基于实验数据和模型的估算值）。

在存在阈值的健康风险评价中，人们已经长期采用 NOAEL 法计算参考剂量。但在应用过程中，人们渐渐发现该方法在很多方面都存在一定的局限性。如 NOAEL 的值取决于样本量的大小；在使用 NOAEL 法确定关键效应时，未能充分考虑剂量-反应关系和其斜率；动物实验中，剂量间隔的设置也会影响 NOAEL 的数值等。因此在存在阈值的健康风险评价中，目前更多地提倡使用基准剂量（BMD）法计算参考剂量。与 NOAEL 相比，BMD 使用了动物实验中剂量-反应关系的所有数据，而不仅仅是依据一个点的值，因此所得结果的准确性和可靠性更好。BMD 采用的值为 95%可信区间的下限值，因此当实验的质量较差时（如观察指标变异过大、受试动物数量过少等），可信区间较宽，相应地导出的 BMD 较小。美国 EPA 在致癌物风险评价导则中建议非遗传毒性的致癌物风险评价应使用基准剂量法。随着 BMD 法的广泛使用和完善，它将作为 NOAEL 法的重要补充，在环境健康风险评价中发挥更为重要的作用。

2.5 风险表征

风险表征是风险评价的最后一步，也是进行风险管理的依据。它是在暴露评价和毒性评价的基础上，将所获得的资料进行总结，估算各种暴露条件下待评价物质对受体产生的可能的不利健康影响的程度，是对环境风险进行综合的定量和定性表达，并分析相关的不确定性。由于致癌物和非致癌物引起毒性效应的方式不同，所以进行风险表征时需要分别考虑致癌效应和非致癌效应。

风险表征涉及暴露于某一种化学物质的实际的和可能的风险，还有暴露于多种化学物质中的附加作用。在风险表征时，要对具体化学物质在观测到的暴露水平下和在利用迁移模型推导得出的暴露水平下的毒性资料进行比较，确定目前和今后暴露水平是否需要关注。化学物质的暴露和摄入对潜在暴露人群的风险需要计算非致癌风险指数和致癌风险。

风险表征在最终的决策过程中是最关键的步骤，因为它是风险评价和风险管理的桥梁。例如，对于潜在污染场址的风险表征需要包括修复过程，污染物清除的标准可以根据潜在接受体的“可接受的”水平来制定。

2.5.1 风险表征需要考虑的问题

在风险表征阶段，可以通过超额风险和最高容许限值对有害因子风险作出最基本的判断和描述。

超额风险是指暴露于某个风险因子时，该因子可以引起的超额健康风险。最高容许限值是在超额风险被确定的前提下，可推算出某风险因子在环境中的最高容许限值，低于此限值可以保证人终身暴露于某风险因子都不会引起超额风险。

风险特征是定量估算致癌和非致癌物质通过所有可能的暴露途径对接受者造成的风险。典型的做法是就三种暴露途径对最大暴露个体和最可能暴露人群的健康风险进行估计。但是，重要的工作并不是进行计算，而是对计算结果作出解释，使之能合理地被用于管理决策过程。

2.5.1.1 平均和最大暴露风险

在对污染场址进行风险评价时，应用平均暴露量和最大暴露点浓度这两个值估算出潜在风险的范围。这在分析某一组特定的暴露情景的潜在风险时常常是非常有用的。当然，二者中任一量的重要性都取决于其数据的数量及其可靠性。一般来说，浓度的平均值较接近一接受者的长期暴露量，用平均浓度计算潜在风险得到对长期暴露的风险估计，而最大暴露点浓度常用于估算短期暴露风险，得到对潜在风险的估值上限。

美国现行的健康风险评价导则强调，在计算潜在风险时需要采用暴露点浓度的上边界的估计值，该值常常按95%可信区间的算术平均值的上限选取。使用此数值通常给出对风险的最坏估计，会大大高估潜在风险，特别是当此值与合理的最不利暴露假设条件联合使用时更是如此。

2.5.1.2 致癌风险

致癌风险（R）为使用长期的每日摄入剂量乘以致癌斜率因子，用以表示受体由于暴露于该种化学物质而导致的一生中超过正常水平的癌症发病率，可用式（3-2-34）计算：

$$R = \mathrm{CDI} \times \mathrm{SF} \tag{3-2-34}$$

式中，CDI——长期的日摄入剂量，mg/（kg·d）；

SF——致癌斜率因子，1/[mg/（kg·d）]。

描述致癌风险，首先要对每种化学物质在所识别出的暴露途径进行分析。经典的风险评价方法假设每一种化学物质造成的风险具有加和性。对于致癌物质来说，其总的致癌风险等于每一种化学物质经过各种暴露途径后所造成的致癌风险的总和，故应对每一种暴露途径和暴露人口重复上述计算。每种暴露途径有其特定的斜率因子，因此特定的斜率因子只能用于与之相同的暴露途径得到的暴露数据。

2.5.1.3 非致癌风险

非致癌风险通常用风险指数（HI）进行表征。风险指数定义为由于暴露造成的长期日摄入量与参考剂量（RfD）的比值。参考剂量因暴露途径的不同而不同，只能用于暴露途径相同时所获得的摄入数据。风险指数可用式（3-2-35）计算：

$$\mathrm{HI}=\mathrm{CDI}/\mathrm{RfD} \tag{3-2-35}$$

式中，HI——风险指数，量纲一；

CDI——长期日摄入剂量，mg/（kg·d）；

RfD——参考剂量，mg/（kg·d）。

如果摄入剂量小于或等于参考剂量，风险指数小于等于 1，风险是可以接受的。典型的暴露包括多种化学物质，故风险指数必须包括对每种化学物质的所有暴露途径的计算，对所有的非致癌物的风险指数进行加和，从而得到最终的非致癌物毒性效应风险指数，如表 3-2-9 所示。

表 3-2-9 风险的加和模型

致癌物	致癌风险	非致癌物	风险指数
苯	0.000 5	苯乙酮	0.05
镉	0.000 8	氰	0.15
氯乙烯	0.002 5	汞	0.03
总和	$0.0038 = 3.8\times10^{-3}$	总和	0.23＜1.0

因为许多有毒化学品通常只对一两种器官具有毒性。如果已知每种非致癌物质的毒性活动机理，那么最理想的方法是以不同的器官为基础计算各器官的风险指数。但是，这种方法需要对重要的化学物质的毒性作用机理有全面的了解。如在某暴露情况中，氰和镉的风险指数分别为 0.7 和 0.6，按标准加和模型相加，总的风险指数为 1.3，表明产生不利于健康的效应；然而，由于氰作用于大脑，镉主要毒害肾脏，故此两种化学物质风险指数的加和在此情况下不能代表实际的总体毒性。

2.5.1.4 本底风险

当描述暴露于污染场址所造成的风险时，需要考虑是否包括本底风险，这取决于将要作出何种决定。在比较一系列的不同修复方案时，可不考虑本底致癌风险，因为这一本底风险对每种修复方案均为常数。

但在另一方面，为保护邻近水体中的水生动物而确定最大允许土壤污染值时，本底风险值就很重要。在后种情况下，对水生动物的影响是由总体暴露量决定的，而与其来源无关。这时，总的风险而非增加风险是作出决策的依据。

2.5.2 风险表达

风险表达即在前述资料总计分析的基础上对风险进行定量表达。其中，对于致癌效应采用风险表示，而非致癌效应则采用风险指数表示。

尽管对风险提供一个合理的定量估计是可能的，但对受到风险影响的公众解释这些风险却是非常困难的。由于风险评价是一个技术性很强的过程，而环境管理决策既是政治的又是技术的过程。在许多地方，方案选择还要考虑附近居民的要求。因此，重要的是在计算风险的同时考虑如何表达风险。

关于风险表征结果的最终描述是风险表征的一个关键环节，至少需要包括以下内容：辨识关键污染物种类、可信暴露途径、污染物浓度和本底浓度；描述所评价场所不同类型的癌症风险和其他健康风险（如神经毒性、肝脏毒性），并对已知的对于人类的效应和依据动物实验预计可能发生的效应进行区分；确定利用毒性资料定量数据所估算风险的可信水平，描述未包括于定量评价中的定性资料；确定关键暴露途径、相应暴露量估算值的可信水平，描述有关暴露参数的假设；癌症风险和非癌症风险指数相对于采取修复或控制措施预期目标的数值相对大小；导致场所风险的主要因素（如物质、暴露途径等）、影响最终评价结果不确定性的主要因素。

外推法是健康风险评价过程中进行风险表征最为常用的一种方法。该方法主要依据人群流行病学调查或动物毒理学研究资料，外推至环境水平的有毒化学品暴露量时，生物体（包括人）所承受的风险。

Halappa Gowda 等[33]的研究采用环境归宿模型，基于能够得到的健康影响资料，评价了由于释放 2,4,6-三氯酚到与汉弥尔顿港（Hamilton harbour）类似的假想水体中而引起的对于人体健康的风险。该研究假设每天人均消费饮用水和鱼的量分别为 D_n 和 F，预测得到 2,4,6-三氯酚在水相中的浓度为 C_W，则由于 2,4,6-三氯酚释放而引起的个人终身致癌风险 R 可通过式（3-2-36）计算。

$$R = C_W \cdot B_H \cdot (D_W + BF) / W_H \tag{3-2-36}$$

式中，B——经鱼类体脂肪含量修正后的 2,4,6-三氯酚的生物富集系数；

B_H——2,4,6-三氯酚对人类的致癌强度因子，可通过由动物试验得到的 2,4,6-三氯酚对受试动物的致癌强度因子 B_A 计算得到，见式（3-2-37）。

$$B_{\mathrm{H}} = B_{\mathrm{A}} \cdot \left(W_{\mathrm{H}} / W_{\mathrm{A}}\right)^{1/3} \tag{3-2-37}$$

式中，W_{H}、W_{A}——人和受试动物的体重。

基于式（3-2-36）和式（3-2-37）的计算结果，预测研究结果表明，当2,4,6-三氯酚的释放速率为29 mol/h时，个人的终身致癌风险为10^{-5}；仅当2,4,6-三氯酚的释放速率由29 mol/h降至8 mol/h时，才能够使致癌风险达到可接收水平（10^{-6}）。

当缺少暴露和影响评价的定量信息时，风险分级法是常用的定性表征方法。根据风险评价的目的，可将风险分级法分为两类：①作为有毒有害化学品风险排序和确定管理优先级的评定方法，如用于指定农药的风险水平分级标准；②评价有毒有害化学品对特定区域环境的风险程度，如在ECORISK系统中，有毒有害化学品对某环境介质i的风险因子（R_i）的表征，见式（3-2-38）。

$$R_i = E_i \cdot E_{fi} \tag{3-2-38}$$

式中，E_i——有毒化学品的暴露水平；

E_{fi}——影响因子。

如果以归一化方式对有毒有害化学品对环境介质i的风险进行表示，则

$$S_i = \left(R_i - R_{i\min}\right) / \left(R_{i\max} - R_{i\min}\right) \tag{3-2-39}$$

式中，S_i——归一化风险因子，值的范围为0～1.0。

可根据S_i值判断有毒有害化学品对环境介质i的风险程度：$S_i<0.3$——该有毒有害化学品对环境介质i无风险性；$0.3 \leqslant S_i < 0.55$——潜在风险性；$S_i \geqslant 0.55$——具有较大风险性。可利用ECORISK系统定性预测有毒有害化学品对本区域土壤、水体和大气等环境介质的风险性程度。

2.5.2.1 以表格形式总结风险资料

对于所有的暴露途径都应给出相应的致癌风险和非癌症风险指数，并以表格的形式进行总结，如表3-2-10、表3-2-11所示。

表 3-2-10　致癌风险估算表格范例

化学物质	慢性日摄入剂量（CDI）/[mg/（kg·d）]	慢性日摄入剂量吸收调整	斜率因子（SF）/[mg/（kg·d）]	证据权重	癌症[a]的类型*	斜率因子来源	斜率因子基础（转载体）	化学特异风险[b]	途径[b]总风险	总接触风险
接触途径：食入受污染的水									2×10^{-4}	
苯	0.000 25*	无	0.029*	A*	白血病	HEA	水[c]	7×10^{-6}		
溴酸盐	0.000 15*	无	1.3*	B2*		IRIS	水[c]	2×10^{-4}		
接触途径：食入受污染的鱼									1×10^{-4}	
溴酸盐	0.000 08*	无	1.3*	B2*		IRIS	水[c]	1×10^{-4}		
地区 X 附近居民（主要证据权重 B2）[d]										3×10^{-4}

注：*仅为例证数据。

[a] 此表中仅是 A 类致癌物确定癌症类型；

[b] 所有致癌风险只用一个有意义的数值表示；

[c] 斜率因子依据饮水中给的剂量并假设吸收系数为 1；

[d] 对总致癌风险贡献最大的总和证据权重。

表 3-2-11　非致癌风险指数估算表格范例

化学物质	慢性日摄入剂量（CDI）/[mg/(kg·d)]	慢性日摄入剂量吸收调整	RfD/[mg/(kg·d)]	可信水平	关键效应	RfD 来源	RfD 基础（转载体）	修正因子	风险指数	途径风险指数	总接触风险指数
接触途径：食入受污染的水										0.4	
苯酚	0.1*	无	0.6*	中	肾、肝	IRIS	水	1*	0.2		
硝基苯	0.000*	无	0.000 5*	中	几种	IRIS	水	1*	0.2		
氰化物	0.000 3*	无	0.02*	中	甲状腺	IRIS	水	5*	0.02		
接触途径：食入受污染的鱼										0.2	
苯酚	0.08*	有	0.6	中	肾、肝	IRIS	水	1*	0.1		
甲基乙基酮	0.005*	有	0.05	中	中枢神经系统胎儿毒性	IRIS	水	1*	0.1		
地区 X 附近居民总非致癌风险指数											0.6

注：*仅为例证数据。

2.5.2.2 各种化学物质的作用的综合

在分析污染场址问题时，存在很大的复杂性和内在的不确定性。在污染场地发现的化学物质可能有多种，并分布在极广的空间和几种不同的介质中。由于对多种化学混合物的毒性没有很好的认识，使得这一问题更加复杂。关于引起各种健康和环境影响的可能性，存在很大的不确定性。

对于非致癌物质和致癌物的多种污染物暴露，应将这些物质按照毒理学行为进行分组（即那些诱发相同的毒理学结果的物质，如肝毒性）。与慢性毒性有关的，通常以风险指数来考虑的毒理学终点，包括中枢神经系统、心血管系统、免疫系统、生殖系统（包括畸形和发育影响）、肾、肝和呼吸系统等。通过每一个健康“终点”的风险指数，来评估累计的健康风险。在计算风险指数时，应包括同一终点有关化学物质。如果不清楚其毒理学终点是否相同，则不应将多种成分分成一组。如果计算出的风险指数超过 1，那么就超过了化学物质的健康基准值，需要采取临时性的修正措施。风险评价过程必须强调多个终点或多种影响，以及每一种影响的剂量-反应的不确定性。通常，风险评价是有具体针对性的，计算出的风险应加以综合。

2.5.2.3 吸收效率的调整

在风险表征阶段，为了保证暴露评价和毒性值是同时以吸收剂量或同时以摄入剂量表示的，吸收剂量的调整也许是必要的。如果暴露估计和毒性值一个以吸收剂量表示，一个以摄入剂量表示（即管理剂量），为了使二者匹配，就必须进行调整。对于在不同介质中的暴露（如水、食物或土壤），调整也是必需的。另外，由于暴露介质不同，吸收效率也需要调整。因为缺少可靠的资料，对大多数化学物质使用 100%的吸收率。

只有在根据吸收效率调整了适用的毒性参数后，才可以使用吸收剂量进行风险表征，否则，只能简单地使用摄入剂量计算风险水平。

2.5.2.4 综合多种非癌症效应

评价两种及两种以上化学品所产生的非致癌效应的总风险，采用风险指数进行表示。该方法假设受体同时暴露于低于阈值的几种非致癌化学品时可能导致有害健康的效应，同时假设有害健康的效应大小与低于阈值的暴露量与参考剂量的比例之和成正比，见式（3-2-40）。

$$\text{风险指数} = \sum_{i=1}^{n} E_i / \text{RfD}_i \tag{3-2-40}$$

式中，E_i——第 i 种化学品暴露量水平；

RfD_i ——第 i 种化学品的参考剂量。

当风险指数大于 1 时，应关注所评价化学品的潜在健康影响；任意一种化学品的暴露量大于参考剂量均会引起风险指数超过 1；同时，值得注意的是，同时暴露于多种化学品时，即使所有化学品的暴露量均未超过参考剂量，但风险指数仍可能高于 1。此外，对于慢性、亚慢性和短期暴露的风险指数也应进行分别计算，并应考虑致癌物的非致癌效应的参考剂量。

①非致癌效应-慢性暴露，对于每一慢性暴露途径（即 7 年到终身暴露），以慢性日摄入量与慢性参考剂量相比来分别计算慢性风险指数。

②非致癌效应-亚慢性暴露，对于每种亚慢性暴露（即 2 周到 7 年），分别从每一日化学物质亚慢性日摄入量与亚慢性参考剂量相比来计算亚慢性风险指数。

③非致癌效应-小于两周的暴露，分别从每一日化学物质摄入剂量与相应的参考剂量相比来计算此种风险指数。

这种方法也存在局限性。风险指数是依据不同毒理学意义的关键效应的参考剂量得出的，包含了关于不确定性调整和修正因子，以及不同可信区间（如从动物外推到人，从某一暴露时期外推到另一暴露时期）。该方法的另一局限是假设了暴露剂量相加性，将风险指数加和公式应用至并不诱导相同类型的效应或者并不是相同的作用机理时的化学品时，就可能高估效应能力。

2.5.2.5　综合多种癌症效应

进行健康风险评价时，需要评价的化学品往往不止一种，每次若仅仅对一种化学品进行风险估算，可能会明显低估同时暴露的其他几种化学品的风险。虽然致癌效应和非致癌效应计算方法有所差异，但是两者都采用同一假设：在无混合化学品共同效应资料的情况下，可以对剂量导致的风险进行相加[31]。致癌效应可用式（3-2-41）估算同时暴露于多种致癌物时增加的个体终身患癌症风险。

$$R_T = \sum R_i \qquad (3\text{-}2\text{-}41)$$

式中，R_T——总致癌风险；

R_i——第 i 种致癌物的风险估算值。

该方法同时还假设每种致癌物的摄入剂量很小，且各致癌物的作用机理是相互独立的，即不存在协同作用或拮抗作用。因此，如果以上假设不正确，则会导致对多种化学品的风险的高估或者低估。

此外，该方法还存在其他局限性：①由于各种致癌物质的斜率因子是基于 95%可信区间上限的估计值，基于概率分布原理的 95%可信区间的上限理论上而言是不可相加的。因而，将多种致癌物的风险进行累加时，可能导致总癌症风险结果偏于保守；②不同致癌物往往具有不同的人类致癌性权重因子，该方法中对不同致癌物采用同等权重加和，可能导致不同致癌物间权重的相对高估或低估；③不同致癌物对于健康的影响也许不是相互独立的。

在不同的风险水平下，风险的加和方式是不同的。

在低风险水平情况下，可以采用式（3-2-42）计算：

$$R_{\mathrm{T}} = \sum (\mathrm{CDI}_i \times \mathrm{SF}_i) \tag{3-2-42}$$

在高风险水平情况下，可以采用式（3-2-43）计算：

$$R_{\mathrm{T}} = \sum [1 - \exp(-\mathrm{CDI}_i \times \mathrm{SF}_i)] \tag{3-2-43}$$

式中，CDI_i——第 i 种污染物的慢性日摄入量；

SF_i——第 i 种污染物的斜率因子。

考虑综合多种致癌物和多种暴露途径的作用，低风险的线性低剂量模型见式（3-2-44）：

$$R_{\mathrm{T}} = \sum\sum (\mathrm{CDI}_{ij} \times \mathrm{SF}_{ij}) \tag{3-2-44}$$

高致癌风险的线性模型见式（3-2-45）：

$$R_{\mathrm{T}} = \sum\sum [1 - \exp(-\mathrm{CDI}_{ij} \times \mathrm{SF}_{ij})] \tag{3-2-45}$$

式中，i——第 i 种污染物；

j——第 j 种暴露途径。

SF 值可以通过各种途径或数据库获得，如综合风险资料系统（IRIS）。按照经验规则，风险增值介于 10^{-7}～10^{-4} 时，被认为是保护人类健康和环境可接受的水平，将 10^{-6} 作为分界点。

2.5.3 风险评价的保护目标

2.5.3.1 风险评价保护的一般原则

尽管对致癌物和非致癌物进行风险计算时用到的许多毒性指标是建立在目前可用的最好信息之上的，但这些指标在很大程度上仍是难以确定的。在对保护公众健康所进行的审慎的研究中，美国 EPA 在建立参考剂量和致癌因子的方法中采用了几个安全因子。事实上，所有与不确定性有关的因素都是向着有利于保护人类健康的方向，从而确保风险被高估而非被低估。

这种保护性的研究方法表现在下述 4 个方面：

①对非致癌物，从动物参考剂量向人类参考剂量外推时采用了两个值为 10 的安全因子。一个是从动物到人类的外推，另一个是考虑人群对有毒化学品的敏感性不同。

②对致癌物，线性化的多级模型取外推数据 95%信置区间的上限。

③对致癌物，线性化的多级模型从对实验动物观察到的 10%～90%的致癌可能性范围外推到所规定的目标 0.000 1%的致癌可能性，这会大大高估风险。

④尽管有证据指出，致癌物与非致癌物一样有阈值，低于此阈值不会影响细胞分化，但在线性化的多级模型中，低于此阈值的致癌物质仍被认为具有毒性。

自古以来，人们总是习惯将自然界的物质分为有毒有害物质和无毒无害（或有益）物质。但是，现在人们意识到物质之间并没有明显的界限，即使是那些对人体有益的药物或营养品，在超过一定剂量时也会对人体产生不良反应。

2.5.3.2 敏感性确定

一般来说，胚胎对毒性的敏感性最强。如果需要改进评价效果，就需要加强对敏感性高的受体的评价，主要是通过比较两代鼠或兔之间的差别，即比较胚胎在子宫内接触有毒化学品与母体接触有毒化学品的敏感性差别，有时也采用幼仔与成体进行比较。

2.5.3.3 剂量变化

低剂量暴露的生物效应（biological effects of low level exposures，BELLE），尤其是低剂量暴露的兴奋效应（Hormesis）是人们长期以来关注的一个重要问题。Hormesis 是指某些物理因子或者化学品在低剂量时使生物群体产生兴奋效应，但在高剂量时产生抑制效应的现象。对许多化学品的研究中，使用不同的生物学判断终点均广泛地观察到了这个现象。因而，如何在环境健康风险评价中考虑并评价 Hormesis 的影响是目前研究探讨的热点之一。

有 Hormesis 现象的化学品的生物健康作用往往是呈“β”形或“U”形的剂量-反应曲线。“β”形曲线反映化学品在低剂量时对一些有益的生物学判断终点，如寿命、生长率、生殖等产生促进作用，而在高剂量时则呈现抑制作用。如有研究表明镉的低剂量暴露可有效促进怀孕母鼠的体重增长以及所产子鼠数目增加。“U”形曲线反映某些化学品在低剂量时可降低一些有害反应的发生率，如致癌、致畸、致突变等；而在高剂量时，会增加这些有害效应的发生率。例如，动物试验研究结果表明，促癌剂苯巴比妥（barbitone）和四氯二苯并-*p*-二噁英（TCDD）低剂量时可抑制大鼠由亚硝胺诱发的肝脏癌前病变的发生。传统的毒性评价常常通过剂量-反应关系线性外推模式的方法进行，而没有充分地考虑剂量-反应关系的多样性以及它们可能对环境健康风险评价产生的影响。目前普遍认为，在环境健康风险评价时应考虑待评价物质可能具有的 Hormesis 特性，以便更准确地对它们可能引起的风险作出判断。

2.5.4 不确定性分析

检查并确定风险计算的不确定程度是非常重要的。在多数情况下，并没有以恰当方式把这种不确定性提供给使用这一风险计算值的决策者。当公众传播媒介报道风险数据时，几乎从不提及不确定性。

风险评价中每一步所用方法均有不足之处，会引入一定的不确定性，并可能削弱结果的正确性。在危害鉴别阶段，由于它所依据的数据在监测、识别和描述时均有一定的限制，因而会引入不确定性。

对于未来情况的暴露评价在很大程度上取决于迁移转化模型，对修复治理方案选择及实施状况的估计、土地使用计划及暴露频率和持续时间的假设，都是不确定性的潜在来源。例如，使数据模型完全适合于特定场合情况就是一项困难的任务。

在毒性评价阶段，与致癌斜率因子和参考剂量相关的数据也有很大程度的不确定性。对许多污染物来说，关于给定的暴露途径的致癌性的数据信息很少。对风险评价有以下 3 种不确定性：①从一个物种到另一个物种的外推（即跨物种外推的不确定性）；②从高剂量区域到低剂量区域的外推（即物种内外推的不确定性）；③从一种暴露条件到另一种暴露条件的外推（即由于暴露条件差异产生的不确定性）。

最后，风险计算是对极其少见的事件运用概率进行计算。列举出每种可以想象的结果是不可能的，因而采用了最不利暴露情景的方案，其结果是对那些永远也不会发生的情景进行评价。

总体来说，风险评价各个步骤的设计立足于对人类健康提供充分保护，确保风险没有被低估。然而，从保守的角度看，仍有一些不确定性因素可能未得到充分考虑。例如，现有的毒性数据通常来源于一个器官在特定环境中暴露于一种特定化学物质的试验，这种数据没有考虑到相互作用因子、各种群的不同之处以及决定一个特定环境的多种因素。这会使将毒性数据用于实际复杂的场合中的实践存在问题。简而言之，经典的加和模型可能会低估暴露于多种有毒化学物质混合物的风险。另一个引起对风险低估的因素是敏感人群的存在。

毒性资料暴露条件差异外推的不确定性。因为在可能的人类暴露条件下对各种关注化学物质的暴露资料，没有特别指明对人类的危险，所以有必要通过对所获得的在其他条件下的数据（基本上是动物实验）进行外推，来推断其对人类的危险。

采样数据对实际人群的代表性（包括确定暴露浓度和模型的局限性）。不确定性来自所采用的测量与采样技术的随机和系统性误差。模型的局限性包括模型功能和结果与真实性的接近程度以及模型的缺陷。暴露情景和物质迁移模型使风险评价产生不确定性，迁移模型过于简化真实条件，也会产生不确定性。环境和暴露条件的自然性变化也会引起暴露参数的变化。

与化学混合物的毒性有关的不确定。两种化学物质混合在一起时对健康的影响可能存在协同作用、拮抗作用、加强作用（即一种化学物质没有毒性，当它与另一种毒性物质混合在一起时，会产生强毒性）。实际上，混合物中的化学物质可能相互作用产生新的化学物质，也可能一种物质影响另一种物质的吸收、分布、同化或排泄。

总体来说，对不确定性量化是非常困难的，或者说，对不确定性的量化本身就是不确定的。所以，在风险评价中得出的风险水平值只能作为问题排序的衡量标准和决策工具，而不是作为确定对暴露人群的不利影响或实际的致病率。

①模型的不确定性。由于各种限制条件和不确定性，风险评价的结果不能被当作绝对精确的风险值。弥补不确定性所采用的技术（如采用大的安全系数，保守假设和外推模型）都会产生误差。由于这些原因，很多人倾向于应用所谓的线性化多段模型。实际上，建议使用几种模型用于低剂量水平的致癌效应的定量外推。从生态意义上来说，选择模型时经常没有充分的依据。对于同样的数据，不同的模型得出的风险估计值范围很

宽。美国 EPA 推荐的模型得出的值最高，而且为人类健康提供了更大的保护余地。然而，因为没有一个单独的模型用于所有的化学物质，所以按照具体情况确定风险模型是非常重要的。实际上，Huckle 建议，选用一个以“证据权重”为依据的值，而不是简单地采用线性多段模型[34]。

②不确定性调整的不确定性。在环境中通常遇到的确定低剂量暴露的致癌作用的试验研究一般是不可行的，这是因为进行研究的时间可能是很短的，而在相对较短的时间内，这种作用是不明显的。因此，采用各种数学模型，从动物研究的高剂量外推到环境浓度暴露剂量。从高剂量（或动物研究）外推到低剂量（或人类效应）会产生不确定性，而且可能很大。例如，通常以动物研究的 NOAEL 和 SF 除以系数 10，从动物外推到人类，并除以额外的系数 10，代表人类反应的变化性。由于物种对于毒性损害的反应存在差异，所以，在剂量-反应评估中进行定量外推和调整时，会引入额外的不确定性。

③风险低估的可能性。没有经过彻底的毒性试验的化学物质的毒性可能要比原先认为的高。例如，没有经过致癌或致畸试验的化学物质实际上可能具有这些作用，而且，对挑选出的“代表性化学物”的分析可能有局限性。在风险评价中，很多因素可能会导致低估与化学物有关的健康影响：缺少致癌化学物的影响数据；未对在环境介质中形成的化合物的风险进行量化；虽然某些暴露可能有协同作用，但可能假设将所有风险相加。

④风险高估的可能性。一些因素可能使在分析中高估风险，包括采用合理的致癌能力的上限估计值，但化学物真正的致癌作用可能大大低于此值。暴露评价经常是很保守的，未考虑化学物质的拮抗作用。

风险的评估值是以大量的假设和对风险评价过程中很多不确定性因素的考虑为依据的。不确定性与毒性资料（如毒性值和场所特异剂量-反应评价）和暴露资料有关。所以，应该确定导致显著不确定性的因素并定性描述。在可能时，以定量方式解决。3 种不确定性的来源是内在的变化性、参数的不确定性和模型误差。

通常，健康风险评价中关于风险的估计值不完全是风险发生概率的估算值，而是结合关于暴露途径、暴露量和毒性等进行合理假设后而给出的条件估算值。

在健康风险评价中，存在很大的不确定性，可能与评价结果同一数量级，甚至更大，因此进行高度定量的统计不确定分析往往是不切实际或者不必要的。在不确定性分析中，更为重要的是要确定对评价结果不确定性影响最大的或与场所有关的关键假设和变量，而并非精确评估不确定性程度。

有几种与场所风险评价有关的不确定性来源，其中之一是针对最初选择用于表征暴露和风险的物质的采样资料和可获取的毒性资料。其他一些不确定性来源包括表征每一种化学品的内在毒性数据，多种暴露物质的风险进行跨途径相加时导致的不确定性。

暴露评价中不确定性来源主要是与风险表征内在相关的由于场所特异性的不确定性，这对综合评价各场所的风险至关重要。在风险评价中，尤其是暴露量评估过程中，通常需要强调以下不确定性来源：①物理环境的边界；②模型的应用和假设；③迁移、最终归宿和暴露参数值；④追踪不确定性，或者不同评价步骤对不确定性的扩大程度。以上不确定性来源中，部分可以定量分析，其他则仅能定性描述。

对每一种化学品而言，可能与此有关的不确定性来源包括：化学品的定性的危害资料，如对人类毒性的强度、毒性值的导出；关于毒性的研究的持续时间，如用于确定亚慢性参考剂量的研究；与影响同一受体的其他化学品的协同作用、拮抗作用的强度；一些特殊的考虑；根据小于终生暴露量计算得到的终生癌症风险；由于化学品毒性资料的不充分，而存在未纳入定量风险评价的化学品。

2.6 风险评价的重复性

在风险评价中通常作出一定假设，分析所计算的风险值对这些假设的敏感程度可以决定风险评价者是否需要重新检查并改进这些假设，是否需要补充新数据。如果必要需根据相关方法重新进行评价。环境风险评价需要多次重复，不断提高风险评价的质量。

第 3 章　健康风险评价案例分析

3.1　废电池不同处置方案风险比较

3.1.1　背景信息

电池越来越广泛地应用于我们的日常生活中，从移动电话、电子表、随身听、收音机，到摇控器、电动剃须刀、电子打火机、音乐贺卡等，都需要使用电池。在废家用电池中一般都不同程度地含有对人体有危害的汞、锰、镉、锌等重金属。采用填埋、焚烧等处理方式处理混有电池的生活垃圾会造成环境中额外重金属增加。生态系统中有自然的重金属含量，但是额外重金属的增加会对敏感的生态系统的生存和平衡造成影响。人类也只能允许暴露在一定限度的重金属条件下，否则就会产生毒性效应。对废电池不同处理方案的选择可能会使生态系统产生无法忍受的暴露，需要我们对不同处置方案的环境影响进行风险分析，确保我们生活在一个健康的环境中。本评价仅限于日常生活中所用到的小型电池。

此案例分析采用加拿大安大略省（Ontario）的调查数据。加拿大（约 2 780 万人）电池销售情况见表 3-3-1。在评价中进行了保守估计，即假设所有在某一年中购买的电池全部进入生活垃圾中，实际上的数量会比这个估计数值少，这样的估计会对保护人类健康和环境更加有保护作用，同时也给予在实际分析中未考虑到的一些潜在不确定性因素的一个安全系数。

表 3-3-2 列出了对生活垃圾中由废电池产生的重金属量的估计。

表 3-3-1 加拿大小型电池市场概况（1990—1991 年）

电池类型	电池规格							
	总量/10^6 支	AAA	AA	C	D	9V	其他	比例/%
碱性电池	100	9	60	9	8	9	5	65.4
锌碳电池	25	1	21	7	9	6	1	16.3
锌氯电池	20							13.1
镍镉电池	8	0.5	5	1	1	0.5		5.2
总计	153	10.5	86	17	18	15.5	6	
比例/%		6.9	56.2	11.1	11.8	10.1	3.9	100

表 3-3-2 生活垃圾中由废电池产生的重金属量的估计

电池型号	电池规格	电池销售量/10^6 支	平均重量/（g/支）	Cd/%	含量/（g/支）	Mn/%	含量/（g/支）	Hg/%	含量/（g/支）	Ni/%	含量/（g/支）	Zn/%	含量/（g/支）
碱性电池	AAA	9	11	0.4	0.04	30	3.30	0.025	0.00	0	0.00	12	1.32
	AA	60	23	0.4	0.09	34	7.82	0.025	0.01	0	0.00	14	3.22
	C	9	66	0.4	0.26	32	21.12	0.025	0.02	0	0.00	14	9.24
	D	8	133	0.4	0.53	32	42.56	0.025	0.03	0	0.00	16	21.28
	9V	9	46	0.4	0.18	30	13.80	0.025	0.01	0	0.00	10	4.60
总计		95											
锌碳/锌氯电池	AAA	1	8	0.01	0.00	38	3.04	0.01	0.00	0	0.00	38	3.04
	AA	21	17	0.01	0.00	28	4.76	0.01	0.00	0	0.00	22	3.74
	C	7	44	0.01	0.00	28	12.32	0.01	0.00	0	0.00	18	7.92
	D	9	87	0.01	0.01	28	24.36	0.01	0.01	0	0.00	18	15.66
	9V	6	37	0.01	0.00	22	8.14	0.01	0.00	0	0.00	14	5.18
总计		44											
镍镉电池	AAA	0.5	11	13	1.43	0	0.00	0	0.00	20	2.20	0	0.00
	AA	5	23	13	2.99	0	0.00	0	0.00	20	4.60	0	0.00
	C	1	52	13	6.76	0	0.00	0	0.00	20	10.40	0	0.00
	D	1	62	13	8.06	0	0.00	0	0.00	20	12.40	0	0.00
	9V	0.5	38	13	4.94	0	0.00	0	0.00	20	7.60	0	0.00
总计		8											
总重量/t					47.33		1 610.98		1.06		50.70		808.92

3.1.2 废电池各种处置方案

传统上，生活垃圾一般采用填埋处理，随着合适的垃圾填埋场地日益减少，对垃圾的处置方式正在经历一些变化，焚烧和资源回收成为有效的替代方法。然而，这些方法都存在一些问题。尽管焚烧能减少垃圾的体积，但是焚烧产生的飞灰浓缩了有毒有害物质，残渣中也可能引入较高的重金属含量。另外，还存在将有毒污染物排放到空气中的可能。资源化回收看起来是一个让人更加容易接受的选择，但是对于废电池的回收，经济可行性是主要的限制因素，因为回收废电池难以产生经济效益。而且废电池在贮存期间，其中残留的电量可能由于短路而发热进而引发火灾，残留的电量也会使电池更容易腐蚀，废电池中的溶液也可能会腐蚀外壳、发生泄漏。

3.1.2.1 填埋处置

在对废电池填埋处理可能造成的影响分析中，本案例只考虑渗滤液中可能由电池析出重金属造成的污染。对于电池而言，在填埋条件下主要会释放出对环境有毒有害的重金属，如 Cd、Mn、Hg、Ni、Zn 等。近年来，公众越来越关注由于垃圾填埋处置引起的地表水和地下水污染，这种污染主要是由垃圾填埋场产生的渗滤液引起的。垃圾填埋可能对周围环境的影响取决于以下 4 个主要因素：

①渗滤液的迁移（垃圾填埋场外）；

②渗滤液中所含物质可能的危害；

③渗滤液中各污染物的浓度；

④目标人群的暴露途径。

一般而言，电池中的重金属不会很快就从填埋场中释放，重金属在土壤中的迁移受土壤的固定、吸收、解吸等特性的控制。实际上，土壤的物理化学性质会控制渗滤液的迁移，如土壤结构、颗粒大小、水合氧化物、有机物、阳离子交换能力和 pH 等都是可能决定渗滤液迁移的因素。因此，垃圾填埋场周围的土壤性质极大地影响着重金属的迁移，如果不能阻止渗滤液的泄漏，土质土壤有一定的延缓作用，而沙质土壤对水的滞留作用较小。对于废家用电池析出的 Cd、Ni、Zn 等重金属在土质土壤中迁移性较低，而 Hg 在同样性质的土壤中更容易迁移。

当对废电池进行填埋处理时，其往往同其他生活垃圾一起进行填埋，生活垃圾具有各种各样的湿度。在填埋场中，电池会受到不同的压力，可能会导致电池的断裂、腐蚀或处于能渗出重金属的其他损坏状态；填埋环境可能会加速电池的腐蚀和退化，从而导致释放金属到填埋场内的渗滤液中，当垃圾中产生的渗滤液流过腐蚀了的电池时，会带走其中的重金属。实验室研究表明，无论是生活垃圾渗滤液还是含有重金属的渗滤液，都不会明显影响聚合物衬层。同时，因为重金属在黏土质中会被吸附，在采用黏土质衬层的地方，金属从填埋场流出进入地下水的量也是非常有限的。废电池在填埋场环境分解破坏时，分解破坏的速率和程度取决于电池的种类、电池的电量状况和填埋场的物理环境。在理想的填埋环境中，重金属不会很快渗漏通过填埋场和土层进入地下水中。但由于重金属不会被分解或降解，在长时期内还是存在渗漏到含水层的风险。

3.1.2.2　焚烧处置

由于废电池一般混入生活垃圾中，如果对生活垃圾进行焚烧处理，则废电池也进入焚烧系统。对电池的焚烧处理不会使其中的重金属消失，燃烧只会使重金属成为细颗粒存在于飞灰中或底灰中。飞灰在通过烟道时，由一个处理装置进行捕集，一般布袋除尘加上生石灰净化能去除 99.9%的飞灰，去除超过 99%的 Cd 和 Zn，去除 90%～95%的汞[35]。根据美国 EPA（1989）的保守估计，空气净化装置能控制去除 99%的 Cd 和 98%的汞。湿法或半干法处理系统能得到对汞的更高的去除率。在焚烧工艺中对汞给予了最多的关注，因为它的沸点低，可能会挥发到大气中。如果去除汞是一个难题，从生活垃圾中挑出含汞多的电池可以比较好地解决这个问题。

飞灰是烟气带出的被收集装置收集的颗粒，底灰或残渣是生活垃圾焚烧后比较重的残留物。飞灰中含有浓度较高的重金属。在焚烧的过程中产生飞灰和底灰的比例大约为 1∶9，其占生活垃圾的比例同焚烧方式和垃圾组成有关。重金属在飞灰中的比例取决于焚烧温度和焚烧的方式。

在焚烧炉中，因为重金属是不可燃烧的，焚烧过程的环境保护效果取决于对废气中重金属的捕捉。尽管对大部分重金属，烟气处理工艺能取得良好的效果，但是对汞的去除往往不佳。①

① 在我国，生活垃圾焚烧飞灰属于危险废物。

3.1.3 风险分析中采用的计算方法

3.1.3.1 饮水途径暴露量计算

$$\text{CDI}=\frac{\text{CW}\times\text{WIR}\times\text{GI}}{\text{BW}} \tag{3-3-1}$$

式中，CDI——摄入量，mg/（kg·d）；

CW——水中化学物质的浓度，mg/L；

WIR——水的消费量，L/d；

GI——吸收因子；

BW——人体重量，kg。

3.1.3.2 呼吸途径暴露量计算

$$\text{CDI}=\frac{\text{GLC}\times\text{RR}\times\text{CF}}{\text{BW}} \tag{3-3-2}$$

式中，CDI——吸入量，mg/（kg·d）；

GLC——地面空气中化学物质的浓度，mg/m^3；

RR——空气的吸收量，m^3/d；

CF——转换因子；

BW——人体重量，kg。

3.1.3.3 致癌风险计算

$$R=\text{CDI}\times\text{SF} \tag{3-3-3}$$

式中，CDI——长期日摄入量，mg/（kg·d）；

SF——致癌斜率因子，1/[mg/（kg·d）]；

R 在 10^{-7}～10^{-4} 是可以接受的。

3.1.4　各种不同处置方案下的风险分析

3.1.4.1　情景 1——全部填埋处理

在评价填埋方式处理废电池可能产生的污染过程中，本案例作了如下假设：

①渗滤液产生时，进入生活垃圾中的废电池的重金属有 0.05%会通过渗滤液迁移的途径污染地下水。相对于垃圾填埋场渗滤液的迁移速率而言，这是一个非常保守的估计。

②假设地下水源在被渗滤液污染后，为人们所饮用。

在表 3-3-3 中列出了暴露模型假设和潜在目标人群的暴露估计，表 3-3-4 中进行了风险指数的计算。结果表明，废电池随垃圾填埋，不会对环境产生明显的不利影响，对所有潜在目标人群的风险指数都小于 1。

表 3-3-3　暴露模型和评价结果（情景 1——全部填埋处理）

电池所含金属	每年进入生活垃圾中的总量（全国）/t	每年进入生活垃圾中的总量（安大略省）/g	每年进入生活垃圾中的总量（模拟地区）/g	渗滤液中金属含量/mg	潜在的摄取量/[mg/（人·年）]	潜在的通过渗滤液污染地下水摄取量（儿童）/[mg/（kg·d）]	潜在的通过渗滤液污染地下水摄取量（成人）/[mg/（kg·d）]
镉（Cd）	4.73×10	1.70×10^{7}	1.70×10^{5}	8.52×10^{4}	8.52×10^{-1}	1.46×10^{-4}	3.33×10^{-5}
锰（Mn）	1.61×10^{3}	5.80×10^{8}	5.80×10^{6}	2.90×10^{6}	2.90×10	4.97×10^{-3}	1.13×10^{-3}
汞（Hg）	1.06	3.80×10^{5}	3.80×10^{3}	1.90×10^{3}	1.90×10^{-2}	3.25×10^{-6}	7.44×10^{-7}
镍（Ni）	5.07×10	1.83×10^{7}	1.83×10^{5}	9.13×10^{4}	9.13×10^{-1}	1.56×10^{-4}	3.57×10^{-5}
锌（Zn）	8.09×10^{2}	2.91×10^{8}	2.91×10^{6}	1.46×10^{6}	1.46×10	2.49×10^{-3}	5.70×10^{-4}

情景假设：

①地区内产生的所有垃圾都进行填埋处理。

②保守估计每年将有 0.05%的废电池的重金属会进入渗滤液。

③选择填埋场所在区域的居民人数作为目标人群，进行模拟地区的人口总数是 10 万人，安大略省的人口约为 1 000 万人。

④儿童的平均体重是 16 kg，成人的平均体重是 70 kg，目标人群是通过摄入被污染的地下水而受到影响的。

⑤废电池产生的重金属按人口的比例分配，加拿大人口约为 2 780 万人。

表 3-3-4 风险指数（情景 1——全部填埋处理）

电池所含金属	口服 RfD/[mg/（kg·d）]	口服 SF/（1/[mg/(kg·d)]）	儿童暴露 HI	成人暴露 HI	儿童暴露致癌风险	成人暴露致癌风险
镉（Cd）	5.00×10^{-4}	—	0.29	0.07	0.00	0.00
锰（Mn）	1.00×10^{-1}	—	0.05	0.01	0.00	0.00
汞（Hg）	3.00×10^{-4}	—	0.01	0.00	0.00	0.00
镍（Ni）	2.00×10^{-2}	—	0.01	0.00	0.00	0.00
锌（Zn）	2.00×10^{-1}	—	0.01	0.00	0.00	0.00
总计	—	—	0.4	0.1	—	—

注：镉是 B1 致癌物（可能致癌），只通过吸入的途径起作用，下同。

可以看出，同样的填埋条件下，儿童暴露的风险指数是 0.4；成人暴露的风险指数是 0.1。暴露人群不存在致癌风险。

为了验证计算得到的结果，案例选择滑铁卢（Waterloo）地区内的一个垃圾填埋场进行实际的案例分析，滑铁卢垃圾填埋场位于滑铁卢的西南角，这个地区是安大略省（Ontario）最大的地下水源之一，为基奇纳-滑铁卢（Kitchener-Waterloo）地区每天提供大约 45 000 000 加仑地下水。从 1971 年开始，在垃圾填埋场内和附近共修建了 100 多个观察井用来监测地下水水质。表 3-3-5 汇总了从观察井中得到的数据，从数据可以看到，在上层含水层和第一含水层中没有水质参数超过环境标准。尽管如此，案例采用最不利情况的数据用来估计潜在的影响，虽然其中废电池产生的重金属量只占监测到的重金属中的一部分，例如，废电池中溶出的汞和镉分别只占生活垃圾中总量的 20%和 33%。

表 3-3-5 滑铁卢地区滑铁卢垃圾填埋场有关化学物质的最大浓度　　单位：mg/L

参数	上面含水层	第一含水层	典型渗滤液浓度	最不利的渗滤液的浓度[a]	案例渗滤液浓度[b]	环境标准[c]
镉（Cd）	<0.01	<0.01	0.024	0.065	0.013	0.005
锰（Mn）	0.01	0.018	12	39	—	0.05
汞（Hg）	<0.000 01	0.000 03	—	—	—	0.001
镍（Ni）	<0.01	<0.01	0.23	7.0	0.43	—
锌（Zn）	0.35	0.55	6.5	50	2.60	5.0

注：[a] 最不利的渗滤液浓度代表了填埋场产生渗滤液的最大浓度。
[b] 案例渗滤液浓度是抽取渗滤液的平均浓度。
[c] 环境标准是最大可以接受的污染浓度。

表 3-3-6 表明了以第一含水层中的重金属含量作为滑铁卢垃圾填埋场对地下水的影响产生的潜在暴露量和风险指数。结果表明，成人的 HI 是 0.7（小于 1），表明没有危

险；儿童危险指数大于 1，但是 1.6 的值是可以接受的，因为前面的估计非常保守。所以，废电池的填埋处理不会造成什么风险。暴露人群不产生致癌风险，因为这些重金属中没有一种是经口摄入致癌的。

因此可以得到结论，如果进行填埋处理，即使把不是由于废电池产生的重金属污染计算在内，其对环境的影响也是可以忽略的。

表 3-3-6 垃圾填埋场释放的暴露评价及风险指数（滑铁卢垃圾填埋场，安大略省）

电池所含金属	地下水浓度/（mg/L）	儿童日吸收剂量/[mg/（kg·d）]	成人日吸收剂量/[mg/（kg·d）]	口服摄入 RfD/[mg/（kg·d）]	儿童暴露风险指数	成人暴露风险指数
镉（Cd）	1.00×10^{-2}	6.25×10^{-4}	2.86×10^{-4}	5.00×10^{-4}	1.25	0.57
锰（Mn）	1.80×10^{-1}	1.13×10^{-2}	5.15×10^{-3}	1.00×10^{-1}	0.11	0.05
汞（Hg）	3.00×10^{-5}	1.88×10^{-6}	8.58×10^{-7}	3.00×10^{-4}	0.01	0.00
镍（Ni）	1.00×10^{-2}	1.88×10^{-4}	2.86×10^{-4}	2.00×10^{-2}	0.03	0.01
锌（Zn）	5.50×10^{-1}	3.44×10^{-2}	1.57×10^{-2}	2.00×10^{-1}	0.17	0.08
合计					1.57	0.66

注：这 5 种重金属经口摄入没有致癌效应。

情景假设：

①目标人群是通过摄入被污染的地下水受影响的。

②儿童的平均体重是 16 kg，成人的平均体重是 70 kg。

③假设饮水量为儿童 1 L/d，成人 2 L/d，饮用水的吸收效率保守估计为 100%。

3.1.4.2 情景 2——全部焚烧处理

废电池的焚烧处理会使其中所含的部分金属成为气体或细小颗粒释放出来，这时污染物的暴露会通过呼吸的途径进行，或通过其他介质进行（如污染食物和水之后通过饮食的途径进行）。焚烧工艺产生的飞灰和底灰中都含有重金属，通过分析已知资料可知，10%的焚烧残余物会成为飞灰，90%成为底灰，飞灰的密度比底灰低。70%重量的重金属存在于底灰中，30%存在于飞灰中，而 99%的飞灰会被尾气净化装置截留下来，同底灰一起进入危险废物处置场。

表 3-3-7 列出了暴露模型假设和对目标人群暴露的全部估计，给出了焚烧假设中风险指数的计算。焚烧会同时导致致癌风险和非致癌风险，其中大部分是由于镉产生的，镉通过呼吸的途径产生致癌风险。镉来自电池中的镍镉电池，将其从其他电池中分离出来，使其不参与焚烧可以去除这部分风险。

表 3-3-7　暴露模型和风险评价结果（情景 2——生活垃圾全部焚烧处理）

电池所含物质	每年生活垃圾中的总量（全国）/t	每年生活垃圾中的总量（安大略省）/g	每年进到生活垃圾中的总量（模拟地区）/g	底灰中重金属含量/mg	飞灰中重金属含量/mg	飞灰处理装置中被截留的量/（mg/年）	通过飞灰排到大气中的量/（mg/年）	潜在可能吸入的量/[mg/(人·年)]	儿童暴露量/[mg/(kg·d)]	成人暴露量/[mg/(kg·d)]	吸入 RfD/[mg/(kg·d)]	吸入 SF/(1/[mg/(kg·d)])	儿童危险指数	成人危险指数	儿童致癌风险	成人致癌风险
镉（Cd）	4.73×10	1.70×10^{7}	1.70×10^{5}	1.19×10^{8}	5.11×10^{7}	5.06×10^{7}	5.11×10^{5}	5.11	8.75×10^{-4}	2.00×10^{-4}	5.00×10^{-4}	6.10	1.75	0.40	5.34×10^{-3}	1.22×10^{-3}
锰（Mn）	1.61×10^{3}	5.80×10^{8}	5.80×10^{6}	4.06×10^{9}	1.74×10^{9}	1.72×10^{9}	1.74×10^{7}	1.74×10^{2}	2.98×10^{-2}	6.81×10^{-3}	1.00×10^{-1}	—	0.15	0.03	—	—
汞（Hg）	1.06	3.80×10^{5}	3.80×10^{3}	2.66×10^{6}	1.14×10^{6}	1.13×10^{6}	1.14×10^{4}	1.14×10^{-1}	1.95×10^{-5}	4.46×10^{-6}	3.00×10^{-4}	—	0.07	0.01	—	—
镍（Ni）	5.07×10	1.83×10^{7}	1.83×10^{5}	1.28×10^{8}	5.48×10^{7}	5.42×10^{7}	5.48×10^{5}	5.48	9.38×10^{-4}	2.14×10^{-4}	2.00×10^{-2}	—	0.05	0.01	—	—
锌（Zn）	8.09×10^{2}	2.91×10^{8}	2.91×10^{6}	2.04×10^{9}	8.74×10^{8}	8.65×10^{8}	8.74×10^{6}	8.74×10	1.50×10^{-2}	3.42×10^{-3}	2.00×10^{-1}	—	1.50	0.34	—	—
合计	—	—	—	—	—	—	—	—	—	—	—	—	3.52	0.79	5.34×10^{-3}	1.22×10^{-3}

情景假设：

①区域内所有的生活垃圾都进行焚烧处理。

②焚烧后废物中的重金属有 30%进入飞灰，70%进入底灰。

③假设飞灰的净化效率能达到 99%，即只有 1%的飞灰通过烟囱排放到了大气中。

④收集的飞灰和底灰被送往其他地方的危险废物填埋场。

⑤选择填埋场所在区域的居民人数作为目标人群，模拟地区的人口总数是 10 万人，安大略省的人口约为 1 000 万人。

⑥儿童的平均体重为 16 kg，成人的平均体重为 70 kg，影响途径为空气吸入。

⑦废电池产生的重金属按人口的比例分配。

结果表明，儿童和成人的风险指数分别为 3.5 和 0.8，致癌风险分别为 5.34×10^{-3} 和 1.22×10^{-3}。

3.1.4.3 情景 3——填埋和焚烧处理相结合

一部分生活垃圾中的废电池被填埋处理，一部分进行焚烧处理，表 3-3-8、表 3-3-9 表示了暴露量和风险指数，儿童和成人的危险指数分别为 1.9 和 0.4，致癌风险分别为 2.7×10^{-3} 和 6.1×10^{-4}。比较这些数据可以发现，风险产生主要来源于镍镉电池焚烧产生的镉，而事实上，同其他生活垃圾混合后这些重金属得到稀释，集中的镍镉电池不会出现，这意味着实际的风险会更低。尽管如此，还是建议镍镉电池进行填埋处理或资源化回收。

表 3-3-8 暴露模型和评价结果（情景 3——填埋处理和焚烧处理相结合的方式）

电池所含金属	每年进到生活垃圾中的总量（全国）/t	每年进到生活垃圾中的总量（安大略省）/g	每年进到生活垃圾中的总量（模拟地区）/g	每年进到垃圾填埋场中的总量（模拟地区）/mg	渗滤液中的含量/mg	潜在的摄取量/[mg/（人·年）]	通过地下水潜在受体暴露量（儿童）/[mg/(kg·d)]	通过地下水潜在受体暴露量（成人）/[mg/(kg·d)]
镉（Cd）	4.73×10	1.70×10^{7}	1.70×10^{5}	8.52×10^{7}	4.28×10^{4}	4.26×10^{-1}	7.29×10^{-5}	1.67×10^{-5}
锰（Mn）	1.61×10^{3}	5.80×10^{8}	5.80×10^{6}	2.90×10^{9}	1.45×10^{6}	1.45×10	2.48×10^{-3}	5.67×10^{-4}
汞（Hg）	1.06	3.80×10^{5}	3.80×10^{3}	1.90×10^{6}	9.50×10^{2}	9.50×10^{-3}	1.63×10^{-6}	3.72×10^{-7}
镍（Ni）	5.07×10	1.83×10^{7}	1.83×10^{5}	9.15×10^{7}	4.58×10^{4}	4.58×10^{-1}	7.83×10^{-5}	1.79×10^{-5}
锌（Zn）	8.09×10^{2}	2.91×10^{8}	2.91×10^{6}	1.46×10^{9}	7.28×10^{5}	7.28	1.25×10^{-3}	2.85×10^{-4}
镉（Cd）	8.52×10^{7}	5.96×10^{7}	2.56×10^{7}	2.53×10^{7}	2.56×10^{5}	2.56	4.38×10^{-4}	1.00×10^{-4}
锰（Mn）	2.90×10^{9}	2.03×10^{9}	8.70×10^{8}	8.61×10^{8}	8.70×10^{6}	8.70×10	1.49×10^{-2}	3.40×10^{-3}
汞（Hg）	1.90×10^{6}	1.33×10^{6}	5.70×10^{5}	5.64×10^{5}	5.70×10^{3}	5.70×10^{-2}	9.74×10^{-6}	2.23×10^{-6}
镍（Ni）	9.13×10^{7}	6.39×10^{7}	2.74×10^{7}	2.71×10^{7}	2.74×10^{5}	2.74	4.69×10^{-4}	1.07×10^{-4}
锌（Zn）	1.46×10^{9}	1.02×10^{9}	4.37×10^{8}	4.32×10^{8}	4.37×10^{6}	43.7	7.48×10^{-3}	1.71×10^{-3}

情景假设：

①区域内的生活垃圾 50%进行填埋处理，50%进行焚烧处理。

②按保守情况进行估计，最多有 0.05%的填埋的生活垃圾中的废电池中重金属会进入渗滤液。

③焚烧后的废物中有 30%为飞灰，70%为底灰。

④假设飞灰去除的效率能达到 99%，即只有 1%的飞灰通过烟囱排放到大气中。

⑤截留下来的飞灰和底灰被送到其他地方的危险废物填埋场。

⑥选择填埋场所在区域的居民人数作为目标人群，案例地区的人口总量是 10 万人，安大略省的人口约为 1 000 万人，对目标人群的影响途径为摄取被污染的地下水或吸入被污染的空气。

⑦儿童的平均体重为 16 kg，成人的平均体重为 70 kg。

⑧废电池产生的重金属按人口的比例分配。

表 3-3-9 风险指数（情景 3——同时采用填埋和焚烧处理的方式）

电池所含金属	饮食摄入量/[mg/（人·年）]	目标人群饮食途径的暴露量/[mg/（kg·d）]		呼吸摄入量/[mg/（人·年）]	目标人群呼吸途径的暴露量/[mg/（kg·d）]	
		儿童	成人		儿童	成人
镉（Cd）	4.26×10^{-1}	7.29×10^{-5}	1.67×10^{-5}	2.56	4.38×10^{-4}	1.00×10^{-4}
锰（Mn）	1.45×10	2.48×10^{-3}	5.67×10^{-4}	8.70×10	1.49×10^{-2}	3.40×10^{-3}
汞（Hg）	9.50×10^{-3}	1.63×10^{-6}	3.72×10^{-7}	5.70×10^{-2}	9.76×10^{-6}	2.23×10^{-6}
镍（Ni）	4.56×10^{-1}	7.81×10^{-5}	1.79×10^{-5}	2.74	4.69×10^{-4}	1.07×10^{-4}
锌（Zn）	7.28	1.25×10^{-3}	2.85×10^{-4}	4.37×10	7.48×10^{-3}	1.71×10^{-3}

表 3-3-10 风险评价结果（情景 3——同时采用填埋和焚烧处理的方式）

电池所含金属	口服 RfD/[mg/(kg·d)]	口服 SF/(1/[mg/(kg·d)])	吸入 RfD/[mg/(kg·d)]	吸入 SF/(1/[mg/(kg·d)])	儿童危险指数（呼吸＋饮食）	成人危险指数（呼吸＋饮食）	吸入暴露致癌风险（儿童）	吸入暴露致癌风险（成人）
镉（Cd）	5.00×10^{-4}	—	5.00×10^{-4}	6.10	1.02	0.23	2.67×10^{-3}	6.10×10^{-4}
锰（Mn）	1.00×10^{-1}	—	2.00×10^{-1}	—	0.10	0.02	—	—
汞（Hg）	3.00×10^{-4}	—	3.00×10^{-4}	—	0.04	0.01	—	—
镍（Ni）	2.00×10^{-2}	—	2.00×10^{-2}	—	0.03	0.01	—	—
锌（Zn）	2.00×10^{-1}	—	1.00×10^{-2}	—	0.75	0.17	—	—
合计	—	—	—	—	1.94	0.44	2.67×10^{-3}	6.10×10^{-4}

3.1.5 风险比较

表 3-3-11 总结了不同废电池处置方案的风险。理论上讲，焚烧处理风险最大，而实际上，电池与其他生活垃圾混合后进行焚烧处理不会产生太大的风险，填埋处理风险也不大。回收碱性电池、锌碳电池、锌氯电池是不经济的，从环境风险的角度，必要性不大。从减少环境风险看，回收镍镉电池是比较合适的，也是必要的。

表 3-3-11 废电池不同处置方案的风险比较

处置方案	风险定量分析[a]风险指数	风险定量分析致癌风险
填埋处理	0.4（1.6）[b]	0.0（0.0）
焚烧处理	3.5	5.3×10^{-3}
填埋和焚烧结合	1.9	2.7×10^{-3}

注：[a] 显示的最敏感的接受人群，人群处于最大危险情况下，可以接受的 HI＜1，可以接受的致癌风险在 10^{-7}～10^{-4}，10^{-6} 可用来做分界点。

[b] 括号里的数值表示对选择地区典型的/实际的案例研究，这些是安大略省（Ontario）的滑铁卢（Waterloo）垃圾填埋场，滑铁卢和 Tricil SWARU 垃圾焚烧处理场（Hamilton）。

3.1.6　风险管理

对于最终处置而言，废电池混入垃圾填埋场，其中的有毒物质可能会泄漏，而通过焚烧处理，有毒物质可能会进入大气中。另外，生产电池采用毒性小的替代材料，会减少生活垃圾中废电池可能的环境影响。表 3-3-12 给出了对废电池的推荐处理方法。

表 3-3-12　推荐的对废家用电池的处理方法

电池型号	比较好的处理方法	可选择的处理方法	备注
碱性电池	填埋	焚烧	无论填埋处理还是焚烧处理都不会带来大的风险
锌碳电池/锌氯电池	填埋	焚烧	无论填埋处理还是焚烧处理都不会带来大的风险
镍镉电池	回收利用	填埋	因为镉的潜在危险，分类收集和回收利用是比较好的处理方法

大部分废电池构成了生活垃圾中的一部分，一般生活垃圾都会进行填埋处置或焚烧处理，根据本案例得出的结论，对于废电池处置有以下几点建议：

①除镍镉电池需要通过填埋进行处置或进行资源化回收利用外，采用填埋和焚烧的方式进行其他废电池处置都不会产生大的健康风险。

②虽然废电池回收利用更有可能产生大的风险，但从资源和环境的双重考虑来看，应该对废电池进行回收利用。

③如果镍镉电池的更新换代较快，从环境风险的角度，废电池可以进入生活垃圾处理设施进行处理处置。

3.2　电子废物处置过程释放的污染物中优先污染物筛选

3.2.1　背景信息

20 世纪 90 年代起，电子废物的大量产生促使电子废物拆解和回收利用行业得到迅速发展。由于大部分从事电子废物拆解利用的企业都采用比较落后的工艺，同时也缺乏足够的污染控制措施，在我国部分地区造成了较严重的环境污染，并影响到当地居民的人体健康。同时，由于对电子废物污染源情况和电子废物集中处置造成的环境介质污染情况缺乏可靠的数据支持，环保部门难以制定有针对性的污染控制对策和开展有效的治理行动。因此，通过开展典型电子废物集中处置区环境污染调查和环境风险评价工作，明确我国电子废物集中处置区的环境污染真实情况及其对人体健康和生态的影响，有利于进一步有针对性地制定电子废物拆解利用污染控制对策以及开展污染场地的修复。

3.2.2 电子废物中的有毒有害物质及导致污染的主要处理方式

3.2.2.1 电子废物中的有毒有害物质

根据我国《电器电子产品有害物质限制使用管理办法》（第 32 号）、《电子信息产品中有毒有害物质的限量要求》（SJ/T 11363—2006）以及欧盟《关于在电子电气设备中限制使用某些有害物质指令》（RoHS 指令）的要求，电器电子产品中重点控制类有毒有害物质清单及其限值见表 3-3-13。

表 3-3-13 电器电子产品重点控制有毒有害物质清单及限值

序号	物质清单	含量限值
1	铅	0.1%（1 000 ppm*）
2	汞	0.1%（1 000 ppm）
3	镉	0.01%（100 ppm）
4	六价铬	0.1%（1 000 ppm）
5	多溴联苯（PBBs）	0.1%（1 000 ppm）
6	多溴联苯醚（PBDEs）	0.1%（1 000 ppm）

注：*1ppm=10^{-6}。

电器电子产品一般是由各种零部件、外壳框架、包装等结构组成，在这些结构中涉及限用物质的部分如表 3-3-14 所示。

表 3-3-14　废旧电器电子产品有毒有害物质识别和清单

物质清单	实际应用情况	RoHS 允许使用（新产品）
铅	焊锡	高温融化的焊料中的铅
	玻璃	阴极射线管
	某些气体放电灯中：铅的卤化物和铅的磷酸盐	合金
	电子陶瓷元件	电子陶瓷元件，如压电陶瓷
	金属覆盖物-光亮剂和稳定剂	
	塑胶的热稳定剂	
汞	高强度放电（HID）灯管	微型荧光灯（≤5 mm）
	涂料或颜料	
	液晶背光灯管	
镉	光敏器件	
	电接触合金	
	颜料	
	接点	
	焊锡或熔丝	
	塑胶的热稳定剂	
六价铬	表面和金属表层，如电镀锌金属表面的防腐层	碳钢中的防腐剂和电冰箱制冷剂中的防腐剂
	金属电镀的塑料	
（多溴联苯和多溴联苯醚）	屏蔽物和遮盖物	
	印刷电路板	
	电缆和电线	

依据电器电子产品中有毒有害物质的存在部件可知，废旧电器电子产品（WEEE）环境管理的重要部件和关键点，见表 3-3-15。

表 3-3-15 废旧电器电子产品环境管理主要部件及设备识别和清单

有害物质名称	零部件
卤化物	
多氯联苯（PCB）	电容器、变压器
阻燃剂（TBBA、PBB、PBDE）	阻燃塑料、热塑性电子器件、电线绝缘层、电路板（TBBA）
氯氟烃（CFC）	压缩机、冰箱保温层塑料
聚氯乙烯（PVC）	电线绝缘层
重金属及其他金属	
砷	发光二极管砷镓合金
铍	电源（含半导体整流器和 X-射线棱镜）
镉	镍镉电池 CRT 荧光涂层 打印机墨粉 光电复印机和打印机硒鼓
六价铬	光盘和磁带
铅	CRT 显像管 铅酸蓄电池 电路板
锂	锂电池
汞	荧光灯管 LCD 背光灯管 碱电池 汞开关
镍	镍镉电池 镍锰电池 CRT 电子枪
稀土金属（Yt、Eu）	CRT 显像管荧光涂层
硒	旧式光电复印机（硒鼓）
锌硫化物	CRT 显像管玻璃涂层（含稀土金属）
放射性物质	医疗器械、火焰（感烟）探测器

3.2.2.2 导致污染的主要处理方式

根据电子废物的物质组成以及实地了解的电子废物非正规处理处置方式，电子废物处理处置的环境危害主要来自热处理过程中污染物的排放和各种回收处理作业后“三废”的任意排放。通过分析，造成环境污染的环节主要集中在电路板和塑料的回收处理过程以及各种回收处理作业废水废渣的任意排放。

（1）电路板回收处理。

废旧电路板上有各种芯片、电阻、电容、二极管、三极管等部件，可以资源化回收利用，同时其上还有镀金、锡焊料、铜等各种金属。回收的主要流程如下：

①回收各类芯片、电容等元器件。包括加热、提取和分类三步，其中加热主要采用煤炉，少量采用热风枪。

②提取各种焊料。具体过程是将已取出各种电子元件的电路板放在置有铁板的火炉上继续加热，锡等焊料会融化聚集在铁板上，将焊料收集后出售。

③提取黄金。包括酸浴、还原和提炼三步，将已拆除各种元器件且含有镀金部分的电路板投入强酸溶液中，然后将强酸中的黄金还原成低纯度黄金，再提炼成高纯度黄金出售。

④提取铜。包括收集和冶炼两个步骤，将除去各种附属物的电路板收集后进行高炉冶炼，回收低品位的铜合金，然后出售。

（2）塑料回收处理。

塑料的回收处理主要有两条途径，质量好的进行造粒，质量不好的做成塑料花出售，具体过程如下：

①根据塑料的质地颜色进行分类、清洗、切片和二次清洗，然后卖给造粒厂或者塑料花生产厂。

②造粒过程：对塑料碎片进行粉碎后，将粉末状塑料进行加热融化（200～300℃），然后冷却切粒后出售。

③塑料花生产：对塑料进行粉碎、调色加热，然后放入模具生产，修剪后出售。

造成污染的步骤主要包括，电路板烘烤和焚烧过程有毒有害气体的排放，电路板酸法处理废水废渣的任意排放，塑料热熔过程有毒有害气体的排放，显示器的随意丢弃等。

（3）电子废物随意丢弃。

被随意丢弃的主要是价值不高的组分，主要有 CRT 玻壳、LCD 显示器面板、电容、黑色塑料、电路板酸法处理后废液以及电子废物焚烧残渣等。

3.2.3 优先控制污染物备选物质

优先污染物是从众多环境污染物中筛选出来的一组具有代表性和较大潜在危害性

的物质。报告中采用的筛选原则主要包括：有毒有害物质在电子废物中的含量，物质的毒性和该物质在环境中的稳定性和生物累积性。

电子废物集中处置区优先控制污染物的备选物质包括电子废物自身含有的有毒有害物质，电子废物处理处置过程中释放的污染物和各种污染物在环境中迁移转化的产物。以上物质可分为与电子废物处理处置过程相关的污染物和与污染场地评价相关的污染物两类，前者包括电子废物自身含有的有毒有害物质以及电子废物处理处置过程中释放的污染物；后者主要指各种污染物在环境中迁移转化的产物。

3.2.3.1 电子废物处理处置相关污染物

电子废物处理处置过程相关污染物包括电子废物自身含有的有毒有害物质和电子废物处理处置过程中释放的污染物。有毒有害的无机元素主要存在于显示器和电路板中。

CRT 显示器根据图像色彩可分为黑白和彩色两种，二者显示图像的基本原理相似，但是彩色 CRT 与黑白 CRT 相比，组成复杂得多，应用也相对更为广泛。CRT 显像管是 CRT 显示器的核心部分，包括荧光屏/玻璃面板、黏接玻璃、锥形玻壳、颈部玻璃、电子枪等主要部分。彩色 CRT 显像管中的主要材料组成包括：含铅玻璃、铁、铝、铜、塑料和一些微量元素如稀土元素等。常见 CRT 显像管中都含有一定比例的铅（见表 3-3-16），主要以铅氧化物的形式存在。

表 3-3-16 废计算机显示器（CRT）铅类有害物质识别和清单

零部件	显示器类别	质量含量/kg	部件铅质量含量/（wt.%）
锥玻璃	CRT	0.91	22～28
屏玻璃	CRT	0.18	0～4
颈玻璃	CRT	0.012	26～32
低熔点玻璃	CRT	0.026	70～80
线路板	CRT	0.051	NA
线路板	LCD	0.043	NA

LCD 包括玻璃面板、塑料外壳、金属框架、电路板等主要组成部分。LCD 监视器中的主要成分有玻璃、液晶、铁、铝、塑料和汞元素等。这些物质在常见的 LCD 监视器中的含量见表 3-3-17。

表 3-3-17　常见 LCD 监视器中各主要零部件及其主要物质组成（17 英寸）

材料	质量/g	质量含量/（wt.%）
金属材料	2 702	47.15
钢铁	2 530	44.12
铝	130	2.34
焊锡（60%锡，40%铅）	40	0.66
过渡金属（Mo、Ti、W）	1.9	0.03
汞	0.003 99	0.000 1
塑料	1 780	30.98
玻璃	590	10.31
混合物	11	0.17
聚乙烯醇	10	0.15
铟锡氧化物	0.5	0.01
聚酰亚铵取向膜	0.5	0.01
其他物质	44.2	0.72
滤色器颜料	40	0.65
液晶	2.3	0.04
背光灯管	1.9	0.03

资料来源：EPA，Desktop Computer Displays：A Life-Cycle Assessment，EPA-744-R-01-004a，December，2001.

印刷电路板是电器电子产品的核心部件。印刷电路板基板的材料主要为玻璃纤维强化的环氧树脂或酚醛树脂；基板中有蚀刻形成的电路和焊接的金属。印刷电路板中含有的金属种类繁多，主要包括铜、铁、铝、铅、锡、镍、锌等金属和少量的贵金属，如金（Au）、银（Ag）、铂（Pt）、钯（Pd）等以及一些稀有金属。

线路板中含有约 30%的树脂材料，30%的增强无机材料以及大约 40%的金属（包括普通金属、痕量元素及贵金属）。电脑主机的电路板中含有较多的 Au、Ag、Pd 等贵金属元素，而电视机电路板中 Al、Fe、Sn 等普通金属含量相对较高。此外，溴阻燃型电路板中还含 5%～15%的 Br 元素。

除线路板基材决定了线路板废料的主要材料组成外，其来源不同，相应的物质组成差别也较大。线路板废料有单一废料也有混合废料，主要来源有以下 3 个方面：

（1）边角料，包括印制线路板（印刷、蚀刻）过程产生的边角料，以及电路板封装过程中产生的边角料，废物材料组成主要为铜金属、塑料和非金属材料，含有极少量的其他金属，同时可能含有溴阻燃剂（多溴联苯或多溴二苯醚），见表 3-3-18。

表 3-3-18　玻璃纤维增强多层环氧树脂板边角料材料质量组成

元素	C	O	Si	Cu	Al	Ba	Br	N	S	H
质量含量/（wt.%）	24.80	24.16	14.76	26.31	2.88	0.12	4.30	0.48	0.26	1.94

注：玻璃纤维增强环氧树脂覆铜板（印制线路板废料）。

（2）带元器件或拆除元器件的废电路板废料，废物材料组成主要为铜金属、塑料和非金属材料。但是含有少量的贵重金属（如金、银、钯等），同时可能封装过程含有铅焊锡材料，基板材料或元器件可能含溴系阻燃剂，见表 3-3-19。

表 3-3-19　电路板废料质量组成

带元器件电路板				不带元器件电路板			
物质成分	质量含量/%	物质成分	质量含量/%	物质成分	质量含量/%	物质成分	质量含量/%
Cu	26.80	F	0.09	Cu	19.66	Mg	0.1
SiO_2	15	Sb	0.06	Fe	11.47	Ti	0.1
C	9.60	Cr	0.05	Pb	3.93	In	0.05
Fe	5.30	Ba	0.02	Sn	3.68	Co	0.03
Al	4.70	I	0.02	Al	2.88	Cr	0.005
Ti	3.40	Cd	0.02	Zn	2.1	Ge	0.001
Mg	1.90	As	＜0.01	Ca	1.13	Au	0.03
Cl	1.74	Au	80 g/t	Mn	0.97	Ag	0.50～1.00
Zn	1.50	Sc	55 g/t	Ni	0.38		
Sn	1.00	Se	41 g/t				
Br	0.54	Ga	35 g/t				
Ni	0.47	Mo	30 g/t				
Mn	0.47	Sr	10 g/t				
Ag	0.33	Be	1.1 g/t				
Bi	0.17	Hg	1 g/t				
S	0.10	Te	1 g/t				

注：玻璃纤维增强环氧树脂覆铜板（含铅锡焊）。

（3）印刷线路板边角料、带有元器件的废电路板在回收金属资源后产生的废料，废物材料组成以塑料和非金属材料为主。含有少量的铜金属和其他贵重金属（如金、银、钯等），电路板可能含有少量的铅焊锡材料，基板材料或元器件中也可能含有溴阻燃剂，见表 3-3-20。

表 3-3-20　印刷线路板边角料回收铜金属后的废料物质组成

化学成分	质量含量/（wt.%）	化学成分	质量含量/（wt.%）
C	20.51	Ca	4.83
O	50.71	Ti	0.37
Al	2.59	Cu	0.62
Si	9.00	Br	11.38

注：玻璃纤维增强环氧树脂覆铜板。

根据以上分析确定的无机元素筛选的备选物质清单如表 3-3-21 所示。

表 3-3-21　无机元素筛选备选物质

成分	成分	成分
Cu	Br	As
SiO_2	Ni	Au
C	Mn	Sc
Al	Ag	Se
Fe	Bi	Ga
Ti	F	Zr
Mg	Sb	Sr
Cl	Cr	Mo
Zn	I	Be
Sn	Ba	Hg
Pb	Cd	Te
Sb		

根据以上各种成分在电路板中的含量首先筛除以下两组物质：

①在电路板中含量小于0.01%：As、Au、Sc、Se、Ga、Zr、Sr、Mo、Be、Hg、Te；

②环境危害性不大：SiO_2、C、Al、Fe、Ti、Cl、Sn、Br、Ag、Bi、F、I、Ba。

此外加入CRT和LCD显示器中的主要有毒有害物质Pb和Hg，初步确定将11种无机元素作为优先控制无机物备选物质，分别是Cu、Zn、Be、Mn、Ni、Cd、Sb、Hg、Cr、As和Pb。

根据电子废物中有毒有害物质识别的成果，电子废物中的有毒有害有机物主要是阻燃剂和增塑剂，包括多溴联苯、多溴联苯醚、四溴双酚A、酞酸酯等。电子废物处理过程中产生的有机污染物种类繁多。电路板热处理产物包括溴代烃、酚类、溴酚类、苯、联苯类、酞酸酯、酮、双酚类和糠醛九类物质。气态产物主要是溴代烃，其中溴丙烷含量最多；液态产物中酚、溴酚和双酚类物质较多，酮和苯类物质次之，糠醛、酞酸酯类、联苯类物质较少。

对上述有机污染物（共计56种）进行再筛选，筛选指标包括相对含量、检出率和关注度。相对含量主要依据各种物质GC/MS检测相对峰面积确定，检出率则依据物质在所参考文献中的检出频次确定，关注度则依据物质在美国EPA 129种优先污染物、中国优先关注68种污染物、12种POPs物质3种清单中出现的次数确定，各参数赋值标准如表3-3-22所示。3个指标的权重赋值分别是相对含量∶检出率∶关注度=2∶3∶5。对各种物质得分进行排序，得出电子废物集中处置区优先控制污染物筛选初步成果——热处理部分，包括32种物质（见表3-3-23）。

表3-3-22 相对含量、检出率和关注度赋值标准

相对含量	检出率	关注度	分值
20%以上	4次以上	出现3次	3
10%～20%	2～3次	出现2次	2
10%以下	1次	出现1次	1

表 3-3-23 电路板热处理优先控制污染物备选物质

序号	物质	得分	序号	物质	得分
1	苯酚	2.5	17	2-溴-4-异丙基苯酚	1
2	一溴双酚 A	1.7	18	2,8-二溴氧芴	1
3	2-溴苯酚及其同分异构体	1.5	19	二苯并呋喃	1
4	苯	1.5	20	萘	1
5	甲苯	1.5	21	1,2,3,4-四羟基 1,1,6 三甲基萘	1
6	邻苯二甲酸二丁酯	1.5	22	2-甲基萘	1
7	邻苯二甲酸二辛酯	1.5	23	溴丙烷	0.9
8	2-甲基苯酚	1.3	24	3-（1-甲基乙基）苯酚	0.9
9	2,4 二甲基苯酚	1.3	25	五溴甲苯	0.9
10	二溴双酚 A 及其同分异构体	1.3	26	4-甲基苯酚	0.8
11	三溴双酚 A	1.3	27	3-乙基苯酚	0.8
12	1-溴丙酮	1.2	28	4-乙基苯酚	0.8
13	4-（1-甲基乙基）苯酚	1.1	29	2,6-二甲基苯酚	0.8
14	2,6-二溴苯酚及其同分异构体	1.1	30	2,6-二溴-4-异丙基苯酚	0.8
15	*p*-羟基联苯	1.1	31	苯并呋喃	0.8
16	溴甲烷	1	32	对甲基酚	0.7

3.2.3.2 污染场地评价相关污染物

污染场地评价相关的污染物主要是指各种污染物在环境中的迁移转化产物，本书中主要依据各种环境质量标准中的指标确定。依据的标准主要包括《地表水环境质量标准》（GB 3838—2002）、《地下水质量标准》（GBT 14848—2017）、《土壤环境质量 农用地土壤污染风险管控标准（试行）》（GB 15618—2018）、《土壤环境质量 建设用地土壤污染风险管控标准（试行）》（GB 36600—2018）、《环境空气质量标准》（GB 3095—2012）、《室内空气质量标准》（GB/T 18883—2002）、《大气污染物综合排放标准》（GB 16297—2017）、《美国一级饮用水规程》等。

3.2.3.3 优先控制污染物备选物质

将电子废物处置过程和场地评价相关的污染物进行汇总，可以得到电子废物集中处置区优先控制污染物备选物质（指标）清单，共计 224 项（此处略）。

3.2.4 优先控制污染物初次及二次筛选

电子废物集中处置区优先控制污染物应满足两个基本要求，一是对环境和生态系统的危害性大；二是对电子废物处理处置过程具有指示性。前者主要依据物质的毒性来确定，后者主要依据电子废物组成及其处理处置可能产生的污染物确定。

二次筛选主要依据物质的理化性质。无机物监测分析比较容易实施，二次筛选时主要针对有机物，不再对无机元素进行筛选。对于初筛下来的有机物质，种类繁多，难以逐一进行检测，结合理化性质进行二次筛选，将不稳定、易降解、迁移、转化的物质剔除。

3.2.4.1 初次筛选

初次筛选标准包括主要指标与电子废物处理处置过程的相关性和物质的环境危害特性。相关性指该指标对电子废物处理处置过程的指示性，如 pH 是衡量环境质量的重要指标，但因 pH 受多种环境因素的影响，因此初步筛选中被剔除；如农药类的各种物质含量，虽然也是土壤环境质量的重要指标，但并非由于电子废物处理处置过程产生，也不予考虑，初筛时剔除。此外，有一些指标之间具有从属关系，予以合并，如指标羰基镍归入金属镍中进行进一步研究。依据以上确定的标准，从电子废物集中处置区优先控制污染物备选物质清单中剔除的物质或者指标共计 99 种，对其余物质进行归类整理得到初次筛选的电子废物集中处置区有点控制污染物清单，包括 11 种无机物，115 种（类）有机物。其中 11 种无机物如表 3-3-24 所示。

表 3-3-24 初次筛选后的优先控制污染物汇总

序号	1	2	3	4	5	6	7	8	9	10	11
无机物	铜	锌	砷	汞	镉	铬	铍	锑	镍	锰	铅

3.2.4.2 二次筛选

参考已有研究成果，通过文献调研，对初次筛选所得各种有机物的理化性质进行总结并进行二次筛选，得到电子废物集中处置区优先有机污染物共计 60 种（类），见表 3-3-25。

表 3-3-25 二次筛选后的优先控制污染物汇总

序号	有机物	序号	有机物
1	三氯甲烷	31	3,4 二甲基苯酚
2	四氯化碳	32	2,4 二甲基苯酚
3	三溴甲烷	33	2-溴苯酚
4	二氯甲烷	34	十溴二苯醚（BDE-209）
5	1,2-二氯乙烷	35	六溴联苯醚（BDE-153）
6	氯乙烯	36	萘
7	1,1-二氯乙烯	37	1-甲基萘
8	1,2-二氯乙烯	38	2-甲基萘
9	三氯乙烯	39	苊烯
10	四氯乙烯	40	苊
11	六氯丁二烯	41	芴
12	苯	42	菲
13	甲苯	43	蒽
14	异丙苯	44	荧蒽
15	1,3,5-三氯苯	45	芘
16	1,2,4-三氯苯	46	苯并[*a*]蒽
17	1,2,3,5-四氯苯	47	䓛
18	1,2,3,4-四氯苯	48	苯并[*b*]荧蒽
19	1,2,4,5-四氯苯	49	苯并[*k*]荧蒽
20	六氯苯	50	苯并[*a*]芘
21	丙烯酰胺	51	茚并[1,2,3-*cd*]芘
22	邻苯二甲酸二丁酯	52	二苯并[*a,h*]蒽
23	邻苯二甲酸二（2-乙基己基）酯	53	苯并[*g,h,i*]苝
24	多氯联苯（PCB）	54	邻苯二甲酸二异丁酯
25	1-溴丙烷	55	邻苯二甲酸二辛酯
26	溴丙烯	56	四溴双酚 A
27	四溴乙烯	57	PBB
28	苯酚	58	2,3,7,8-四氯代二苯并二噁英
29	2-甲基苯酚	59	六氯二苯并-对-二噁英（HxCDD）
30	4-甲基苯酚	60	其他二噁英类（包括 PCDFs 和 PCDD）

3.2.5　优先控制污染物的三次筛选

电子废物集中处置区优先控制污染物的第三次筛选主要依据污染物的剂量-反应关系和危害程度进行筛选。根据收集到的各种物质的毒性参数结合环境样品分析，确定每一污染物的毒性得分，根据毒性得分确定优先控制污染物，计算方法如下。

对于非致癌物质：

$$TS=C_{max}/RfD \tag{3-3-4}$$

式中，TS——毒性得分；

C_{max}——检测最大浓度；

RfD——参考剂量。

对于致癌物质：

$$TS=SF\times C_{max} \tag{3-3-5}$$

式中，SF——斜率因子（也称致癌强度因子）。

化学物质若同时具有致癌作用和非致癌作用，均应该出现在相应的排序中。按照毒性得分排出化合物的顺序，选择构成毒性总得分 99%的一组物质作为优先控制污染物。

筛选过程考量的二次筛选所得优先控制污染物中，无机污染物的毒性参数包括：RfD [mg/（kg·d）]，致癌分类（EPA），致癌分类（IARC），斜率因子（SF）；有机污染物毒性参数包括：LD_{50}（大鼠经口）（mg/kg），RfD [mg/（kg·d）]，致癌分类（EPA），致癌分类（IARC），斜率因子（SF）。

3.2.5.1　环境样品分析

对环境样品的分析应该首先确定需要分析的各种污染指标，经过分析研究决定分析全部 11 种无机物，而对于有机物，根据分析检测方法对以上 60 种物质进行分类汇总，结果如表 3-3-26 所示。

表 3-3-26　二次筛选后的所得有机物类别

序号	1	2	3	4	5
类别	PAHs	PBBs	PBDEs	PCBs	双酚类
序号	6	7	8	9	10
类别	卤代烃	二噁英类	PAEs	苯系物	酚类

根据分析将需要检测的物质确定如下：PAHs（16 种）、PBDEs（8 种）和 PBBs（5 种）、双酚类（以四溴双酚 A 为代表）和 PAEs（7 种）。二噁英类和多氯联苯（PCBs）可同时进行分析，但由于项目经费和分析测试难度项目不对二噁英和 PCBs 进行分析。挥发性卤代烃、苯系物和酚类电子废物处理过程释放的重要物质，不具备环境累积性，对污染源进行监测时不对此三项指标进行分析。最终确定的样品分析指标包括 11 种无机物和 5 类有机物，见表 3-3-27、表 3-3-28。

表 3-3-27 环境样品分析无机物指标

序号	1	2	3	4	5	6
无机物	铜	锌	砷	汞	镉	铬[Cr（+3）、Cr（+6）]
序号	7	8	9	10	11	
无机物	铍	锑	镍	锰	铅	

表 3-3-28 环境样品分析有机物指标

序号	有机物	物质
1	多环芳烃（PAHs）	1. 萘 2. 苊烯 3. 苊 4. 芴 5. 菲 6. 蒽 7. 荧蒽 8. 芘 9. 苯并[*a*]蒽 10. 䓛 11. 苯并[*b*]荧蒽 12. 苯并[*k*]荧蒽 13. 苯并[*a*]芘 14. 茚并[1,2,3-*cd*]芘 15. 二苯并[*a,h*]蒽 16. 苯并[*g,h,i*]苝
2	多溴联苯（PBBs）	17. 2-溴联苯 18. 2,5-二溴联苯 19. 2,4,6-三溴联苯 20. 2,2′,5,5′-四溴联苯 21. 2,2′,4,5′,6-五溴联苯

序号	有机物	物质
3	多溴联苯醚（PBDEs）	22. BDE-28 23. BDE-47 24. BDE-99 25. BDE-100 26. BDE-153 27. BDE-154 28. BDE-183 29. BDE-209
4	双酚类	30. 四溴双酚 A
5	酞酸酯（PAEs）	31. 酞酸二甲酯 32. 酞酸二乙酯 33. 酞酸二正丁酯 34. 酞酸二丁基苄酯 35. 酞酸二环己酯 36. 酞酸二乙基（己基）酯 37. 酞酸二正辛酯

对研究关注地区采集 12 个环境土壤样品进行分析。根据样品特点分析了全部 12 个样品中的 11 种无机物和其中 4 个典型样品中的 5 类有机物，分析结果如表 3-3-29、表 3-3-30 所示。

表 3-3-29 环境样品中 11 种无机元素的浓度 单位：mg/kg

样品编号	无机元素的浓度										
	Zn	Cr	Cu	Pb	Mn	Ni	Sb	Hg	Cd	As	Be
1	96	42	27	54	170	25	5.2	0.12	0.16	5.02	3.61
2	90	51	48	93	180	22	9.9	0.052	0.37	6.11	2.80
3	67	12	54	62	270	6.5	7.2	0.10	0.11	7.21	2.31
4	69	16	8.4	18	570	9.2	9.1	0.097	0.16	17.01	2.01
5	160	8.1	49	11	420	34	3.9	0.12	0.10	7.02	2.03
6	61	3.4	380	440	80	96	1 400	0.15	0.20	6.02	0.53
6-2	36	4.7	91	48	140	18	120	0.20	0.12	4.81	0.71
7	330	2 600	4 800	150	300	480	1 100	0.21	1.21	26.03	1.50
8	130	48	140	62	200	30	68	0.27	1.60	23.09	2.41
9	3 500	320	12 700	480	500	1 100	3 900	0.19	10.02	52.10	0.65
10	770	7.2	82	56	820	21	71	0.26	6.01	60.03	2.20
11	230	45	66	32	360	20	34	0.27	0.10	22.06	2.53

注：灰色底纹所示为该指标浓度最大值。

表 3-3-30　环境土壤样品中的有机物浓度　　单位：ng/g

类别	检测指标	样品编号及浓度			
		2#	6～2#	10#	11#
PBDEs	BDE-28	4.342	266.95	0.864	0.113 75
	BDE-47	13.43	1 811.2	11.590	1.045
	BDE-99	0.932	199.8	4.448	0.151 25
	BDE-100	10.179	2 341.025	21.058	0.922 5
	BDE-153	1.285	124.575	4.928	0.081 25
	BDE-154	2.729	396.575	6.903	0.161 25
	BDE-183	1.784	39.525	17.685	0.107 5
	BDE-209	183.277	2 650.75	1 179.00	20.965
TBBPA	四溴双酚 A	14.3	5 075	201.25	62.2
PAEs	酞酸二甲酯	1.81	1.56	1.42	1.50
	酞酸二乙酯	3.84	5.64	8.10	5.50
	酞酸二正丁酯	115	94.1	141	50.2
	酞酸二丁基苄酯	n.d.	n.d.	n.d.	n.d.
	酞酸二环己酯	n.d.	n.d.	n.d.	n.d.
	酞酸二乙基（己基）酯	22.8	22.7	28.3	40.2
	酞酸二正辛酯	n.d.	0.195	0.875	1.73
PAHs	萘	7.61	15.3	7.77	n.d.
	苊烯	0.580	n.d.	0.640	n.d.
	苊	3.52	0.82	3.57	1.41
	芴	10.8	2.40	7.32	4.59
	菲	59.2	14.7	36.2	36.3
	蒽	2.81	0.606	2.55	2.29
	氘荧蒽	89.1	81.0	82.1	84.4
	荧蒽	46.12	1.40	6.10	7.04
	芘	16.73	n.d.	5.19	4.03
	苯并[*a*]蒽	7.16	3.69	2.90	2.15
	䓛	24.9	2.17	8.36	3.15
	苯并[*b*]荧蒽	23.0	1.59	5.83	3.46
	苯并[*k*]荧蒽	5.13	n.d.	1.20	1.10
	苯并[*a*]芘	5.69	1.39	2.84	1.92
	茚并[1,2,3-*cd*]芘	6.48	1.17	2.68	2.27
	二苯并[*a*,*h*]蒽	1.56	n.d.	0.91	n.d.
	苯并[*g*,*h*,*i*]苝	6.68	1.45	3.13	2.11
PBBs	2-溴联苯	n.d.	n.d.	n.d.	n.d.
	2,5-二溴联苯	n.d.	n.d.	n.d.	n.d.
	2,4,6-三溴联苯	n.d.	n.d.	n.d.	n.d.
	2,2′,5,5′-四溴联苯	n.d.	n.d.	0.022 4 μg/g	n.d.
	2,2′,4,5′,6-五溴联苯	n.d.	n.d.	n.d.	n.d.

注：灰色底纹所示为该指标浓度最大值。

3.2.5.2 无机物筛选

按照毒性得分计算方法，将表 3-3-27 中的无机元素分为致癌物质和非致癌物质，依据表 3-3-29 计算毒性得分、排序和筛选。非致癌物质的毒性排序结果如表 3-3-31 所示。

表 3-3-31 无机元素非致癌效应毒性得分

物质	C_{max}	RfD	TS	累计百分比
锑	3 900	0.000 4	9 750 000	0.705 1
铜	12 700	0.005	2 540 000	0.888 8
铅	480	0.000 43	1 116 279.07	0.969 6
砷	60.03	0.000 3	200 100	0.984 0
铬（+6 价）	371.4	0.003	123 800	0.993 0
镍	1 100	0.02	55 000	0.997 0
镉	10.02	0.000 5	20 040	0.998 4
锌	3 500	0.3	11 666.666 67	0.999 3
锰	820	0.14	5 857.142 857	0.999 7
铍	3.61	0.002	1 805	0.999 8
铬（+3 价）	2 228.6	1.5	1 485.733 333	0.999 9
汞	0.27	0.000 3	900	1.000 0
TS 总和			13 826 933.61	

注：铬（+6 价）和铬（+3 价）按照总铬的 1∶6 的假定计算得出。

由表 3-3-31 计算结果可见，占 TS 总和 99%的物质分别为：锑、铜、铅、砷、铬（+6 价），将其列入优先控制污染物清单。致癌无机元素的致癌效应毒性得分如表 3-3-32 所示。

表 3-3-32 无机元素致癌效应毒性得分

物质	致癌分级（EPA）	致癌分级（IARC）	C_{max}	SF	TS	累计百分比
砷	A	1	60.03	1.5	90.045 0	0.595 7
镉	B1	1	10.02	6.1	61.122 0	1.000 0
铬（+6 价）	A	1	371.4			
铍	B1	1	3.61			
铅	B2	2B	480			
镍	—	2B	1 100			
TS 总和					151.167 0	

砷、镉有 SF 值，其他的几种无机元素没有该参数，参考 EPA 和 IARC 致癌分级铬（+6 价）、铍、铅和镍的致癌分级较高，都是可能引发癌症的化学物质，且检测出浓度最大值也较高，故将它们列入优先控制污染物清单。综上所述，致癌效应的砷、镉、铬（+6 价）、铍、铅和镍列入优先控制污染物清单。

因此，电子废物集中处置区域优先控制的无机污染物包括铅、砷、铬、镉、锑、铜、铍和镍；考虑汞的特殊性，建议将汞也列入优先控制无机物；考虑各种物质的毒性评价结果，建议各种无机元素的优先次序是铅、砷、铬、镉、锑、铜、铍、镍、汞。

3.2.5.3 有机物筛选

按照毒性得分计算方法，将表 3-3-27 中的有机物分为致癌物质和非致癌物质，依据表 3-3-31 计算毒性得分、排序和筛选。非致癌物质的毒性排序结果如表 3-3-33 所示。

表 3-3-33 有机物非致癌效应毒性得分

序号	名称	C_{max}	RfD/[mg/（kg·d）]	TS	累计百分比
1	六溴联苯醚（BDE-153）	0.125	0.000 2	625.000 0	0.618 0
2	十溴二苯醚（BDE-209）	2.651	0.007	378.714 3	0.992 5
3	邻苯二甲酸二（2-乙基己基）酯	0.04	0.02	2.000 0	0.994 5
4	芴	0.059 2	0.04	1.480 0	0.996 0
5	邻苯二甲酸二丁酯	0.141	0.1	1.410 0	0.997 4
6	荧蒽	0.046 12	0.04	1.153 0	0.998 5
7	萘	0.015 3	0.02	0.765 0	0.999 3
8	芘	0.016 73	0.03	0.557 7	0.999 8
9	苊	0.010 8	0.06	0.180 0	1.000 0
10	蒽	0.002 81	0.3	0.009 4	1.000 0
11	1-甲基萘				
12	2-甲基萘		0.004		
13	苊烯	0.000 064			
14	菲	0.059 2			
15	苯并[*g*,*h*,*i*]苝	0.006 68			
16	邻苯二甲酸二异丁酯				
17	邻苯二甲酸二辛酯	0.001 73			
18	四溴双酚 A	5.075			
TS 总和				1 011.269 3	

由计算结果可知，占 TS 总和 99%的物质分别为六溴联苯醚（BDE-153）、十溴二苯醚（BDE-209）。高分子量的多环芳烃，如荧蒽、苯并[*a*]蒽、䓛、苯并[*a*]芘和蒽等难以被降解，相互作用对环境的危害比单个物质更大，因此也将它们列入优先控制污染物清单；鉴于四溴双酚 A 是一种类似雌激素的环境激素，具有持久性、生物累积性和毒性，具有细胞毒性、免疫毒性、甲状腺素干扰性以及雌激素干扰性，因此也将其列入清单。综上所述，列入优先控制污染物清单的非致癌效应有机物包括多溴联苯醚、多环芳烃和四溴双酚 A，如表 3-3-34 所示。

表 3-3-34 非致癌效应优先控制有机污染物清单

序号	类别	物质
1	多溴联苯醚	BDE-209
		BDE-153
		BDE-100
2	PAHs	蒽
		荧蒽
		苯并[*g*,*h*,*i*]苝
3	四溴双酚 A	四溴双酚 A

致癌有机物致癌效应毒性得分如表 3-3-35 所示。

表 3-3-35 有机物致癌效应毒性得分

序号	名称	C_{max}	斜率因子（SF）	致癌分类（EPA）	致癌分类（IARC）	TS	累计百分比
1	2,3,7,8-四氯代二苯并二噁英	0.000 03	130 000			3.9	0.522 7
2	多氯联苯（PCB）	0.7	2	B2	2A	1.4	0.710 3
3	六氯二苯并-对-二噁英（HxCDD）	0.000 09	13 000			1.17	0.867 1
4	多溴联苯（PBBs）	0.022 4	30			0.672	0.957 1
5	其他二噁英类	0.014 4	13			0.187 2	0.982 2
6	苯并[*a*]芘	0.005 69	12	B2	1	0.068 28	0.991 4

序号	名称	C_{max}	斜率因子（SF）	致癌分类（EPA）	致癌分类（IARC）	TS	累计百分比
7	苯并[*b*]荧蒽	0.023	1.2	B2	2B	0.027 6	0.995 1
8	苯并[*a*]蒽	0.007 6	1.2	B2	2B	0.009 12	0.996 3
9	茚并[1,2,3-*cd*]芘	0.006 48	1.2	B2	2B	0.007 776	0.997 3
10	二苯并[*a,h*]蒽	0.001 56	4.1	B2	2A	0.006 396	0.998 2
11	苯并[*k*]荧蒽	0.005 13	1.2	B2	2B	0.006 156	0.999 0
12	䓛	0.024 9	0.12	B2	2B	0.002 988	0.999 4
13	十溴二苯醚（BDE-209）	2.651	0.000 7	C	3	0.001 856	0.999 7
14	萘	0.015 3	0.12	C	2B	0.001 836	0.999 9
15	邻苯二甲酸二（2-乙基己基）酯	0.04	0.014	B2	3	0.000 56	1.000 0
16	六溴联苯醚（BDE-153）	0.125					
17	苯并[*g,h,i*]苝	0.006 68		D	3		
18	邻苯二甲酸二异丁酯						
19	邻苯二甲酸二辛酯	0.001 73					
TS 总和						7.461 768	

注：前文已建议将二噁英类和 PCBs 列入优先控制污染物，并给出了说明；此处计算目的是获得更充分的信息。对于 PCBs 和二噁英类采用文献值，其中 PCBs 取为 700 μg/kg，2,3,7,8-四氯代二苯并二噁英（TCDD）取为 30 pg/g，六氯二苯并-对-二噁英（HxCDD）取为 90 pg/g，其他二噁英类取为 14 400 pg/g。

由表 3-3-35 计算结果可见，占 TS 总和 99%的物质分别为 2,3,7,8-四氯代二苯并二噁英、多氯联苯（PCBs）、六氯二苯并-对-二噁英（HxCDD）、PBBs、其他二噁英类和苯并[*a*]芘。另外，大分子多环芳烃类，如苯并[*b*]荧蒽、苯并[*a*]蒽、茚并[1,2,3-*cd*]芘、二苯并[*a,h*]蒽、苯并[*k*]荧蒽以及䓛，难以被降解，并且具有协同作用，对环境危害较大，故将其列入优先控制污染物清单。但是，考虑到多氯联苯已经禁止使用，建议选测部分样品的多氯联苯，但不作为优先控制污染物。综上所述，致癌效应优先控制有机污染物如表 3-3-36 所示。

表 3-3-36 致癌效应优先控制有机污染物清单

序号	类别	物质
1	二噁英	2,3,7,8-TCDD
		HxCDD
		2,3,7,8-TCDF
		2,3,4,7,8-PCDF
		1,2,3,7,8-PCDD
2	PBBs	HexaBB
		OctaBB
		DecaBB
3	PAHs	苯并[*a*]芘
		苯并[*b*]荧蒽
		苯并[*a*]蒽
		二苯并[*a,h*]蒽
		茚并[1,2,3-*cd*]芘
		苯并[*k*]荧蒽
		䓛

因此，电子废物集中处置区域优先控制的有机物类型主要包括二噁英、多环芳烃、多溴联苯、多溴联苯醚、四溴双酚 A，进行污染源监测时还需重点考虑苯系物、酚类和挥发性卤代烃；根据毒性评价的结果及其与电子废物处理处置过程的相关性，建议优先控制的有机污染物顺序是二噁英、多环芳烃、多溴联苯醚、四溴双酚 A、多溴联苯、多氯联苯、酚类、挥发性卤代烃、苯系物。

3.2.5.4 三次筛选的优先污染物

综上所述，经过三次筛选所得电子废物集中处置区优先控制污染物清单见表 3-3-37。

表 3-3-37 电子废物集中处置区优先控制污染物清单

致癌分类	类别	物质	致癌分类	类别	物质
非致癌效应污染物	无机物	锑	致癌效应污染物	无机物	砷
		铜			镉
		铅			铬（+6 价）
		砷			铍
		铬			镍
	多溴联苯醚	BDE-209			铅
		BDE-153		二噁英	2,3,7,8-TCDD
		BDE-100			HxCDD
	PAHs	蒽			2,3,7,8-TCDF
		荧蒽			2,3,4,7,8-PCDF
		苯并[*g,h,i*]苝			1,2,3,7,8-PCDD
	双酚类	四溴双酚 A		PBBs	HexaBB
—	—	—			OctaBB
					DecaBB
				PAHs	苯并[*a*]芘
					苯并[*b*]荧蒽
					苯并[*a*]蒽
					二苯并[*a,h*]蒽
					茚并[1,2,3-*cd*]芘
					苯并[*k*]荧蒽
					䓛

思考题

1．重要名词

非致癌参照计量；斜率因子（致癌强度因子）；安全因子；剂量-反应关系。

2．重要问题

（1）简述健康风险评价的目的和意义。

（2）健康风险评价包括哪四个部分？

（3）简述剂量-反应关系三种外推低剂量的数学模型。

（4）急性和慢性作用下，如何进行暴露-效应关系的研究？

（5）简述主要大气污染物的健康危害，应该选取哪些指标作为它们的健康效应终点？

（6）根据美国相关技术导则，论述进行健康风险分析的思路和注意事项。

（7）论述不同方式处置废家用电池对人体健康的风险评价的过程。

3．案例分析

（1）用 800 字左右概述暴露评价导则。

（2）论述不同方式处置废弃家用电池对人体健康的风险评价的过程。

4．计算题

（1）一位典型的美国人一生要吃大量的生菜，约计为 2 000 kg。假定任一周内，最大摄入剂量为 1.5 kg，任何一天的最大摄入剂量为 0.4 kg，假定在这个人一生中摄入的埃尔德林（一种杀虫剂）的残留为 4 mg/kg。那么他最多每周摄入的埃尔德林日均剂量为多少（埃尔德林的生物利用效率为 90%）？

（2）假设有一危险废物综合处理场，X 是该场综合处置的危险废物中的有害成分。X 经皮肤接触时是致癌物，由呼吸道摄入时却是非致癌物。假设：

①附近居民区的大气颗粒物中 X 的浓度为 C_D（mg/kg）；

②填埋场作业区土壤中 X 的浓度为 C_S（mg/kg）；

③成年男性呼吸空气的速率为 0.8 m^3/h；

④成人平均体重为 70 kg；

⑤成人皮肤表面积为 18 000 cm^2；

⑥吸入空气的保留率为 80%；

⑦居民区中大气颗粒物浓度为 C_A（mg/m^3）；

⑧吸入空气的吸收率为 80%；

⑨皮肤对土壤的吸收率为 10%；

⑩每年按 365 d 计；

⑪土壤基质影响为 15%（即由于土壤基质影响，只有 15%的污染物可接触皮肤）。

试计算：

①现场工人每年暴露 150 d，每天暴露两次，工人暴露皮肤为总皮肤表面积的 10%，皮肤附着灰尘量为 0.50 mg/cm^2，列出计算一年暴露期内现场工人皮肤接触土壤中 X 的日摄入剂量的计算公式，并列出计算其风险值的公式。

②若每天 24 h 均暴露在污染物 X 的污染中，暴露持续时间为 30 年，列出计算周围居民中成年男性通过慢性吸入对污染物 X 日摄入剂量的公式，并列出计算其风险值的公式。

参考文献

[1] U. S. EPA. Quantitative risk assessment for community exposure to vinyl chloride. Washington：U.S. Environmental Protection Agency，1975.

[2] U. S. EPA. Interim procedures and guidelines for health risk and economic impact assessments of suspected carcinogens. Washington：U.S. Environmental Protection Agency，1976.

[3] National Research Council Committee on the Institutional Means for Assessment of Risks to Public Health. Risk assessment in federal government：managing the process. Washington DC：National Academy Press，1983.

[4] U. S. EPA National Center for Environmental Assessment. Guidelines for the health risk assessment of chemical mixtures，EPA/630/R-98/002，1986.

[5] U. S. EPA. Guidelines for carcinogen risk assessment. EPA/630/P-03/001F，2005.

[6] U. S. EPA. Guidelines for mutagenicity risk assessment. EPA/630/R-98/003，1986.

[7] U. S. EPA. Guidelines for developmental toxicity risk assessment. EPA/600/FR-91/001，1991.

[8] U. S. EPA. Guidelines for exposure assessment. EPA/600/Z-92/001，1992.

[9] U. S. EPA. Guidelines for reproductive toxicity risk assessment. EPA/630/R-96/009，1996.

[10] U. S. EPA. Guidelines for neurotoxicity risk assessment. EPA/630/R-95/001F，1998.

[11] Ferguson C，Darmendrail D，Freier K，et al. Risk assessment for contaminated sites in Europe. Volume 1. Scientific Basis. Nottingham：LQM Press，1998.

[12] 胡二邦，姚仁太，任智强，等. 环境风险评价浅论. 辐射防护通讯，2004，24（1）：20-26.

[13] OSHA. Process safety management of highly hazardous chemicals. CFR 1910.119，1992.

[14] 国家安全生产监督管理局. 危险化学品生产企业安全评价导则（试行）（安监管危化字〔2004〕127 号）. 2004.

[15] 国家安全生产监督管理总局. 安全评价通则（AQ 8001—2007）. 2007.

[16] 国家环境保护总局. 建设项目环境风险评价技术导则（HJ/T 169—204）. 2004.

[17] Monitor Environmental Consultants Ltd. Secondary model procedure for the development of appropriate soil sampling strategies for land contamination R&D technical report. Published：Department of Environment. P5-066/TR，2000.

[18] Transport and the Regions Department of the Environment. Sampling Strategies for Contaminated Land. Published：Department of Environment CLR Report No 04，1994.

[19] 环境保护部. 场地环境调查技术导则（HJ 25.1—2014）. 2014.

[20] Environment Agency. Updated technical background to the CLEA model. SC050021/SR3，2009.

[21] David L MacIntosh，Glenn W Suter Ii，F Owen Hoffman. Uses of probabilistic exposure models in ecological risk assessments of contaminated sites. Risk Analysis，1994，14（14）：405-419.

[22] 王进军，刘占旗，古晓娜，等. 环境致癌物的健康风险评价方法. 国外医学（卫生学分册），2009，36（1）：50-58.

[23] 曹红斌. 化学物质健康风险评价的理论与应用. 北京：气象出版社，2012.

[24] Cheng Y. Generic assessment criteria for human health risk assessment of contaminated land in China（Unpublished doctoral dissertation）. Nottingham：University of Nottingham，2009.

[25] Halappa Gowda T P，Lock J D，Kurtz R G. A comprehensive study of risk assessment for a hazardous compound of public health concern. Water，Air，and Soil Pollution，1985，24（2）：189-206.

[26] Kikuo Yoshida，Junko Nakanishi. Estimation of dioxin risk to Japanese from the past to the future. Chemosphere，1987，53（4）：427-436.

[27] 环境保护部. 农用地土壤污染风险管控标准（试行）（GB 15618—2018）. 2018.

[28] U. S. EPA. Selection criteria for mathematical models used in exposure assessments：surface water models. Published：Office of Health and Environmental Assessment，Office of Research and Development. EPA/600/8-87/042，NTIS PB88-139928/AS，1987.

[29] U. S. EPA. Selection criteria for mathematical models used in exposure assessment：atmospheric dispersion models. Published：Office of Health and Environmental Assessment，Office of Research and Development. EPA/600/8-91/038，1991.

[30] U.K. Department for Environment，Food & Rural Affairs. Guidelines for environmental risk assessment and management green leaves. 2011.

[31] 环境保护部. 污染场地风险评估技术导则（HJ 25.3—2014）. 2014.

[32] Sergio Caroli，Antonio Menditto，Ferdinando Chiodo. The international register of potentially toxic chemicals. Environmental Science & Pollution Research. 1996，3（2）：104-107.

[33] Evaluation Registration，Authorisation and Restriction of Chemicals（REACH）. IUCLID5 Home Page. 2015. http://iuclid.eu/.

[34] World Health Organization International Agency for Research on Cancer. Agents classified by the iarc monographs，volumes 1-116. 2016. http://monographs.iarc.fr/ ENG/Classification/.

[35] 陈骏. 环境水体中多氯联苯并二噁英和呋喃的高分辨气相色谱/质谱分析方法建立. 台南市：成功大学，2008.

[36] 王红红. 血压昼夜节律变化与冠心病的探讨. 中西医结合心脑血管病杂志，2004，2（12）：740-741.

[37] 胡永宁. 吸烟—肺癌—畸胎—公害. 生命的化学，1981，1（5）：33-35.

[38] 王慧. 吸烟增加女性猝死的风险. 心血管病防治知识（科普版），2013（12）：40.

[39] 惠艳红，王文文. 外科围手术期病人深静脉血栓形成原因、预防及护理. 中华现代护理学杂志，2010.

[40] D Gryczyńska，J Kobos，A Zakrzewska. Relationship between passive smoking，recurrent respiratory tract infections and otitis media in children. International Journal of Pediatric Otorhinolaryngology. 1999，49 suppl 1：S275-278.

[41] World Health Organization，World Health Organization Framework Convention on Tobacco Control. the 56th World Health Assembly，2003，Geneva.

[42] 朱茂祥，谢剑平，赵明月，等. 关注吸烟与健康　降低卷烟危害. 中国科协 2003 年学术年会，2003.

[43] Wangyun Zhu，Zhonghui Fan，et al. Charcoal-containing polypropylene tow for cigarette and preparation method thereof. WO，2012.

[44] 杨斯宛，王明锋，段焰青，等. 烟草和烟气中酚类物质检测技术研究进展. 云南化工，2010，37（5）：64-69.

[45] 李炎强，冼可法. 直接进样法分析烟草挥发性和半挥发性酸性成分. 烟草科技，1998（6）：22-24.

[46] 曾金. 两种不同香型烤烟叶的热解行为比较和色谱—质谱联用分析. 广州：中山大学，2013.

[47] 张承明. 痕量分析在烟草研究中的应用. 昆明：云南大学，2001.

[48] 银董红，李克. 选择性降低卷烟烟气中 CO 含量的催化剂研究. 中国烟草学会 2004 年学术年会，2007.

[49] 中国科技大学科技实业总公司. 无公害香烟. 技术与市场，2004（3）：18.

[50] Inchem. Nicotine. 2012. http://www.inchem.org/documents/pims/chemical/nicotine. htm#PartTitle：7.%20TOXICOLOGY.

[51] 刘泽春，谢卫，刘加增，等. 卷烟烟碱向主、侧流烟气中的转移率. 烟草科技，2006（11）：35-36.

[52] 郑明祺，龚旭龄. 烟碱毒理学与吸烟. 中国药物依赖性杂志，1998，7（2）：73-76.

[53] 烟草在线. 烟气中的主要有害物质. 2002. http://www.tobaccochina.com/news/ control/harm/20021/18991230103346_225220.shtml.

[54] 吴少雄，王保兴，郭祀远，等. 卷烟制品中烟草特有亚硝胺（TSNA）研究. 中国公共卫生，2005，21（8）：917-918.

[55] 刘永连. 香烟里含有放射性物质. 河南林业，1997（3）：35.

[56] 张夫道. 磷肥中放射性核素的含量及其在土壤—植物系统中的转移规律. 中国土壤与肥料，1993（4）：34-36.

[57] 杨杰. 低焦油不等于低危害. 中国烟草控制大众传播活动专家文章汇编，2010：91-102.

[58] 周国俊. 卷烟烟气自由基检测与清除研究. 杭州：浙江大学，2005.

[59] Laiguo Chen，Ming Liu，Ruifang Fan，et al. Mercury speciation and emission from municipal solid waste incinerators in the Pearl River Delta，South China. Science of the Total Environment，2013，447（1）：396-402.

第四篇

生态风险评价

本篇主要以美国 EPA 1998 年颁布的《生态风险评价导则》（EPA/630/R-95/002F）为基础进行阐述。

第 1 章　生态风险评价介绍

1.1　概述

生态风险评价是在风险管理的背景下发展起来的，用以研究人类活动导致的不良影响，因此重点考虑人类活动产生的压力及其造成的不利影响。由于压力可能只对一个生态组分产生不利影响，而对其他生态组分却是无害，甚至有利的，因此定义不利性非常重要。不利变化通常是那些改变生态系统重要组成部分的结构或功能特性的变化。不利性研究需要考虑影响的类型、强度、范围以及修复的潜力，其可接受度由风险管理者决定。尽管生态风险评价是用来评估不利性影响的，但它也可以通过调整而用于预测由自然事件引起的积极影响。

对不利影响可能性的描述可以是定性的判断，也可以是定量的估计，但定量估计有时并不可行。由于风险不易觉察或估计，定性的研究风险（包含不确定性）总比忽视风险要好。生态风险评价可以用来预测将来产生不利影响的可能性（预期的），也可用来评估由于过去暴露在压力下引起的影响的可能性（回顾的）。在很多情况下，一个单独的风险评价同时具有这两种用途。例如，对两栖动物数量减少的原因进行研究的回顾性风险评价，可以用来对今后的管理行为产生的影响进行预测。对于先前已受到化学、物理或生物等多重压力的影响并还将继续受其影响的生态系统，回顾性风险评价和预期性风险评价相结合是非常典型的情况。

1.2 美国的生态风险评价框架的变化

1.2.1 概念

生态风险评价是评估暴露于一种或多种压力下形成或可能形成的不利生态影响的可能性的过程[1]。该过程经过系统地研究和组织数据、信息、资料、假设和不确定性，以分析和预测压力与生态影响之间的关系，作出有利于生态环境的决策。一个评价可能包括化学、物理或生物压力，可能是一种压力单独作用，也可能是几种压力同时发生。

1.2.2 美国 EPA 生态风险评价框架的变化

美国 EPA 于 1992 年发布了“框架报告”[1]，之后不断丰富在生态风险评价过程方面的经验。但美国 EPA 对整个生态风险评价过程的改变并不大，直到《生态风险评价导则》[2]的发布。《生态风险评价导则》是在 1992 年“框架报告”的基础上进行扩充和修改而成的，其第 1 部分是导言；第 2 部分是计划，描述风险评价者、风险管理者以及感兴趣的各方在风险评价开始前的对话；第 3 部分是问题提出，说明如何阐述管理目标、选择评价终点、建立概念模型以及发展分析计划；第 4 部分是分析，描述如何研究受体的潜在暴露及压力水平与生态影响间的关系；第 5 部分是风险表征，描述综合暴露框架和压力—响应框架进行风险估计的过程，讨论各个证据排列，解释不利性和不确定性；第 6 部分是与风险管理决策有关的生态信息，将生态评价的结果传递给风险管理者。该导则描述了风险评价的一般性原则，举例说明了生态风险评价如何应用于大范围的系统、压力、生态学时空上的范围。导则主要强调数据分析的过程和方法，而不是数据收集的技术、方法或模型，并描述了各种方法的作用和局限性。导则并不提供详细的指导，也不具有约定俗成的惯例，其提供的方法意在提高评价方法和程序的统一性。导则中提到的原则旨在作为美国 EPA 的内部指导，并不是也无意成为美国 EPA 的法规。导则为生态风险评价的操作和研究提供了科学的前沿思考和方法，并不具备法律效力。为便于那些已经熟悉了“框架报告”的人使用《生态风险评价导则》，本书特对修改总结如下。

首先是图表的改变，然后是术语和定义的变化。风险评价过程以外（风险评价计划；

与风险管理者交流评价结果；数据获取，迭代过程，监测结果）的方框中的措辞则有细微的变化。增加了“迭代过程”以强调风险评价的迭代属性。在计划和风险管理框中加入“感兴趣的团体”这一术语以指明他们在风险评价过程中的渐进角色[3]。问题提出过程的新图表包含了几个变化：六边形部分强调了选择评价终点和建立概念模型前综合有效信息的重要性。问题提出过程的三个成果在图 4-3-3 中表示：评价终点是概念模型开发的关键性成果，概念模型是问题提出阶段的中心成果，分析计划则是问题提出阶段的外在成果，强调了评价开始前计划数据研究与综合有效信息的需要。在分析阶段，显示了表征暴露的一般过程，如何表征生态影响。这两个方面是一个迭代过程，以确保在风险表征阶段的综合协调的输出。“框架报告”中风险表征大纲的应用结果表明需要对相关内容进行修改，风险估计必须综合暴露、影响估计以及不确定性分析。“框架报告”中的风险估计过程大纲最初将综合与不确定性分开，以强调不确定性研究的重要性。如今，不确定性分析已在多个风险迭代方法中确定下来，不再需要将综合与不确定性分开。

《生态风险评价导则》保留了“框架报告”中用到的一些定义，并对部分定义特别是与终点及暴露相关的定义做了修改。

“框架报告”采用的是 Suter[4]关于评价和测量终点的术语，但没有关于压力水平或生态系统特性测度的特殊术语。经验表明，与影响无关的测度有时并不适于称为测量终点，但根据 Suter 的定义，测量终点是“对一个与评价终点相关的压力的可测得的响应”[4]。《生态风险评价导则》中将测量终点替换为影响的测度，是“在评价终点或对其暴露的压力的响应上的性质变化”。评价终点是对要保护的环境价值的外在表示，由生态系统实体和其属性确定。暴露的测度包括对压力和源的测量，生态系统和受体特征的测度则包括栖息地测量、土壤参数、水质条件或其他能更好地表征暴露或影响的必要的生活史参数等。任一个测度都可以是实际数据（如死亡率）、统计数据（如 LC_{50}）或者估计值（如从结构-活性关系得来的 LC_{50} 估计值）。

第2章　风险评价计划

为确保风险评价能满足风险管理的需要，风险管理者和风险评价者（见文本 4-2-1 和文本 4-2-2）以及适当情况下参与进来的感兴趣的各方（见文本 4-2-3）要首先进行对话[5]。计划风险评价与风险评价是有区别的。这种区别确保政治和社会问题既有助于确定风险评价的目标，而又不致使风险评价偏离其科学性。

文本 4-2-1　谁是风险管理者？

风险管理者是一些有责任或有权利采取行动或要求采取行动以减少既定风险的个人或组织。“风险管理者”这一表述通常代表各级政府等有法定权利保护或管理某种资源的部门中的决策者。有时候，风险管理者可能也包括有能力采取行动以降低风险的感兴趣的各方。

文本 4-2-2　谁是风险评价者？

风险评价者是由不同领域专家所组成的团体，他们有一定的风险评价经验。当由法规和指导文件确定了一个风险评价过程时，一个专业人员就有可能完成建立在足够信息上的风险评价（如化学物质制造前的检查）。但对于复杂的风险评价，一个人很难提供具有足够宽度的专业知识。一个风险评价队伍至少要有一个对风险评价有知识和经验的专家，视评价的性质其他成员则可在场地、压力、生态系统、科学观点等方面具备必要的专业知识。

文本 4-2-3　谁是感兴趣的各方？

感兴趣的各方（通常称为利益分享者）可能包括各级政府、行业领导者、环境组织、企业所有者、土地所有者以及关心当前环境问题或试图影响风险管理决策的其他社会群体。感兴趣的各方可为风险评价者提供重要信息。感兴趣的各方在什么时候、以哪种方式影响风险评价和风险管理是当前讨论的热点。

2.1 确定风险评价的相关方

计划的第一步可以是确定风险评价是否为支持决策的最好选择。风险管理者和风险评价者都要考虑风险评价对需要确定的问题所具有的潜在价值。他们之间的讨论应包括：关于风险程度哪些是已知的，哪些管理方案可以降低或防止风险，是进行风险评价还是以其他方式确定环境问题所在等。一旦决定开始一个风险评价，下一步就要确保所有的关键角色都适当地参与进来。风险管理可以由政府部门决策者单独执行，也可以是多个风险管理者所组成的管理队伍合作实施。与之相似，风险评价也可以由一个风险评价者单独进行，或是由多个风险评价者合作进行。有些情况下，感兴趣的各方也是评价中的一个重要角色。预先仔细考虑谁将会参与风险评价及其在评价中的作用是十分重要的。

2.2 风险评价相关方的角色

负责保护人类健康和环境的风险管理者通过描述风险评价进行的原因，评价将会如何影响决策，以及需要从风险评价者那里得到哪些信息，以确保风险评价能为管理决策提供相关信息。

风险评价者则要确保科学信息有效地用于所关注的生态和环境管理问题上，描述他们能为风险管理者提供的信息，问题可能在哪里发生，以及不确定性是什么。若管理方案是以生态为基础的，则风险评价者要为风险管理者提供相关信息，以选择可达到给定目标的管理方案。

在生态评价中，感兴趣的各方在评价计划制订，特别是在管理目标的确定中可以承担积极的角色。感兴趣的各方在其有能力增加或降低已确定的相关生态价值的风险时，有可能成为风险管理队伍中的一员[5]。感兴趣的各方的参与是否必要或恰当，还取决于风险评价的目的、法规要求、管理问题的性质。

在计划阶段，风险管理者和风险评价者有责任在风险评价的目标、范围、时间以及达成目标需要的有效资源上达成一致，并利用有关区域生态系统的信息、法规的要求、公众感知的环境价值等来解释目标在风险评价中的作用。风险管理者和风险评价者在计划中可能遇到的问题见文本 4-2-4。

文本 4-2-4 风险管理者和风险评价者需要回答的问题

风险管理者主要回答：

- 问题的本质是什么？什么是最佳的评价规模？
- 什么是管理目标？什么是决策需要？风险评价有何作用？
- 关注了哪些生态价值（如实体和生态特征）？
- 有哪些原则考虑（法律、法人地位、社会问题、环境公平、代际公平）？
- 以前有哪些相似的风险评价和典型实例？
- 评价的内容是什么（如工业厂址、自然公园）？
- 有哪些可用资源（如人员、时间、资金）？
- 什么是可接受的不确定性水平？

风险评价者主要回答：

- 风险评价的规模。
- 重要的生态终点、生态特征、受体特征。
- 修复的可能性和需要的时间。
- 问题的本质：过去的，现在的，还是将来的？
- 有哪些已知信息？
- 有哪些数据，对数据的分析是否可行、适当？
- 有哪些潜在限制（如专家经验的限制、时间的限制、可用模型和数据的限制）？

2.3 风险评价计划的成果

风险评价计划的成果包括：①明确的管理目标；②在管理目标下作出的决策的性质；③风险评价的范围、复杂性以及在重点问题上的共识，包括预期结果和完成评价可用的技术与财政支持。

2.3.1　管理目标

管理目标是对所关注的生态价值期望达到的状态的表述，可能是“维持一个可持续的水生群落”（见文本 4-2-5），也可能是“恢复一块湿地”等[6]。一个特定风险评价的管理目标可能来自法规，也可能来自立法者对法律的解释，还可能是领导者或公众的要求和受影响的各方的意见。一些管理目标通常是开放性的，很少对风险评价者提供充分的指引，因此需要将这些目标解释为可施行的规则和指导。将法律和规则应用于一个特定场所时，风险评价者和风险管理者之间会相互作用，以便将这些法律和规则转化为对相关场所或生态系统适当的管理目标。

文本 4-2-5　可持续性作为一个管理目标

很多场景下可持续性被作为管理目标。将可持续性和生物、群落的完整性等其他概念作为管理目标的指导原则在某些场景下可能非常有用，但需要对这些原则进行明确的定义和解释。需要解决的关键问题是：可持续性或整体性对特定的生态系统有何意义？为达到可持续性或系统的整体性目标，需要保护些什么？有哪些生态资源和作用是持续的？为什么会持续？如何知道这些目标已经实现了？要回答这些问题就要阐明特定生态系统的目标，而像整体性和完整性这样的概念并不适合作为一个评价终点。

以地理位置为基础的管理目标的形成，要反映法律、法规和公众所关注的不同生态价值。为达成共同的管理目标，可以通过公众会议、社区会议、资源管理研讨等方式在不同团体间达成一致，这些不同团体通常被称为感兴趣的各方。通过一致意见所产生的目标通常都很笼统。要使这些目标能够用于风险评价，评价者需要将它解释为更为具体的目标，并识别相关生态系统中可测或可估的生态价值，如 Waquoit 海湾的管理目标[7]（见文本 4-2-6）。

对管理目标的早期讨论和选择，可使风险评价者对不同风险管理方案达成目标的方式加深了解，也有助于风险评价者识别和收集重要的数据和信息。

文本 4-2-6 Waquoit 海湾的管理目标

Waquoit 海湾是科德角（Cape Cod）的一个小河口，显示出退化的迹象，如鳗草、鱼类、甲壳类动物的减少及大型藻类和鱼类死亡的增加。Waquoit 海湾管理目标是通过公众会议、当地组织的先前目标及联邦与州的立法建立起来的。在 Waquoit 海湾保持水质和重建栖息条件，使之与一些水质良好的河流和湖泊相连，是为了：①使商业、娱乐和原产的鱼类、贝类能维持自身的多样性；②扭转水域生态资源退化的趋势。

为解释该风险评价的目标，将该目标转化成 10 个管理对象，确定了在该水域中为了实现目标需要达到的标准，为管理决策提供基础。这些管理对象是：

- 减少或消除厌氧或缺氧事件；
- 减少水体、沉积物和生物中污染物的毒性水平；
- 保持当地鱼群数量的自维持及其栖息地；
- 在海湾重新建立由多样水草构成的河床和水生生物群落；
- 在海湾重新建立一个自维持的扇贝群落，支持鱼类的多样性；
- 保护甲壳类动物的生存空间，防止微生物对其产生污染；
- 减少或杜绝大型藻类的生长；
- 防止河流和湖泊的富营养化；
- 维持当地生物群落的多样性；
- 维持水生生物的多样性。

根据这些具体的管理对象，选出生活在河湾的 8 个生态系统实体及其属性作为评价终点，以体现管理目标。其中一个是“鳗草床的区域范围及局部大小”。选择该终点的原因是：①贝类等其他深海生物及幼年期的鱼类都直接依靠鳗草床而生存；②鳗草对大型藻类的过度生长高度敏感；③对人类来说，丰富的海草表示海湾非常正常。

2.3.2 达成目标的管理方案

风险管理者必须进行决策以达成管理目标（见文本 4-2-7）。这些风险管理决策可能是建立国家政策在全国统一适用（如关于新化学物质制造前的通告，保护濒危物种等），或针对某种特殊场所适用的标准（如危险废物场址的修复水平），亦或为达成环境目标而执行的管理关注点（如每年允许发生污水溢流事件的次数）。当计划阶段就某个特定问题确定了多个管理方案时（如置之不理、清除或是修复受污染的场址），风险评价可用于预测各个管理方案的潜在风险，并在某些情况下能结合成本—收益分析辅助决策。

文本 4-2-7 管理目标和管理决策的区别

管理目标是公众希望保护的生态价值的特点。清洁水、保护濒危物种、维持生态完整性、清新的山景以及可垂钓的场所等都是可能的管理目标。管理决策则决定达成最后目标的方式。若管理目标是“可垂钓，可游泳”的水，则为达成这一目标，可选择的管理决策包括加强对点源排放的控制，恢复鱼类的栖息地，设计各种污水处理设施或上述所有方案都执行。

明确表述各个可选择的管理方案可为确定一个风险评价的范围、重点及操作提供一个框架。在一个层次框架中，初期的筛选层次可以回答潜在风险是否存在。后来的层次通常是管理问题从“是不是”上转移到了“风险是什么，在哪里，有多大”。若风险评价是为了支持一个受到多重压力的决策，如受生态价值、经济和政治因素影响的区域或流域的管理倡议，则该风险评价要有很大的灵活性且要进行更复杂的迭代，见文本4-2-8[8]。通常需要对受到各种人类活动影响的生态系统作用进行调查。这种情况下的风险评价通常是以一个基本目标和多样的潜在决策为基础的。确定风险评价的目标、范围及复杂性，计划就显得十分重要。

文本 4-2-8 层次和迭代：风险评价怎样才算完成？

风险评价可以非常简单，也可以非常复杂，但都需要相应的资源。如何决定工作的水平？风险评价者要重复数据研究和评价多少次？风险评价怎样才算完成？

对这些问题的回答需要设计一系列的层次。一个给定评价层次的结果要么是决策管理的基础，要么是下一个层次分析的基础[9-13]。

在风险评价中，迭代是对信息的再研究过程，在新数据和新信息下重新启动风险评价，包含层次评价。迭代是对特殊需要、新信息或是评价过程中所产生的问题的响应。

对问题提出阶段的预先计划和仔细开发则可以减少重新研究数据、假设和模型的需要。但并没有一个规则能说明为回答管理问题或保证科学有效性，需要多少次的迭代过程。当风险管理者确信有足够信息且风险评价的结果能支持一定的决策时，可以认为该风险评价已经完成。

2.3.3 风险评价的范围和复杂性

风险评价的目的决定了该评价是全国范围的、区域的或地方的；而资源的有效性则决定了该评价的具体范围和复杂程度。任何风险评价均受数据的有效性、科学认知、技术、时间以及资金的约束。

风险评价者和风险管理者在风险评价的范围和复杂性上达成一致，要考虑决策的性质、可利用的资源（见文本 4-2-9）。在风险评价何时完成的问题上保持灵活性，最详细的风险评价过程并非在每一个场合都需要或适用。确定风险评价水平的一个方法是迭代性评价。

文本 4-2-9　关于范围和复杂性的问题

- 该风险评价是被命令的吗？是由某个法规决定的还是对一个社会提供指导的？
- 决策是以一个小范围的详细评价为基础的还是以一个大范围的泛泛评价为基础的？
- 问题的时间和空间限制有哪些？
- 与需要的信息相比，有哪些是已知的？
- 需要多少时间来完成？有多少可以利用的资源？
- 数据收集的可行性？
- 层次分析法是否是可选择方案？

2.4 风险评价计划的概要

在计划阶段，需要就以下问题达成一致：①生态价值的管理目标；②风险评价支持的管理方案选择的范围；③评价的具体对象，包括考核指标；④评估的重点和范围；⑤可以获得的资源。此外还需要风险评价所使用的技术方法、空间范围（如地方、区域或国家）和时间范围（如研究的压力或影响所发生的时间段）等问题上达成一致。

在大多数情况下，计划阶段的成果是在开展风险评价的委托书内容上达成一致。计划一旦完成，风险评价的正式过程也就开始了。

第 3 章　生态风险评价过程

3.1　概述

生态风险评价过程基于两个基本要素——影响表征和暴露表征。它们将生态风险评价分为三个阶段：问题提出、分析阶段、风险表征。

生态风险评价的全过程见图 4-3-1。该格式和 1992 年的《生态风险评价框架》[1]报告（以下简称“框架报告”）中的图表基本一致，但改进了每个阶段的过程和结论，见图 4-3-2。风险评价的三个阶段被黑实线填充，影响风险评价进行的原因、方式和用途的重要活动则在线外的方框中描述。顶端的问题提出是风险评价的第一个阶段。这个阶段要明确评价的目的，找出问题，为分析阶段和风险表征制订计划。问题提出的首要工作是综合关于源、压力、影响、生态系统和受体特征的有效信息，根据这些信息确定评价终点和概念模型。评价终点和概念模型确定的顺序没有一定之规，但对整个分析计划（问题提出阶段的最终成果）的完成都是必要的。

中间的分析阶段受问题提出成果的指导。在这一阶段，要通过研究数据以决定压力下暴露可能发生的方式（暴露表征），暴露情况下可能发生的生态影响的类型（生态效应表征）。分析的第一步是确定暴露、影响、生态系统和受体特征方面数据的优势和局限性[14]。然后对这些数据进行分析，描述在概念模型所确定的场景下的生态响应和潜在或实际的暴露的性质。最后得到分析阶段的两个成果：暴露框架和压力—响应框架，为风险表征打下基础。

第三个实心框显示的是风险表征阶段，暴露框架和压力—响应框架在风险估计过程中得以综合。风险表征将总结所有假设，科学不确定性，以及分析的作用与局限性，完成对风险的描述。风险描述是对结果的综合，既解释了生态不利性，也描述了各种证据排列和不确定性。

问题提出、分析和风险表征是一个相继的过程，但生态风险评价通常需要迭代进行。分析阶段和风险表征过程中得到的一些结果可能导致问题提出阶段的重新进行或对新数据的收集与分析（见文本 4-3-1）。

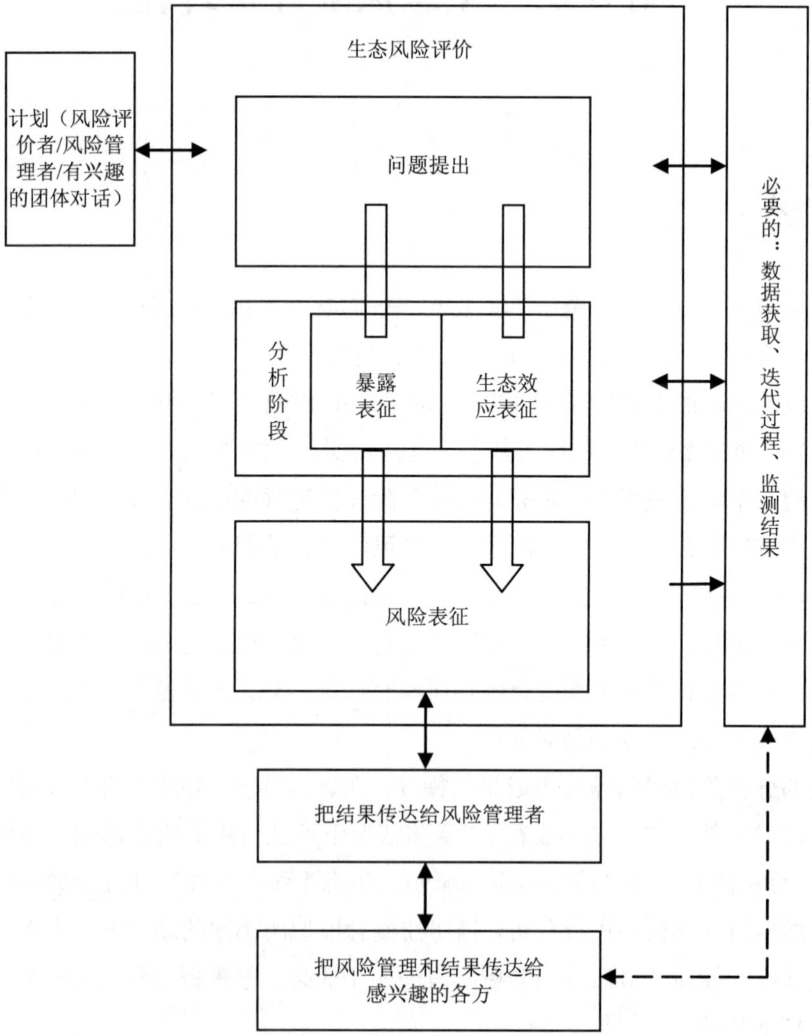

图 4-3-1 生态风险评价框架

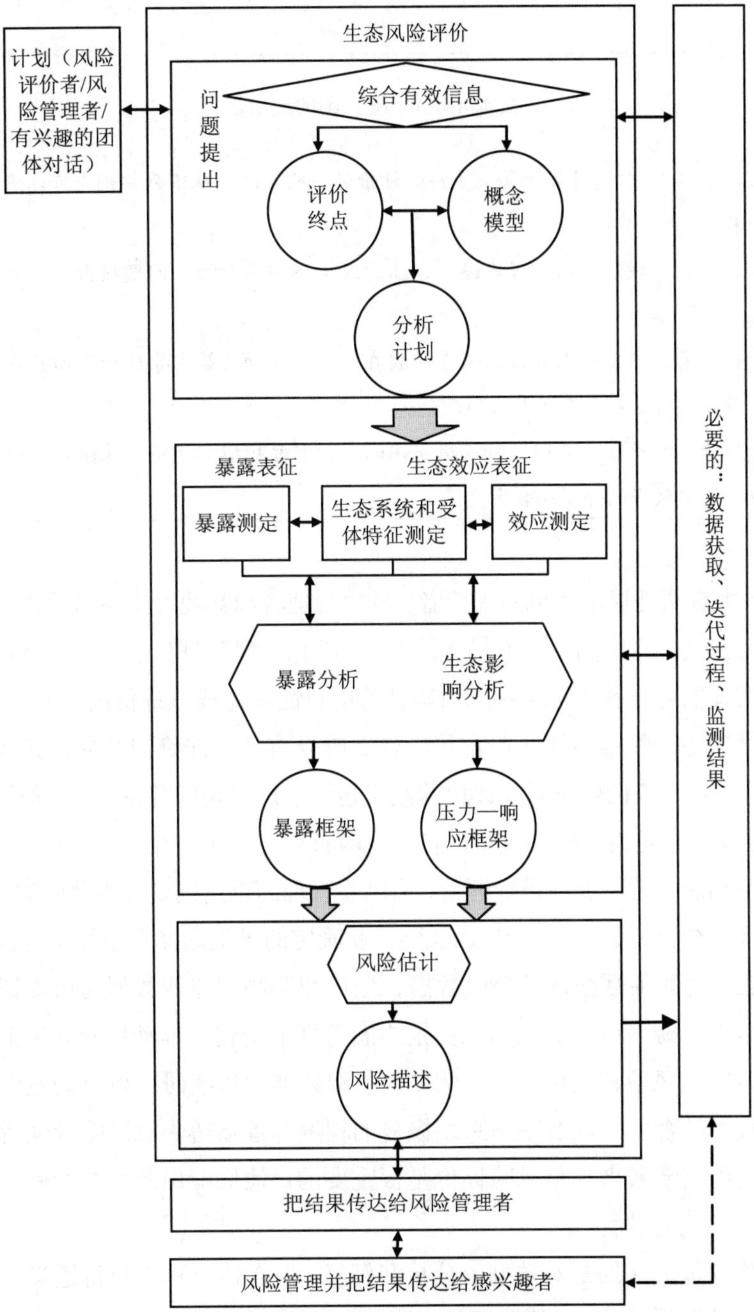

图 4-3-2　生态风险评价详细框架

说明：每一阶段的矩形部分代表输入；六边形部分代表行为；圆圈代表输出。

文本 4-3-1 框架图的灵活性

框架过程（图 4-3-1）是对各种复杂多样的评价的一般表述。从下列举例中可以看到它代表的是一个灵活的过程：

- 问题提出阶段，评价可以从考虑终点、压力或生态影响开始。问题提出一般是一个相互作用且迭代的过程。
- 分析阶段，暴露表征和影响表征通常纠缠在一起，如初始暴露导致的附加暴露和二次影响的重叠。在分析阶段应对这些复杂关系有所理解。
- 分析和风险表征是作为不同的阶段提出来的，但有些模型可能将对暴露和影响数据的分析与风险表征阶段对这些数据的分析综合考虑了。

图 4-3-1 中有两处显示了风险评价者、风险管理者和其他对生态风险评价感兴趣的各方之间的相互影响。在图的左上方描述的“计划”中，风险评价者、风险管理者和对生态风险评价感兴趣的各方就管理目标、风险评价的目的和完成该评价的有效资源达成协议。风险表征下面的方框则显示了风险评价者什么时候将风险评价的结果正式传达给风险管理者。风险管理者一般也要将风险评价的结果传达给感兴趣的各方。这些都显示在生态风险评价过程图之外，是为了强调风险评价与风险管理是两种完全不同的行为。风险评价的重点在于对不利影响的可能性进行评估，而风险管理的重点则是根据风险评价的结果，结合其他因素（如社会、法律、政治或经济），就确定的风险选择一个行动过程。

图 4-3-2 右边的条框强调了获取数据、迭代和监测。监测数据为风险评价各阶段提供了重要的数据来源，可以通过它们鉴别生态条件的变化，推动风险评价的发展，也可以利用它们研究对风险评价的预测。例如，监测数据的后续研究可以确定缓解措施是否有效，源头减少是否可行以及生态系统恢复的程度与性质等。对风险管理者和风险评价者来说，运用监测结果来预测风险评价是很重要的，他们能由此获得经验，进而改进风险评价和风险管理的过程[3]。

尽管风险评价关注的是对数据的分析和解释，但在该过程中获得适当数量和质量的有效数据也是很重要的。如果数据无效，则风险评价可能会被迫中止直到获得有效数据。而新数据或新信息的获得可能会要求部分评价过程重新进行或是启动一个新的评价，使得评价过程通常是迭代而非直线式的。图 4-3-2 中虚线部分则表示额外的数据获取、迭代或监测尽管很重要，但并非总是需要。

3.2 问题提出

问题提出是对人类活动引起或可能引起的生态影响的原因进行初步假设并研究的过程，是整个生态风险评价的基础。它首先要确定风险评价的对象，然后确定要研究的问题的性质以及一个分析数据和表征风险的计划。问题提出阶段的任何不足都将会影响到后续的风险评价工作（见文本 4-3-2）。评价的质量在一定程度上依赖于评价队伍和该评价对风险管理者的需要的响应。

文本 4-3-2 通过问题提出避开潜在不足

①缺乏清楚明了的目标；②终点模棱两可，很难确定和测量；③没有识别重要风险[15,16]。

问题提出由风险评价队伍进行，其成员的组成则由风险评价的需要决定。它应包括一些专业人员，能对相关问题的类型、水平和可能发生问题的生态系统提出专业意见。风险评价队伍可能只有一人，对已确定的信息和算法进行简单的计算；也可能是多学科多部门人士参与的较大队伍，对存在多重压力和生态价值的典型生态系统进行风险评价。

在问题提出阶段最终选择评价终点、确定概念模型和修正分析计划的过程中，感兴趣的各方和风险管理队伍的参与是有意义的。风险管理者的参与方式以不影响风险评价的科学性为准，并要对这一点负责。感兴趣的各方在问题提出阶段的参与水平则由风险管理者决定。

3.2.1 问题提出的成果

问题提出需得出 3 个成果：①评价终点，充分反映管理目标和它们所代表的生态系统；②概念模型，描述一种或多种压力与评价终点间的重要关系；③分析计划。要得到这 3 个成果，第一步就是综合有效信息，见图 4-3-3，圆圈中所描述的是成果，六边形部分则为综合有效信息。评估有效信息是问题提出的开端，分析计划是最终成果，评价终点与概念模型间的次序则取决于启动该风险评价的原因。为清楚起见，接下来的讨论是直线式进行的，但要注意问题提出常常是相互影响不断迭代的过程，其任何一部分都有可能需要重新研究。

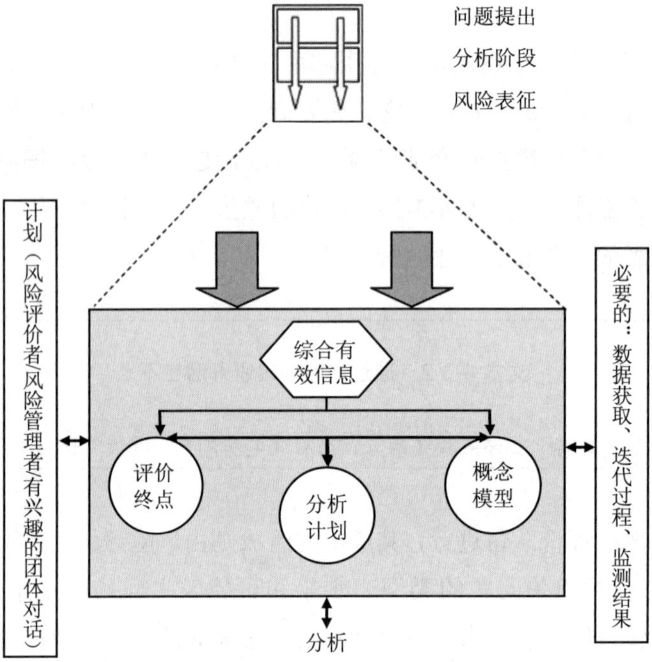

图 4-3-3　问题的提出阶段

3.2.2　综合有效信息

问题提出建立在有效信息的完整性和可利用程度的基础上，这些有效信息包括压力的来源和性质、暴露概率、处于潜在风险中的生态系统的特征以及生态影响等。对有效信息的综合是一个不断迭代的过程，贯穿整个问题提出阶段。有效信息的初步研究为概念模型或评价终点的确定打下了基础，指导风险评价者寻找先前认为不需要的其他类型的有效信息。

信息的数量和质量决定了问题提出的过程。重要信息类型恰当且有足够的数量和良好的质量，则问题提出能有效地进行。当数据无效时，风险评价可能被迫中止，直到收集到更多的有效数据；若是更多有效数据不可得，则风险评价只能依赖于已知信息和能从这些信息得到的外推结果。许多风险评价开始时必要信息并不完整，问题提出过程要帮助识别缺失数据，提供进一步获取这些数据的方法。如果数据很少，则在风险表征中应明确说明风险评价结论的局限性或不确定性（见文本 4-3-3）。

文本 4-3-3 问题提出阶段的不确定性

在整个问题提出阶段，风险评价者都要就某个问题及其场景考虑已知和未知的信息。问题提出阶段的每个成果都带有不确定性，都会影响到后来的评价过程，故在问题提出阶段对不确定性的处理也就格外重要。

生态风险评价的启动影响了对有效信息的初步判断和收集。如从可能进入环境的已知或潜在压力开始风险评价，风险评价者为了研究源或压力，需要寻找与压力和可能引入或发现这些压力的生态系统的影响有关的数据；以观察到的不利影响或生态条件的变化开始的风险评价，风险评价者需要寻找可能导致这些影响发生的潜在压力和源方面的信息；从更好地管理生态价值或实体（如物种、群落、生态系统或场所）开始的风险评价，风险评价者需要寻找特殊条件或相关影响、相关生态系统的特征以及潜在压力和源方面的信息（见文本 4-3-4）。

文本 4-3-4 启动一个风险评价：从压力、影响或价值开始的评价过程各有什么不同？

风险评价开始的原因影响了问题提出阶段各成果的次序。当评价从相关压力开始时，风险评价者利用与压力和源有关的知识进行评价，评价对象以压力怎样与可能的受体发生关系并影响该受体为基础。对信息的获得是开发概念模型和选择评价终点的基础。当评价是从一个观察到的影响开始时，终点通常最先确定。一般而言，受影响的生态系统实体及其反应是确定评价终点的基础。接着是能保护评价终点的目标的确定，它对概念模型的开发起支持作用。概念模型有助于识别大多数的可能性压力。以价值开始的风险评价由相关生态价值的目标控制。这些价值可能会包括种群、群落、生态系统或场所等生态系统实体。以这些目标为基础，进一步确定对目标进行解释的评价终点。评价终点一旦被确定，就为可能影响评价终点和描述潜在影响多样性的压力矩阵制定打下基础。这些信息可以用于开发概念模型。

收集到的信息（实际的、相关的或估计的）可在确定问题提出范围的过程中被初步综合。该过程中获得的知识可用于识别缺失的信息和潜在的评价终点，为早期评价问题的概念化打下基础。在问题提出过程中，信息的质量和相关问题的适用性不断增强。适当的深层迭代可能引出一个全面的评价，有助于风险评价者建立起关于风险假设的排序。分析计划一旦形成，数据有效性就成为风险评价者进行评价的一个重要因素。因此，对有效信息的研究总是一个正在进行的行为，贯穿了整个问题的提出阶段，其水平受评价类型的限制。

风险评价的复杂性和空间范围增加时，对信息的要求通常也会跟着增加。风险评价者要考虑生态系统特征对特定生态系统实体可能暴露的时间、方式、原因等产生直接影响的方式，说明特定压力所导致的不利影响。预测由多重化学、物理和生物压力所引起的风险需要理解压力间的相互作用。一个由多重压力控制的区域、流域的风险评价，需要在更大的空间范围上对生态系统作用进行考虑。

即使对生态系统及压力作用的方式所知有限，问题提出过程也为组织和研究压力和可能影响方面的有效信息提出了一个系统方法，它可以作为对风险评价者和决策制定者有用的初步风险评价。文本 4-3-5 列出了一些风险评价者需要回答的问题，这些问题能帮助风险评价者识别已知或未知的关系，这在问题提出阶段是很重要的。

文本 4-3-5　评价有效信息：相关源、压力和暴露的性质，生态系统的特征，以及影响方面的问题[17]

源和压力的性质

- 什么是源？是由人类活动引起的还是由自然活动引起的？是点源还是非点源？
- 压力的类型：化学的、物理的还是生物的？
- 压力的强度（如化学物质的剂量或浓度，物理干扰的大小或范围，生物压力的密度或种群大小）。
- 作用方式？压力作用于有机体还是生态系统功能的方式？

暴露性质

- 暴露下压力事件发生的频率（如是单一的、偶尔发生的还是连续的，是以日为周期、季节为周期还是以年为周期）。
- 暴露的持续时间（如化学物质的半衰期，是否发生了生物积累；对物理因素，栖息地的改变是否难以恢复；对生态因素，它是否繁殖并扩散）。

- 暴露的时限？暴露的发生是否与重要的有机体生命周期或生态事件相关（如繁殖，湖泊的消失）。
- 暴露的空间范围？压力的范围或影响是地方的、区域的还是全球的，是物种栖息地上的，还是生态系统范围的。
- 暴露的分布？压力在环境中的移动（如化学物质的迁移转化；物理结构的改变；生物的扩散特征）。

潜在生态风险

- 该生态系统的地理界限，其与生态系统的功能特征相关的方式。
- 影响生态系统的重要的非生物因素（如化学因素、地质因素、水文因素、土壤类型、水质状况）。
- 生态系统的功能性状在何地，如何操纵生态系统（能源、能量流动、物质循环）。
- 生态系统的结构特征（物种的数量和丰度、营养关系）。
- 现在的栖息地类型。
- 上述特征如何影响生态系统对压力的敏感性（暴露的可能性和敏感性）。
- 上述特征是否有价值（能代表某个生态系统的类型）。
- 什么是景观上的生态系统？

生态影响

- 与生态影响有关的可用信息的类型和范围（如野外调查，实验室试验，或结构-活性关系）。
- 一定性质的压力（如果已知）能引发的影响。
- 影响会发生的条件。

在问题提出进行的过程中要识别评价终点，开发概念模型并确定分析计划。风险评价开始的原因影响了问题提出阶段各成果的次序，推动着问题提出工作的展开。

3.2.3　选择评价终点

评价终点是对要保护的环境价值的明确表示，操作层次由生态系统实体及其属性确定。评价终点对问题提出阶段至关重要，因为其构筑的对管理关注点的评价是概念模型开发的核心。同时，需由评价终点对生态系统实体的敏感程度来决定该评价终点是否恰当。评价终点对风险管理决策的支持作用取决于它们能否充分代表管理目标关注的可测的生态系统性状。美国 EPA 在生态关注点和评价终点上的选择传统上是由各部门根据其项目单独确定的[18]。直到最近，感兴趣的各方和受影响的团体才加入到识别管理关注点和评价终点的队伍中来，为保护流域或群落环境一起努力。

本部分是为选择和定义评价终点提供指导，分为两个方面：一是如何在众多的可能性中，根据已建立的3个标准（生态相关、敏感性与管理目标相关）选择能反应总的管理目标并具有敏感性的特定生态特征；二是就如何将选择的生态特征转变为可操作的、包括某个特定可测的生态系统实体及其特殊属性的评价终点提供特别指导。

3.2.3.1 选择标准

生态系统相互各异，其组成水平（如个体、种群、群落、生态系统、景观）和生态过程多种多样。很难确定哪个生态特征对生态功能最重要，也很难让专家和公众在哪个生态特征更具有价值的问题上达成一致。考虑到概率矩阵和选择保护哪些生态性状以达到管理目标是一个难题，但这些问题又很重要，是确定评价终点的基础和风险评价中广义上的管理目标与具体的评价措施间的过渡。

选择适当的评价终点有3个基本标准：①生态相关；②对已知或潜在的压力的敏感性；③与管理目标相关。其中，生态相关和敏感性是科学选择评价终点的基础。为了提高风险评价用于管理决策的可能性，评价终点在反映社会价值和管理目标时会更有效。考虑到生态系统的功能复杂性和生态系统实体间的相互依赖性，需尽可能确定能反映管理目标、满足科学标准的潜在的评价终点。满足这3个标准的评价终点为有效的风险评价提供最理想的基础（见文本4-3-6）。

文本4-3-6 鲑鱼与水力发电：鲑鱼作为一个评价终点的基础

要在太平洋西北部的一个河流上建一个水力发电水坝，该河中有溯河产卵的鱼类，如鲑鱼类。要选择一个评价终点，以评估修建水坝的潜在生态风险。在所有这些溯河产卵的鱼类中，鲑鱼能满足好的评价终点所要求的标准，是一个适当的选择。小鲑鱼和成年鲑鱼是多种水生和陆生生物的重要食物来源，并主要以水生无脊椎动物为食（生态相关）。鲑鱼对沉积物和底物中卵石的大小变化敏感，要生活在凉水中，很难顺着鱼梯爬升。水坝引起的重要栖息地变化（通常还是致命的），给鲑鱼的繁殖和小鲑鱼的生存带来物理阻碍（敏感性）。最后，鲑鱼是一类大型的商业鱼类，有些物种处于濒危状态，对美国本土人具有礼仪上的重要性并且是重要的食物来源（与管理目标相关）。因而“鲑鱼的繁殖和种群更新”是该风险评价的一个好的评价终点。另外，如果鲑鱼得到保护，那么其他溯河产卵的鱼类也就有可能得到保护。但要注意，仅仅一个评价终点是很难为一个复杂生态系统的风险评价提供基础的，最好是选择一系列的评价终点。

3.2.3.2 生态相关性

生态相关的终点反映了系统的重要特征，与其他的终点在功能上相关[1]，可在生态系统的任一组织结构水平（如个体、种群、群落、生态系统、景观）被确定。这些终点的变化的后果可以被量化（如由于重要种群的丧失导致的群落结构的改变）或推断（如对于群落的维持需要个体的存活）。除非生态系统实体当前是或曾经是所考虑的生态系统的一部分，否则它们不具有生态相关性。

生态相关的终点通常有助于维持一个生态系统或其组成的自然结构、功能和生物多样性。它们可能有助于食物基础（如初级生产）、提供生态环境（如为食物或繁殖）、促进重要资源的再生（如分解或营养份循环），或反映群落、生态系统或景观的结构（如物种多样性或栖息地相嵌）。对于景观水平上的风险评价而言，仔细选择既包含相关种群又反映景观水平上的生态系统作用的评价终点非常重要。选择一个或多个物种与一个生态系统过程来代表更大功能性群落或生态系统过程是可行的。

生态相关性既与潜在影响的性质和强度、影响可能发生的时间和空间范围以及恢复潜力相关，也与可能受到不利影响的生物组织的水平有关。当被选择的生态系统实体的变化可能导致多重的或大范围的影响时，这些生态系统实体会成为评价终点的有力的组成部分。当风险评价者试图识别由于某个物种的丧失或减少，或是生态系统的功能发生变化而导致的不利影响的潜在重叠时，它们显得格外重要（见文本 4-3-7）。尽管影响的重叠可能具有可预测性，但要预测所有潜在影响的性质却是非常困难的。特殊情况下生态相关性的确定需要以场所—物种信息、初步调查或其他的可用信息为基础的专家判断。

文本 4-3-7 不利影响的级联：初级（直接）和次级（间接）影响

生态系统中生态系统实体之间和生态系统作用之间的相互关系使影响可能串联起来：当生态系统中的某个种群、物种、过程或其他实体改变时，其他的实体也会受到影响。当某个压力直接对评价终点作用并产生不利影响时，发生的是初级（或直接）影响。当压力对生态系统实体的影响作为另一个生态系统实体的压力并对其作用时，发生的是次级（或间接）影响。次级影响通常是生态系统中串联起来的生物多样性和过程中的一系列影响。例如，在湿地上使用除草剂对植物产生直接毒害，这些植物的死亡又导致次级影响的发生，如鸭子和红翼黑鸟栖息地的丧失，改变了鱼类的产卵环境的湿地水文条件的变化等。

3.2.3.3 对已知或潜在的压力敏感性

当生态资源对暴露或可能暴露的压力敏感时，我们就说它们具有敏感性。敏感性通常在问题提出的早期就可以确定下来。风险评价者需要运用他们专业判断来选择最有可能的易感评价终点（见文本 4-3-8）。

文本 4-3-8　识别敏感性

一个生态系统实体对某个压力的敏感性通常是能识别的。但有些情况下，风险评价一开始并不知道压力在哪里发生或是并没有识别到有特殊影响，敏感性生态系统实体就可能不具确定性。这时需要通过专家判断对可能的生态终点作出初步选择。

一旦选择了终点，就能对系统中潜在压力的有效信息进行研究，确定哪些终点对已知压力最为易感。如果存在多个可能的评价终点与管理目标相关，其中只有部分对某个压力敏感，就要选择那些敏感性的终点。

敏感性可用来推断生态系统实体受某种特定压力影响的难易程度。它与压力作用的方式直接相关（如对化学物质的敏感性受个体的生理学方式和新陈代谢方式影响），并受个体和群落的生命史特征的影响。例如，河流中依卵石和砂砾而聚集和繁殖的物种对卵石中的细小沉积物敏感。生命周期长而繁殖率低的物种比生命周期短但繁殖率高的物种更容易因为死亡率的增长而灭绝。

当生物体暴露于压力时，敏感性与生物的生命阶段有关。通常幼小动物比成熟动物对压力更敏感。如鲑鱼卵和鲑鱼幼苗对河床中的细颗粒沉降物非常敏感，它们可能会因此而窒息。但这种与年龄相关的敏感性并不只存在于幼体中。很多物种的特定生命过程（如鸟类迁移、海豹蜕皮）需要有能量投入，增加了生物对压力的敏感性。敏感性也可能因为有其他压力或自然干扰的存在而增强。如害虫和疾病的存在使植物对臭氧的损害更敏感[19]。

敏感性的测定可包括毒性暴露下的死亡率或暴露对繁殖的不利影响。其他可能的测定有：行为异常；重要的食物源或巢穴地丧失；噪声、栖息地改变或丧失等压力导致的后代捕食能力的丧失；群落结构的变化或其他因素。除生物体本身，暴露是敏感性的第二个决定因子。暴露可能是指共生、接触或不接触，取决于压力和评价终点。研究压力会在哪里发生、在环境中会怎样移动及它与评价终点如何联系等问题，可确定敏感性。暴露的数量和条件直接影响了生态系统实体对压力的响应方式。对评价者来说，确定哪些生态系统实体具有易感性非常重要，有助于评价者考虑生态价值对相关压力的接近程度、暴露时间（与频率和持续时间有关）和易感期暴露发生的强度。

暴露能在一个地方或一个时期发生，但其影响可能要到发生后才能观察到。在这种条件下，生命史特征和暴露条件会对敏感性产生影响。比如说，海龟蛋孵化介质的温度影响了其性别比例，但对种群的影响却要在多年后这些受影响的海龟进行繁殖时才能观测到。这种延时的影响和多重压力下的暴露增加了研究敏感性的复杂程度（如毒性试验可以确定受体对某个压力的敏感性，但是这个压力与另一个压力的共生可能会极大地改变受体对它的响应）。概念模型就是用来反映这些因素的。如果一个物种或是其他生态系统实体不能直接或间接地暴露在相关压力下，也不会受到压力暴露下的次级影响，那它就不适合作为一个评价终点（见文本 4-3-9）。

文本 4-3-9 敏感性与次级影响：蚌-鱼关系

美国很多河流中的淡水蚌类濒危，栖息地的丧失被认为是对其最大的威胁，所以管理集中在如何修复蚌类的生存环境上。然而，幼蚌在发育阶段必须寄宿在鱼体内一个月，且每种蚌类都有其特定的鱼类宿主。若鱼群改变，由于蚌类对该压力具有敏感性，作为宿主的鱼类可能不再适宜特定蚌类的寄居，使得幼蚌还没成年就已死掉。无论管理者将蚌类的生存环境境恢复得有多好，如果鱼类没有同样被恢复，则蚌类也会从这些河流中消失。这时，风险是由重要资源的丧失引起的。

3.2.3.4 与管理目标相关

归根结底，一个风险评价的有效性取决于它是否应用于管理决策并提高了管理决策的质量。风险管理者更愿意在其决策中采用以人们关心的生态价值为基础的风险评价。因此，可能的评价终点包括濒危物种或生态系统、重要的商业或娱乐性物种、维持食物源或水土控制等功能属性（如湿地中水的流失，自然公园中清洁的空气）和审美价值（如老鹰或鲸鱼类等具有独特魅力和观赏价值的物种的存在）等。但如果评价终点只是以公众的感知为基础，则可能导致管理决策不能将重要的生态信息包含进来。尽管公众对评价终点的响应很重要，但难以避开评价终点对科学性、有效性的要求。

被公众和管理者认可的评价终点，要使其生态价值满足必要的科学严密性，对风险评价者来说是一个挑战。假设要评价在湖泊周围施用杀虫剂以控制昆虫的风险，该湖中的蚊虫是维持本土鱼类复杂的食物网的基础，对杀虫剂敏感。尽管鱼类和蚊虫都是水生生物群落的重要组分，选择鱼类作为评价终点既满足生态要求又满足社会关注，因此不能选择蚊虫作为评价终点。选择鱼类作为评价终点在响应相关管理问题的同时兼顾了风险评价的科学性。在评价终点是公众所不熟悉的情况下，风险评价者要在科学辩论的基础上说服风险管理者。

实践问题会影响到可能的评价终点的选择，如法律法规要求（如濒危物种）或能否达到某个特定的管理目标等。举例来说，在一个建了多个水力发电水坝的河中，除非能将所有坝都拆掉，否则要为溯河产卵的鲑鱼重建产卵环境是不可能的。如果评价者没有认识到这些，选择了其他生态价值作为可能的终点，那就会仅仅只是一个选择过程，而不会有任何实用价值。另外一个问题是重要变量能否被直接测定。若是某个评价终点的属性能被直接测定，就不需要采用外推法，可以防止由于外推法引进不确定源。对不能直接测定的评价终点，如果能用易于监测和建模的方法进行描述，则能为风险评价打下一个好的基础。然而，即使测量方法方便且实用，也并不能由此确定一个评价终点是否适当。只有有效数据是不足以作为一个选择评价终点标准的。

为确保风险评价的科学有效性，风险评价者要在对相关的生态系统理解的基础上，选择和确定可能的评价终点。风险管理者和风险评价者要在最终的评价终点的选择上达成一致。

3.2.4 确定评价终点

生态价值被选为可能的评价终点后，还要在操作过程中确认。确定一个评价终点有两个基本要素。一是识别有特殊价值的生态系统实体。它可能是单一物种（如鳗草、凤头麦鸡），一类物种（如食鱼动物）、一个群落（如底栖无脊椎动物）、一个生态系统（如湖泊）、一个有特殊价值的栖息地（如湿地）、一个独一无二的区域，或是其他相关实体。二是需要重点保护和处于潜在风险中的相关实体的性质。因此，确定相关生态系统的实体重要信息是必要的，如凤头麦鸡的巢穴和饮食条件、湖泊的营养循环或湿地地方性植物群落的多样性等。为使评价终点能清楚地阐述管理目标以及作为风险评价中测量的基础，需要实体和属性方面的终点。

评价终点的中立性和专一性将它们与管理目标区别开来。它们并不代表一个希望获得的目标，不会包含“保护”“维持”或“修复”，或是表示变化方向的如“消失”或“增加”这样的词。它们是由特定的生态系统实体及其可测定的属性所确定的生态价值，为测定压力—响应关系提供基础。当管理目标太泛时，要选择适当的评价终点可能会很困难，可以将管理目标分解为多个管理对象。这一系列管理对象能阐明管理目标中的固有假设，帮助风险评价者确定哪些生态系统实体及其属性能最好地代表每个管理对象。从这方面来说，选择多个评价终点有可能是需要的。管理目标及评价终点的举例见表 4-3-1。

表 4-3-1　管理目标和评价终点举例

案例	法规背景/管理目标	评价终点
新化学物评价[13]	保护环境；保护水生生物环境。目标是每年超过相关浓度限值的时间不多于 20 d	鱼类、水生无脊椎动物和藻类的生存、发展和繁殖
模拟低洼地森林的丧失[20]	环境政策在新建防洪大堤所产生的环境影响上的应用；清洁水法	①森林群落结构和对野生物种的生境价值； ②野生生物群落的物种组成
从国外进口园木的有害风险评价[20]	该评价为国家进口木材或木质产品的任何必要规则的建立提供基础	进口地区树种的生存和发育
污染场地 （陆上生物群落）[21-23]	保护环境	①土壤中无脊椎动物的生存； ②鸟类的生存和繁殖
某海湾风险评价[7]	保护湿地和保护濒危物种。目标是恢复和维持水质状况和生境条件，支持商业、娱乐和本土鱼类，水生生物以及贝类对其自身多样性的维持，防止退化	①海湾鳗草的丰度和分布； ②海湾鱼类的多样性和丰度； ③淡水中底栖无脊椎动物的多样性和丰度

评价终点有时能测定，有时则难以测定，取决于选择的评价终点和测定的类型。风险评价的范围和性质受生态系统实体影响的情况下，评价终点的属性决定了测定的内容。相关属性的影响有时能被直接测定，此时评价终点和影响的测定不需要使用外推法（如评价终点是“蓝鸟的繁殖成功”，在不同的暴露场景下，蛋的生产和幼鸟的孵化量是可以直接测定的）。直接测定不可行时（如濒危物种中存在的毒性），要对影响进行间接测定。因此尽管评价终点必须根据可测属性来定义，但其选择并不取决于直接测定这些属性的能力，或是当前方法、模型以及数据能否有效。由于实践上的原因，评价终点最好有发展成熟的试验方法、野外测量技术和预测模型。但并不一定要求是标准方法，也不应该根据有效的标准方法来选择评价终点。适当的测定一般在概念模型发展过程中识别，在分析计划制订时确定。对生态系统的特征和暴露的测定作为概念模型开发过程中的重要信息，由所选择的生态系统实体及其属性确定。

明确定义评价终点能为风险评价提供方向和界限，将错误减至最小并减少不确定性；如果评价终点定义不明确、选择不恰当或是范围不正确，可能会导致风险评价失败。终点如果太泛、太窄或太模糊，则对于需要保护的生态系统而言可能不恰当。常常被引用的“生态完整性”就是一个非常模糊的目标，不能作为一个评价终点。当用“完整性”表述一个特定的生态系统、栖息地或生态系统实体时，只有“完整性”的含义明确时才会有效。这就需要选择某个生态系统的重要实体或作用，并描述能最好地代表该系统完整性的属性。评价终点定义得太窄，也不能支持有效的风险评价。举例来说，一个评价若是仅关注于保护濒危物种的栖息地，则风险评价可能因为忽略其他同等重要的生态系统特征，而不能将重要的变量包括进来（见文本 4-3-10）。评价终点还要能代表所评价的生态系统。例如，选择水库中生长很好的鱼类作为评价终点，可能满足了“适合钓鱼”这样的管理目标，但若是要评价在鲑鱼溯河产卵的河流中建新水坝的风险，那这样的评价终点就可能会不恰当。尽管这些鱼类能满足“适合钓鱼”这样的管理目标，也是本地渔民所需要的鱼类，但却不能代表要评价的生态系统。用“再现本地鲑鱼群”这样的评价终点替换模糊的“鱼群能生存”，能防止进行不恰当的风险评价。

文本 4-3-10 选择评价终点时通常会遇到的问题

- 终点是一个目标（如维持和修复地方性种群）；
- 终点模糊（如用海湾完整性代替鳗草的丰度和分布）；
- 生态系统实体作为某个测定指标会更好（如蚊虫的出现可用于研究鱼类捕食行为的一个评价终点）；
- 生态系统实体可能对压力不敏感（如鲇鱼对沉降物与鲑鱼对沉降物）；
- 生态系统实体没有暴露于压力（如用食虫鸟类作为评价终点研究在种子上施用杀虫剂对鸟类所产生的风险）；
- 生态系统实体与评价无关（如对有鲑鱼存在的河流进行风险评价，却选择湖中的鱼类作为评价终点）；
- 对生态系统中的物种或属性的重要性没有充分认识（如蚌-鱼关系）；
- 属性的敏感性小，检测不到重要影响（如濒危物种的残存与恢复比较）。

好的评价终点是风险评价的有力工具。若是一个终点对已识别的多种压力敏感，且对不同压力有不同的响应方式，则既可以区分不同压力的影响，又能对多重压力的联合影响进行考虑。比如说，鱼类种群的恢复受到的不利影响可能是在不同的生命阶段、不同的栖息地中，由不同压力的不同方式所造成的，要评估鱼类的恢复情况，就要选择性地测定影响、暴露及生态系统和受体的特征，为区别不同压力的单独影响和所有压力的联合影响打下基础。

仔细选择评价终点能为一定范围内的压力的比较提供一个基础。Barnthouse 等指出，选择的评价终点应能使所有影响在同一个单元中表达（如毒性、捕鱼压力和栖息地丧失等暴露引起的 1 年大的鱼的丰度变化）[24]。在多重压力下选择评价终点时是很正确的，但若是多重压力作用于某个流域的水生和陆生群落的结构与功能时，用一个评价终点矩阵代表群落和相关生态系统作用要比单个终点更有效。当以一个压力矩阵的不同敏感性为基础时，仔细选择评价终点有助于风险评价者区分由不同压力带来的影响。考虑到不利影响的串联性，多重压力暴露下所引起的影响可能处于不同的生态水平。

将管理目标转化成可行的评价终点时，专家的判断和对生态系统特征与功能的了解非常重要。有效信息越少，专家帮助就越重要。对于风险管理者、风险评价者而言，评价终点的最终选择是问题提出阶段的一个重要的检查点。二者应在选择能有效代表管理目标的评价终点问题上达成一致。

3.2.5 概念模型

问题提出阶段的概念模型是对生态系统实体和它可能暴露的压力间的预期关系的书面描述和形象表示。概念模型描述了多种关系，可能包含了影响受体反应或定性联系土地利用活动与压力的暴露场景的生态系统作用，描述初级和次级暴露途径或是暴露途径、生态影响与生态受体间的共生。为确定某个特定风险评价的相关问题，可能要产生多个概念模型。建立概念模型的用途见文本 4-3-11。

文本 4-3-11 建立概念模型的作用

- 建立概念模型的过程是一个有力的学习工具；
- 随着知识的增加，概念模型很容易被修定；
- 概念模型能突出已知和未知因素，可用来计划今后的工作；
- 概念模型是一个非常有力的交流工具，他们能明确表达各种假设，使他人了解其研究的生态系统；
- 概念模型为预测提供一个框架，能产生更多的风险假设。

开发生态风险评价的概念模型，需要有关压力、潜在暴露和对生态系统实体（评价终点）的预期影响方面的信息。根据风险评价启动的原因，有些信息是在开始时就已知道的。建立概念模型的过程有助于对未知要素的识别。

概念模型的复杂性取决于压力的数量、评价终点的数目、影响的性质和生态系统的特征等问题的复杂性。对只有一种压力和一个评价终点的风险评价，概念模型可能会很简单。有些情况下，相同的基本概念模型可能被一再重复使用。但当用概念模型描述单个压力与评价终点间的路径及描述多种不同压力与评价终点间的相互作用时，常常会需要一些带有多个子模型的复杂模型。这时，建立压力不存在情况下生态系统的预期特征和功能的模型就会非常有用。

概念模型由两个主要部分构成：

①一系列假设，这些假设描述了压力、暴露和评价终点的响应间的预期关系，阐述

了选择这些风险假设的基本原理。

②一个图表，能阐明风险假设中的各种关系。

3.2.5.1 风险假设

假设是为研究逻辑或经验结果而作出的假定，或为研究提供一个暂时可接受的推测。风险假设是对评价终点的潜在风险所作的特殊推测（见文本 4-3-12），以理论和逻辑、经验数据、数学模型或概率模型为基础。利用专家判断、要评价的生态系统的有效信息、潜在压力源、压力特征和既定的或可能的评价终点所观察到的或潜在的影响而形成假设。假设能在某个压力发生之前预测其影响，或假设所观察到的生态影响发生的原因并最终推断出是什么导致了该影响的发生。根据风险评价的范围，风险假设可以很简单，仅预测单个压力作用于单个受体的可能影响；也可以十分复杂，典型的从价值开始的风险评价通常包括多重复杂压力对不同生态受体的影响的预期性和回顾性假设。风险假设描述了概念模型中的各种关系，并不是无效的统计试验，也没有可选假定。

文本 4-3-12 什么是风险假设，它们为什么重要？

风险评价者利用风险假设解释评价终点暴露于压力下会显示出什么样的响应和暴露将会怎样发生这样的问题。风险假设通过对有效数据、从科学文献中得来的有用信息的考虑和风险评价者开发概念模型时的最佳专业判断，阐明存在的各种关系。这一过程使得风险评价得以回顾和评估，确保评价的科学性。风险假设并不是无效的统计试验，也不是可以随便选择的假设。风险假设产生的预测能用多种不同的方式试验，包括标准的统计学方法。

风险假设即使在信息受到限制时也是有价值的，但数据和信息的数量与质量仍会影响与风险假设相关的不确定性水平以及由假设形成的概念模型。若初步信息是矛盾的，风险假设可针对不同的预测分别构建，然后在分析阶段利用有效数据或收集新数据进行系统研究。假设和预测为利用数据研究功能关系（如压力—响应曲线）建立了一个框架。

初级的概念模型应用很广，要识别尽可能多的潜在关系。随着更多信息的获得，特定风险假设的合理性有助于风险评价者将大量潜在的压力—影响关系和影响这些关系的生态系统作用进行分类，以确定对分析最适当的风险假设。要对选择或忽略的假设进行验证并以文件形式保存下来。风险假设的举例见文本 4-3-13。

文本 4-3-13 风险假设举例

假设中包含的已知信息可用于提出预期会存在的问题并对需要研究的关系提出建议。

从压力开始的风险评价：高脂溶性的化学物质易发生生物积累。化学物质 A 的正辛醇/水分配系数（K_{ow}）达到 5.5，其分子结构与已知的化学物质 B 相似。

假设：以化学物质 A 的脂溶性、化学物质 B 的作用方式和目标生态系统的食物点为基础，当化学物质 A 以一个特定速率释放时，5 年内的生物积累足以引起野生动物和鱼类的发育问题。

从影响开始的风险评价：高尔夫球场施用高毒性的呋喃后，一再发现鸟类的死亡现象。

假设：鸟类在食用了最近施用的呋喃颗粒后死亡；施用的水平增加，鸟类死亡数也会增加。当这些鸟类被其他动物取食时，暴露也会发生。捕食鸟类和腐食类动物会在吃了这些受污染的鸟类后死亡。

从生态价值开始的风险评价：某海湾可以进行娱乐划船，供应商业和娱乐贝类，是长须鲸的重要产地。大型藻类堵塞了港口，使得鳗草死亡，干贝死去。

假设：系统腐败带来的营养负荷，空气污染和草场肥料使海藻生长，它与含氮化物引起的直接毒性导致了鳗草的丧失。鳗草的丧失和海藻过度生长带来低溶解态氧，产生周期性缺氧环境，使鱼类和长须鲸类减少。

3.2.5.2 概念模型图

概念模型图是对风险假设的形象描述，是使重要暴露途径明朗化的有力工具，能就各种关系提出新问题并阐明有说服力的风险假设。

典型的概念模型图是以方框和箭头来阐明各种关系的流程图（见图 4-3-4）。采用流程图这种方法时[25]，前后一致地使用相互不同的形状来区分压力源、评价终点、响应、暴露途径和生态系统过程是非常有益的，虽然常使用流程图来阐释概念模型，但其并非概念模型图的固定格式，其复杂水平要与评价一致。不管其形式如何，概念模型图的实用性都要跟详细书面描述和对所示关系的验证相结合，否则有可能对要阐明的过程进行错误的描述。

开发概念模型图时，要考虑的因素包括[26-28]：要描述的关系树、信息的全面性、连接的确定性以及测量的可能性。一个过程图中能描述的关系数取决于这些关系的复杂程度。多用几个模型对更小的部分做更多的细节性描述，比用一个模型对每个部分都做最详尽的描述要有效得多。突出显示数据是充分还是缺乏的过程图有助于明确如何开展分析，也可用于说明风险评价者对这些关系的把握程度，还可说明为什么有些路径是可能的而有些是不可能的。

概念模型图提供了一个对于关系的可运作的和动态的展示，可用于探究看待某一问题的不同方法，以选择其中一种或某几种指导风险分析。一旦选定了风险假设并完成了流程图，这些假设和图就为最终的分析计划建立了框架。

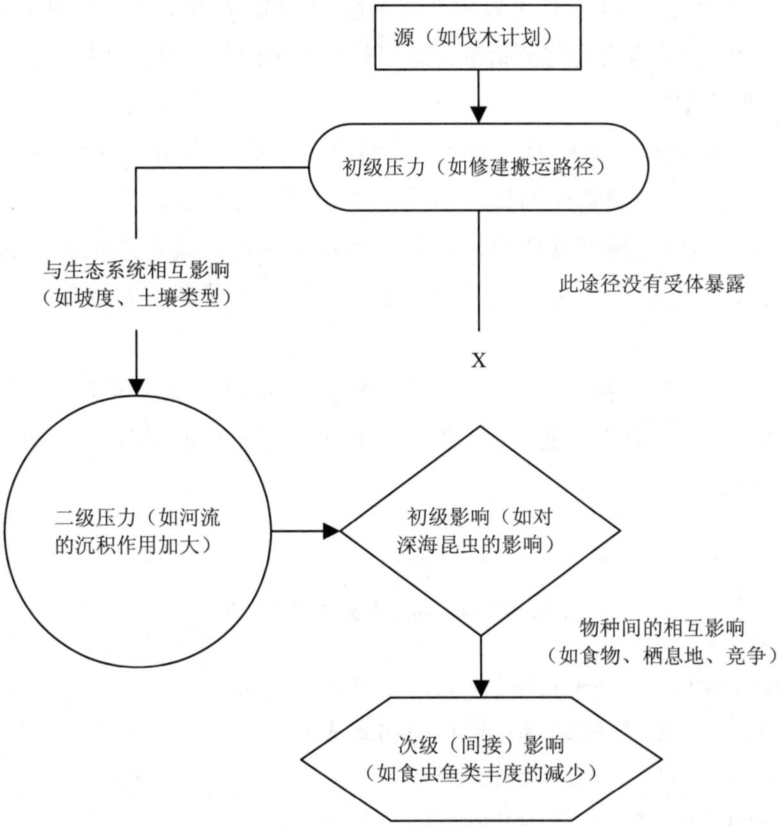

图 4-3-4　伐木的概念模型

3.2.5.3　概念模型中的不确定性

概念模型的开发是风险评价中不确定性的一个重要来源。如果在概念模型中遗漏了重要关系或关系定位不准，则在风险表征阶段就可能难以正确估计风险。对生态系统的功能缺乏认识、错误识别或关联时空参数、遗漏压力和忽略次生影响等都会产生不确定性。有时，不太了解压力是怎样在环境中转移的或是怎样引发不利影响的，也会带来不确定性。多重压力源是混杂变量的常态及其来源，特别是对于重点考虑单个压力的概念模型更是如此。专业人员可能对适当的概念模型的构造意见不统一。当简化和缺乏信息难以避免时，风险评价者应记录已知信息、检验模型、根据不确定性对模型组成进行排序[29]。

与概念模型有关的不确定性可以用替代关系来研究。如果存在一个以上的概念模型看似可信的，风险评价者要通过分析确定最可行的模型或是研究这些模型是否可以综合成为一个更好的模型。

概念模型应准确传递给风险管理者，确保其能够传达和解决管理者关心的问题。对概念模型的完整性和清晰性的检验是确定能否进入分析阶段的一种方法。对于迭代的评价过程，当概念模型需要改进以合并新信息并检验基本原理时，这一检验也是颇有价值的。即使检验不可行，其对于描述风险表征阶段获得的新信息和不确定性也是有用的。

问题形成过程中的含糊、错误和不一致等都会产生不确定性。应通过周密的计划尽可能消除不确定性源，但不确定性不可能完全消除，应该在问题提出结束时对不确定性的性质进行总结，见文本 4-3-14。

文本 4-3-14　问题提出的不确定性

问题提出的不确定性与概念模型的质量相关。为说明不确定性:

- 明确定义评价终点，包括生态系统实体及其可测属性;
- 仔细限定评价范围，降低和限制变异性;
- 明确概念模型中描述的关系和途径的优势与局限性;
- 识别和描述由于缺乏认识、模型简化以及近似或外推造成的关键假设的基本原理;
- 描述数据的局限性。

3.2.5.4 概念模型举例

概念模型图是在理论和逻辑、经验数据、数学模型或概率模型的基础上，对概念模型的形象表示，是简单传达重要关系的有力工具。它能用来提出各个关系上的新问题，产生合理的风险假设。图 4-3-4 和图 4-3-5 列出的过程图就是典型的概念模型图。

图 4-3-4 举例说明了初级物理压力（搬运路径）与评价终点（食虫鱼类的繁殖）间的关系；说明了在斜坡、土壤类型、低覆盖层等生态系统特性引起土壤侵蚀并进入河流而导致底栖生物窒息的生态系统中修建搬运路径（可以作为一种压力或压力源）所带来的影响。由食虫鱼类对底栖生物的依赖性，可以认为修建搬运路径使得鱼类处于风险中。该图中的箭头代表的是对所述关系（如人类活动和压力、压力和影响、初级影响到次生影响）的假设。这些风险假设为验证各个假设关系是否有效所需要的数据类型提供判断依据。

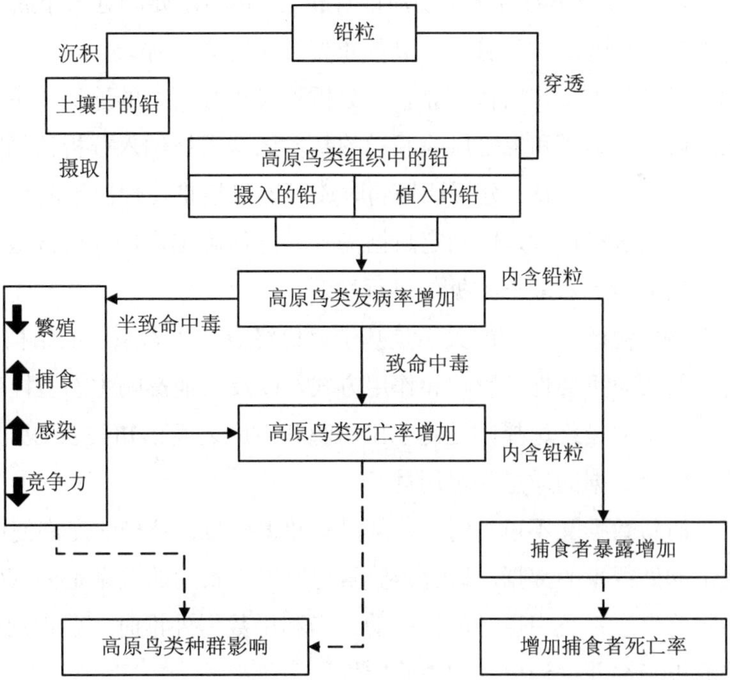

图 4-3-5 追踪高原生态系统中由铅引起的压力的概念模型[30]

图 4-3-5 是 Kendall 等为追踪高原生态系统中的污染物质所使用的概念模型[30]。该例中，高原鸟类在被击中后铅粒残留于其组织中或是由于取食偶然摄入铅时暴露于铅压力，直接（中毒致死）或间接（患病引起死亡）导致了鸟类发病率（如繁殖和竞争力的降低、捕食和感染的增加等）和死亡率的增加。这些影响导致了高原鸟类种群的变化；假设捕食鸟类的动物也因此暴露于铅，导致捕食者死亡率的增加。该例描述了两个评价终点的多重暴露途径带来的影响。箭头包含了对所述关系的假设，为确定所需数据和分析奠定了基础。

3.2.6 分析计划

分析计划是问题提出的最后阶段。在分析计划中，要对风险假设进行评估以确定如何利用可用的和新的数据开展评价。分析计划包括对评价计划、数据要求、测定内容和风险评价分析阶段的进行方法的描述。分析计划的详略取决于评价的性质。有些评价的分析计划是法规的一部分（如新化学物质的评价），并不需要制订一个新的计划。随着风险评价独特性和复杂性增加，分析计划的重要性也随之增加。

分析计划包括在问题提出阶段识别，在分析阶段进行研究的途径和关系，并要选定最有可能的风险假设。选择和忽略风险假设的基本原理需被纳入分析计划中，并包括对于数据欠缺和不确定性的确认。分析计划同时还可能包括将管理决策所需的置信度与替代分析预期的置信度进行比较，以确定数据需求并评估确定最佳分析方法。当需要新数据进行分析时，还应考虑获取该数据的可行性。

鉴别风险中最关键的待评估的关系是基于评价终点与生态系统的结构和功能，压力源对于评价终点的相对重要性、影响和作用方式，以及其他影响生态多样性的因素。但分析中要研究的关系的最终选择则是基于压力源和效应之间已知关系的强度，已知暴露途径的完整性，以及数据的质量和可用性。

当数据很少而新数据又不可得时，要从已知数据外推。外推法允许使用从相似问题存在的场所或生物处得来的数据。如营养要素与海藻生长间的关系是公认确定的，该关系即使用在不同的生态系统中也是能接受的。当利用数据外推时，要识别数据的来源，验证外推方法的正确性并讨论已知的不确定性。

数据很少时，迭代法或层次法能推动风险管理的决策。但若可用数据太少，建议在分析计划阶段收集新数据。当需要的新数据不可得时，确定不了的关系就成为不确定性的一个来源，分析计划阶段要对该不确定性进行描述并在风险表征阶段讨论。

3.2.6.1 选择测定内容

评价终点和概念模型有助于风险评价者识别可测属性，以量化和预测变化。确定测定内容以研究风险假设对风险评价者来说既是挑战，也是成功的关键。

文本 4-3-15 测定终点为什么变了？

测定终点的最初定义是“与评价终点的重要属性相关的可测特征”。这一定义涉及评价终点对压力的响应[31]。但它不包括对生态系统特征的测定、对生命史的考虑、暴露和其他测定。因为“测量终点”没有包含其他的重要测定，而且含义混乱，所以这一术语被“影响测定”代替，并由两个其他测定类型补充。

共有 3 种类型的测定内容：影响测定，它是评价终点某个属性上的可测变化，或是压力暴露下响应的替代测定（原来的测量终点）；暴露测定，它是对压力在环境中的存在、转移及压力与评价终点的接触或共生的测定；生态系统和受体特征的测定，它是对影响评价终点的行为和位置、压力的分布以及评价终点的生命史特征等生态系统特征的测定，或是对可能影响暴露或响应的替代测定。

某个压力下的生态影响相互关联时，很难选择适当的测定内容。在这种情况下，对一个生态系统实体的影响（即影响测定）可能成为另一个生态系统实体的压力（变成暴露测定），导致对一个或多个评价终点的影响。例如，某类杀虫剂减少了蚯蚓的数量时，蚯蚓种群密度的变化是对毒性影响的直接测定，有些情况下可以作为一个评价终点。但若蚯蚓减少成为以蚯蚓为食的鸟类的次要压力，则蚯蚓减少是对食物源减少的测定，蚯蚓减少的暴露导致对幼鸟饥饿的次级可测影响。这样，“幼鸟存活率”就成了可直接测定的评价终点，而对蚯蚓的密度、蚯蚓和其他食物源中的杀虫剂残留、有效的可替代食物、巢穴所在地的质量以及与其他鸟类对巢穴的竞争等的测定也可能是有用的。

文本 4-3-16 管理目标、评价终点以及测定内容的举例

目标： 可繁育的、可维持自身持续的银大马哈鱼群并支持食用和运动渔业。

评价终点： 银大马哈鱼的繁殖成功率、幼鱼存活率、成鱼回返率。

影响测定

- 卵和幼鱼对低溶解氧的响应；
- 成鱼对障碍物的响应；
- 产卵行为和卵的成活率对沉积物改变的响应。

生态系统和受体特征的测定

- 水温、水速、物理障碍物；
- 适当繁殖的丰度和分布；
- 幼鱼的食物源的丰度和分布；
- 取食、休息和生育行为；
- 自然繁殖率、生长速度、死亡率。

暴露测定

- 水力发电坝的数量和其导致的鱼通道的减少；
- 有毒化学品在水、沉积物和鱼体组织内的浓度；
- 水环境中营养物质和溶解氧水平；
- 河面覆盖物、沉积物负荷和水温。

当不能对评价终点进行直接测定时，就要选择替代测定（surrogate measures）。替代响应的选择决定了风险评价是否仍与管理决策在评价终点上相关。例如，评价对种子施用杀虫剂这一行为对于以种子为食的濒危物种的可能风险。若选择濒危物种作为评价终点，测定其取食行为、生存、发育和繁殖等属性。尽管可以直接收集濒危物种的暴露测定和评价终点生命史特征，但若为直接测定濒危物种的敏感性而将其暴露在杀虫剂下则是不恰当的。这时，要研究濒危物种的敏感性，最好是选取具有相似生命史特征和演化进程，也以该种子为食的鸟类进行替代测定。尽管可以由适当的替代测定确定濒危物种对杀虫剂的敏感性，却并没有解决暴露问题。

以评价终点为基础的问题提出要选择对敏感性和压力下可能暴露的测定，才能与管理上的关注相关。将不敏感的评价终点用于风险评价会导致低水平的管理决策。为突出管理目标、评价终点以及测定内容之间的关系，文本 4-3-17 举例说明了它们在水质标准中的联系。但要看到，虽然水质标准是以风险为基础进行考虑的，但它们并不是完整的风险评价。水质标准为决策提供了一个影响基准点，但并没有包括环境中的暴露测定。这一基准点带有很多有效假设（如以单个物种对单一化学物质的毒性响应为基准点，保护水生生物群落）和暴露假设（如 1 h 内的评价暴露与 4 d 内的平均暴露）。

文本 4-3-17　水质标准与评价终点如何联系？

水质标准是为保护水生生物免受化学物质的危害而发展起来的。本文本显示了水质标准原理与管理目标、管理决策、评价终点以及测定内容是如何协调的。

管理目标

- 保护国家水资源的化学、物理和生物完整性。

管理决策

- 保护水生群落 95%的物种中 99%的个体，使其免受化学物质的急性和慢性影响。

评价终点

- 急性暴露下，鱼类、水生无脊椎动物以及海藻类生物的生存；
- 慢性暴露下，鱼类、水生无脊椎动物以及海藻类生物的生存、发育、繁殖。

影响测定

- 满足一定要求的至少 8 类物种的实验室半致死量（Laboratory LC_{50}）；
- 满足一定要求的至少 3 类物种的长期最大无可观测有害作用水平（NOAEL）。

生态系统和受体特征的测定[32]

- 水的硬度（有些模型需要）；
- pH。

水质标准是一个基准水平，是从分析单个物种的毒性数据得来的。它假设单个的物种试验能充分代表自然群落中物种的组成和敏感性。

分析计划提供一个能用于风险假设研究的测定大纲。当分析计划能清楚表达如何选择测定内容、这些测定试图评估什么以及它们支持哪些分析时，该计划则是最强的。必要时分析计划还要包括测定和分析上的不确定性以及减少这些不确定性的计划。

3.2.6.2 确保分析计划能满足风险管理者的需要

分析计划是风险管理者和风险评价者之间的检查点。风险评价者和风险管理者要审查这一计划，确保分析能为管理者的决策提供信息。他们的讨论要在初步评估问题提出的基础上，识别什么能达成，什么不能达成。对计划的反复讨论有利于风险评价在决策要求、数据有效性和资源三者之间建立适当的平衡。这也是对计划成果进行技术性回顾的适当时机。

分析计划包括对分析方法的计划、对风险表征性质的选择和对这一分析计划提出的考虑（如系数、叙述性讨论、压力—响应曲线）；包括如何利用数据分析辨别风险假设的描述、分析的类型以及选择和忽略不同假设的基本原理；要描述外推的可能性、模型的特征、数据的类型（包括质量）以及分析计划（包括对不同类型的数据进行特殊试验）；最后，分析计划还要讨论数据收集的基础以及评价完成时如何展示结果。

分析计划与数据质量目标（data quality objectives，DQO）过程相似（见文本 4-3-18），强调建立研究边界以识别问题，确定必要质量、数量的有效数据来研究这些问题。问题提出和 DQO 过程的最重要的不同是 DQO 要在风险评价完成前为管理决策定义一个基准点。决策规划确定了能描述种群特征的统计参数和研究的执行水平，并将先前 DQO 步骤的成果合并为“如果……那么”的决策规则，该决策规则定义了决策者选择替代方案的条件。这一方法为建立统计试验有效应用的假设条件打下了基础。仅有部分类型的风险评价是以基准决策为基础的。当风险管理者必须研究压力影响的范围，比较一定范围上的各个管理方案时，对带有不确定性的压力—响应曲线进行研究比对决策标准进行统计试验更恰当[33]。

分析计划是风险评价继续向前的最后综合。它总结了问题提出阶段的工作，说明计划应如何与管理决策相配合以及数据如何应用于分析过程等。当问题已被明确确认，并有足够的数据继续时，就可以进入分析阶段。

文本 4-3-18 数据质量目标程序

数据质量目标（DQO）过程用 7 步格式综合了计划和问题提出阶段的要点。

第一步 确认问题。回顾已有信息，简要描述要研究的问题。

第二步 明确决策目标。确定该研究试图解决的问题，采取的行动。

第三步 明确决策所需的数据来源。识别决策所需的信息和测定内容。

第四步 定义研究边界。指定时间和空间参数，数据收集的时间和地点。

第五步 开发决策规则。定义统计参数、行动水平以及选择替代方案的逻辑基础。

第六步 确定可容忍的决策误差的极限。以错误决策的后果为基础确定该极限。

第七步 优化设计。生成可选择的数据收集计划，选择能满足所有 DQOs 的资源有效性设计。

3.3 分析阶段

分析阶段是检验风险的两个主要成分——暴露和影响，它们之间以及它们与生态系统特征之间的关系，其目的是为确定和预测相关暴露条件下压力的生态响应提供必要的信息。

分析阶段将问题提出与风险表征连接起来。问题提出阶段开发的评价终点和概念模型为分析的终点提供研究对象和结构。分析阶段的成果是描述暴露及压力与响应间关系的总结框架。这些框架为风险表征阶段的风险估计和风险描述打下了基础。

在分析阶段（见文本 4-3-19），风险评价者应该：

（1）选择有效数据，研究风险假设；

（2）调查压力源、压力在环境中的分布及共生或接触的范围，分析暴露；

（3）检测压力—响应关系，调查因果关系存在的根据并检查影响测定与评价终点间的关系，分析影响；

（4）总结关于暴露和影响的结论。

文本 4-3-19 分析阶段的数据收集

问题提出阶段应识别数据需求（在分析计划中），并在分析阶段开始前收集数据。这些数据可能是为某个特定的风险评价服务的，也可能是从先前研究中得到的有效数据。如果在继续评价的过程中识别了新的数据需求，就要暂时中止分析，直到收集到所需数据或是评价者（与分析管理者协商）重新提出问题。

分析阶段具有较大灵活性。图 4-3-6 举例说明了分析及影响与暴露表征间的相互作用。尤其是在考虑相关的次生压力和影响时，暴露和影响分析会在不同的生态系统实体间迭代，并相互关联，难以区分。比如对低洼地的阔叶林进行评价，要调查不同浸水场景下植物和动物群落的可能变化。低洼地的阔叶林评价开发的模型结果能直接用于风险表征。

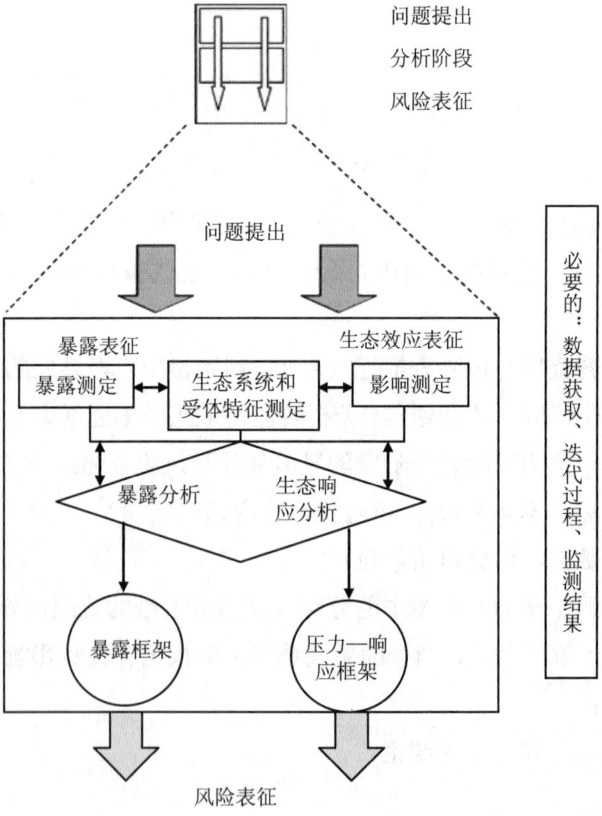

图 4-3-6 分析阶段

压力的性质影响了分析的类型。分析结果可能是高度定量的，也可能仅是定性的，取决于压力和评价范围。对于化学压力，暴露估计强调接触和生物的摄取，影响估计则常常需要从实验生物外推至相关生物。对于物理压力，其初始分布可能导致对评价终点的初级影响（如湿地面积的减少）。但很多情况下，主要考虑的是次生影响（如湿地中野生动植物种群的减少）。由于受体即使在与被扰乱的栖息地间没有物理接触时也可能发生不利性效应，所以暴露分析更强调与物理压力的共生而非接触。对于生物压力，暴露分析是对其进入、分散、生存和繁殖的研究[34]。由于生物压力可以繁殖、与其他生物体相互作用和随时间进化，暴露和影响并不总是可以定量的，因此可以通过专家组意见来定性评价[35]。

3.3.1 数据和模型研究

分析一开始，风险评价者需仔细检验数据和模型，使其能用于研究问题提出阶段开发的概念模型。

3.3.1.1 不同类型的数据的优势和局限性

有很多类型的数据可以用于风险评价。这些数据可能来自实验室或是野外研究，也可能由模型得来。熟悉每种数据的优势和局限性，有助于风险评价者利用优势，避开缺陷，提高风险评价结论的可信度。实验室由于条件受到限制，响应的可变性和差异性较小，更容易检测。但受控条件可能会限制响应的范围（如动物不能找到可替代的食物源），不能反映环境中的真实情况。另外，实验室很难复制大规模的过程。野外观察研究（调查）在不受控条件下检测生物的变化。生态学家观察野外模式和过程，用统计学方法（如相关、分组、要素分析等）描述干扰和生态影响间的联系，如河流及其流域的物理属性与群落的变化间的联系[36]。野外调查常作为现状和趋势研究。从野外调查中得到的暴露和影响（包括次生影响）一般要从比实验室和理论模型中得到的要好。对于多重压力或特殊场所等因素对暴露产生影响的评价，野外数据更重要；对更大规模和更高生物组织水平上的评价，野外数据也很有用。但若是筛选水平或预期性评价，对野外数据的收集则并非总是必需或可行的。

野外调查应具备充分的统计强度，以确定以下一个或多个问题：

①相关系统的暴露；

②参照场所和研究区域间影响测定的差异；

③缺乏差异性。

由于野外研究中条件不受控，使得变异很高，差异性难以检测。从而，验证野外研究是否有足够的能力检测出重要差异非常重要[37,38]。

在同时测量压力和影响水平时，野外研究对关联压力和影响的分析是最有用的。由于混杂因素的存在，很难将所观察到的影响归因于特定的压力。所以，优先选择能将潜在混淆因素的影响减至最小的野外研究，并仔细研究因果关系存在的根据。另外，由于经典统计方法中的相关处理可能不能随机地应用或重复，因此对于经典统计方法的使用应慎重。介于实验室和野外之间的研究，能够利用从野外收集到的环境介质在实验室内进行响应研究。这种研究能提高对差异性的检测能力，并提供关于因果关系的根据。

很多数据被用来作为对单个变量的测量，如化学品浓度或生物死亡数。但有些情况下，变量可以综合为指数。有些指数可以用来评估影响，如快速生物评价协议[39]和生物完整性指数[40,41]。它们有如下能力方面的优势[42]：①综合系统的结构和功能属性（从个体到生态系统），提供一个全面的生物学条件指示；②研究对大范围人类压力的响应；③将单要素检测特定响应的局限性最小化。

指数大都是因为要综合各个不同变量而产生的，因此也存在一些不足。指数的最终价值很大程度上依赖于综合各个变量的函数。有些指数仅综合了影响测定。在综合多个响应变量时，敏感性差异等使它很难归因于一定的因果关系。为调查这些因果关系，需要将指数分离或是采用多元分析方法。由于可能会发生重复计算或是一个变量的变化掩盖另一个变量的变化，所以当指数综合了暴露和影响时，解释会变得更加复杂。要获得恰当的结论，暴露测定和影响测定应该分开。由于这些原因的存在，专家判断在指数开发和应用时非常重要。

如果压力尚未释放（即预期性评价），相似情景下得到的经验会非常有用。如预测一个生物体在新环境中能否生存、繁殖和分散时，与生物体相关的经验就非常重要。另外，结构—活性关系（structure-activity relationships，SARs）也可用于进行新化学品的毒性研究[43,44]。结构—活性关系的最简单应用是识别合适的相似物，利用有效数据估计相关数据缺乏的化合物的毒性。进一步则是利用从相关化学品信息中得到的定量的结构—活性关系，数学模拟化学结构与特定生物效应间的关系[45,46]。在不了解潜在机理的情况下使用模拟数据会持续增加风险评价的不确定性，但有时候利用这些数据可能是唯一有效的选择。

虽然模型的开发和使用只是风险评价的一部分，但有时风险评价者会依赖于以前开发的模型。尤其是在不能进行测量时，模型会非常有用，如化学品制造前对其影响的预测。模型可以估计不能测定的时间或位置，为超出观察范围的外推提供基础。但由于模型是对实际的简化，它们可能因为忽略了某个特定系统的重要过程，而不能反映真实世界的情况。另外，模型的结果取决于输入变量的质量，当模型结果与相关系统的测量结果可以比较时，要及时评价输入数据。

数据和模型在风险评价中常常以层次化的方式发展。例如，最先使用的是偏保守性的简单模型，随后才是更精确的模型，可提供更多的现实估计。影响数据也可采用层次方法收集起来。评价致命和固定影响的短期试验可首先进行；如果化学品表现出高毒性，或者初步鉴定表明存在风险，则可以进行更昂贵、更长期的试验，以衡量其亚致死效应，如导致生长或繁殖方面的变化等。后续层次才是多物种试验和野外试验。早期数据可能不支持更复杂的需要，必须根据数据所支持的决策来评价数据。

3.3.1.2 评估测量或模拟研究

风险评价者在分析阶段的首要任务是仔细评估各种研究，确定其能否支持风险评价的目标。每一研究都要对目的、收集数据的方法和工作的结果进行描述。评价者通过仔细比较研究目标是否与风险评价一致，以评估研究的有效性。另外，风险评价者要确定预期目标能否达到，是否有足够的数据支持风险评价。最后，风险评价者应识别现有数据不能满足风险评价需求的区域。在此情形下，建议收集额外的数据。

政府部门如美国 EPA 采纳了美国质量控制协会（American Society for Quality Control，ASQC）的 E-4 导则以保证各部门的环境数据质量（见文本 4-3-20）。该导则描述了收集新数据的程序，为评估现有的研究方法提供重要资源[47]。

研究记录决定了该研究在风险评价中的效用能否被评估。研究应包含足够的信息，使其结果能被复制，或至少可以用来评价研究者的工作细节。最理想的是可以评价研究者的所有发现，为必要时的数据分析提供机会。对于模型，从模型源程序和文件的有效性开始，很多因素增加了方法和结果的可达性。描述模型结果的报告应包括所有重要方程、所有参数表、每个参数的估计方法和图表结果。

文本 4-3-20 美国质量认证标准（American National Standard for Quality Assurance）

为保证环境数据能满足研究目标，环境数据采集和环境技术计划质量体系规范和纲要（ASQC）[48]确定了几个重要范围，包括：

- 计划和范围；
- 设计数据收集方案；
- 执行和监测计划的操作；
- 评价并检验数据的有用性。

评估研究的有用性见文本 4-3-21。研究记录可能没办法为风险评价提供关于其有用性估计所需要的全部信息。评价者应该与主要调查人或其他研究者交流，得到研究的计划和执行上的信息。

文本 4-3-21 评估研究的有用性

- 研究目标是否与风险评价相关？
- 研究的变量和条件是否与风险评价一致？
- 研究设计能否满足其目标？
- 研究是否适当？
- 如何对待变异性与不确定性？

（1）评估研究的目的和范围。

评价者应格外留意从目的出发而非当前进行的风险评价出发的研究的目标和范围。这可以识别一些重要的不确定性，并保证信息的适当使用。例如，研究评估测定条件（如河流调查、种群调查）时，当评估条件时用到的测量可能与问题提出阶段识别的影响测定相同时，为支持一个因果关系必须将研究与压力关联。这意味着最好能同时同地测量压力和影响。

与此相似，模型也是为目的而非风险评价开发的，对其描述应包括预期应用、理论框架、潜在假设和限制条件等。这些信息能帮助评价者识别模型应用在风险评价中的重要局限。例如，研究化学品在水中纵向迁移时所开发的模型，当用于化学品发生部分沉积的风险评价时受到限制。

研究中检测到的变量和条件要能与问题提出阶段识别的变量和条件相比较。研究中开发的变量范围则要能与风险评价中的变量范围比较。例如，某个研究对动物栖息地的调查需要在冬季进行，可能会忽略动物在繁殖期的重要要求。研究要尽可能缩小外推量。这部分工作应表现为：

①分析计划中识别的测定（即暴露测定、影响测定、生态系统和受体特征的测定）；

②相关的时间框架；

③相关的生态系统和场所；

④相关的环境条件；

⑤相关的暴露路径。

（2）评估研究的设计和实施。

评价者要评估研究的设计和实施过程，确定能否达成研究目标，是否有足够的信息支持风险评价。研究的设计为结果中的不确定性来源和大小提供判断依据。影响研究设计的最重要的问题是：该研究对检测重要的差异或变化是否有足够的统计能力。

验证研究是否恰当：

①对于实验室研究，要确定试验条件是否被适当控制，受控响应是否在可接受的范围内；

②对于野外研究，要识别和控制潜在的易混淆变量，仔细选择参照场所；

③对于模型，要检验程序的结构和逻辑性，并在程序源中对正确算法加以说明。

如果研究所采用的标准方法或质量认证/质量控制（QA/QC）协议有效，评估会更简单。但评价者还需要考虑能否精确实现研究的目标，这些目标用于风险评价是否恰当。例如，若某个环境矩阵的检测极限不能在另一个环境条件下达到，则它可能也不适于检测相关的浓度。即使没有使用标准方法，研究结果也可能是有用的，但这会为研究者和评价者评估研究方法的恰当性带来额外负担。

3.3.1.3 研究的不确定性

不确定性研究贯穿了整个分析阶段，其目的是描述并在可能情况下量化对相关系统的暴露和影响有哪些是已知的，哪些是未知的。通过不确定性分析，明确描述不确定性的大小和方向，增加评价的可信度，为有效数据的收集或精细方法的应用提供基础。在估计风险和描述不同证据排列的置信度时，分析阶段的不确定性描述要用于风险表征。

如果不清楚数据的传递或处理过程，或是信息本身有错误（描述性错误），则在研究这些信息时，也会产生不确定性。要描述不确定性，通常需要精确调查信息的来源并记录由这些信息所作出的决策。这些记录应允许对评价者决策的正确性作出的判断。

对参数值进行估计是不确定性的主要来源，包括可变性、定量真值的不确定性和数据漏洞。这里的可变性描述的是某个特征的实际异质性。如土壤中有机碳的可变性、动物取食的季节差异或不同物种的化学敏感性差异等。通常在不确定性分析时描述可变性，虽然异质性可能没有反映出认识上的不足，但它并不能通过进一步测量而降低。可变性可以通过其分布或一些特殊的百分点来描述（如均匀分布 95%）。

定量真值的不确定性包括它发生的大小、位置和时间上的不确定性，可以通过增加测量次数来减少这种不确定性。定量真值大小的不确定性一般通过取样误差（或试验差异）或测量误差来描述。如果这一真值是关于生物响应的，则取样误差能极大地影响研究对效应的检测能力。适当设计研究方法，确定足够的取样规模，可以检测重要信号。对定量真值大小的不确定性讨论应突出差异检测能力低下的情况。后续分析要综合不同的研究结果，提高影响检测能力[49]。但这些方法主要用于人类的流行病研究，颇具争议性[50]。

随着地理信息系统（Geographic information systeon，GIS）应用的深化，定量空间不确定性逐渐成为可能，如检验遥感特征点，保证数据的空间分解或其他与评价需要一致的方法[51,52]。但越来越多的资料表明，空间数据的运用也带来了其他的分析难题（如共线性与自相关，影响的界限与尺度，不能完全复制）[53]。大规模的评价一般需要聚集小尺度上的信息，但却不能确定这些聚集影响不确定性的方式。

几乎每个评价都必须处理无法获得数据或数据仅对感兴趣参数之外的参数可用的情况。如用实验室数据估计野生动物对压力的响应，或是使用从不同的生态系统得到的生物积累测量。一般通过科学分析、科学判断或政策考虑来填补数据漏洞，比如：利用对周围水质标准数据的分析，建立物种对某个特定化学品的敏感性分布；运用科学判断来选择能充分代表环境中物种敏感性范围的试验物种；政策限定了单个物种受保护的程度（如物种的 90%受保护与 95%受保护）。

一般通过完成对未知参数的研究来解决数据漏洞。要尽可能收集必要数据，至少要注意到通过风险表征所带来的填补数据漏洞的机会。风险表征中要注意并讨论数据或知识漏洞过大，妨碍暴露或生态影响分析的情况。

分析阶段的不确定性研究见表 4-3-2。不确定性分析的一个重要目标是将可变性与缺乏认识所导致的不确定性相区别（如定量真值的不确定性），以推进对结果的解释和交流[54]。比如苍鹭和貂的食物网模型中，MacIntosh 将单个动物摄食习惯的预期可变性与被捕食物种内化学品平均浓度的不确定性分开[55]。然后才能将误差限定在对动物的暴露分布上，评估可能超过毒性极限的动物的比例。

表 4-3-2　分析阶段的不确定性研究

不确定性来源	分析阶段策略举例	特殊例子
交流不清楚	如果文献研究的目标或方法不清楚，要与主要调查者或其他研究者联系； 在评价过程中作出决策	弄清研究是用于表征局部种群还是区域种群； 讨论选择重要毒性试验的基本原理
描述错误	以适当的 QA/QC 程序验证数据源	计算的双重检测和数据输入
可变性	使用点估计（如集中化趋势或高位）、构造概率或频率分布描述异质性； 与缺乏认识所导致的不确定性相区别	利用累积分布函数描述物种敏感性差异
数据漏洞	收集所需数据； 描述填补数据漏洞的方法和基本原理； 区分以科学为基础的判断与以政策为基础的判断	讨论采用 10 倍因子从 LOAEL 外推 NOAEL 的基本原理
定量真值的不确定性	使用标准统计方法构造概率分布或点估计（如置信限）； 研究所设计的试验检测差异性的能力； 收集更多数据； 验证取样地点或其他空间特征	除估计土壤浓度的最佳算术平均值外，还要提出算术平均值的置信上限； 遥感数据的地面标定
模型结构的不确定性（过程模型）	讨论关键的聚集和模型的简化； 将模型预测结果与相关系统收集的数据比较	基于类似的摄食习惯将不同物种归入一个集合
模型形式的不确定性（经验模型）	研究综合考虑或分别处理替代模型； 将模型预测结果与相关系统收集的数据比较	列出从替代模型得到的结果； 将植物摄入模型的结果与野外收集数据比较

文本 4-3-22 对模型聚集程度的考虑

Wiegert 和 Bartell 建议考虑以下因素来研究聚集程度是否适当[56]：

- 不要聚集成分和通量速率等相异性大的变量；
- 函数关系与控制的完善度没有相应增大时，不要随意分解模型结构；
- 仅在模型目标推进试验的要求范围内分解模型。

在模型的开发和利用过程中，过程模型的结构和经验模型中各变量的关系是引起不确定性的主因。对过程模型的描述包括变量的假设、简化和聚集。对经验模型的描述应包括选择原则和模型性能的统计信息（如拟合优度）。对模型得到的结果与相关系统的测量结果进行比较，或是对不同模型所得到的结果进行比较，以定量研究过程模型或经验模型中的不确定性。

分析和描述不确定性的方法可能很简单，也可能很复杂。当所知甚少时，可以在不同的假设（场景）上估计暴露和影响，并在风险表征阶段讨论这些潜在假设和场景的合理性。经典统计方法（如置信度、百分点位）可以很容易地描述参数的不确定性。对于模型，敏感性分析可以用来研究随输入变量变化的模型结果，不确定性增长分析则用来检测单个参数的不确定性是如何影响整个结果的不确定性的。对于蒙特卡洛法（即随机抽样法）分析，软件的有效性极大地增加了随机方法的应用[57,58]。其他方法（如模糊数学、贝叶斯方法等）也是有效的，但用在生态风险评价中的较少。

3.3.1.4 分析阶段举例

现就化学、物理和生物压力的分析过程各举一例。这些例子并没有提供所有可能的分析方法，但它们阐明了在具体评价的分析过程中应如何利用信息。

（1）粒状呋喃丹对鸟类的有害影响。

图 4-3-7 是在美国联邦杀虫剂、杀菌剂和灭鼠剂法（FIFRA）下的呋喃丹对鸟类的风险评价[59]。呋喃丹是一类用途广泛的线虫杀虫剂，27 种农作物、林木和果园中的果树都施用粒状呋喃丹。评价终点选为在施用呋喃丹的耕作区域寻食的鸟类的存活率。

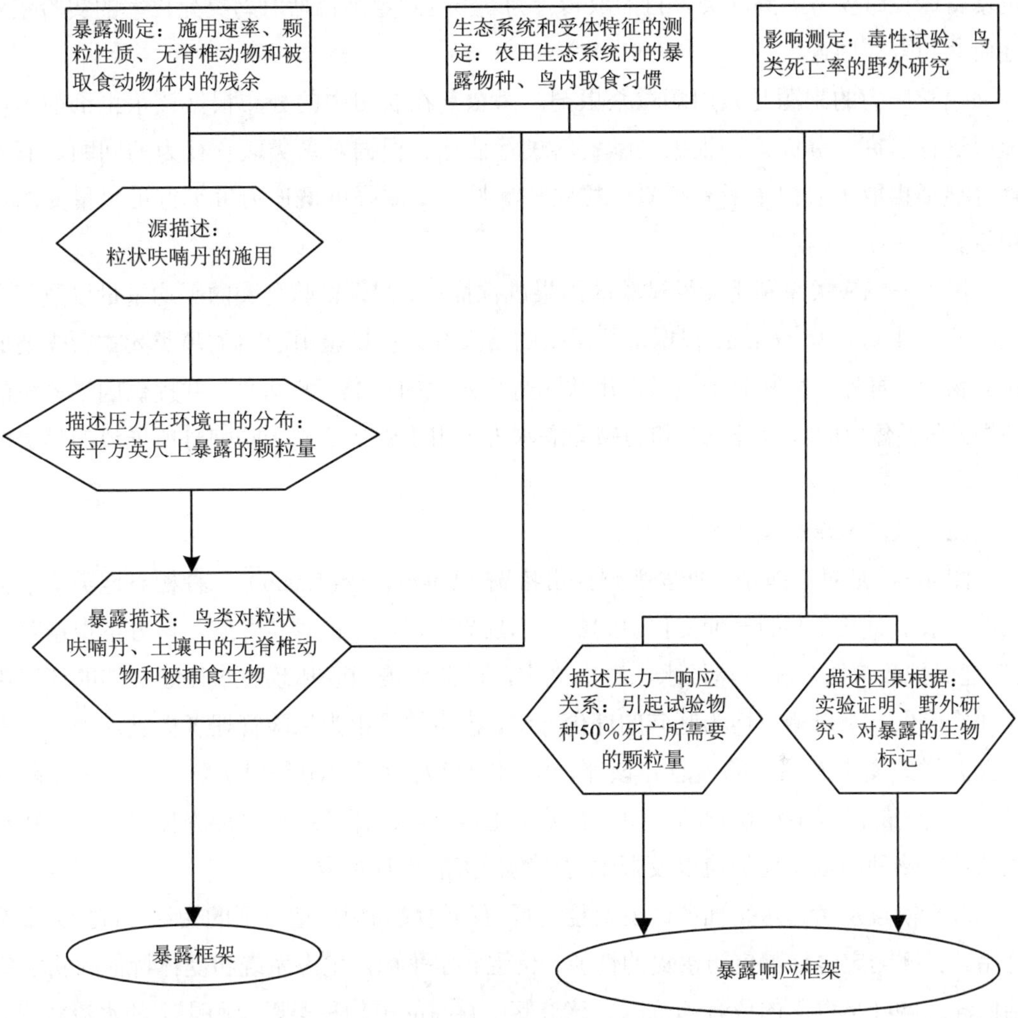

图 4-3-7 分析过程举例：对呋喃丹的特别评价

说明：矩形代表输入；六边形代表操作；椭圆代表输出。

分析阶段注重鸟类在取食过程中偶然摄入呋喃丹颗粒或吃了含有呋喃丹颗粒或残余物的动物。暴露测定包括呋喃丹的施用速率、呋喃丹颗粒的性质（如颗粒大小）和被取食动物体内的呋喃丹残余。生态系统和受体特征的测定是可能暴露的鸟类总量。在确定暴露途径时要考虑到鸟类各自的取食行为。影响测定则包括对鸟类死亡率的实验室毒性研究和野外调查。

化学压力的来源是施用颗粒杀虫剂。杀虫剂在农田中的分布根据该杀虫剂的施用速率进行研究。暴露量则根据文献资料进行估计。根据对鸟类取食行为的回顾，假设食籽鸟类摄取了农田中所有裸露的粒状呋喃丹。暴露强度概述为每平方英尺暴露的颗粒量。

压力—响应关系利用毒性试验的结果进行描述。假设试验鸟类的平均重量以及每个颗粒的活性成分为 0.6 mg，根据毒性试验的结果统计使试验中 50%的鸟类死亡所需要的颗粒物量。野外研究则用于记录施用呋喃丹后发生的鸟类死亡事件，并提供因果关系的证据。鸟类体内的呋喃丹残余和胆碱酯酶水平则用于确认暴露于呋喃丹所导致的鸟类的死亡。

（2）低洼地森林丧失的模型化。

图 4-3-8 是对美国路易斯安那州弗雷特湖（Lake Verret Basin）三种栖息地类型水文条件（水平面升高）的长期变化引起的生态后果（风险）的评价[60,61]。该方案根据美国《环境保护政策法》和《清洁水法》的规定，试图为美国联邦政府水计划工程的环境影响评价提供一个以栖息地为基础的评价方法。模型的输出为风险管理者提供水平面升高将会怎样改变生态系统的信息。该评价中的初级人为压力源是用于防洪的人工堤防建设，它通过泛洪区中沉积物的淤积而有助于土地沉降。评价终点包括森林群落结构和野生动植物物种的栖息地价值以及野生动植物群落的物种组成。

分析阶段从考虑水平面的改变对植物群落的组成和栖息地特征的初级（直接）影响开始。暴露测定包括测定防洪堤的性质、位置和水平面。生态系统和受体特征的测定包括低洼地阔叶林群落的位置和范围、该群落中存在的植物种类以及历史上的水流状况。影响测定包括植物对湿度的响应的实验室研究和对湿度梯度的野外测量。

该评价的主要压力是防洪堤的建造，而沉积物的沉淀减缓了河流的坡度，提升了水位。洪水泛滥的程度和频率通过 FORFLO 模型，并根据防洪堤建设而引起的净沉降率和坡道减缓程度的估算值进行模拟。假设树种和树苗暴露于已改变了的水流状况。FORFLO 模型内含的压力—响应关系描述了植物对湿地的反应（如种子发芽率、存活率）。FORFLO 模型利用物种类型、模拟场所的树从树苗到死亡的直径和年龄等信息对植物群落的变化进行了模拟，计算植物群落随时间（50～280 年）的变化。相关的三种栖息地类型——湿洼地阔叶林、干洼地阔叶林、柏树—紫树沼泽地——的空间范围与水文信息由地理信息系统绘制。FORFLO 模型所反映的变化与地理信息系统联系，以显示不同群落的空间分布是如何变化的。泛洪引起的这些变化的证据包括将模型预测与野外测量、植物对湿地反应的实验室研究进行比较，对泛洪引起的植物群落的变化机制的认识。

分析阶段的第二部分是植物群落栖息地变化对野生生物的次级（间接）影响。重要的测定有野生生物的生命史特征和栖息地需要。通过研究植物群落作为栖息地的适宜性推断对野生生物产生的影响。由 FORFLO 模型计算的群落结构的特殊状况为此分析部分提供输入。如用障碍量研究啄木鸟的栖息地价值。假设常住野生生物（以 5 个物种为代表）与改变的植物群落共生。通过计算区域内每种栖息地类型的栖息地适宜指数（habitat suitability index，HSI）估计栖息地价值。

综合暴露框架和压力—响应框架的综合见图 4-3-8，这两个框架与模型的结合可用于风险分析和之后的风险表征。

（3）从国外进口原木的有害物风险评价。

图 4-3-9 是将国外原木运输到美国港口，对栖息于原木上的昆虫、真菌及其他有害物的引进所带来的对美国森林的潜在风险的评价。该风险评价由 6 个专家组成的团队在美国农业森林服务部赞助下完成，以确定为保护美国森林是否需要调整和限制进口智利原木。压力包括昆虫、林木病原体（如真菌）以及其他有害物。评价终点为美国西部树木（特别是针叶树）的存活率与发育情况。影响树木商业价值（如木料）的损害也是需要关注的。

在专家团队给出的专业意见的基础上进行分析。该团队使用的暴露测定包括进口原木的分布信息、昆虫和病原体的属性（如其扩散机制和生活史特征）。生态系统和受体特征的测定包括美国的气候、地理屏障的位置、宿主的适宜性以及潜在的宿主种类的范围。影响测定包括这些有害物质在他国的传染力和类似的有害物质对美国宿主的传染力。

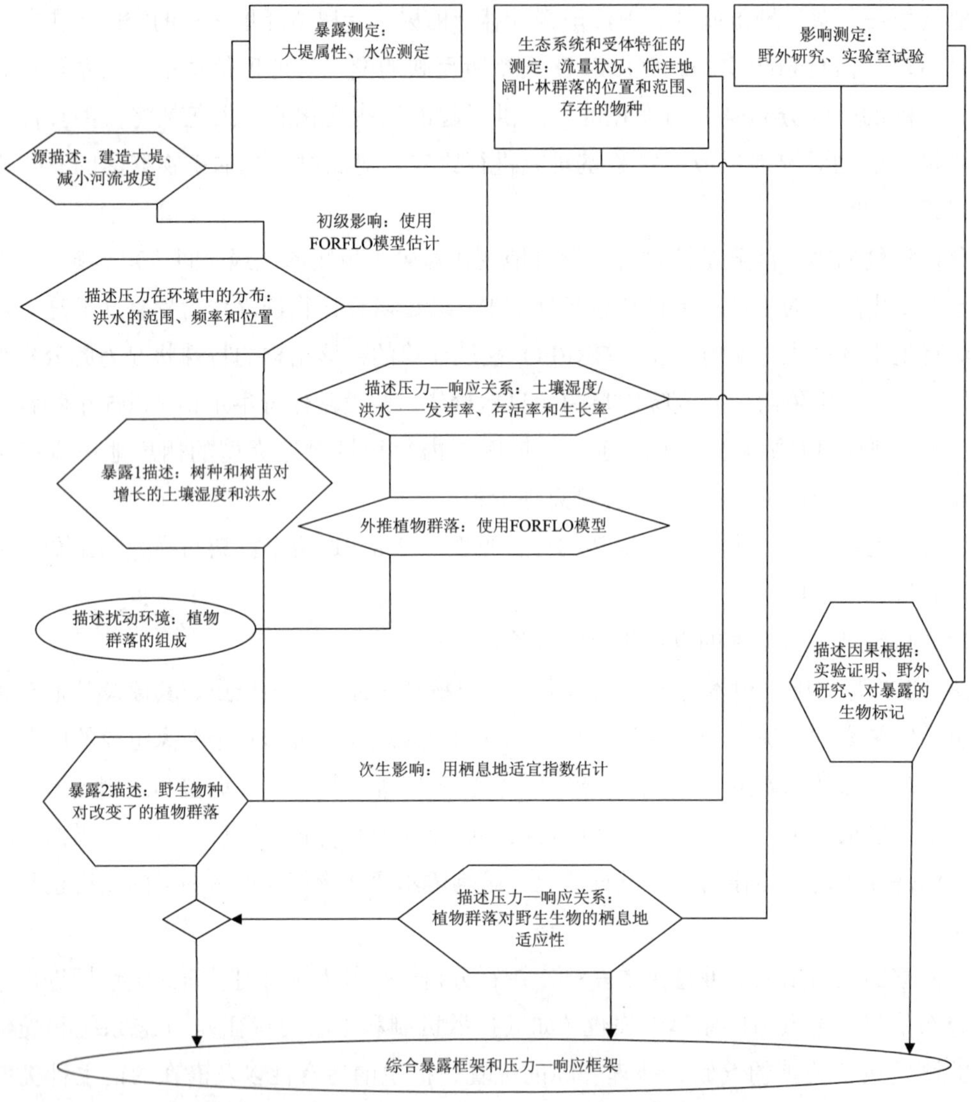

图 4-3-8 分析过程举例：低洼地阔叶林损失的模型化

说明：矩形代表输入；六边形代表操作；椭圆代表输出。

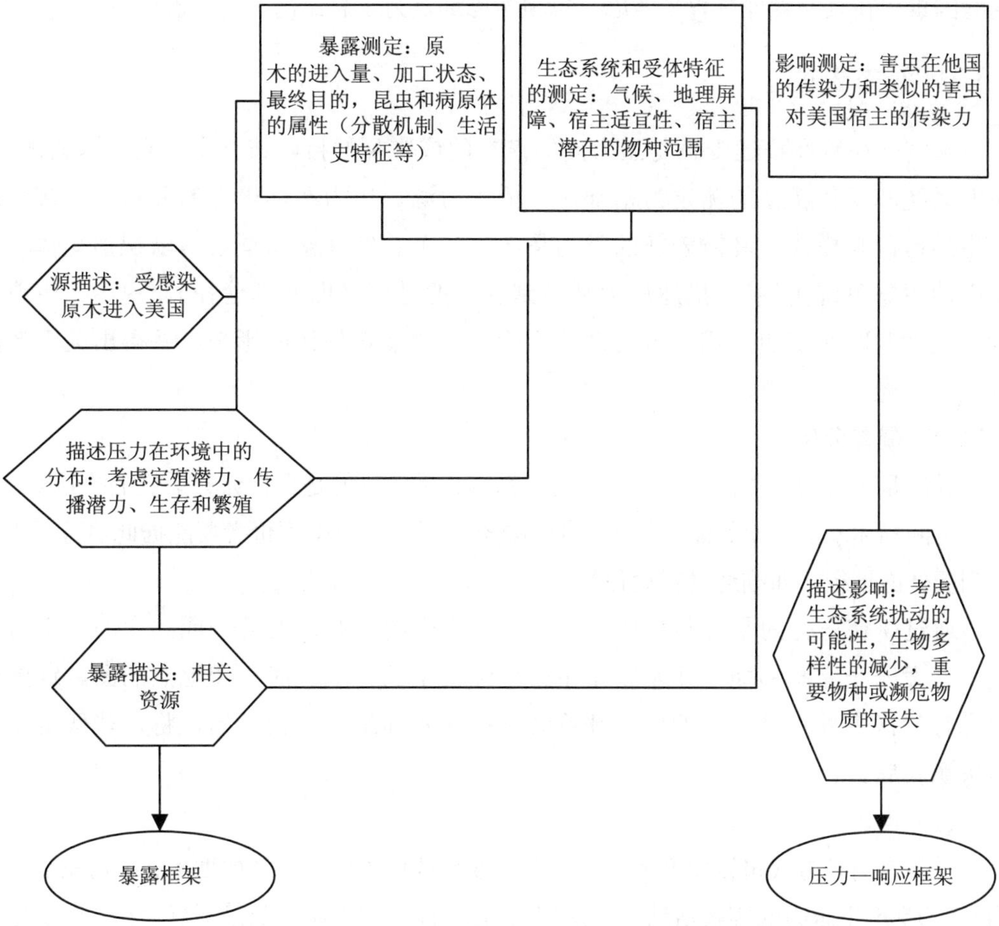

图 4-3-9　分析过程举例：从智利进口原木有害物风险评价

说明：矩形代表输入；六边形代表操作；椭圆代表输出。

风险评价队伍利用这些信息估计潜在暴露。在考虑原木进入美国后其潜在的种植和扩散以及生物生存和繁殖的可能性，研究估计受感染的原木进入美国后的分布情况；根据专家判断赋予上述要素一个高、中或低值，总结可能的暴露。

生态影响的估计也是以专家的集体意见为基础的。其最大相关性是对环境的可能损害（定义为生态系统扰动的可能性）、生物多样性的减少、重要物种的丧失、濒危物种的减少或灭绝的考虑。专家队伍也要对潜在的经济损失和社会、政治影响进行考虑，但这些因素应在风险管理过程中考虑。每项考虑都是为了总结潜在的生态效应。

3.3.2 暴露表征

暴露表征旨在描述受体与压力间的潜在的或实际的接触或共生。它以暴露测定、生态系统和受体特征的测定为基础，分析压力源、压力在环境中的分布以及接触或共生的范围与模式。暴露表征的目的是产生一个总结性暴露框架，以识别受体（即暴露的生态系统实体），描述压力从源到受体的过程（即暴露途径），说明共生或接触的强度和时空范围，描述可变性和不确定性对暴露估计的影响，并得出关于暴露发生的可能性的结论。

3.3.2.1 暴露分析

暴露是压力与受体间的接触或共生。暴露分析的目的是根据计量单位上的强度、时间和空间描述暴露，使其能与影响评价相结合。另外，风险评价者要能据此追踪压力从源到受体的途径（即描述暴露途径）。

通过研究压力的来源与释放、压力在环境中的分布以及接触或共生的范围与模式，开发一个完整的能描述暴露发生或已经发生的方式、时间和地点的图。这些研究进行的次序并不是一定的，如评价者可以从基体组织残留开始，将这些残留与压力来源关联。

（1）描述源。

一般有两种方式可以定义源：一是发生或释放压力的位置（如烟囱、被污染的沉积物）；二是产生压力的实践活动（如挖掘）。有些评价中，原始源已不复存在，源被定义为当前的压力场所。如产生污染物的工厂不再运作时，污染沉积物被看作是源。源是暴露途径的第一位的组成，会严重影响压力被最终发现的时间和地点。另外，很多管理替代方案都重点考虑对源的改变。

暴露分析可能从已知源和已知暴露开始，试图将两者关联；也可能从已知压力出发，试图识别源并量化接触。不管哪种情况，暴露分析都要识别已知源，研究该源会产生的压力，并识别潜在源。

文本 4-3-23 描述源时需要回答

- 压力在哪里发生？
- 最先接受压力的环境介质？
- 源是否有其他成分影响压力在环境中的最终分布？
- 是否有其他源可以产生同样的压力？
- 是否有背景值？
- 源的状态是否已被激活？
- 源在环境、生物或群落中是否有明显的特征？

引入生物压力时还需要回答

- 源在新环境中是否有机会复制或摆脱？
- 生物体能否发生移动？
- 生物转运过程中的缓解要求或条件是否会导致生态实体的死亡或损害？

除识别源之外，风险评价者还要检测压力源释放的时间、强度和地点。源所在位置和环境介质是压力的第一位接受者，需要特别关注。对于化学压力，源描述还要考虑源释放的其他成分是否影响相关压力的迁移、转化或生物有效性。例如，燃煤电厂的原料中，氯化物的存在会影响汞是以二价形式（如氯化汞）还是以元素形式排放。在最佳情况下，应定量测定或模拟压力源的产生，但在有些情况下只能进行定性描述。

很多压力有自然对应物或多重来源，在源描述中这也是需要考虑的。很多化学压力是自然发生的（如大多数金属），或由于有多种来源而广泛分布（如城市生态系统中的多环芳烃），或是其重要源在当前评价之外（如美国切萨皮克湾的大气中氮的沉降）[62]。很多物理性压力都有自然对应物。如建筑活动产生的细颗粒进入河流，增加了沉积物的自然来源。人类活动可能会改变自然扰动循环的大小或频率。如人类开发活动能减少火灾发生的频率，但却增加其发生的严重性；人类开发活动会增加流域洪水发生的频率和严重性。

问题提出阶段识别的评价范围决定了对多重压力的研究方式。选择包括（按复杂性从小到大排列）：

①仅关注要研究的源，计算由这些源所引起的风险增量（多用于从已知源或已知压力开始的评价）。

②考虑某个压力的所有源，计算由该压力引起的总风险。按相关源的属性分开来完成（多用于从观察到的影响或已识别的压力开始的评价）。

③考虑影响评价终点的所有压力，计算对终点的累积风险（多用于从生态价值开始的评价）。

文本 4-3-24 研究压力分布时的问题

- 有哪些重要的转移途径？
- 有哪些压力特征会影响转移？
- 生态系统有哪些特征会影响转移？
- 会形成哪些次生压力？
- 转移至何处？

用来降低风险的对策多注重于在第一位置防止风险发生，因而对于引进的生物压力，源描述尤为重要。一旦识别了源，就可以定性描述该生物引进的可能性。举例来说，对进口原木的风险分析中，评价队伍认为甲虫——长林子蠹进入美国后有高度的潜在风险。该结论建立在甲虫受新砍伐的原木吸引，会在原木的树皮下挖洞，使甲虫在运输过程中受到保护。

（2）描述压力分布或扰动环境。

暴露分析的第二个目标是描述压力在环境中的时空分布。对于环境中能直接改变或部分消除的物理压力，评价者还要描述扰动环境的时空分布。只有当受体与压力共生或接触时，暴露才会发生，所以对压力分布或扰动环境的描述是估计暴露的先决条件。通过研究暴露途径和次生压力的形成与分布，可以检测环境中压力的分布。

①评价转移途径。

压力可以通过多种途径发生转移。仔细研究这些转移途径有助于在适当的介质和场合中采取措施，保证模型包含了大多数的重要过程。对于化学压力，评价其转移途径通常从确定它能被隔开的介质开始，重点考虑其理化性质，如溶解度、蒸气压等。例如，溶解度低的化学物质在有机碳中的含量较高，如在土壤、沉积物或生物体内。因此，评价转移途径还需要检测污染介质的转移。由于化学混合物各个成分的性质不同，评价者在研究该物质的转移途径时应考虑混合物的组分随时间或在环境中移动的变化。

文本 4-3-25　转移和分散的一般机制

物理、化学和生物压力：

- 空气流动；
- 水体（溪流、湖泊、江河）表面；
- 在/通过土壤表面；
- 通过地下水。

化学压力：

- 通过食物网。

生物压力：

- 喷溅或降落；
- 人类活动（划船、露营）；
- 通过其他有机体被动转移；
- 生物学带菌者。

物理压力的性质会影响其归宿。如悬浮颗粒的大小决定了它们在河流中最终沉降的地点。物理压力（如钓鱼或建坝）引起生态系统破坏（如鱼的捕捞或山谷被淹）的途径可能不需要建立模型。对这些直接干扰，难点通常在于对次生压力或影响的评价。

生物压力的传播通过两种方法描述：扩散和跳跃式分散。扩散是从确定场所开始的逐步扩张，主要是繁殖率和死亡率的函数。跳跃式分散是一段时间内的不稳定扩张，通常以载体方式进行，舞毒蛾、斑马蚌等以这种方式传播。舞毒蛾通过在介质上产卵进行传播；斑马蚌经则由船的压载水传播。有些生物压力同时以这两种方式传播，使传播速率难以预测。对生物压力转移途径的评价要考虑载体的有效性、有能加速传播的属性（如飞行、附在物体上、传播复制单元）以及栖息地或宿主的需要等因素。

对于生物压力，评价者还应考虑存活和繁殖因素。生物体能适应一定范围内的不良条件，如真菌的菌核体和厚垣孢子的休眠期以及一些两栖类生物在干旱期的休眠。实验室条件下可以在一定程度上测量部分生物的生存，但不能确定不良条件下的休眠期（如孢子），很多物种可以休眠多年。同样，繁殖速率可能会依赖于特殊的环境条件。从而当温度与基质，重要的捕食者、竞争者或疾病，栖息地要求，繁殖速率等数据有重要价值时，要对其解释清楚，并使用几种不同场景描述不确定性。

生态系统的特征会影响到各类压力的转移，确定生态系统的特殊重要特征是问题的难点。有时生态系统的特征对压力分布的影响是已知的，如细沉积物在池塘或死水中的积累。但如果影响未知，则更需要专家判断。如研究引入生物定居的可能性时，需要了解引入系统与原系统的异同，可运用专家判断来确定需要比较哪些系统特征。

②评价次生压力。

次生压力能极大地改变风险的结论，有时对它们的关注甚至大于对原生压力的关注。次生压力的评价是暴露表征的一部分，它应该与生态影响表征一致，以保证所有重要的次生压力都能被考虑到。

文本 4-3-26 描述接触或共生时的问题

- 压力是否必须与受体实际接触才能发生不利效应？
- 压力是否必须被受体吸收才会发生不利效应？
- 生态系统的哪些特征会影响接触或共生的范围？
- 环境中的非生物特征是否会影响接触或共生的范围？
- 生态系统作用或群落水平间的相互作用是否会影响接触或共生？

对化学次生压力的研究一般注重于其代谢产物、生物降解产物或非生物过程所形成的化学物质。如微生物将无机汞转化为有机汞，增加了对汞的生物积累；很多含氮染料因其分子大而低毒，但在厌氧环境中会水解为有更大毒性的水溶性物质。次生压力也可以通过生物过程形成，如营养物质排入河流，会增加原生产物及其分解，从而降低溶解氧的溶度。虽然在实验室中也可以研究转化，但该转化速率与野外有本质区别，而且部分过程很难或是根本不可能在实验室内复制；野外研究则很难区分转化（如石油的微生物降解）与转移（如石油的挥发）。尽管如此，评价者也应该意识到这是两个不同的过程，极大地决定了次生压力的形成。上述因素结合起来决定了次生压力对受体的生物有效性，对它们的考虑增加了对有物理/化学和生物风险评价经验的化学评价队伍的需要。

物理干扰也可以产生次生压力，而且很难确定会影响评价终点的特殊结果。如河边植物的消失可以引发很多次生压力，包括增加营养物质、升温、增加沉降、改变河流流量等。特定河流中温度的改变是成年鲑鱼死亡率增加的主要因素。

环境中的压力分布可由测量、建模或是两者联合进行描述。如果压力已经释放，可以通过对环境介质的直接测量，或是建模与测量的结合来描述。模型提高了对不同管理结果的评价能力，在测量不可能进行或不可行时是必需的。模型在研究压力与源的定量关系时也非常有用。如土地利用活动与下游悬浮固体的浓度有关；根据流域中湿地的范围来预测下游的洪峰等。对于生物压力，其分布很难定量预测。若是不可测定，可以根据潜在的迁移、生存和繁殖进行定性研究。

文本 4-3-27　暴露方程举例：计算摄取的潜在剂量[63]

$$\mathrm{ADD_{pot}} = \sum_{k=1}^{m} (C_k \times \mathrm{FR}_k \times \mathrm{NIR}_k)$$

式中，$\mathrm{ADD_{pot}}$ ——平均每日潜在剂量，mg/（kg·d）;

C_k ——污染物在 k 类食品中的平均浓度，mg/kg 湿重;

FR_k ——污染区域上的 k 类食品的摄取分数，量纲一;

NIR_k ——对 k 类食品（湿重）的标准吸收速率，kg 食物/（kg 体重 · d）;

m ——共有食物类型的量;

注意：增加一个吸收因子后，相似的方程能用于计算 k 类食品中的化学物质被生物体吸收的量。选择潜在剂量或吸收量取决于压力—响应关系的类型。

最后，还要描述环境中压力分布或扰动环境，为估计压力与生态实体间的接触或共生提供基础。如果接触已经发生，描述环境中的压力分布有助于识别潜在源，保证所有重要暴露都被考虑到。

（3）描述接触或共生。

暴露分析的第三个目标是要描述压力与受体间共生或接触的范围与模式（即暴露）。暴露描述非常重要——没有暴露，也就没有风险。评价者要仔细研究暴露将会发生的地点，暴露已经发生但当前没有重要证据证实（如一些回顾性评价中的暴露）的场所，可能或正处于暴露中的重要食物源或栖息地，会对有价值实体造成的影响。暴露可以根据压力与受体的共生、压力与受体的实际接触或压力被受体摄取等来描述，具体取决于压力如何导致不利效应以及压力—响应关系的描述方式。

共生在评价压力与生态受体间没有物理接触时非常有用。如美洲鹤更喜欢在没有视觉影响的河中沙洲筑巢，即使没有与人造障碍物（如桥等）接触，其休息行为也会受到干扰。可以通过比较压力和受体的分布来研究共生现象。如压力的分布图可能会覆盖生态受体的分布图。生物压力与受体间的共生有时也可用来研究暴露，如外来物种与本地物种对同一资源的竞争。

很多压力必须与受体接触才能产生影响。如植物根系必须在生长前与洪水接触才会受到伤害。接触是某个环境介质中压力的数量和范围与受体的行为间的函数。对于生物压力的评价需要依靠专家判断；通常假设压力和受体同时同地存在时接触才会发生。接触的可变性（如生物间的传递模式）可能会影响生物压力与受体间的接触。

对于化学压力，接触被定量为化学品被摄取、吸入或表皮直接接触的量（潜在剂量）。最简单的情况下，接触被定量为环境浓度，假设化学品完全混合或有机物在环境介质中随机移动，该方法一般用在呼吸介质中（水对水生生物、空气对陆生生物）。对于摄取介质（食物、土壤），另一种常用方法是把对污染物浓度的测量或模型与描述接触速率的参数或假设相结合。

文本 4-3-28　用生物标记和机体组织残留测量内剂量

生物标记和组织残留在必须通过多种途径综合暴露以及特殊场所影响生物有效性时尤其有用。尽管代谢作用和累积动力学因素使得对结果的解释更加复杂，但是该方法在代谢作用和累积动力学重要的场景也是有用的[64]。当压力和生物体接触时，这些方法能与压力量定量关联。另外，当压力—响应关系根据组织残留或生物标记来表达压力量时，这两种方法也是很有用的[65]。标准统计方法对组织残留一般都很有用，可以使该方法比生物标记更易用于常规评价。

有些压力不仅要有接触，还要有内部吸收，才会产生不利效应。以鱼为例，有毒物质必须被吸收且与靶器官接触才能导致鱼患肝癌。吸收是生物对压力的内部吸收量，它是压力（如化学物质的形态或病菌的大小）、介质（吸附性或溶解性）、生物膜（完整性、渗透性）和生物体（疾病主动摄入）的函数。这 4 个因素相互作用，使吸收在某个特殊位置变化。吸收评价通常是修改一个接触因子，表明对部分压力的有效吸收（生物有效率）或实际吸收。吸收因子和生物有效性是对化学物质、生态系统和相关生物的测量，压力的内剂量可以通过建立药物动力学模型、测量生物标记或受体残留来评价。大多数压力—受体关系描述的压力量是由介质浓度或潜在剂量得来的，并不是其内在积累，从而限制了吸收估计在风险计算中的有用性。生物标记和组织残留可以证明暴露是否发生，被捕食生物的组织残留还可以用于估计捕食者会遇到的风险。

评价暴露时必须考虑生态系统和受体的特征。非生物属性会改变压力与受体间接触的量。如受污染沉积物的自然缺氧区域减少了底部取食的鱼类接触污染沉积物的时间，从而减少了对污染物的暴露。生物间的相互作用能影响暴露，如对优质资源的竞争可能会迫使部分生物体进入受干扰区域。暴露与受体行为间的相互作用也能影响暴露（包括初级暴露和次生暴露）。如有些化学污染物会降低生物的逃生能力，增加捕食者对化学物质的暴露以及被捕食者的捕食风险。换句话说，生物会避开其觉察到的污染区域、食物或水，减少对化学物质的暴露，但却由于栖息地或其他行为的改变增加了别的风险。

估计暴露时应考虑 3 个尺度：强度、时间和空间。强度是化学压力和生物学压力的最常用尺度，表示为每天接触的化学物质的量或单位面积上的致病微生物的数量。

时间尺度即暴露的持续周期、频率和时间。暴露的持续周期可以表示为超过阈值强度或综合强度的暴露时间。如果在相同的持续周期内，暴露不连续地重复发生，频率就成为重要的时间尺度（如河流高流量事件发生的频率）。如果重复事件的持续周期重要而且可变，那么持续周期和频率两者都需要考虑，且暴露时间也是一个重要因素。如美国阿迪朗代克山区的湖泊在融雪期间接收了高浓度的氢离子和铝离子，而这个时期正是某些水生生物的敏感阶段。

对化学物质进行评价时，强度和时间通常表示为一个时段上的平均强度。平均强度的持续时间由相关的生态影响和暴露可能发生的模式决定。如粒状呋喃丹引起的鸟类死亡是急性致命影响，该评价侧重于短期暴露。毒性试验一般使用恒定暴露，当暴露的实际可变范围不大时，可以很好地模拟真实世界中的暴露与影响，使用平均暴露是适当的。

但若是富集或接触速率偶尔发生或是可变性大，平均暴露就不能在毒理学意义上反映暴露模式，极端情况下平均暴露甚至完全不可用，评价者需要使用毒理学模型来评价慢性影响。

空间范围是暴露的另一个尺度，通常根据区域（如生物栖息地，超过某个特定化学阈值的面积）来表示。在考虑更大的空间尺度时，暴露的形态或排列也是一个重要问题，仅有区域不能恰当地描述风险评价的空间范围。目前，还没有统一的生态评价模式，但景观生态学和地理信息系统极大地发展了对暴露空间尺度的分析和描述手段。

3.3.2.2 暴露框架

暴露分析的最终成果是一个暴露框架。暴露应根据单位强度、空间和时间进行描述，并与影响评价相结合。评价者应该总结压力从源到受体的途径，完成暴露途径分析。暴露框架可以是一个书面文件，也可以是某个大型过程模型的一个子模块。但不管是哪一个，都要确保对于风险表征所需要的信息的收集和评价。此外暴露框架的编纂，为验证概念模型中识别的重要暴露途径提供了机会。

文本 4-3-29 暴露框架要回答的问题

- 暴露是如何发生的?
- 什么受到暴露?
- 暴露发生的时间、地点和暴露量。
- 暴露如何变化?
- 暴露估计的不确定性。
- 暴露发生的可能性。

暴露框架识别了受体，描述了暴露途径、共生或接触的强度与时空范围，描述了暴露估计的可变性和不确定性的影响，得到一个关于暴露发生的可能性的结论。

框架中应描述暴露途径的适用性。如果暴露通过多种途径发生，可以按每种途径对总暴露的贡献排列起来。如评价人在受汞污染的湖泊中取食的风险，由于鱼体内含有甲基汞（由受污染的沉积物引起），使人暴露于甲基汞下；当然，人也可能会通过饮用湖泊中的水而发生暴露。但相较之下，前者对人暴露于甲基汞的贡献要大得多。框架要识别可能暴露的生态系统实体。如水鸟夏季在特定的湖中觅食，暴露估计要描述觅食的种群的数量。

评价者应解释如何处理暴露的 3 个维度（强度、时间和空间）。仍以前述的水鸟为例，暴露可以表示为夏季月份内和整个湖泊范围内的平均每日潜在暴露剂量。

暴露框架还要说明由受体性质或压力水平引起的暴露变化的方式。如受污染的鱼种类越多，人取食量也就越大，暴露也就越高。暴露的可变性利用暴露分布或期望落在分布上的点估计来描述。累积分布函数（CDFs）和概率密度函数（PDFs）是两种常用表示方法。图 4-3-10～图 4-3-13 是对暴露数据的累积频率曲线举例，考虑到压力的范围、终点以及环境情况，生态风险评价的压力—响应关系要更复杂。当没有足够的信息描述分布时，可以采用点估计/符号描述（descriptor）方法。美国 EPA 推荐的符号描述包括：集中趋势，即分布的平均值或中值；高位，即期望 90%～99.9%落在暴露分布上的暴露估计；限度估计，指那些高于实际暴露的估计。

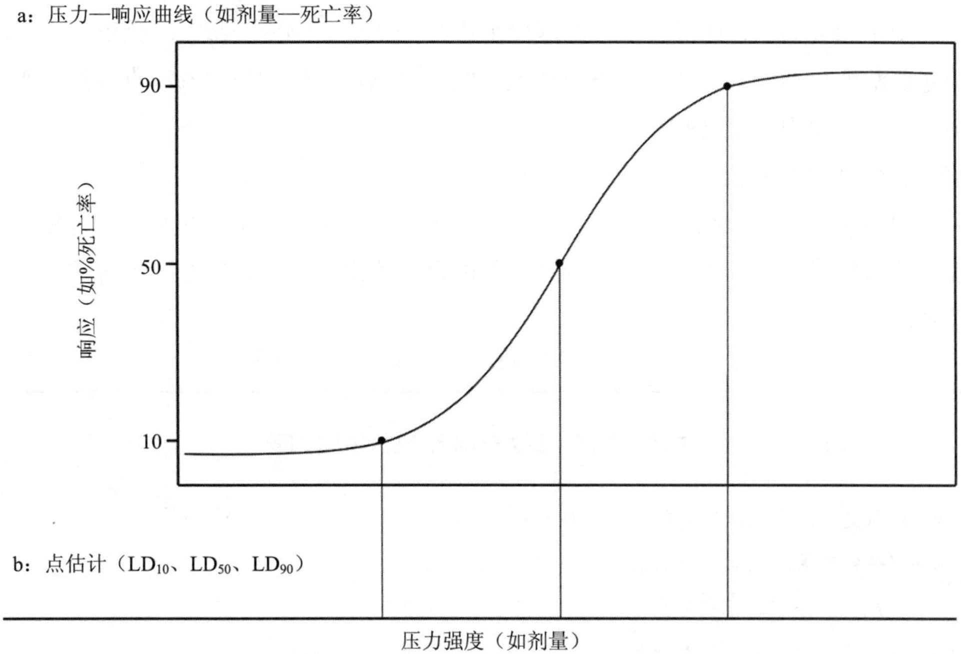

图 4-3-10　压力—响应关系的简单举例

暴露框架应对重要的不确定性进行总结。风险评价者尤其应该：

①识别关键假设，说明其处理方式；

②讨论（如果可能应定量）取样和/或测量的误差；

③识别影响暴露的最敏感变量；

④识别哪些不确定性可以通过进一步收集数据来降低。

定量真值的不确定性可以通过计算某个点估计的误差极限得到，如图 4-3-12 所示。

综上所述，就暴露发生的可能性得出一个结论，完成暴露框架。暴露框架是分析阶段的成果之一，在风险表征阶段与压力—响应框架综合。

3.3.3 生态影响表征

为对生态影响进行表征，评价者用压力来描述影响，并把它们与评价终点联系在一起，研究影响是如何随压力水平的改变而变化的。这一表征从研究影响数据来说明影响开始，检查这些影响与评价终点的一致性，并确认影响发生的条件是否与概念模型一致。一旦识别了相关影响，评价者要在此基础上进行一个生态响应分析，研究压力水平的改变引起影响变化的方式，并研究压力导致影响的依据，把影响与评价终点联系起来。在压力—响应框架中总结这些结论。

3.3.3.1 生态响应分析

检验生态响应分析有 3 个理论基础：压力水平与生态影响间的关系；压力暴露下影响发生或可能发生的合理性；当评价终点不能直接测定时，可测生态影响与评价终点间的关系。

文本 4-3-30 压力—响应分析的相关问题

- 评价是使用点估计还是压力—响应曲线？
- 评价是否需要确立“无影响”水平？
- 累积影响分布是否有用？
- 分析是否作为过程模型的来源？

（1）压力—响应分析。

要研究生态风险，就必须理解压力与作为结果的响应之间的关系。一个特定评价中使用的压力—响应关系取决于问题提出阶段定义的、分析计划过程中所反映的生态风险评价的范围和性质。例如，评价者可能需要对某个影响的点进行估值（如 LC_{50}）并与其他压力所引起的点估计值进行比较。压力—响应曲线的形状可用于决定某个影响的阈值是否存在，对于风险增加的研究，压力—响应曲线则可以作为影响模型的数据来源。如果有充分的有效数据，风险评价者可以利用影响的多点估计值来构造累积分布函数。风险评价者也可以使用由压力—响应关系组成的过程模型。

在压力—响应关系变化的理论基础上，本节描述了压力—响应关系方法用于风险评价的范围。图 4-3-11 描述了一些更为复杂的关系，并举例说明了实验室试验中浮游动物种群数量对杀虫剂的响应范围[66]。在野外研究中，如考虑到杀虫剂对浮游动物种群数量的潜在间接作用（如种群之间的竞争），这些响应会更加复杂[67,68]。更高水平的生物学组织水平上也可能会有更复杂的模式；生态系统可能会因为压力的影响而突然形成一个新的生物群落或生态系统类型。

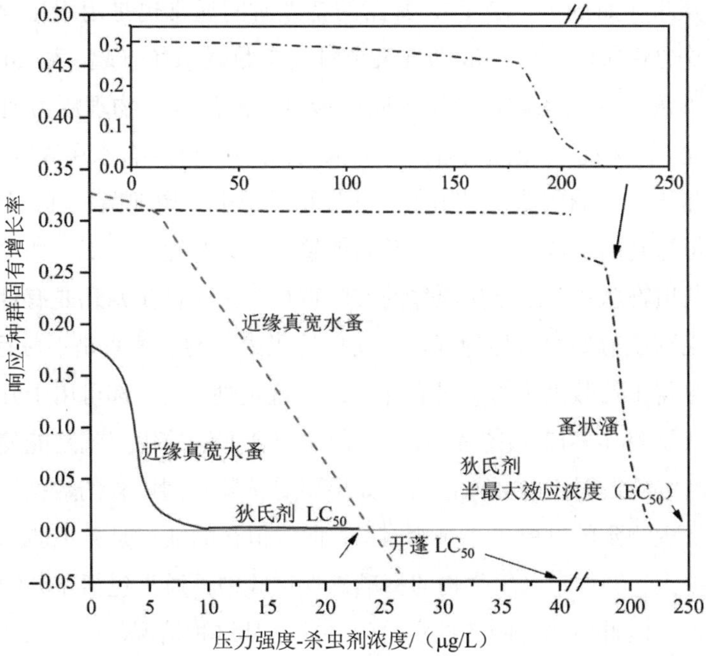

图 4-3-11 压力—响应关系的变化

简单情况下，分析的是单个响应的变化（如死亡率、反常现象的发生率），为单变量分析开发了大量的定量分析方法。如果相关响应是由多个变量组成的（如一个水生生物群落的丰度），就需要使用多变量分析方法。这些方法在生态学上的应用已有相当长的历史，但尚未广泛用于生态风险评价[69]。在分析压力—响应关系时，如果定量方法可行，那么定性方法也同样是可能的（见文本 4-3-31）。

文本 4-3-31　定性的压力—响应关系

压力和响应间的关系可以定性描述，如使用高、中和低来描述暴露于某压力的响应强度。举例来说，Pearlstine 等的研究表明种子在重要时期被水淹没将不会发芽[70]。这时的压力—响应关系仅需用是或不是描述。但大多数情况下要定量描述与暴露相关的响应强度，最好是描述响应强度随暴露增加的变化方式。

压力—响应关系可以用强度、时间或空间来描述。强度可能是使用最多的词，通常用于化学物质上（如剂量、浓度）。暴露的持续时间通常也是用于化学性压力—响应关系的，如半数急性影响水平一般都与某个时间参数联系在一起（如 24 h）；研究种子发芽率与土壤湿度间的关系时，暴露时间是最重要的尺度。物理压力通常关注的是空间尺度。例如，适当的栖息地范围内看到一只猫头鹰的可能性；含水层深度与树的生长[71]。

单点估计与压力—响应曲线可用于一些生物压力中。像细菌和真菌这样的病原体，接种水平（如每毫升孢子数，单位培养基内的繁殖体）与宿主情况（如单位叶面表面的损伤，受感染的植物总数）或与病原体的实际特性（是无性生殖还是有性生殖等）相联系。另外一些生物压力如引入物种等，用简单的压力—响应关系是不可行的。

从单个实验得来的数据不管有没有相关的不确定性估计，都可用于开发压力—响应曲线和点估计（见图 4-3-12 和图 4-3-13）。曲线拟合方法的优点就是能使用所有有效的试验数据，在测定的数据点间插入数值。如果要对试验范围以外的数据进行外推，风险评价者需要验证观测到的试验关系是否有效。曲线拟合的缺点是并不能总是有效地完成分析需要的数据点。例如，水生生物的标准毒性试验中，通常包括充分的试验处理以允许使用回归分析，但野生物种的毒性实验中并非常是这种情况。

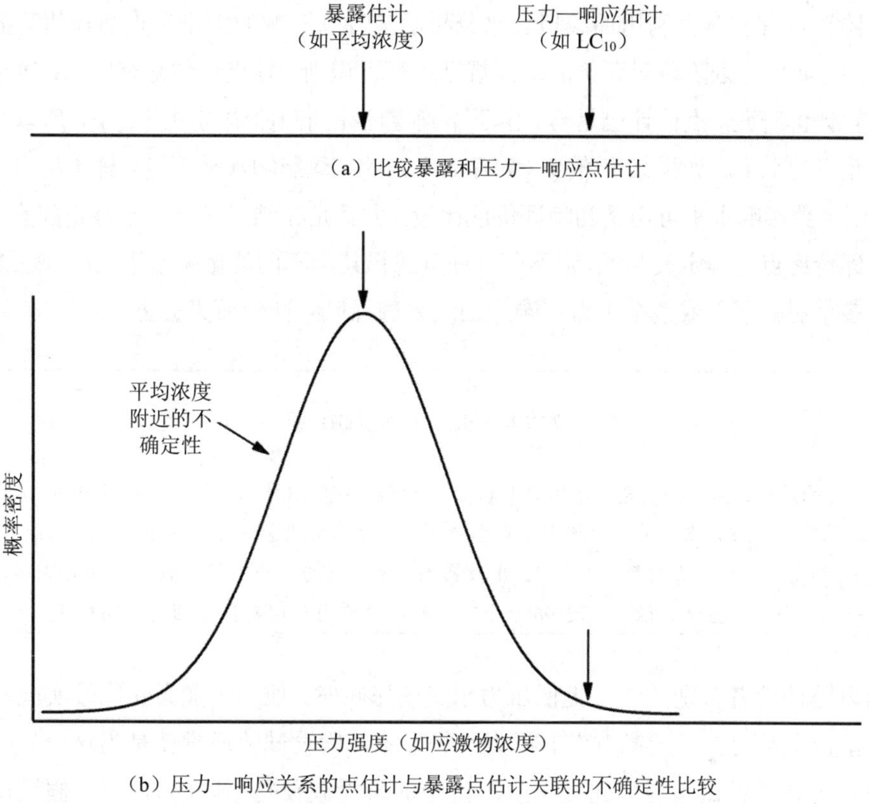

图 4-3-12　风险评估方法

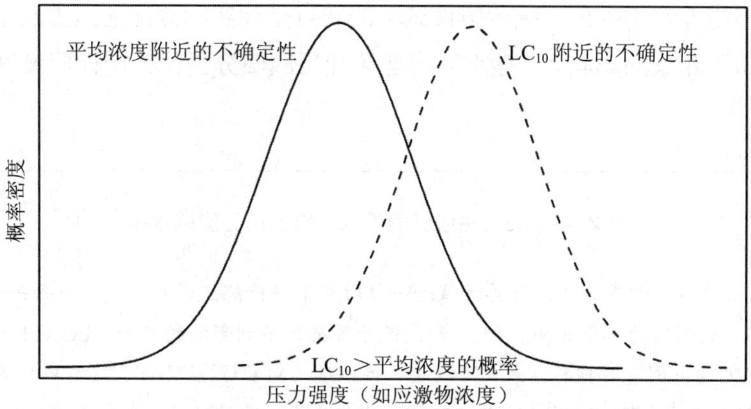

图 4-3-13　风险估计方法：比较点估计与关联的不确定性

风险评价者有时会利用曲线拟合来分析确定特殊影响的水平。点估计值可插入该拟合曲线中。如果计划阶段对评价的决策规则进行了识别，则点评估是有用的；对于简单评价或比较评价研究，点估计已足够。由于不确定性在回归曲线的中点最小，所以一般选择使用半数影响水平。如果某个终点（如存活率）的半数影响水平不能对评价终点进行适当预测，则半数影响水平可用于初步评价或比较，尤其是在结合了不确定修正因素时。如果没有为评价终点明确定义基准，则不可以任意选择某个不同的影响水平（如 10%、20%等），而运用多个影响水平或整个压力—响应曲线来进行风险评价效果会更好。

文本 4-3-32　半数影响水平

半数影响是指压力（特别是化学压力）暴露下 50%的试验机体受到影响。半数影响浓度常根据致死量或致死率、使用的浓度（在食物中或在水中）或剂量（mg/kg），表示为 LC_{50} 或 LD_{50}。半数影响与 EC_{50} 或 ED_{50}（如对生长的影响）不同。半数影响水平总是与一个时间参数（如 24 小时或 48 小时）联系在一起。由于这些试验很少超过 96 个小时，所以主要用于研究化学品的短期影响。

当风险评价者特别关注于更低压力水平的影响时，他们可能会在比较实验室处理和控制的基础上，建立“无影响”的压力水平。统计假设试验通常就是为这一目的而进行的（注意统计假设试验与问题提出阶段讨论的风险假设是不同的），统计假设试验的一个特点是风险评价者不必选出一个特定的相关影响水平。无影响水平由实验条件，如平行测定数和数据本身的可变性决定。因此，在报告无影响水平的同时，考虑实验中可检测的影响水平是非常重要的。统计假设试验的缺点是除实际测出的压力水平以外，很难评价与压力水平相关的影响。一些调查者建议使用回归分析作为统计假设试验的备选方法[72,73]。

文本 4-3-33　由统计假设试验得到的无影响水平

统计假设试验与化学压力的慢性毒性试验一起对多个评价终点进行研究。对每一个评价终点都要确定未观察不利影响的水平（NOAEL）和最低可观察到不利影响的水平（LOAEL）。在 NOAEL 和 LOAEL 之间的范围有时被称作最大可接受毒性浓度（MATC）。MATC 也可以作为 NOAEL 和 LOAEL 的几何平均值（即 GMATC），为比较不同化学压力的毒性提供一个有用的参照。根据 MATC 或 GMATC 得到的慢性试验结果在农药和工业化学品研究中得到了广泛应用[74,75]。

在野外观测研究中，统计假设试验常用于比较场所条件与参考场所。许多调查者就从不同的评价类型（通常不能进行平行试验）总结出适当结论的难点进行讨论。风险评价者应当检查场地是否经过仔细匹配，以最大限度地减少压力源以外的差异；并考虑是否在任何分析中都应包括潜在的协变量。与观测研究相比，野外实验研究的优点是处理方法能平行进行，提高由处理带来的差异的置信度。

可结合多个实验数据产生多点估计，从而形成一个累积分布函数。这些分布有助于识别影响少数物种或多数物种的压力水平。使用累积频率分布的一个限制是输入数据的需求量。累积影响分布函数也可以从模型中得到，这些模型在输入参数过程中测量或估计变量的基础上，使用蒙特卡洛分析法（随机抽样法）或其他方法产生分布函数。

当多种压力同时出现时，压力—响应分析尤其复杂。压力—响应关系可由各个压力单独建立后再结合形成。也就是说，一系列压力与响应间的关系可结合在一个分析中。这种方法更适合于对环境介质（如废水、受污染的土壤）中的复杂化合物进行直接研究，但同时考虑化合物中的样品试验与可能的时空变量间的关系也是非常重要的。对多重压力进行研究的方法依赖于压力测定的可行性及评价的某个对象是否结合了不同的压力。在有些情况下，多元回归分析可用于多个压力与某个响应的连接。Detenbeck 用这种方法来研究了由多个物理压力引起的湿地水质变化[76]。

（2）建立原因—影响关系（因果关系）。

因果关系是原因（一个或多个压力）和影响（对压力的响应）间的关系。若是没有建立良好的原因—影响关系，生态风险评价结论中的不确定性就可能会很高。对以观测到的有害生态影响（如鸟类和鱼类被杀或某个范围生物物种的变迁）开始的风险评价，开发因果关系尤为重要。

因果关系的证据可以来自观察（如农药的现场应用引起鸟死亡）或实验数据（有问题的农药的实验测试显示了与野外浓度相似水平的鸟死亡），而且当两方面的信息都有效时，因果关系得以增强。但并不是所有情形都能进行正式实验，科学家要寻求其他方法（主要居于观察而不是试验）来支持原因—影响关系的合理讨论。

压力和响应之间的联系强度常常是不利效应发现的主要原因，如鸟类死亡与特殊事件或行为间的联系。对一个假设的原因而言，较强的响应可能能够反映真实的因果关系。因果关系的额外证据是当假设因素改变后，响应也跟着变化（预测性能）。

生物梯度或压力—响应关系的存在是因果关系的另外一个重要标准。压力—响应关系不一定是线性的，它可以有一个阈值、“S”形曲线或抛物线形，但不管哪种情况下它都要能被证明。生物梯度，如随有毒物质排放距离的增加影响不断减小，经常作为因果关系的证据。为增加可靠性，这种关系应该与最新的生物学或生态知识一致（生物学合理性）。

文本 4-3-34 因果关系的一般标准

强烈确定因果关系的标准：

- 联系的强度；
- 预测的表现；
- 某个压力—响应关系的证明；
- 联系的一致性。

不接受该因果关系的标准：

- 联系的不一致；
- 时间不相容；
- 事实不可信。

其他相关标准：

- 联系的特殊性；
- 理论和生物学上的合理性。

原因—影响关系（联系的一致性）的重复证明为因果关系提供了有力证据。一致性可以由更多的发生在多样性的生态系统中的压力与响应之间关联实例体现，或体现于用不同方法证明的关联中。Fox 指出，在生态流行病学中，在多个物种和种群之间发生的关联是因果关系的有力证据[77]。举例来说，如大量鸟类物种因施用粒状呋喃丹而死亡。如果同样的事件由不同的人在不同的场合、不同的时间发现，则可以支持因果关系。

反之，压力和响应之间关联的不一致性是因果关系不成立的有力证明（如压力没有引起预期的影响，或影响发生了但却没有观察到先前确认的压力）。时间上的不协调（如假设的原因不是在影响之前）与实验或观测证据的不协调也都可证明因果关系的不成立。

文本 4-3-24 中其他相关标准中的两点，在定义因果关系上有一定的作用：某种联系的特殊性和概率的特殊性。影响越具体或越准确，就越可能具有一致的因果关系。疾病可能是由多重原因引起的，一种物质在不同环境中行为不同或引发不同影响，生化事件可能引起多种生物学响应。但一般来说，影响的特殊性或局部性越强，其原因就越容易确定。有时某种压力可能有暗示其作用的特殊行为方式，如观测到的鱼类和底栖无脊椎动物群落模式的改变能指示不同类型的人类活动的影响（如营养物质的富集与毒性）[78]。

Koch 提议的因果关系研究（见文本 4-3-35）对一些病原性生物压力是有用的[79]。

文本 4-3-35　Koch 假设[79]

- 病原体必须始终与特定的疾病一致；
- 病原体必须与宿主隔离，在培养基中生长；
- 接种到试验动物上时，要有相同的疾病症状；
- 病原体必须再次和试验机体隔离。

对化学物质影响的原因分析，生态毒理学家对 Koch 假设做了一些改动，为因果关系提供根据。这些改动如下：

①有毒物质引起的损伤、功能紊乱或其他假设影响必须与有毒物质的暴露及其他任何有关因素关联；

②有毒物质的暴露指示必须是在受影响的生物体内发现的；

③毒性影响的证实必须是在受控条件下有机体或群落暴露于有毒物，其他任何相关因素在受控暴露下要以相同的方式显示；

④在野外，要识别受控暴露下相同的暴露和影响指示物。

这些改动在概念上和 Koch 假设是一致的。尽管有用，但如果实验资源无法获得，或者如果可能在很大的空间范围内发生不利影响以致于实验和相关性的证明可能存在困难，甚至产生模棱两可的结果，则使用该方法是不切实际的。

Woodman 和 Cowling 提供了一个因果关系研究的特殊案例[80]。他们对航空污染对健康和森林产量的影响提出了 3 条规则：①森林中观察到的个别树木的受损或功能紊乱必须始终与可疑的因果关系联系在一起；②健康树木在受控条件下暴露于可疑的因果关系时，必须有相同的受损或功能紊乱现象；③当相同树种的分支在受控条件下暴露于可疑的因果关系时，必须出现与森林中树木相似的自然抵抗力和灵敏度的变化。

实验技术经常用来研究复杂化合物的因果关系。包括对混合物进行分组分研究，开发和试验某种人工合成混合物，或确定单个组分的毒性怎样与混合物的毒性关联。方法的选择取决于评价目的和资源与试验数据的可用性。

实验室毒性鉴定研究（toxicity identification evaluations，TIEs）有助于识别化合物的毒性组分。通过分馏和其他方法，TIEs 可以有助于识别有毒物质的化学反应，并揭示废水和沉积物中的不同化学物质的相对作用[37,81-82]。

在单个化学组分被充分了解的前提下，风险评价者可以利用人工合成化合物的数据进行研究。在处理混合物和研究混合物组分或其比例变化对混合物的毒性的影响时，这种方法是可行的，但需要对人工合成混合物的影响与环境中混合物的影响之间的关系进行假设。

（3）关联影响测定与评价终点。

评价终点表达了风险评价所关心的环境价值，但其通常不能被直接测定。当影响测定与评价终点不同时，它们之间就必须有固定清楚的联系。风险评价者应在分析阶段建立这些联系，尤其是需要依靠专家判断建立的联系，风险评价者可通过风险估值（在风险表征阶段）测定影响，并将这些影响测定与评价终点联系在一起。

文本 4-3-36 关联影响测定和评价终点的外推举例

由于并非总能够获取充足有效的信息，每个风险评价都有待解决的数据欠缺。当缺少时间、资金或获取更多数据的技术时，以下方面的外推是填补有效数据欠缺的唯一方式：

- 分类单元之间（如从大太阳鱼到彩虹鲑鱼）；
- 响应之间（如从死亡率到生长或繁殖）；
- 从实验室到野外；
- 区域之间；
- 空间尺度之间；
- 从短期收集的数据外推长期影响。

文本 4-3-37 选择外推方法的相关问题

- 评价终点的特殊性。
- 暴露的时间或空间范围是否暗示需要更多的受体或外推模型？
- 有效数据的数量和质量是否足以外推和建模？
- 外推技术是否与生态信息相符？
- 可接受的不确定性。

1）基本考虑。

在制订分析计划的过程中，风险评价者要掌握影响测定和评价终点间需要的外推法。风险评价的性质和有效数据的类型、数量大致决定了一个风险评价的保守性。在风险评价的初级阶段，由于缺乏充分评价所需要的数据和影响，所以一般使用保守评估。当某个风险已被识别时，后续阶段要利用更多数据来解决初期评价中的不确定性。

风险评价的范围也影响到了根据评价终点的性质进行的外推。一般营养级如食草动物的初步风险评价，可以在不同属或科之间进行外推，以获得对压力的敏感范围。另一方面，与对某个特殊物种的管理战略相关的评价可能要用到种群模型。

分析阶段的活动可能会提出额外的外推需求。暴露研究显示了与初期计划不同的时空尺度。如果空间尺度扩大，需要在外推模型中增加受体。如果压力是持续的，则需要在较长的暴露时期上推测短期响应，且种群水平的影响可能更重要。不管使用何种方法关联评价终点与影响测定，都必须遵从生态学原理，并使用足够的有效数据。例如，用结构-活性关系预测化学品毒性必须是该化学品与参照的化学品有相似的毒性作用模式。与此类似，若能考虑到物种在食物选择、聚集、生理学和季节性行为（如交配和迁移习性）等上的相似性，则在两物种间的外推会更具有可靠性。生搬硬套或与生物学不相符的外推会使评价失去所有的可靠性。

许多外推方法受到数据库有效性的限制。虽然对于化学压力和水生物种有许多数据是有效的，但并没有覆盖所有分类单元或影响。有关野生动植物、两栖类和爬虫类的化学影响数据尤其有限，大多数生物和物理压力的信息则更少。风险评价者应意识到外推和模型的有效性取决于数据，如果缺少足够的经验或对过程的基本原理不了解，则外推的不确定性很大。

风险评价者用来关联影响测定和评价终点的方法如下：

①基于专家判断。该方法不如经验或过程方法理想，但在缺少数据时是唯一的选择；

②基于经验或过程模型。经验外推使用经验或观测数据，无论是否可以整理到数据库中，过程方法均是基于对相关系统潜在运作的一定水平的了解。

2）关联影响测定和评价终点的判断方法。

专家判断法依靠风险评价者的专业技术、专家预测小组或其他能关联影响测定变化与评价终点变化的方法，是数据库不足以支持经验模型或过程模型无效或不恰当时的必要方法。在科学基础上作出的专家判断与经验或过程模型同样可信，可用于关联影响测定和评价终点。本节突出了地理区域之间、物种之间从实验室数据到野外影响的外推。

分析在预测生物压力（如引进物种）影响的过程中存在的不确定性，一般可采用专家判断的方法。例如，某个国家可能没有外来病菌侵害某些树种的影响测定数据，但涉及重要商业树种存活率的评价终点却只出现在这个国家。这时，应仔细研究和比较病菌的环境适应性及可能受侵害的树种的生活史和环境要求，确定潜在影响。虽然这样的专家预测方法的不确定性可能很高，然而此方法却是这种研究的典型方法。

在感兴趣地点开展研究是估计野外情况下生物体风险的最佳方法，但是此类数据可得性较差，通常风险评价者必须将实验室毒性试验数据外推。在所有影响外推的因素中，改变野外暴露的因素是最重要的，但实验室中无法研究的捕食、竞争和其他生物或非生物因素对生物暴露的间接影响也同样显著。化学品的直接化学效应在实验室试验和现场情况之间的变化，对于外推的总体不确定性的贡献不大。

除单物种试验外，多物种试验有时也可用于预测野外效应。多物种试验的优点是能研究真实生态系统的多个方面，但还是存在固有的尺度上的限制（如缺少顶级营养水平），不足以充分代表对评价终点重要的野外系统的特征。

文本 4-3-38　从实验室外推化学品的野外效应时要考虑的问题

暴露因素：

- 化学品的迁移转化如何影响野外的暴露？
- 暴露条件和暴露时间上的可比性如何？
- 暴露途径上的可比性如何？
- 非生物因素是如何影响生物有效率和暴露的？
- 生物有些什么偏好和回避行为？

影响因素：

- 对控制相关有机体数量的生物和非生物因素了解多少？
- 重要生命阶段数据的有用程度？
- 野外相同或不同压力下的暴露如何改变有机体的敏感性？

评价者需要将一个区域的野外数据外推到其他相关区域，或从实验室试验数据外推到多个不同区域时，经常需要专家判断。这两者情况都需要评价者考虑区域间的环境变化、空间尺度和异质性以及生态强制功能。同一物种不同区域上的响应可以相似，例如，粒状呋喃丹在农村被广泛使用，以种子为食的鸟类受到的影响被认为是相似的。然而环境条件也会对暴露和效应产生影响。

对生物压力，环境条件如气候、栖息地和适宜的寄主在压力形成中起主要作用。例如，气候可以阻止地中海果蝇进入更冷的美国东北部。因此，对区域环境条件的完全评估与对压力存在的自然栖息地的完全评估同等重要。即便如此，许多生物压力还是能够轻易适应环境条件变异，而且天敌和疾病的去除在压力形成中的作用可能大于非生物因素。

对物理压力，如火灾、洪水或温度变化，其影响取决于特定区域上人为变异和自然变异的差异性。两个区域的可比性依赖于自然干扰的模式和范围。

空间尺度和异质性会影响区域间的可比性。大范围上观察到的影响难以从一个区域外推到另一个区域，主要是因为空间异质性。有些因素如土地斑块的数量和大小、斑块间距离、斑块的连接性和导通（如迁移路径）和斑块形状等可能也是重要的因素。选择合适的参照场所（如可比较的生态区域内的场所）可增强外推法的可靠性。

生态强制功能在地理区域间可能会有所差异。生态强制功能是指那些对生态系统的结构和功能产生主要影响的非生物变量，包括温度波动、火灾频率、光照强度、水文状况等。如果这些因素在场所之间变化显著，就不适宜外推压力效应。

3）关联影响测定和评价终点的经验和过程方法。

根据评价的范围和数据、资源的有效性，很多经验和过程方法对风险评价者来说都是有效的。经验和过程方法包括影响测定和评价终点间的数值外推。这些关联可使用一个不确定性因子，也可使用需要大范围的影响测定、生态系统和受体特征的测定作为数据来源的一个复杂模型。但即使是最精确的定量模型也需要定性要素和假设并要求专家判断。应用模型并解释模型所得结果的人应熟悉模型所包含的根本假设和成分。

①经验方法。

经验方法来自实验或观测数据。影响数据充分，但当作用机理或生态原则所知有限时，需进行以不确定性因素或分类学为基础的经验外推。压力和受体的信息充分时，使用过程方法，如药物（代谢）动力学/药效模型、种群或生态系统作用模型。不管选择什么方法，风险评价者都要对该方法进行验证。

不确定性因子可用于保证影响测定能充分保护评价终点，它是影响测定值与经验数值的比值，以得到一个不会对评价终点产生不利影响的压力水平。依据生态毒理数据库可以确定化学品的不确定性因子，尤其是对水生生物。当需要在短时间内依靠少量信息作出压力危害对策时，不确定性因子很有效。

不确定性因子也可用于均衡不同终点（急性至慢性效应）、不同物种和不同试验条件（如实验室至野外）之间的评价终点/影响测定的差异。影响测定有效性的数量和类型与不确定性因子成反比[83]。不确定性因子也常被用于新化学品筛选水平的评价、农药对水生和陆生生物的风险评价和制定对人类健康影响的基准剂量[84]。

不确定性因子也有可能被误用，导致过度保护，尤其是在与没有经过充分验证的不确定性因子联合时。与其他填补数据缺陷方法一样，不确定性因子常常是以科学分析、科学判断及政策判断的结合为基础，在证明不确定性因子的应用基础时要注意区分这三个要素。

经验数据可用于改善种、属、科、目或功能团体间的外推。通常，目、纲、门之间的外推不确定性很大，但属内和属间的外推有一定的相似性。对该方法的进一步应用（如对化学压力和陆生生物）因缺少适当的数据而受到限制。

除分类数据库外，剂量—尺度或异速回归也可用于化学压力在不同物种间的影响外推。异速是研究有机体生长、发育过程中各部分的均衡变化。影响毒理动力学的作用过程（如肾清洗、基本代谢速率、食物消耗）在不同物种间会发生变化，一般根据表达为生物体重非线性函数的异速尺度因子确定。这些尺度因子可用于估计生物积累并促进物种间的外推[85,86]。尽管异速关系在人类健康风险评价中被普遍使用，但还没有广泛应用于生态学影响研究中。对化学压力，异速关系可使一个评价者不经过一般试验就可以估计物种的毒性效应，如当地哺乳动物。评价者对已知物种和某个相关物种间分类关系的考虑是非常重要的，关系越紧密，毒理响应就越相似。异速方法不适用于化学吸收、代谢或净化作用相差很大的物种间的外推。

②过程方法。

过程模型是外推一个系统或过程的特征或概要，并结合因果关系提供一种预测能力。与经验模型不同，它不依赖于有效的压力—响应信息。评价者使用过程模型将单独的影响数据（如死亡率、生长率和繁殖）转变为特定种群、群落或生态系统的可能变化上。这些模型可用于研究实验室不能轻易获得的关于压力对评价终点的危害和持续时间的风险假设。

模型有两种主要类型：单物种种群模型及多物种群落生态系统模型。种群模型描述有限个体组合在时间上的动态，广泛应用于生态、渔业管理，评估工厂和有毒物质对特定鱼类造成的影响；可帮助回答种群大小和结构的长期或短期变化，估计一种群超过或低于某特定丰度的概率[87]。多物种群落生态系统模型在评价生物压力（如引进物种或有害物种）的影响上很有用。

正确使用种群模型需要完全理解相关种群发展的自然史和压力影响生物学。模型输入包括种群中不同生物体生长率、生理学速率、繁殖力和存活率，以及种群暴露于压力及其他环境条件下时这些参数的变化。此外，种群密度对这些参数的影响非常重要[88]，在不确定性分析中应加以考虑。

文本 4-3-39 压力响应框架要解决的问题

- 哪些生态系统实体受到了影响？
- 影响的性质？
- 影响的强度？
- 恢复的地点和时间尺度？
- 压力和观察到的影响间有什么联系？
- 影响测定的变化怎样与评价终点的变化相关？
- 分析的不确定性？

多物种群落生态系统模型[89]在评价那些涉及结构（如群落组成）或功能（如初级生产力）的风险时特别有效；对研究次生影响也有效。可用于估计群落或生态系统各组分，如种群、功能类型、食物链或环境过程的变化。通过合并各个子模型，可以描述单一系统组分的动力学过程，研究生态系统下多个评价终点的风险。

风险评价者应在输入有效数据和预期的模型输出基础上，确定种群模型或多物种模型参数的聚合程度。例如，若需要对某个特定种群作出决策，食物链模型则不太适宜。模型参数聚合的假设应包含在不确定性讨论中。

3.3.3.2 压力—响应框架

生态响应分析的最终结果是一个总结性框架。该框架可能是一个书面文件，也可能是一个更大的过程模型的模块。无论是哪一种，其目的都是确保风险表征所需要的信息已被收集和评价。描述压力—响应框架的一个有效方法是设想它将被其他人用来进行风险表征。框架的编写还为验证概念模型中识别的评价终点和影响测定是否得到了评估提供了一个机会。

压力—响应框架中有诸多问题需风险评价者一一解决。根据风险评价的类型，受影响的生态系统实体可能包括单一物种、种群、基本营养水平、群落、生态系统或景观。影响的性质与评价终点密切相关。如果风险是单一物种受影响，则影响最好是适宜代表组织水平的参数，包括对死亡率、生长率和繁殖等的影响。应适当报告短期或长期影响。若是在群落水平上，则应根据评价终点，在结构或功能上总结影响。若是景观水平，则可能有一系列评价终点，应分别研究。恢复的空间范围与时间等相关信息也适宜用于描述影响强度。因果分析尤其是对包含野外观测数据的评价很重要。

理想的压力—响应框架应按评价终点表示影响，但有时却不可能实现；需要在评价终点和影响测定间进行定性外推时，压力—响应框架可能仅包含关于影响测定的信息。这时，风险评价者应先估计影响测定，将评价终点的外推留到风险表征阶段进行。

风险评价者要清楚地描述生态响应分析中的不确定性。如果需要从影响测定外推评价终点时，要描述该外推和外推的基础。同样地，如果计算某个基准或相似的参考剂量或浓度，则要对该过程中的外推和不确定性进行讨论。风险评价者还应清楚地描述模型中用到的主要假设和缺省值。

在分析阶段的最后，压力—响应框架和暴露框架均需被用于估计风险。这些框架回顾了已知信息并将其总结为最适宜的风险表征形式。不管框架的形式如何，它们都保证了风险表征所需要的有效信息。

3.4 风险表征

风险表征（见图 4-3-14）是生态风险评价的最后一个阶段，是计划、问题提出与评价终点相关的预测或观察的不利影响分析的综合。风险表征的完成，使风险评价者可以阐明压力、影响及生态系统实体间的关系，得到现有或预见的不利影响及暴露发生的结论。风险评价者首先利用分析阶段的结果对问题提出阶段识别的评价终点中所包含的生态系统实体的风险进行估计。估计风险后，评价者要描述根据不利影响的重要性排列的风险估值，并描述支持其可能性的证据队列。最后，评价者需识别和总结风险评价中的不确定性、假设和限定因素并向风险管理者报告结论。

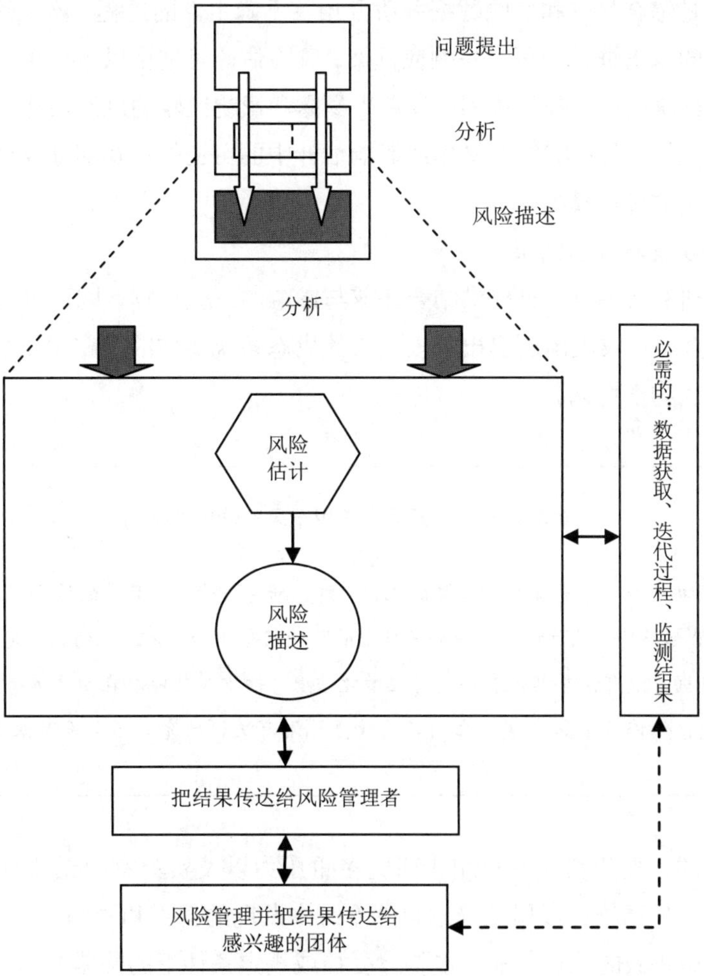

图 4-3-14　风险表征

风险表征的结论应给出明确的信息，供风险管理者作出环境决策。如果不能充分定义风险并支持一个管理决策，风险管理者可能会选择开展新一轮的风险评价过程[90]。再次评估概念模型（以及相关风险假设）或开展额外的研究工作也许能够改善关于风险的估计。此外，监控计划也可以帮助风险管理者评估某一风险管理决策的结果。

3.4.1 风险估计

风险估计是综合暴露和影响数据并研究相关不确定性的过程。该过程使用的是根据分析计划开发的暴露框架和压力—响应框架。风险估计可使用以下一种或多种方法来进行：①野外观察研究；②分类排列；③单点暴露和影响比较的风险估计；④综合完整的压力—响应关系的比较；⑤综合暴露或影响估计中的可变性；⑥部分或全部依赖于暴露和影响近似理论的过程模型。

3.4.1.1 野外观察研究的结果

野外观察研究（调查）可提供结合暴露与影响的经验证据，因而可以作为风险估计方法。野外调查通过收集问题提出阶段定义的生态系统实体的暴露和影响数据，来测量自然条件下的生物学变化。

文本 4-3-40 野外方法用于风险估值的举例

美国 EPA 根据粒状呋喃丹施用后鸟类的死亡事件，研究呋喃丹对鸟类的风险。文件记录了近 30 种鸟类的超过 40 起事件。虽然评价者用的是单个的野外研究（如缺乏适当的控制场所，缺少动物尸体研究效果的数据，没有检查其他农药的潜在增效作用，缺少对其他潜在受体如小型哺乳动物的考虑）来识别问题，但许多迹象表明死亡率与呋喃丹施用有关，研究的不足没有改变评价中关于高风险的结论。

野外调查的主要优势是它可用于研究多重压力以及实验室中无法复制的复杂生态系统的关系。野外调查可以用来描述自然系统中发现的暴露和影响（包括二次影响），而依实验室数据所做的估计一般只能描述受控或规定条件下的暴露或影响的其中之一。

尽管野外研究能最好地再现出真实情况，但与其他的研究方法相比，其局限性包括：①缺乏对真实情况的复制；②在获得典型样本上有偏差；③无法测量系统的重要成分或随机变化。进一步说，野外调查中观察影响的缺乏是因为探测生态影响的灵敏度不够。

在描述野外调查结果时，一些假设或限定条件需要清楚地结合起来。一个主要限定条件为是否支持压力和影响间的因果关系。除非仔细调查因果关系，否则，如果影响是由不相关的压力因素引起的，则对于观察到的影响的结论可能是错误的。另外，对单一地点进行的单次野外调查通常不具有预测性，它描述的影响仅与过去和现在条件下的暴露场景有关。

3.4.1.2 分类排列

在某些情况下，专家判断或其他用于排列风险的评价方法使用诸如“低、中、高”“或是”“不是”等对风险进行分类。这种方法多用于暴露和影响数据有限，或是不易用定量术语来表达的场合。由于引进相关物种的暴露和影响数据的局限性以及用于评估的资源有限，美国林务局用定性分类方法对从某国进口原木而引起的害虫进行风险评价[20]。

文本 4-3-41 使用定性分类来估计引入某种物种的风险

对某国原木的进口要求对可能引入的树皮甲虫带来的风险进行评价。专家在判断物种群集和传播的可能性的基础上，用高、中、低来表示甲虫确立（暴露）的可能性或随之发生的影响。不确定性也同样表示出来。然后将各单独成分加和，成为全面的风险估计（高、中或低）。风险的叙述说明伴随着全部分类等级。

分类方法能用来把定性的判断转化为一个数学比较。这些方法常用在比较风险过程中。例如，Harris 等在评估绿色海湾（密歇根湖）威斯康星河的风险减少机会时，雇用了一个专家组来比较多个压力与其潜在影响的相关风险[91]。基于模糊理论的数学分析被用来把来自许多观点的每种压力的风险进行分类，包括直接风险的程度、影响的持续时间以及预防和补救手段等。结果适用于在最好的专家判断的基础上，对压力的潜在环境风险进行分类。

3.4.1.3 单点暴露和影响比较

当有足够的有效数据可以用来定量估计暴露和影响时，最简单的比较估计方法是比值法。通常，比值（或商）是暴露浓度除以影响浓度。由于化学品的毒性参与值或基准值可广泛获取，因此商常在针对化学压力源的评价中使用。

商值法的主要优势是简单、迅速，风险评价者和管理者能熟练使用。商值法提供了一个有效、低耗的方法识别风险的高低，使决策者不需要更多信息就能作出风险管理决策[92]。

文本 4-3-42　商值法的应用

对化学压力使用商值法时，在用暴露量除以影响浓度或剂量（如 LC_{50}、LD_{50}、EC_{50}、NOAEL、LOAEL）之前常通过不确定因素来调整。虽然美国 EPA 在对施用粒状呋喃丹（granular carbofuran）的农田中的鸟类存活率进行风险估计时使用的是一个略微不同的方法，但在这种情况下，EPA 所计算的商值是将估计的土壤表面呋喃丹颗粒的暴露水平（颗/$ft^2$①）除以由单剂量鸟类毒性试验得到的颗/LD_{50}。假定更高的商值对应的是一只鸟暴露于表面土壤中粒状呋喃的致死水平的可能性提高。对以近 10 种不同农作物为食的鸣禽、陆上猎鸟和水鸟估计 LD_{50}/ft^2 的最小值和最大值。

商值法可用于综合多重化学压力的风险：将每个暴露水平分别除以相应的毒性终点（如 LC_{50}、EC_{50}、NOAEL），得到混合物中单个组分的商。虽然化学混合物的毒性可能不等于各组分的和，但商值累加法假设毒性是可加或近似可加的。当混合物中化学品的作用方式类似时，这个假设适用，但也有证据表明即使化学品的作用方式不同，相互间加成或近似加成的作用也是常见的。由于许多支持性研究均是使用水生生物开展的，可能与其他终点、暴露场景或物种不相关，所以在假设混合物中的化学品彼此独立作用时应注意。当化学品组分的作用方式未知时，有关化合物相互作用的假设和基本原理应该明确说明。

商值法也有很多局限性[93]。商可以回答风险高低，但不能回答风险管理者要求风险定量的决策问题。例如，一种风险降低方法使商从 25 减到 12，由于相应的评价终点的影响很难用商值解释清楚，故这样的情形下该方法实用性较差。商值法的其他限制可能是由问题提出和分析阶段的不足引起。例如，96 h 内实验室稳定暴露试验的 LC_{50} 可能不适宜评价短期的、波动的暴露影响。

① $1\ ft^2=0.092\ 903\ m^2$。

文本 4-3-43　比较暴露分布与影响的点估计

美国 EPA 防止污染和毒性办公室使用概率稀释模型（PDM3）来生成以某个模型系统的流量变化估计为基础的平均每日化学品浓度的分布。PDM3 模型将这种暴露分布与一种水生生物的毒性试验终点比较，以估计每年终点浓度超标的天数。超过频率取决于用来产生影响终点的毒性试验的持续时间。但是，在终点是相关的剧毒性水平的情况下，如果在该水平超过 4 d 或更长时间（不必要的保守），则超过的程度被识别。因为假定化学物质在水中能瞬间混合且没有物理、化学或生物降解影响带来的损失，所以暴露估计是保守的。

商值法可能不适宜预测次生影响（虽然这些影响可能推断出来）。超出简单商值预测范围的相互作用和影响，可能对于描述压力暴露下的全部影响（如生物蓄积、富营养化、被捕食物种的丧失、物种入侵的机会）至关重要。

商值法大多没有明确考虑不确定性（如从试验物种外推相关物种或群落）。然而，某些不确定性可以综合到单点估值中，提供一个影响点估值可能超过暴露点估值的表述。如果暴露的变化被量化，那么影响的点估计就能与累积暴露分布作比较。

考虑到商值法的作用和局限性，风险评价者在使用商值法估计时要考虑以下要点：

- 影响浓度怎样与评价终点关联？
- 包含了哪些外推？
- 暴露的点估计如何与暴露中潜在的时空变化关联？
- 是否有足够的数据提供评价终点的置信区间？

具体讨论见文本 4-3-44。[物种的 LC_5 资料的百分数等级资料可采用公式（$100\times n/(N=1)$）]计算得到，n 为 LC_5 的数量等级；N 为数据点的总数[94,95]。

文本 4-3-44　比较化学压力的累积暴露分布和累积影响分布

化学压力的暴露分布能与从不同物种的急性毒性点估值或慢性毒性值得来的影响分布进行比较。图 4-3-15 给出了某种除草剂的暴露浓度分布与其对藻类（一种导管植物）的单一物种毒性数据的比较。曲线的重叠程度指出了部分物种受到不利性影响的可能性。例如，图 4-3-15 指出海藻的 LC_5 值的第 10 个百分点不超过当时的 10%。

这种方法的预测价值是很明显的。与风险减少方案有关的暴露变化能使风险得到减轻，减轻的程度可以通过比较修正的暴露分布和影响分布曲线轻易确定。

当使用从单物种毒性数据得到的影响分布时，风险评价者应考虑以下问题：

- 应用毒性试验数据的物种是否代表了环境中物种的范围？
- 分布中是否体现特别敏感（或不敏感）的生物群？
- 如果选择了一个标准水平，如保护95%的物种，那么受到潜在影响的5%的物种是否包含了具有生态、商业或娱乐重要性的生物体？

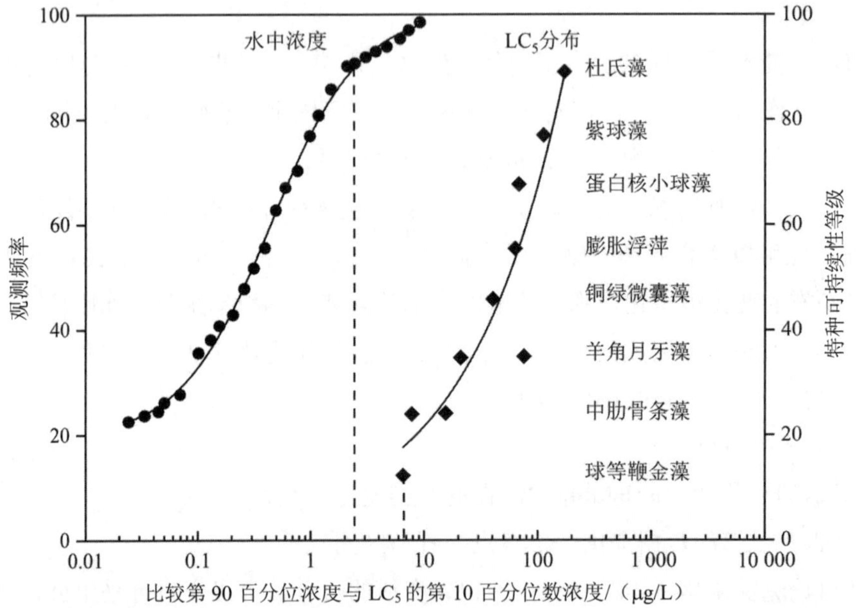

图 4-3-15 风险评价方法：比较地表水中除草剂的暴露分布和湖水单一物种毒性资料

3.4.1.4 综合完整的压力—响应关系的比较

如果有一条有效关联压力水平和响应大小的曲线，风险估计就能检测到不同暴露水平下的风险（见图 4-3-16）。这些估计在风险评价结果没有超越预置的决策规则（如毒性基准）时尤其有效。

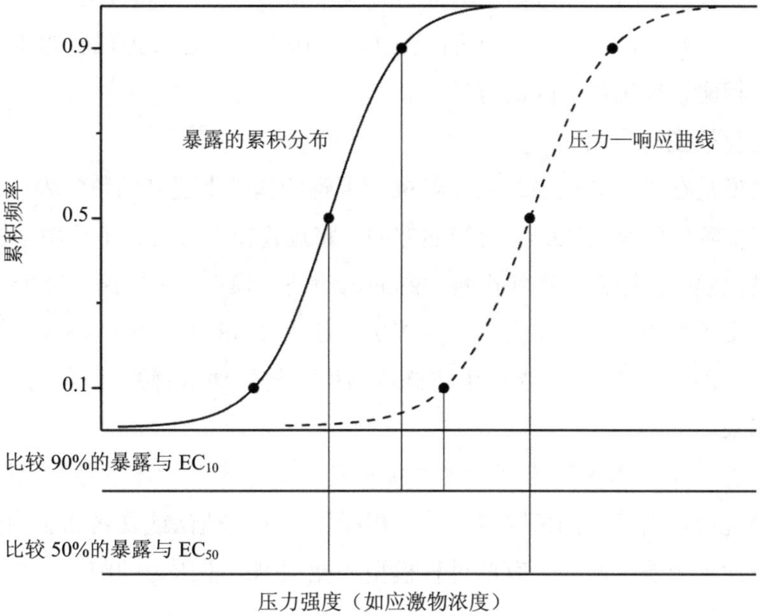

图 4-3-16 风险估计方法：压力—响应曲线与暴露的累积分布

将压力—响应曲线与暴露的累积分布进行比较既有优势，也有局限性。影响曲线的斜率显示了暴露改变引起的影响变化的大小。预测不同暴露场景下，影响的可能性和变化大小可用于比较不同的风险管理方案。在压力—响应或暴露估计中可以通过不确定性计算来综合不确定性。对暴露和压力—影响曲线的比较提供了一种商值法所没有的预测能力。但与商值法一样，问题提出和分析阶段的不足带来的局限性可能会限制结果的应用。这些局限性可能包括：没有完全考虑次生影响；假设决定压力—响应曲线的暴露模式与环境中的暴露模式可比，疏忽了对不确定性的考虑，如从试验物种外推相关物种或群落。

3.4.1.5 综合暴露或影响的可变性的比较

如果暴露或压力—响应框架描述了暴露或影响的可变性，则可计算多种不同的风险估计。暴露的可变性可用于估计被调查种群中的适度或高暴露群体的风险，而影响的可变性则可用于估计平均或敏感群体的风险。这种方法的主要优点是它能预测不同暴露场景下影响的大小和可能性的变化，提供不同风险管理方案的比较。该方法的局限性有：

与前述方法比较，要求增加数据；隐含的对暴露和影响数据的假设要充分表现出来；与商值法一样，本方法也不太适宜研究次生影响。因此，它是一种理想的通过与野外研究或其他证据相比较来确认风险的方法。

3.4.1.6 过程模型的应用

过程模型是在对要评估系统的操作机制了解的基础上建立的数学表达。它是分析阶段和风险表征阶段的有力工具。为表述方便，将过程模型分为：单独用于暴露或影响研究的分析过程模型；综合暴露和影响信息的风险估计模型。美国路易斯安那州低洼森林沼泽地的水文条件的长期变化上的风险评价，使用 FORFLO 模型将大堤的属性、位置与相应的水位测量（暴露）、森林生物群落结构与野生动植物栖息地适宜性（影响）的变化联系起来。

在风险评价中使用过程模型的主要优点是能够考虑假设场景并预测限制风险估计技术所用的观察数据以外的风险状况。过程模型不像商值法或暴露和影响分布比较法，它能够考虑次生影响；此外，有些过程模型还能预测多重压力的综合影响。

文本 4-3-45 用过程模型估计风险

过程模型综合了暴露和影响信息的模型，能用于风险估计。风险估计过程中，突出某个过程模型方法的优势和局限性是很重要的。Brody 等耦合了两个过程模型，以综合暴露和影响信息，预测森林生物群落和野生生物栖息地价值的时空变化[60]。尽管在理解森林生物群落和野生生物栖息地的变化机制的基础上，这些模型能突出长期影响，但局限于它们所考虑的植物和野生生物，它们不能研究相关的所有可能压力。理解模型的作用和局限性对正确表现评价中的置信度是必要的。

过程模型的输出可以是点估值、分布或相关性；但不管是什么，风险评价者都要对其进行仔细解释。它们可能意味着比适当的、或常常观测到的没有足够注意的潜在假设有更高的确定性。对很多物种的生命史缺乏认知、不完全了解某个特定生态系统的结构和功能等信息通常无法在模型结果中显示。由于过程模型的好坏仅依赖于它们的假设基础，所以它们应被当作真实的假设表现来对待，除非有合适的经验数据来否定。将模型结果与野外数据进行比较，来检查评价者对系统的理解，特别是对问题提出阶段描述的风险假设是否正确[96]。

3.4.2　风险描述

估计风险后，风险评价者需要解释和讨论与评价终点的风险相关的有效信息。风险描述包括对支持或反对风险估计的证据的研究和对评价终点不利影响的重要性的解释。在分析阶段，风险评价者可能已建立评价终点和影响测定、证据排列间的关系。若尚未建立，则风险评价者可以定性地关联有效的证据排列和评价终点。不管是用哪种风险估计方法，支撑风险估计的方法描述与风险估计本身是同等重要的。

3.4.2.1　证据排列

开发证据排列可为研究风险估计的置信度提供一个过程和框架。它既不是经验主义者要求的证据类别，也不是对证据权重的精确检验（注意："证据权重"有时也用于法律讨论或其他文件）[97,98]。证据排列不再强调以定量赋值为基础的对立因素间的平衡，其包含了定性信息在内的所有信息，是一个更兼容的方法。风险评价者要提供一个风险评价中包含所有证据排列的完整解释，而不是对压力暴露下的数字计算和结果中得来的生态影响进行简单的解释和描述。

风险评价的置信度可以通过使用多个证据排列来进行解释和采用比较风险估计的方法以得以提高。这些证据排列可能来自于与评价终点的不利影响相关的不同压力或不同方法，如商估计、模型结果或野外观察试验等。

风险评价者在研究证据排列时应主要考虑 3 个因素：①数据的充分性与质量；②证据中不确定性的程度和类型；③证据与风险评价问题的关系。

数据的质量直接影响了风险评价者对评价结果的置信程度和从中得到的结论。对单个证据排列要考虑的特殊关注包括：试验设计对某个特定评价中的问题是否恰当；关于数据质量的目标是否清楚？能否达到？在确定是否有足够的数据进行分析，以及分析对识别压力引起的干扰是否有足够的敏感性和牢固性时，评价相关生态系统实体的属性的自然变异性非常重要。

评估每个证据排列中的不确定性与数据质量直接相关。不确定性的一个主要来源就是对数据的外推。外推量越大，评估中的不确定性也就越大。例如，从一个物种外推到另一个物种，还是从一个时空尺度外推到另一个时空尺度？结论是从实验室外推到野外影响所得到的，还是根据有限信息推断得到的（如化学品的结构－活性关系）？影响的可能性评价中用到的是无影响水平，还是低影响水平？风险评价者在评价特定证据排列的相关重要性时要考虑上述问题中的和其他的不确定性。

根据作为生态系统实体的评价终点及其属性，证据排列与风险评价中问题的关联程度决定了他们的相对重要性。证据排列与风险假设直接相关，在确定性机制上建起一个原因一影响关系的证据排列可能是最重要的。

风险评价者在此过程中不仅要列出能支持或反对风险估计的证据，还要仔细检验每个因素并研究它对风险评价的作用。证据排列的重要性就是使每个因素都得到描述和解释。数据或研究结果在质量不足时通常不被报告或进一步应用。但如果这些数据或结果通过此过程被删除，则可能会丧失一些有助于改进研究方法的有价值的信息。

考虑用野外研究和商值法来描述粒状呋喃丹的两种证据排列。这两种方法都与评价终点（施用粒状呋喃丹的农田中的鸟类存活率）有关，也都与概念模型中所描述的暴露场景有关。商值法在表达风险增量时能力有限（如由商值“2”代表的风险与由商值“4”代表的风险），而野外研究则有一些设计缺陷。但来自野外研究的证据因果关系强，与试验得来的商一致，对评价终点高风险的结论置信度高。

有时证据排列可能会指向不同的结论。重要的是要对导致不一致的可能原因进行调查，而不是忽略引起不便的证据。首先要检查是否真的不一致，还是由于检测统计能力的差异而引起的。例如，模型可以预测野外研究还没有观察到的不利效应。风险评价者应考虑野外研究的实验设计是否有能力检测预计差异，或是终点测定是否与所用的模型匹配。同样，模型在预测时也有可能与实际不合。进行风险评价的迭代和更多数据的收集有助于解决不确定性，但并非总是有效。

风险表征阶段要研究的证据排列应在风险评价的早期（问题提出过程中），通过开发概念模型和选择评价终点进行定义。在分析计划中应综合对解释证据排列有用的测定，包括回顾、分析和总结风险评价中的不确定性的方法。

风险评价通常仅依赖于实验室或场内生物测定以评价压力暴露下发生的不利效应。尽管这些生态效应没有表现在野外研究中，但经过实验室中验证的效应不应被忽略。

3.4.2.2 确定生态不利性

在确定生态不利性时，风险表征首先要估计评价终点的预期变化，并研究能支持这些变化的证据排列。进一步则要说明这些变化是否具有不利性。所谓的不利生态效应是指那些改变所考虑的生态系统实体的价值结构或功能属性的不良变化。风险评价者要研究不利性的程度通常很困难，一般以风险评价者的专业判断为基础。

风险评价者在与风险管理者讨论风险评价的结果时，应考虑到其他因素，如生态损害后的经济、法律和社会后果。风险管理者则利用所有这些信息来决定一个特定的不利效应是否能接受，再将风险传达给感兴趣的团体时也是有用的。

文本 4-3-46 什么是影响的统计学意义？

统计试验是“导致真实假设或虚假假设建立的统计过程或决策规则……”。统计意义以数据点的数目、分布的性质、处理变异是否超过了对数据的处理变异以及一个先验的重要水平为基础。统计试验的类型及对这些试验的适当规则应在问题提出阶段的分析计划过程中确定。

在研究评价终点上的不良变化时有以下标准：

①影响的性质和强度；

②时空规模；

③潜在恢复。

研究这些标准的程度取决于风险评价的范围和复杂性。但即使在简单的情况下，对潜在假设和科学判断的理解也是很重要的。例如，当先前建立的决策规则（如某个压力基准水平）被超过时，其超过量可以作为不利性发生的证据，要对其作为不利因素的原因理解清楚。另外，由于没有一个不利性是被单独确定的，对任何不利性的评估都要检测所有相关标准。

为了将不利性生态变化与生态系统的正常变异或生物的轻微、不重要改变区分开来，可以考虑影响的性质和强度。例如，以一个物种的生存、生长和繁殖作为评价终点，预期影响应包括生存和繁殖，还是仅有生长？如果后代的生存受到影响，其下降以多少百分率为准？

风险评价者在研究影响的强度时，要同时考虑影响的生态学和统计学意义。如统计学意义上的鱼类生长率下降 1%可能与鱼类种群变异的评价终点不相关；对一个繁殖速度慢的树种，繁殖率下降 10%要比对一个繁殖速度快的浮游藻类的影响严重。

自然生态系统的变异使得判别（检测）与压力相关的干扰变得困难。如海洋鱼类种群上的自然波动通常很大，能达到几个数量级。各个周期的重复现象（如鸟的迁徙、潮汐等）也很重要，它可能掩盖或延迟了与压力相关的影响。在背景变异的基础上预测人为压力的影响可能很困难。因此，野外研究中没有统计意义的影响并不意味着不存在不利性生态效应。风险评价者在作结论时要考虑其他证据排列。

在生物学层次上考虑影响发生的位置并考虑生态变化发生的机理也是很重要的。风险评价者可能依赖于对机理的解释，以描述复杂的生态系统作用和被生态组分的变异所掩盖的影响结果。

风险评价的界限（全球、景观、生态系统、生物体）在问题提出阶段的分析计划中被初步定义。在分析阶段研究特定的暴露和影响场景时，这些时空尺度被进一步确定。空间维数包含了暴露的程度、模式和景观影响的范围。要考虑的因素包括：受影响的绝对面积、与更大的区域比较重要栖息地受影响的程度、受影响区域在景观中的任务或作用。

评价终点的不利效应随影响的绝对面积的变化而变化。一个更大的受影响面积可能是：①受更多压力的影响，由于压力的相互作用而变得更复杂；②很可能包括敏感物种和栖息地；③由于很多生态系统被压力改变，对景观水平上的变化敏感。

小区域的影响也并不总与较低的风险相连。景观上区域的功能比绝对面积更重要。小而独特的区域（如重要的湿地）的破坏可能对当地野生生物有重要影响。同样，在河流系统中浅滩和水塘提供了重要的小栖息地，对维持整个河流生态系统的结构和功能意义重大。作用在这些小栖息地上的压力可能对整个系统引起不利效应。

生态景观和种群动力学间的联系使空间因素对很多物种都是重要的。景观间的联系可以为受影响的种群提供庇护，生物则需要栖息地间的通道来保证迁徙。

生态系统的时间尺度可以从秒（光合作用、原核生物的繁殖）变到世纪（全球气候变化）。森林生态系统的逐步改变是几十年或几百年的过程，可能受到外部因素如气候等的缓慢变化的影响。在解释不利性时，风险评价者应认识到多重自然时间尺度内压力引起的变化的时间尺度。另外，对生态系统时间上的响应可能有滞后，从而对压力的响应可能也会延迟。因此，从立即可见的影响中识别长期影响很重要。例如，由水生生物系统的富营养化引起的可见变化（浊度、大型植物的过度生长、种群衰退）可能不能作为多年内最初营养水平增长的证据。

对不利效应时间尺度的考虑导致了逻辑上对恢复的考虑。恢复是指回归压力引入前的状况的速率和程度（这里讨论的恢复是自然过程的结果，而风险减轻可能包括促进或加速恢复过程的修复行为）。即使在自然条件下，生态系统也是一个随着物理环境（如气候、自然干扰等）的变化等而不断动态变化的，期望系统静止在某个水平或精确地回归到扰动以前的状态是不切实际的[99]。因此，应明确定义一个“恢复的”系统的属性，如富营养化系统中的生产力下降、某个特定密度上的物种的重建、被损害栖息地中的物种的迁移或是染病生物的健康恢复。

尽管预测生态系统的恢复有困难，但恢复仍是可被评估的[100]。如区别经常可逆的变化（如受污水排放影响的河流的恢复）、一般不可逆的变化（如引入物种）以及总是不可逆的变化（如物种灭绝）。风险评价者在研究不利性时，应考虑生态系统或其组分的重要结构或功能的潜在不可逆变化。

相关恢复的速率也能被估计，如暴露于被可降解化学物污染的河流中的鱼类的恢复要比河流疏浚引起的栖息地改变的恢复快得多。风险评价者在研究相关的恢复速率时，可以利用相关因素，如生物生活史的时间尺度、物种补充能力和种群的营养动态等相关知识。渔业的储备或森林的恢复可能需要几十年，底栖无脊椎动物群落的恢复需要数年，浮游生物群落的恢复需要数周或数月。

风险评价者在研究人类压力下恢复的可能性时，要注意自然干扰的问题。反过来，若是一个生态系统已经适应了某种干扰模式，则该干扰清除时生态系统可能也会受到影响。

文本 4-3-47 举例说明了生态不利性标准（影响的性质和强度、时空规模、恢复）如何应用于海上石油漏出的清除。它说明了系统的恢复不仅依赖于压力清除的速度，还依赖于这些清除行为影响恢复的方式。

文本 4-3-47　确定生态不利性的标准——假定举例

海上发生了一次碰撞，使得一个油船在离岸 3 km 处泄漏了 1.5 亿桶#2 油。预测盛行风将在 48～72 h 内携油至岸。海岸线上有无数个小港湾撑起了大范围的浅滩、斜坡的潮下群落和丰富的潮间群落。初步评价认为，如果不采取措施，将会给这些群落带来巨大的风险。进一步的风险评价用来确定选择两种方案中的哪一种来清除油层。

方案 1 是用一种分散剂破坏水上浮油，这将会减少大范围陆上污染的可能性，但会导致对商业渔场重要的浮游动物、浮游植物和浮游鱼类的大范围死亡。方案 2 是试图去收集和抽取尽可能多的油；该方案期待风向的改变能将浮油从岸边带走，并在海上自然分散。否则，油层将会污染大范围的潮下和潮间泥滩、潮间群落及海滩，对鸟类和哺乳动物产生危害。假设一个超过评价终点（如浮游、底栖和潮间群落的结构）自然变异性的明显变化，则每种方案的不利性有哪些？

- 影响的性质和强度。对每一种方案，评价终点变化的数量级都可能很大。浮游种群通常由大范围的时空变异性来描述。在油层的空间界限内，分散剂的使用可能会导致水上 3 m 内所有浮游生物全部死亡。底栖和潮间群落一般是稳定的，与浮游生物相比有较小的时空变异性。油污染对它们的存活率会造成严重影响，并产生持续多年的慢性影响。因此，两种方案下，评价终点的变化都有可能超过其自然变异性，在时空上对其产生威胁。
- 空间尺度。每种方案的影响范围相似。尽管影响范围很大，但在景观中仅占很小的比例。这为后备种群留下了很大的可用区域，并造成浮游生物或潮间和潮下栖息地的显著碎片化。由于这些区域并不是鸟类或哺乳动物的迁徙通道，降低了生态不利性。
- 时间尺度与修复。根据其他溢油事故经验，假设这些影响在一定时间内是可逆的。考虑到浮游生物种群繁殖迅速，且易由邻近水体迁移引入，所以可逆变化恢复所需要的时间应该很短（数天或数星期）。浮游鱼类的自然死亡率很高，且也很容易由周围水域迁移引入，所以其恢复周期应该也不会很长。另一方面，底栖和潮间群落恢复的周期则可能要很长（数年到数十年）。首先，压力源（油）可能附在沉积物或岩石上数月或数年。其次，组成这些群落的物种的生命历程跨越为 3～5 年。最后，底栖潮间群落和生态系统结构（层次组成和功能）的重建通常需要数十年。

两种方案都导致：①对评价终点的影响非常严重；②超过了这些终点的自然变异性；③区域影响的估计相似。能将这两种方案区分开的是时间尺度和可逆性。在这点上，底栖和潮间生态系统的不利性变化要比浮游生物的大得多。在此基础上，选择分散油层的方案可以有效阻止油层到达海岸，损害底栖和潮间群落。

3.4.3 报告风险

在完成风险表征时，风险评价者应该能够估计生态风险，指出对整个风险估计的置信度，引用证据排列来支持风险估计，并解释生态影响的不利性。这些信息通常包含在风险评价报告中（由于风险表征具有综合性，所以有时也作为一个风险表征报告）。

文本 4-3-48　风险评价报告的可能组成

- 描述风险评价者/风险管理者的计划结果。
- 回顾概念模型和评价终点。
- 讨论数据的主要来源和使用的分析过程。
- 回顾压力—响应框架和暴露框架。
- 描述评价终点的风险，包括风险估计和不利性研究。
- 回顾和总结不确定性的主要范围（包括其方向）和对其研究的方法。
- 讨论在重要的不确定性范围上科学意见一致的程度。
- 识别主要的数据漏洞，适当时指出更多数据的收集能否增加评价结果的置信度。
- 讨论填补信息缺口时的科学判断或默认假设、这些默认假设的偏差。
- 讨论对不确定性的定量分析是如何进入风险估计中的。

与风险评价本身一样，风险评价报告的详尽程度取决于评价的性质和所需要的有效资源。风险评价者要判断所需细节的水平，报告可能不需要很长或很复杂，重要的是明确给出支持风险管理决策所需要的信息。

恰当地呈现风险评价结果对于促进相互理解至关重要。原则上要求风险表征要清楚、明晰、合理，并与类似的其他风险表征一致。

风险评价报告准备好后，风险评价者应与管理者讨论风险评价的结果。

文本 4-3-49　清楚、明晰、合理、一致的风险描述

清楚

- 简短，避免行话。
- 使语言和结构易被风险管理者和外行人理解。
- 充分讨论和解释特定风险评价的特殊性。

明晰

- 识别不同于政策方针的科学结论。
- 清楚说明科学判断的主要的不同观点。
- 确定并解释风险评价的目的（如法规目的、政策分析和优先设置等）。
- 详细解释假设和偏差（科学和政策）。

合理

- 综合对制定决策有用的所有因素和对风险的所有结论。
- 直接确定不确定性和假设。
- 描述重要的实验数据、所用方法或被公科学知识。
- 识别能从数据中得到的合理选择和结论。
- 确定工作级别（如快速筛选、大范围表征等）及选择该级别的理由。
- 解释审查的状态。

与其他风险表征一致

- 描述由一系列压力引起的风险如何与由类似压力引起的风险或相似的环境条件进行比较。

文本 4-3-50　与风险评价结果有关的问题

风险管理者要回答风险评价者的原则性问题：

- 确定的风险（和数据漏洞要足够小）是否足以很好地支持风险管理决策？
- 分析的问题是否正确？
- 问题是否被充分描述？

风险评价者要回答风险管理者的原则性问题：

- 可能发生什么样的影响？
- 影响的不利性如何？
- 该影响发生的可能性？
- 影响会发生的时间、地点？
- 风险评价结论的确定性如何？
- 当前的数据漏洞有哪些？以后的可用信息是否可以填补这些数据漏洞？
- 生态风险评价是否需要更多迭代？
- 监控如何帮助评估风险管理决策产生的结果？

3.5　与风险管理决策有关的生态信息

风险表征和风险报告完成后，风险评价者要就该风险评价的结果与风险管理者进行讨论。风险管理者要根据风险评价结果，结合其他因素（如相关的经济或法令因素）制定风险管理决策，作为与有关团体及一般公众进行交流的基础。

风险管理者要知道评价终点的主要风险是什么，大部分数据是否支持该结论，是否存在数据欠缺。资源、一致意见的缺乏或是其他因素等都会导致一个不详细的风险表征。如果这样，风险评价者应为风险管理者考虑澄清各个问题、障碍和可修正的不足之处。

风险管理者在做与生态风险有关的决策时，不仅要考虑风险评价的结果，还要考虑其他如社会、经济、政治或法令等问题。比如说，风险评价结果在作为生态成本—利益分析的一部分使用时，可能要求将生态资源（通过评价终点确定）转换成货币价值。传统经济上的考虑可能只涉及不被当作商品使用的生态资源，代际间的资源价值，或是长期的或不可逆转的影响问题[101]；但是，它们应在相当单元如成本上提供能比较风险评价结果的方式。风险管理者还应考虑在风险减少上的比较策略，如基于比较风险的缓和或替代选择。例如，风险缓和技术如设置缓冲带，适用于减少对杀虫剂的暴露（和风险）。更进一步地，通过比较使用新杀虫剂与当前杀虫剂在记录过程中的风险，降低整个风险结果。最后，风险管理者根据这一结果，在结合公众意见和行政需要的基础上进行决策考虑。总体来说，这些因素可能会提高可接受风险或降低不可接受风险。

文本 4-3-51　风险管理者在进行风险传达时应考虑的事项

- 仔细计划并研究传达所取得的成就；
- 协调其他可靠源；
- 接受公众作为合法伙伴并将其纳入；
- 倾听公众特殊关注的话题；
- 正直、坦诚、公开；
- 讲述清楚，有同情心；
- 满足媒体的需要。

风险管理者负责将生态风险传达给感兴趣的团体和公众，风险评价者需对此给予协助。风险表征为该过程提供了基础。尽管公众可以看到最终的风险评价文件，风险交流过程仍是将信息传递给特殊群体的最好方式。不管格式如何特殊，风险交流过程都需将处于危险中的生态资源、这些生态资源的价值以及保护（与未能保护）这些资源的经济或其他费用描述清楚。

管理者在传达风险时，应将风险和风险的潜在不利性源及原因描述清楚（如性质和强度、空间和时间范围、恢复潜力等）。当然，风险评价的置信度、风险管理决策的基本原理及减少风险的方案也是很重要的[102]。

风险管理者不仅要与公众对风险进行讨论和交流，还要考虑将采取的额外行为是否合适。根据评价的重要性、结果的可信度及有效的资源，为支持最终的管理决策，有时可能需要对风险评价进行再一次迭代（从问题提出或分析阶段开始）。或者继续推进风险管理决策，实施已选择的管理方案，并为研究结果开发监测计划。如若决定通过减轻暴露，以缓和风险，则监测需有助于确定想要得到的暴露（和影响）减轻的程度。

思考题

1．重要名词

风险评价；生态风险；生态风险评价。

2．重要问题

（1）举例说明生态风险评价主要发展阶段以及每个阶段的主要特征。

（2）一般来说，生态风险有哪几种成因？

（3）论述生态风险评价的过程，与健康风险评价相比生态风险评价有哪些特点？

（4）生态风险评价涉及哪些领域？

（5）生态风险评价有哪些类型？

（6）生态风险评级有哪些发展趋势？

（7）生态风险评价有哪些指标？

（8）简述生态风险评价的过程。

（9）简述美国、英国和荷兰生态风险评价流程。

（10）生态风险评价所需要的两类基本数据是什么，如何收集？

（11）如何分析暴露特征和生态效应热证？

（12）估计生态风险的方法有哪几种？

（13）举例说明如何选择生态风险评价的评价终点。

3．论述题

（1）用 800 字左右的篇幅描述美国的生态风险评价导则。

（2）根据美国的生态风险评价导则，如何进行生态风险分析？

参考文献

[1] U. S. EPA. Framework for Ecological Risk Assessment. EPA/630/R-92/001，1992.

[2] U. S. EPA. Guidelines for Ecological Risk Assessment. EPA/630/R-95/002F，1998.

[3] Commission on Risk Assessment and Risk Management. Framework for environmental health risk management. Final report. Volume 1. Washington，DC：Commission on Risk Assessment and Risk Management，1997.

[4] Glenn W Suter Ii. Endpoints for regional ecological risk assessments. Environmental Management，1990，14（1）：9-23.

[5] National Research Council. Understanding risk：informing decisions in a democratic society. Washington，DC：National Academy Press，1996.

[6] U. S. Environmental Protection Agency. Priorities for ecological protection：an initial list and discussion document for EPA. Published：Office of Research and Development，U. S. Environmental Protection Agency. EPA/600/S-97/002，1997.

[7] U. S. Environmental Protection Agency. Waquoit Bay watershed Ecological risk assessment planning and problem formulation（draft）. Washington：Risk Assessment Forum，U. S. Environmental Protection Agency，1996.

[8] R T Clemen. Making hard decisions. 2nd ed. New York：Duxbury Press，1996.

[9] C Gaudet. A framework for ecological risk assessment at contaminated sites in Canada：review and recommendations. Ottawa，Canada：Environment Canada，1994.

[10] J L Baker，A C Barefoot，L E Beasley，et al. Aquatic dialogue group：pesticide risk assessment and mitigation. Pensacola，FL：SETAC Press，1994.

[11] European Community（EC）. Technical guidance document in support of the risk assessment Commission Directive（93/67/EEC）for new substances notified in accordance with the requirements of

Council Directive 67/548/EEC. Brussels，Belgium，1993.

[12] C E Cowan，D J Versteeg，R J Larson，et al. Integrated approach for environmental assessment of new and existing substances. Regul Toxicol Pharmacol，1995，21：3-31.

[13] D G Lynch，G J Macek，J V Nabholz，et al. Ecological risk assessment case study：assessing the ecological risks of a new chemical under the Toxic Substances Control Act. In：A review of ecological assessment case studies from a risk assessment perspective，vol. II. Published：Risk Assessment Forum，U. S. Environmental Protection Agency. EPA/630/R-94/003，1994.

[14] U. S. EPA. Guidance for the data quality objectives process. Washington，DC：Quality Assurance Management Staff. EPA QA/G-4，1994.

[15] U. S. Environmental Protection Agency. A review of ecological risk assessment case studies from a risk assessment perspective. Published：Risk Assessment Forum，U. S. Environmental Protection Agency. EPA/630/R-92/005，1993.

[16] U. S. Environmental Protection Agency. A review of ecological assessment case studies from a risk assessment perspective，vol. II. Published：Risk Assessment Forum，U. S. Environmental Protection Agency. EPA/630/R-94/003，1994.

[17] L W Barnthouse，J Brown. Issue paper on conceptual model development. In：Ecological risk assessment issue papers. Risk Assessment Forum，US Environmental Protection Agency，1994.

[18] U. S. Environmental Protection Agency. Managing ecological risks at EPA：issues and recommendations for progress. Published：Center for Environmental Research Information，U. S. Environmental Protection Agency. EPA/600/R-94/183，1994.

[19] W W Heck. Ecological assessment case study：the National Crop Loss Assessment Network. In：A review of ecological assessment case studies from a risk assessment perspective. Published：Risk Assessment Forum，U. S. Environmental Protection Agency. EPA/630/R-92/005，1993.

[20] U. S. Department of Agriculture. Pest risk assessment of the importation of Pinus radiata，Nothofagus dombeyi，and Laurelia philippiana logs from Chile. 1993.

[21] Clarence A Callahan，Charles A Menzie，David E Burmaster，et al. On-site methods for assessing chemical impact on the soil environment using earthworms：A case study at the baird and McGuire Superfund Site，Holbrook，Massachusetts. Environmental Toxicology & Chemistry，1991，10（6）：817-826.

[22] Charles A Menzie，David E Burmaster，Jonathan S Freshman，et al. Assessment of methods for estimating ecological risk in the terrestrial component：A case study at the Baird and McGuire Superfund site in Holbrook，Massachusetts. Environmental Toxicology & Chemistry，1992，11（2）：245-260.

[23] David E Burmaster，Charles A Menzie，Jonathan S Freshman，et al. Assessment of methods for estimating aquatic hazards at superfund-type sites：A cautionary tale. Environmental Toxicology & Chemistry，2009，10（6）：827-842.

[24] Lawrence W Barnthouse，Glenn W Suter Ii，Aaron E Rosen. Risks of toxic contaminants to exploited fish populations：Influence of life history，data uncertainty and exploitation intensity. Environmental Toxicology & Chemistry，1990，9（3）：297-311.

[25] C E Bradley，D G Smith. Plains cottonwood recruitment and survival on a prairie meandering river floodplain，Milk River，southern Alberta and northern Montana. Canadian Journal of Botany，1989，64（7）：1433-1442.

[26] 付光辉，刘友兆. 土地整理生态风险评价的概念模型构建. 安徽农业科学，2009，37（20）：9586-9588.

[27] Environment Agency. Guidance on desk studies and conceptual site models in ecological risk assessment. 2008.

[28] 付光辉，刘友兆. 土地整理项目生态风险评价思路与方法——以江苏省大丰市土地整理项目为例. 2011 年中国土地学会学术年会，2011.

[29] E P Smith，H H Shugart. Issue paper on uncertainty in ecological risk assessment. In：Ecological risk assessment issue papers. Published：Risk Assessment Forum，U. S. Environmental Protection Agency. EPA/630/R-94/009，1994.

[30] Ronald J Kendall，Thomas E Lacker，Christine Bunck，et al. An ecological risk assessment of lead shot exposure in non-waterfowl avian species：Upland game birds and raptors. Environmental Toxicology & Chemistry，1996，15（1）：4-20.

[31] GW Suter，II. Ecological endpoints. In：Ecological assessments of hazardous waste sites：a field and laboratory reference document. Published：U. S. Environmental Protection Agency. EPA 600/3-89/013，1989.

[32] 国家环境保护总局. 地表水环境质量标准（GB 3838—2002）. 2002.

[33] G W Suter，II. Abuse of hypothesis testing statistics in ecological risk assessment. Human Ecol Risk Assess. 1996，2：331-337.

[34] Richard L Orr，Susan D Cohen，Robert L Griffin. Generic non-indigenous pest risk assessment process. U. S. Dept. of Agriculture，1993.

[35] D Simberloff，M Alexander. Issue paper on biological stressors. In：Ecological risk assessment issue papers. Published：Risk Assessment Forum，U. S. Environmental Protection Agency. EPA/630/R-94/009，1994.

[36] Carl Richards，Roger Haro，Lucinda Johnson，et al. Catchment and reach-scale properties as indicators of macroinvertebrate species traits. Freshwater Biology，1997，37（1）：219-230.

[37] J A Wiens，K R Parker. Analyzing the effects of accidental environmental impacts：approaches and assumptions. Ecol Appl，1995，5（4）：1069-1083.

[38] L L Eberhardt，J M Thomas. Designing environmental field studies. Ecological Monographs，1991，61（1）：53-73.

[39] U. S. Environmental Protection Agency. Methods for aquatic toxicity identification evaluations：phase III toxicity confirmation procedures. EPA/600/3-88/035，1989.

[40] James R Karr. Assessment of biotic integrity using fish communities. Fisheries，1981，6（6）：21-27.

[41] J R Karr，K D Fausch，P L Angermeier，et al. Assessing Biological Integrity in Running Waters：A Method and Its Rationale. Illinois Natural History Survey Special Publication，1986，5（5）：1-28.

[42] Michael T Barbour，J B Stribling，James R Karr. Multimetric approach for establishing biocriteria and measuring biological condition. In：Biological assessment and criteria，tools for water resource planning and decision making. Boca Raton Lewis Publishers，1995.

[43] C M Auer，M Zeeman，J V Nabholz，et al. SAR—The U. S. regulatory perspective. Sar & Qsar in Environmental Research，1994，2（1-2）：29-38.

[44] R G Clements，J V Nabholz. ECOSAR：a computer program for estimating the ecotoxicity of industrial chemicals based on structure activity relationships，user's guide. Published：U. S. Environmental Protection Agency. EPA/748/R-93/002，1994.

[45] Mark T D Cronin，John C Dearden. QSAR in Toxicology. 1. Prediction of Aquatic Toxicity. Quantitative Structure-Activity Relationships，1995，14（1）：1-7.

[46] Lennart Eriksson，Joanna Jaworska，Andrew P Worth，et al. Methods for reliability and uncertainty

assessment and for applicability evaluations of classification-and regression-based QSARs. Environmental Health Perspectives，2003，111（10）：1361-1375.

[47] U. S. Environmental Protection Agency. Environmental services division guidelines. Hydrogeologic modeling. Seattle，WA：Region X，U. S. Environmental Protection Agency，1994.

[48] American Society for Quality Control（ASQC）. American National Standard：specifications and guidelines for quality systems for environmental data collection and environmental technology programs. ANSI/ASQC E4-1994，1994.

[49] G Rocco，T Petitti，N Martucci，et al. Survival after surgical treatment of lung cancer arising in the population exposed to illegal dumping of toxic waste in the land of fires（“Terra dei Fuochi”）of Southern Italy. Anticancer Research，2016，36（5）：2119-2124.

[50] C Mann. Meta-analysis in the breech. Science，1990，249（4968）：476-480.

[51] 徐占军. 基于 RS 和 GIS 矿区景观演变分析与生态风险评价. 北京：中国农业科学技术出版社，2014.

[52] 陈浩. 基于 GIS 的多尺度生态地理物种入侵预测建模. 武汉：武汉大学，2010.

[53] Lucinda Johnson，Stuart Gage. Landscape approaches to the analysis of aquatic ecosystems. Freshwater Biology，1997，37（1）：113-132.

[54] U. S. Environmental Protection Agency. EPA risk characterization program. Memorandum to EPA managers from Administrator Carol Browner，1995.

[55] David L MacIntosh，Glenn W Suter Ii，F Owen Hoffman. Uses of probabilistic exposure models in ecological risk assessments of contaminated sites. Risk Analysis，1994，14（14）：405-419.

[56] R G Wiegert，S M Bartell. Issue paper on risk integration methods. In：Ecological risk assessment issue papers. Published：Risk Assessment Forum，Environmental Protection Agency. EPA/630/R-94/009，1994.

[57] U. S. Environmental Protection Agency. Summary report for the workshop on Monte Carlo analysis. Published：Office of Research and Development，U. S. Environmental Protection Agency. EPA/630/R-96/010，1996.

[58] U. S. Environmental Protection Agency. Policy for use of probabilistic analysis in risk assessment：guiding principles for Monte Carlo analysis. Published：Office of Research and Development，U. S. Environmental Protection Agency. EPA/630/R-97/001，1997.

[59] CR Houseknecht. Ecological risk assessment case study：special review of the granular formulations of carbofuran based on adverse effects on birds. In：A review of ecological assessment case studies from a risk assessment perspective. Published：Risk Assessment Forum，U. S. Environmental Protection Agency. EPA/630/R-92/005，1993.

[60] M S Brody，M E Troyer，Y Valette. Ecological risk assessment case study：modeling future losses of bottomland forest wetlands and changes in wildlife habitat within a Louisiana basin. In：A review of ecological assessment case studies from a risk assessment perspective. Risk Assessment Forum；Washington，DC. Washington，DC：U. S.Environmental Protection Agency，1993.

[61] William H Conner，Michael Brody. Rising water levels and the future of southeastern Louisiana swamp forests. Estuaries，1989，12（4）：318-323.

[62] 郑利霞，刘学军，张福锁. 大气有机氮沉降[EB/OL]. 北京：中国科技论文在线[2006-11-13].

[63] U. S. Environmental Protection Agency. Wildlife exposure factors handbook. Published：Office of Research and Development，U. S. Environmental Protection Agency. EPA/600/R-93/187a and 187b，1993.

[64] Lynn S Mccarty，Donald Mackay. Enhancing ecotoxicological modeling and assessment. Body Residues and Modes of Toxic Action. Environmental Science & Technology，1993，27（9）：1718-1728.

[65] CAM van Gestel，TC van Brummelen. Incorporation of the biomarker concept—ecotoxicology calls for a redefinition of terms. Ecotoxicol，1996，5：217-225.

[66] D W Schindler. Detecting ecosystem responses to anthropogenic stress. Canadian Journal of Fisheries & Aquatic Sciences，1987，44（44）：6-25.

[67] 江研因. 纽约州 Adirondack 山区湖泊正从酸雨影响中恢复. 上海环境科学，2003（12）：902.

[68] C S Hollings. Adaptive environmental assessment and management. Chichester：John Wiley & Sons，2010：1237-1256.

[69] John A Ludwig，James F Reynolds. Statistical Ecology：a Primer on Methods and Computing. US：Wiley-Interscience，1988.

[70] Leonard Pearlstine，Henry Mckellar，Wiley Kitchens. Modelling the impacts of a river diversion on bottomland forest communities in the Santee River floodplain，South Carolina. Ecological Modelling，1985，29（1）：283-302.

[71] J W Thomas，E D Forsman，J B Lint，et al. A conservation strategy for the spotted owl. Interagency

Scientific Committee to Address the Conservation of the Northern Spotted Owl. Published：U. S. Government Printing Office. 1990-791/20026. 1990.

[72] C E Stephan，J W Rogers. Advantages of using regression analysis to calculate results of chronic toxicity tests aquatic toxicology and hazard assessment eighth symposium ASTM STP 891. Philadelphia，PA：American Society for Testing and Materials，1985.

[73] G W Suter，II. Ecological risk assessment. Boca Raton，FL：Lewis Publishers，1993.

[74] 金小伟，查金苗，许宜平，等. 氯酚类化合物对青鱼和细鳞斜颌鲴幼鱼的毒性. 环境科学学报，2010，30（6）：1235-1242.

[75] 丁中海，王喆，潘国隆，等. 联苯胺对大型溞（*Daphnia magna*）的急性和慢性毒性试验. 应用与环境生物学报，2005，11（1）：52-54.

[76] N Detenbeck. Ecological risk assessment case study：effects of physical disturbance on water quality status and water quality improvement function of urban wetlands. In：A review of ecological assessment case studies from a risk assessment perspective，vol. II. Published：Risk Assessment Forum，U. S. Environmental Protection Agency. EPA/630/R-94/003，1994.

[77] G A Fox. Practical causal inference for ecoepidemiologists. Journal of Toxicology and Environmental Health. 1991, 33: 359-373.

[78] C O Yoder，E T Rankin. Biological response signatures and the area of degradation value：new tools for interpreting multi-metric data. In：Biological assessment and criteria：tools for water resource planning and decision making. Boca Raton，FL：Lewis Publishers，1995.

[79] M J Pelczar，R D Reid. Microbiology. New York：McGraw-Hill Company，1972.

[80] James N Woodman，Ellis B Cowling. Airborne chemicals and forest health. Environ Sci Technol，1987，21：120-126.

[81] U. S. Environmental Protection Agency. Methods for aquatic toxicity-identification evaluations. Phase 1toxicity characterization procedures. EPA/600/3-88/034，1988.

[82] Gerald T Ankley，Albert Katko，John W Arthur. Identification of ammonia as an important sediment—associated toxicant in the lower fox River and green bay，Wisconsin. Environmental Toxicology & Chemistry，1990，9（9）：313-322.

[83] M Zeeman. EPA's framework for ecological effects assessment. In：Screening and testing chemicals in commerce. Published：Office of Technology Assessment. OTA-BP-ENV-166，1995.

[84] U. S. Environmental Protection Agency. The use of the benchmark dose approach in health risk assessment. Published：Risk Assessment Forum，U. S. Environmental Protection Agency. EPA/630/R-94/007，1995.

[85] Michael C Newman. Advances in trace substances research：Quantitative methods in aquatic ecotoxicology. BocaRaton，FL：Lewis Publishers，1995.

[86] U. S. Environmental Protection Agency. Great Lakes water quality initiative technical support document for wildlife. Published：Office of Water，U. S. Environmental Protection Agency. EPA/820/B-95/009，1995.

[87] Scott Ferson，Lev Ginzburg，Abraham Silvers. Extreme event risk analysis for age-structured populations. Ecological Modelling，1989，47（s 1-2）：175-187.

[88] Michael P Hassell. Detecting density dependence. Trends in Ecology & Evolution，1986，1（4）：90-93.

[89] S M Bartell，R H Gardner，R V O'Neill. Ecological risk estimation. Boca Raton，FL：Lewis Publishers，1992：324-325.

[90] National Research Council. Science and judgment in risk assessment. Washington：National Academy Press，1994.

[91] Hallett J Harris，Robert B Wenger，Victoria A Harris，et al. A method for assessing environmental risk：a case study of Green Bay，Lake Michigan，USA. Environmental Management，1994，18（2）：295-306.

[92] Steven J Broderius，Michael D Kahl，Marilynn D Hoglund. Use of joint toxic response to define the primary mode of toxic action for diverse industrial organic chemicals. Environmental Toxicology & Chemistry，1995，14（9）：1591-1605.

[93] Eric P Smith，John Cairns. Extrapolation methods for setting ecological standards for water quality：statistical and ecological concerns. Ecotoxicology，1993，2（2）：203-219.

[94] B R Parkhurst，W Warren-Hicks，T Etchison，et al. Methodology for aquatic ecological risk assessment. RP91-AER-1 1995. Alexandria，VA：Water Environment Research Foundation.

[95] U. S. Environmental Protection Agency. Guidelines for ecological risk assessment. EPA/630/R-95/002F，1998.

[96] Barry L Johnson. Applying computer simulation models as learning tools in fishery management. North American Journal of Fisheries Management，1995，15（4）：736-747.

[97] D J Urban，J N Cook. Ecological risk assessment. Hazard evaluation division standard procedure.

Published：Office of Pesticide Programs，U. S. Environmental Protection Agency. EPA-54019-83-001，1986.

[98] J Vincent Nabholz. Environmental hazard and risk assessment under the United States Toxic Substances Control Act. Science of the Total Environment，1991（109-110）：649-665.

[99] Wayne G Landis，Robin A Matthews，April J Markiewicz，et al. Multivariate analysis of the impacts of the turbine fuel JP-4 in a microcosm toxicity test with implications for the evaluation of ecosystem dynamics and risk assessment. Ecotoxicology，1993，2（4）：271-300.

[100] Gerald J Niemi，Philip Devore，Naomi Detenbeck，et al. Overview of case studies on recovery of aquatic systems from disturbance. Environmental Management，1990，14（5）：571-587.

[101] Robert Costanza，Ralph D’Arge，Rudolf De Groot，et al. The value of the world’s ecosystem services and natural capital 1. World Environment，1997，387（1996）：253-260.

[102] U. S. Environmental Protection Agency. Ecological risk：a primer for risk managers. Published：U. S. Environmental Protection Agency. EPA/734/R-95/001，1995.

附　录

美国环境风险评价技术导则选编

生殖毒性风险评价导则（节选）

Guidelines for Reproductive Toxicity Risk Assessment

EPA/630/R-96/009

October 1996

PART A：生殖毒性风险评价导则

1　回顾（略）

2　定义和术语（略）

3　生殖毒物的危害描述

生殖危害的鉴定和描述是基于人体或者动物相关研究的数据。数据来源可能为日常或偶然的环境或职业暴露研究，也可能为实验室内的动物试验。危害描述需评估所有可得信息，并包括以下方面：

- 识别数据库的优势和局限性，包括所有可得的流行病学和试验动物研究，以及药代动力学和机理学信息。
- 识别并描述关键的毒理学研究。
- 描述影响类型。
- 描述影响的特征（不可逆的、可逆的、暂时性的、进化的、延时的、余留的或潜伏影响）。
- 描述关于物质如何（通过何种生物学机理）引发负面效应。
- 讨论关注的其他健康终点。
- 讨论人体或试验动物的任何负面数据。
- 讨论进行进一步剂量—响应分析已有的剂量—响应数据（流行病学或试验动物的）。
- 讨论研究中的暴露路径、水平、时机和周期，并与预期人体暴露进行比较。
- 总结危害特性，包括：

——采用的主要假设；

——结论的置信水平；

——数据支持的备选结论；

——识别的主要不确定性，以及明显的数据缺陷。

进行危害描述要求对试验计划有一定的了解，包括生成的数据和评估的终点。3.1 和 3.2 小节介绍了啮齿动物的传统测试规程和用于雄性与雌性生殖毒性评估的终点，以及对其优势和局限性的评估。由于许多终点对各个规程都是通用的，所以终点被分离至整体规程架构讨论之外单独考虑。之后，给出了许多人体研究的特有性质（3.3 部分）以及少部分关于药代动力学和结构—活性因素的讨论（3.4 和 3.5 部分）。

3.1 试验测定程序

3.1.1 引言（略）

3.1.2 剂量周期（略）

3.1.3 交配周期（略）

3.1.4 雌性与每个雄性交配的数量（略）

3.1.5 单代和多代生殖试验（略）

3.1.6 备选生殖试验（略）

3.1.7 其他可以提供生殖数据的试验程序（略）

3.2 试验物种的雄性和雌性生殖毒性评估终点

3.2.1 引言（略）

3.2.2 双性介导终点

关于生殖潜力和相关生殖结果的数据提供了对于生殖能力最全面和直接的了解。如前所述，大部分程序只指定暴露雄性和暴露雌性同笼。这使得性别特异性的影响分辨变得复杂化。当可能存在单性或双性暴露时，结论可能需要局限于指出“夫妻”处于生殖风险中。

3.2.2.1 繁殖力和妊娠结果

试验物种的生殖研究是生殖毒性主要的数据来源。繁殖力和妊娠结果的评估提供了生殖损伤的机能性后果的测定方法。而繁殖力和妊娠结果的测定通常来自表 2 所列的多代繁殖研究。《环保局发育毒性风险评价导则》（U. S. EPA，1991）中同时列出并讨论了很多适用于发育毒性研究的终点。此外，在表 2 中还包括了其他类型研究所得的测定方法（如单代繁殖研究、发育毒性研究、显性致死研究），不需要保留子代进行后续的繁殖性能评估。

表 2 生殖毒性的双性介导终点

多代研究	其他生殖终点
交配率，交配时间（受孕时间*）	排卵率
怀孕率*	繁殖率
分娩率*	着床前损失
孕期*	着床数量
产仔规模（总数和存活的）	着床后损失*
存活和死亡后代的数量（幼体死亡率*）	内部畸形和变化*
后代性别*（性别比率）	产后结构和机能发育*
出生体重*	
产后体重*	
后代生存情况*	
外部畸形和变化*	
后代生殖力*	

*人类适用的终点。

上文确定的一些终点可以用于计算比率或指数（NRCl，1977；Collons，1978；Schwetz等，1980；U.S. EPA，1982，1985b；Dixon et al.，1984；Lamb et al.，1985；Thomas，1991）。尽管不建议使用这些指数，但用来计算这些指数的测度仍可用于评估。在出版文献中，某些指数的定义存在很大差异，此外，指数的计算可能会被试验的设计所影响，因此，指数的计算方法对于评估更为重要。一些常见的指数见表 3。

表 3　可由试验物种生殖毒性终点计算得到的典型指数

交配指数
雄性或雌性交配数量×100/同笼的雄性或雌性数量 注：交配指数是用来表明交配的证据（可通过观察或者其他射精的证据，如阴道插入或阴道涂片上的精子）
繁殖力指数
同笼雌性中怀孕的数量×100/同笼大鼠中未怀孕的对数 注：因为通常雌雄大鼠均经过给药，所以无法区别性别的影响。如果可以鉴别单性造成的影响（当经处理的动物有控制地交配时），那么雌性或雄性繁殖力指数可能会有用
怀孕（受孕）指数
分娩存活幼体的雌性数量×100/有证据显示怀孕的雌性数量
出生存活指数
活体后代数量×100/分娩后代数量
性别比率
雄性后代的数量/雌性后代的数量
4 天生存力指数（可行性指数）
哺乳期第 4 天存活后代数量×100/分娩时存活后代数量 注：该定义假设第 4 天的测定完成之前不进行产仔规模的标准化
哺乳指数（断奶指数）
第 21 天存活后代的数量×100/出生时存活后代的数量 注：如果幼体经过标准化，使得每胎后代数量相等，则应该用标准化后的后代数代替出生存活数量。未进行标准化时，为断奶指数。有标准化时，为哺乳指数
断奶前指数
（出生时存活的后代数量–断奶的后代数量）×100/出生时存活后代的数量 注：如果幼体经过标准化，使得每胎后代数量相等，那么应该用标准化后的后代数代替出生数量

（表 2 和表 3 所列指标定义，略）。

表 2 列出了生殖研究中可以测定的双性介导终点。表 3 给出了双性介导生殖毒性数据可以进行计算的指数示例。对任何终点或者数据指数显著的不利影响都应该被视为是负面的。影响作用于雌性生殖系统还是直接作用于胚胎或胎儿往往难以区分，但是也不一定有区分的必要，因为所有这些影响都应该给予关注。

3.2.2.2 性行为

（略）

在人类数据缺失的情况下，测试物种性行为的扰动表明人体可能存在类似效应。可以支持该立场的事实是，测试物种和人体数据均显示中枢神经系统影响可以干扰性行为（Rubin et al.，1979；Waller et al.，1985）。虽然大多数测试物种性功能的功能组件可以定量，但是大多数生育研究中没有对该行为进行直接评估，而是采用交配插入或阴道灌洗精子作为性感知和成功交配的证据。然而，这些证据并没有说明雄性是否给予雌性足够的性刺激。若雄性未能给予雌性足够的刺激，可能会影响雌性鼠生殖道内精子的传输，从而减小受孕的成功概率（Adler et al.，1986）。这种“交配”失败会在繁殖力指数计算时反映为繁殖力的降低，而且可能会错误地归咎于雄性产精过程或雌性生育能力受到的影响。

对大鼠来说，雌性性感知的直接测定是脊柱前凸的出现。雌性大鼠的性感知通常是周期性的，并且开始于发情前期的傍晚。干扰正常发情周期的物质也可能导致性行为的缺乏或异常，可反映为雌性阴道插入或阴道精子数量的减少，脊柱前凸行为的改变，以及开始同笼后交配所需时间的增加。对于雄性，测定包括第一次骑跨、插入和射精潜伏期，骑跨、插入和射精次数，以及射精后的时间间隔（Beach，1979）。

（略）

对性行为的影响（在这些导则的有限定义下）应被视为负面生殖影响。其中包括性感知和交配行为受损的证据。对继发于普遍意义下的生理虚弱的损伤（如后肢运动能力受损或一般嗜睡）不应该被视为负面生殖影响，尽管这种状况亦表明负面的系统性影响。

3.2.3 雄性特异性终点

3.2.3.1 引言

（略）

美国 EPA 可以从很多来源获取化学物质潜在的雄性生殖毒性数据，包括但不限于根据美国 EPA 试验导则进行的研究结果。可能包括急性、亚慢性和慢性试验以及生殖与繁殖力研究。表 4 中列出了此类研究中可能涉及的雄性特异性终点。

表 4 雄性特异性生殖毒性终点

器官重量	睾丸、附睾、精囊、前列腺、垂体
肉眼检查和组织病理学	睾丸、附睾、精囊、前列腺、垂体
精子评估*	精子数量（计数）和质量（形态、活力）
性行为*	骑跨、插入、射精
荷尔蒙水平*	黄体生成素、促卵泡荷尔蒙、睾丸激素、雌激素、催乳素
发育影响	睾丸下降*、包皮分离、精子产生* 肛—生殖器距离、外生殖器结构*

*人体可获取或者相对非侵害性评估的生殖终点。

3.2.3.2 体重和器官重量

（略）

雄性生殖器官重量绝对值或相对值的明显变化可能反映负面生殖影响。这些变化也可以为获得该物质生殖毒性的其他信息提供基础。然而，其他与生殖机能相关的重要终点的显著变化可能不会反映在器官重量数据中。因此，某个器官重量影响的缺乏不应该用于否定其他可能更为敏感的终点的显著变化。

3.2.3.3 组织病理学评估

试验动物的组织病理学评估在雄性生殖风险评价中扮演着重要角色。通常进行评估的器官包括睾丸、附睾、前列腺、精囊（通常包括凝结腺）和垂体。如果高剂量组的组织与控制组无区别，那么通常无须进行较低剂量暴露组的组织学检查。组织学评价的作用包括：①提供了一个相对敏感的损害指标；②依据各个程序提供有关毒性信息；③通过短期给药，提供位点（包括靶细胞）和毒性程度信息；④说明恢复的可能。

精子产生的组织学分析提供的信息可以通过睾丸组织的分析进行完善。有了充分准备的组织（Chapin，1988；Russell et al.，1990；Hess et al.，1993），控制组织病变的性质和背景水平的描述，无论是否与人为诱导有关，都有助于暴露动物组织可测的病变性质和程度的阐释。许多睾丸病理组织学评估，只在出现新生上皮细胞严重退化或脱落，或出现明显的多核巨型细胞，又或者肾小管管腔中存在脱落细胞时才检测病变。更微妙的病变，如精子滞留或生殖细胞类型的减少，尽管会显著影响正常进入肾小管管腔的精子数量，但是在组织准备方法不充分时一般不会检测到。另外，熟悉具体的睾丸形态和每个测试物种的产精动力学有助于识别低剂量暴露或短期暴露造成的不明显的病变（Russell et al.，1990）。有几种睾丸组织定性或定量评估的方法有助于识别可能伴随低剂量暴露的非显著的病变，包括“分段”技术的使用。有文献（Russell et al.，1990）介绍了大鼠和狗的组织准备、检查以及如何用新生上皮细胞的中等和高等解析度组织学结果进行阐释，其中包括各种细胞类型识别和量化，以及产精周期各阶段结合的模式。另外，大鼠的分段决策树方案已经出版（Hess，1990）。

有研究指出了其他雄性生殖器官（如附睾、附属性腺以及垂体）的基本形态可能伴随某些疾病状态的病理改变（Fawcett，1986；Jones et al.，1987；Haschek et al.，1991）。与睾丸相比，人们对这些组织与毒物暴露有关的组织结构变化所知甚少。对于附睾及附属性腺，组织学评估通常包括头、主体和附睾尾段的信息。附睾管腔中碎片和脱落细胞的存在是新生上皮细胞或流管受损的重要指标。附睾尾段上皮细胞中精子肉芽肿、白细胞渗透（炎症）或完整细胞缺乏之类病变的存在都应当注明。垂体测定信息应包括产生促性腺激素和催乳素的细胞类型形态学评估。

对何种病理影响的量化程度通常是有限的，只能把剂量组内的动物划分为受定性标准影响的和不受定性标准影响的两类。关于受损程度的量化研究甚少，而且这种分类程序应用并不广泛（Linder et al.，1990）。对单一个体病理损害程度量化方法的统一和应用有助于评估程序的制定。在缺乏标准化的组织制备技术和规范的量化系统的情况下，病理数据的评估将得益于评估标准和程序的出现，可以指征个体的病变程度是否超过控制水平。

如果通过合理方式（即适当的组织制备和分析）获得病理评估数据，便可以提供一种检测低剂量影响的较为敏感的工具。该方法还可以考察物质作用于生殖器官的行为位点和机理。若人体存在类似的靶位或机制，种间外推的基础就可以加强。根据不同的实验设计，还可以获得相应信息，用于预测该物种和人体的最终受损程度和恢复程度（Russell，1983）。

对于任意雄性生殖器官组织中出现的超过控制组水平的，且具重要生物学意义的病理损害都应该视为负面生殖影响。重大的垂体病理损害应被视为不利影响，但要认定为生殖影响，需要证明其中涉及控制促性腺激素或催乳素产生的细胞。尽管病理评估的结果可能未显示任何与药相关的影响，但仍应考虑可能存在的病理学无法检测的对生育功能的其他睾丸或附睾的影响（如生殖细胞的遗传性病变，精子活力下降）。

3.2.3.4 精子评估

精子评估的重要参数有精子数量、形态和活力。这些参数的数据可以充分评估“正常”精子的数量，比简单的精子数量更具价值。睾丸精子细胞计数或附睾尾段称重等其他测定方法也可以反映对精子产生的影响，但是没有措施可以充分反映对精子形态或活力的影响。类似的数据也可以非侵入性地从人类精液获取，从而加强了测试物种可测影响并检测对人体影响的能力。以下给出这些测定的简要描述，并讨论了各种精子测定方法在雄性生殖风险评价中的应用。

3.2.3.4.1 精子数量

（略）

获得精子细胞数可以加强睾丸产精减少的检测能力。然而，精子计数只能反映睾丸内产精过程的完整性。睾丸后影响或毒性对活力、形态、发育能力、脆弱性和精子其他性质的影响只能通过附睾、输精管或精液样本测定。

3.2.3.4.2 精子形态

（略）

毒理学试验中形态学描述的传统方法取决于亮视野显微镜下的染色制备（Filler，1993）或相差显微镜下的固定、非染色制备（Linder et al.，1992；Seed et al.，1996）时精子头部、中段和尾部缺陷的主观分类。这种做法对于小鼠和大鼠独特的角头形状是适用的。然而，人类精子和非啮齿动物物种可见的异质结构使得形态学家很难明确界定正常的范围。目前，可用于人类和动物的更系统、且定量的自动化方法已被提出（Katz et al.，1982；Wyrobek et al.，1984），观察到的畸形分类和其出现的频率量化数据要优于整体异常精子比例的评估。客观、定量并正确执行的测定方法应该比主观方法具有更高的置信水平。

在某个个体中（同一物种中同一品种）精子形态随时间保持稳定和典型性。在普遍个体中，精子形态是精子变化最小的特征之一，可加强其在精子毒理学检测中的应用（Zenick et al.，1994）。然而，不同类型的畸形精子形态的生殖含义需要更充分地划定。

在试验动物和人类研究中，大多数研究表明畸形精子可能无法到达输卵管或参与受精（Nestor et al.，1984；Redi et al.，1984）。这意味着精液中畸形精子数量越大，繁殖力下降的可能性越大。

3.2.3.4.3 精子活力

（略）

精子活力可以通过相差显微镜下的新鲜样本评估，或将精子图像记录和存储为视频，或数字格式并进行后续分析，人工或通过计算机辅助精液分析均可（Linder et al.，1986；Boyers et al.，1989；Toth et al.，1989a；Yeung et al.，1992；Slott et al.，1993）。对于人工评估，可以简单地估计运动百分比和逐步活动的精子，用于描述精子活力。

近期视频和/或数字技术对精子分析的应用提供了更为详细的精子评估，包括单个精子运动轨迹的信息。它还可以实现精子轨道的永久性存储，可在必要时进行再分析（人工或电脑辅助）。利用计算机辅助技术，可以快速有效地获得大量精子的速度（直线和曲线），以及幅度和轨道频率等资料。使用这种技术，精子运动的化学诱导性变化已经被发现（Toth et al.，1989a，1992；Slott et al.，1990；Klinefelter et al.，1994a），并将该变化与暴露动物的生育力相关联（Toth et al.，1991a；Oberlander et al.，1994；Slott et al.，1995）。这些研究初步表明，即使运动精子的比例不受影响，难孕也与精子运动速度显著减小有关。区分以各种方式运动的精子和逐步活动精子比例的能力很重要（Seed et al.，1996）。

产精和精子成熟终点的变化已经与一些试验物种的繁殖力相关联，但是从这些数据中预测不生育的可能性（在生育数据缺乏的情况下）是不可靠的，这是由于在测试物种和人类的观察中，生育能力不仅取决于是否有足够数量的精子，还取决于精子的正常度，如果精子质量高，那么精子的数目必须大幅降低才会对受精产生影响。例如，在大鼠模型中，对不同数量的优质精子采用人工授精，生育受影响前精子数目可大幅减少（Klinefelter et al.，1994b）。对于人类来说，繁殖力强和不育的男性的精子数分布是有重叠的，繁殖力强的男性平均值更高（Meistrich et al.，1983），但数量下降到 2 000 万/mL 以下时，繁殖力可能受到损害（WHO，1992）。同样，如果啮齿动物的精子数目正常，精子活力受到较大影响才会影响繁殖力。例如，有足够数量的精子时，啮齿动物的精子速度必须大幅降低，才会影响繁殖力（Toth et al.，1991a；Slott et al.，1995）。这些模型也表明，精子数量和质量相对温和的改变可能不会引发不生育，但仍然可以预测不生育。另外，数量和活力（或其他质量特性）同时的小幅降低都可能损害繁殖力。

因此，生殖风险评价过程除繁殖力信息之外，还需要各种精子测定和生殖器官病理学的信息。有关生殖器官和配子功能的具体信息可以用来评估损伤的发生和程度，以及毒性在生殖系统中可能的位点。从补充终点中获得的信息越多，风险评价的基础就更为科学，不确定性更小。

3.2.3.4.4 负面影响

人类男性生育力普遍低于测试物种，并且更容易受到有毒物质损害（见补充资料）。因此，应采取保守的方法，即在这些参数相关限制范围内，精子数量、形态、活力，以及正常精子数的测定在统计学上的显著变化，均应该被视为不利影响。

3.2.3.5 对后代的父系介导效应

（略）父系介导效应包括着床前和着床后损失、增长和行为缺陷以及畸形。经报道的具有父系介导效应的化学物质大部分都具有遗传活性，并且被认为是通过遗传性的基因变异发挥效应的。低剂量环磷酰胺会造成大鼠产精期间单片 DNA 片断的断裂，其中的部分原因是后续 DNA 修复能力的缺失，并在受精时传递（Qiu et al.，1995）。这种损害的结果已在 F_2 代后代中观察到（Hales et al.，1992）。父系介导效应也可能存在其他的诱导机制。精浆或精子周边存在的异源物质可以进入雌性生殖道，甚至直接进入卵母细胞，还可能干扰受精或早期发育。对于人类，单亲可能将工作环境中的有毒物质通过某些途径带进家庭（如工作服），造成其他成人或儿童的暴露。需要进一步的研究探索父系暴露可能与后代的不利影响相关的程度。无论如何，如果在测试物种或人体中某种物质被确定会引发后代的父系介导负面影响，该影响应被认为是负面生殖影响。

3.2.4 雌性特异性终点

3.2.4.1 引言

（略）

在毒性研究中采用了各种方法，以评估雌性生殖系统的完整性。有了适当的方法，可以实现对生殖过程的综合评估，包括目标器官的确定和毒物效应机制。表 5 中列出了雌性生殖系统评估的研究领域。

表 5 雌性特异性生殖毒性终点

器官重量	卵巢、子宫、阴道、垂体
肉眼检查和组织病理学	卵巢、子宫、阴道、垂体、输卵管、乳腺
发情（月经*）周期正常性	阴道图片细胞学
性行为	脊柱前凸、交配时间、阴道插入或精子
荷尔蒙水平*	LH、FSH、雌激素、孕激素、催乳素
哺乳*	后代生长，产奶数量和质量
发育	外生殖器正常度*，阴道张开，阴道涂片细胞学，发情行为的开始（月经*）
退化	阴道图片细胞学，卵巢组织学（绝经期*）

*相对非侵入性的人体终点。

雌性生殖功能是通过复杂的相互作用进行控制的，包括中枢神经系统（特别是下丘脑）、垂体、卵巢、生殖道和第二性器官。内分泌系统中其他非生殖腺刺激的部分也可以调节生殖系统功能。因为雌性生殖功能的某些重要方面难以测定（如卵泡闭锁速率增加，排卵失败），内分泌状态评估可能会提供独一无二的视角。

为了了解生殖终点受影响的程度，很关键的一点是了解各种生殖激素和雌性生殖器官之间的关系。虽然某些影响可以常规的确定为不利影响，但仍应该结合已知的生物学背景考虑所有的结果。

下文中对雌性生殖终点的介绍与雄性生殖终点部分有所不同，以便于测定一些相关联的且随内分泌状态变化不断波动的项目，尤其是某个器官的重量，综合考虑总形态学和组织学。下文讨论了单一的雌性生殖器官的终点和内分泌因素，重点关注非孕期动物。然后是周期性测定的考量及其结果阐释。最后是青春期、怀孕、哺乳和退化雌性相关的内容。

3.2.4.2 体重、器官重量、器官形态和组织学

3.2.4.2.1 体重

毒理学家往往关注体重的变化是如何影响生育功能的。对雌性来说，一个重要事实是体重会随着动物的生理状态有正常的波动，因为已知雌激素和孕激素会在很大程度上影响食物摄入和能量消耗（Wang，1923；Wade，1972），水分保持和脂肪沉积率也会受到影响（Galletti et al.，1964；Hervey et al.，1967）。食物消耗在怀孕期间会升高，部分是因为血清孕激素水平上升。化学物质对雌性大鼠发情行为的影响最为敏感且非侵入性

的指标之一就是食物摄入和体重的减少。同时，对性腺外激素的影响导致的生长迟缓（如甲状腺或生长激素）会导致青春期发育的延迟，并诱发周期紊乱和不生育症。由于这些内分泌相关的波动，除非在极端情况下，否则生殖器官的重量与体重相关性很小，因此，应该记录并评估雌性生殖系统中器官重量的实际数据，而不是器官重量和体重的比值。

（略）雌性啮齿动物的不同物种（甚至可能不同品系）的生殖系统对食物摄入或体重减少的响应存在差异。

3.2.4.2.2　卵巢

卵巢发挥着很多对生殖活动至关重要的功能，包括卵母细胞的产生和排卵。雌激素来自发育的毛囊而孕激素是由排卵后形成的黄体产生的。

3.2.4.2.2.1　卵巢重量

与控制组相比，卵巢重量的大幅增加或减少应该被视为雌性生殖毒性的迹象。虽然卵巢功能在整个发情周期中有所变化，但是正常大鼠的卵巢重量并无显著波动。不过，卵母细胞和卵泡消耗，持久性多囊卵巢，黄体形成的抑制，黄体囊肿生成，生殖衰老和下丘脑—垂体功能病变都可能与卵巢重量变化有关。因此，重要的是同时研究卵巢总形态学和组织学，从而便于综合考虑这些参数的变化和卵巢重量的波动。然而，并非所有负面的卵巢组织学变化都伴有卵巢重量的改变。因此，对器官重量没有影响并不能排除组织学评估的需要。

3.2.4.2.2.2　组织病理学

对卵巢三个主要部分（即卵泡、黄体和间质）加上上皮皮囊和卵巢基质的组织学评估可以表征卵巢毒性。很多病理条件都可以通过卵巢组织学检测（Kurman et al.，1978；Langley et al.，1987）。有一些方法可量化卵泡数和其成熟的阶段（Plowchalk et al.，1993）。当导致排卵的进程中某种化合物耗尽了初生卵泡或影响其后续发育和补充，可以采用这种技术。

3.2.4.2.2.3　负面影响

卵巢出现的下列任一效应的显著变化都应该视为不利的：

- 卵巢重量的增加或减少；
- 卵泡闭锁发生率升高；
- 初生卵泡的数量减少；

- 黄体数量或寿命周期的下降；
- 卵泡或黄体化异常的证据，包括囊性卵泡、卵泡黄素化和排卵失败；
- 青春期病变或生殖退化提前的证据。

3.2.4.2.3 子宫

3.2.4.2.3.1 子宫重量

子宫重量的改变可能被认为是雌性生殖器官毒性的指标。抑制类固醇合成及产生周期的化学物质会显著降低子宫重量，导致其变得小而萎缩。但是，在整个发情周期中子宫重量波动达 3～4 倍，在发情前期达到峰值，这是因为雌激素分泌增加，子宫内充满液体而膨胀。这种子宫重量增加的现象已在生物学测定中被用作雌激素化合物相对效力比较的基础（Kupfer，1987）。由于子宫重量的大幅波动，周期性动物的子宫重量差异较大，化学物质必须表现出显著影响才能使人信服，否则可能解释为与动物的发情周期阶段有关。很多环境化学物质（如甲氧氯和十氯酮等农药、真菌毒素、多氯联苯、烷基酚和雌激素）都具有不同程度的雌激素活性，并有可能刺激雌性生殖道（Barlow et al.，1982；Bulger et al.，1985；Hughes，1988）。

研究怀孕或产后动物时，应该对着床位点或着床痕迹进行计数。该信息与黄体数可以用于计算着床前和着床后的损失。

3.2.4.2.3.2 组织病理学

正常子宫的组织学表征会随着发情周期和妊娠的不同阶段而波动。子宫内膜对雌激素和孕激素的刺激很敏感（Warren et al.，1967），利用这些物质强化给药会导致肥大和增生。相反，卵巢活性的抑制和类固醇分泌的减少会导致子宫内膜发育不良和萎缩，以及阴道涂片细胞学的改变。发育期间诱发的效应可能会延迟或阻止青春期，导致生殖器停止发育。

3.2.4.2.3.3 负面影响

可视为负面的子宫效应包括与剂量显著相关的重量变化，以及严重的解剖学或病理异常。特别是以下效应均应视为不利的：

- 子宫或子宫颈幼稚或畸形；
- 子宫重量减少或增加；
- 子宫内膜增生，发育不全，或先天性萎缩；
- 着床位点数量减少。

3.2.4.2.4 输卵管

通常情况下，生殖毒性试验中不会考察输卵管重量和组织学。不过，肉眼和组织学检查的信息对于检测形态异常是有价值的。人类之外动物的输卵管病变的描述并不常见。成型输卵管的发育不全和纤毛损失通常是由于雌激素刺激不足，这种情况在青春期后才会显现。输卵管上皮细胞增生是由于长期的雌激素刺激。有研究描述了发育期间诱发的异常，包括发育不全、部分先天萎缩和细胞减少。

超出控制组的输卵管的解剖学异常应被视为不利影响。输卵管上皮细胞减少或增生可以看作是负面影响，尤其是当该结果与子宫组织学观察结果一致时。

3.2.4.2.5 阴道和外阴

3.2.4.2.5.1 阴道重量

发情周期中阴道重量的变化应该与子宫重量的变化趋势一致，仅比子宫重量的变化幅度小。

3.2.4.2.5.2 组织病理学

对于啮齿动物，阴道上皮细胞的细胞学变化（阴道涂片）可用于确定发情周期的不同阶段（见 3.2.4.4）。阴道涂片图谱也可用于识别延缓或妨碍生育以及影响性行为的因素。其他可测的组织学病变包括阴道上皮细胞层的先天萎缩、减少和增生。

3.2.4.2.5.3 发育影响

发育异常无论是遗传性的还是与胎儿期干扰内分泌平衡的化学物质暴露相关的，包括发育不全、细胞减生和生殖障碍。阴道发育不良可能伴随着外生殖器增生，可能是由于性腺或肾上腺类固醇暴露。对于啮齿动物，阴道和尿道导管错位对于类固醇暴露的雌性很常见。这种发育性病变是不可逆转的。

出生时观测的性别比例可能会受雌性在子宫内对干扰生殖道发育物质的遗传性暴露的影响。这种暴露造成性转换不完全的情况下，雌性啮齿动物可能会看起来更像雄性，并且肛门—生殖器距离增加（Gray et al.，1995）。

在青春期时，阴道口的开放通常是一个简单而有效的发育标志。然而，雌激素或抗雌激素化学物质可能直接作用于阴道上皮细胞，改变阴道开放的年龄，而不直接影响青春期。

3.2.4.2.5.4 负面影响

阴道的显著不利影响包括：

- 重量增减；

- 阴道或外阴幼稚或畸形，包括外阴男性化或肛门—生殖器距离增加；
- 阴道发育不全或先天萎缩；
- 阴道口开放时间改变；
- 阴道涂片细胞学图谱异常。

3.2.4.2.6 垂体

3.2.4.2.6.1 垂体重量

垂体重量的改变应被视为不利影响。对雄性垂体重量和组织学的讨论（见 3.2.3.2）同样适用于雌性。垂体重量通常随着年龄的增加而增加，在怀孕和哺乳期间也如此。垂体重量的变化也可能是化学刺激的结果。垂体重量增加往往预示着肿瘤的形成，特别是在雌激素化合物给药后。与雌激素有关的垂体大小的增加，可能伴随着高催乳素血症和持续阴道发情。垂体重量减小并不常见，但有可能是由于雌激素刺激减少造成的（Cooper et al.，1989）。

3.2.4.2.6.2 组织病理学

在大鼠和小鼠的组织学评估中，有报道指出垂体前叶中不同细胞（嗜酸细胞和嗜碱细胞）的相对大小在生殖周期不同阶段及怀孕时会有所变化（Holmes et al.，1974）。因此，在解释雌性垂体组织学观察结果时，应考虑形态学图谱与发情或月经周期不同阶段以及怀孕状态的对应关系。

3.2.4.2.6.3 负面影响

垂体重量的显著增加或减少应被视为不利影响。垂体的显著病理损害应被视为不良影响，但要归为生殖影响必须证明其中涉及控制促性腺激素或催乳素产生的细胞。

3.2.4.3 卵母细胞生成

3.2.4.3.1 卵泡生成

对于正常的雌性，所有卵泡（以及驻留卵母细胞）在出生时或出生后即存在。这些卵泡大部分都会经历闭锁而不再排卵。如果卵泡群耗尽，它就无法被取代，而雌性即表现为不育。人类卵母细胞耗尽导致绝经期提前。卵泡发育生物学和毒理学系统性知识可见 Crisp 的综述（1992）。

对于啮齿动物，铅、汞、镉和多环芳烃都可能阻止生命周期各阶段的卵泡发育（Mattison et al.，1989）。不同物种卵母细胞的毒性敏感性差异很大（Mattison et al.，1978）。

一些会影响促性腺激素介导的卵巢类固醇生成或卵泡成熟的环境因素会延长发情

或月经周期的卵泡发育，造成卵泡闭锁从而阻碍排卵。雌激素和抗雌激素物质都可以产生这种效应。另外，正常的卵泡发育对于排卵后黄体的正常形成和功能是必不可少的（McNatty，1979）。

3.2.4.3.2 排卵

化学物质会通过干扰受促黄体激素（luteinizing hormone，LH）控制的排卵高峰，或干扰成熟卵泡对促性腺激素信号的反应能力，延缓或阻止排卵。对于大鼠，这样的例子包括干扰正常中枢神经系统中去甲肾上腺素受体刺激的化学物质[如农药杀虫脒和双甲脒（Goldman et al.，1990，1991）]和干扰去甲肾上腺素合成的化学物质[如杀真菌剂福美双（Stoker et al.，1993）]。加强中枢阿片受体刺激的化学物质也会降低猴和大鼠的血清 LH，并抑制其排卵（Pang et al.，1977；Smith C G，1983）。排卵延迟会改变胎体中卵母细胞的生存能力，并引发染色体三倍体和多倍体（Fugo et al.，1966；Butcher et al.，1967；Butcher et al.，1969，1975；Na et al.，1985）。农药杀虫脒暴露引起的排卵延迟已经被证明可以影响大鼠的胎儿发育和妊娠结果（Cooper et al.，1994）。

3.2.4.3.3 黄体

黄体来自破裂的卵泡和分泌孕激素，在发情或月经周期中发挥着重要作用。大多数哺乳动物维持早期胚胎都需要黄体激素，包括人类在内（Csapo et al.，1978）。因此，正常黄体的产生和维持对正常生育功能至关重要。然而，除了病理评估可能考察它们存在与否，常规实验中都不会考察这些结构。有一些终点可以检测黄体功能的直接影响，但需要额外的研究来确定将这些终点纳入常规毒理测试的重要性。

卵泡闭锁速率和卵母细胞毒性的提高会导致人类绝经期提前。卵泡发育病变、排卵失败或黄体形成和功能异常都可能导致周期紊乱和生育率下降，以及干扰非灵长类生物的正常性行为。因此，卵泡闭锁速率的显著增加、卵母细胞毒性证据、排卵干扰、黄体形成或功能异常应被视为不利影响。

3.2.4.4 雌性生殖周期的改变

发情周期的测定图谱，可以作为非妊娠雌性生殖神经内分泌和卵巢功能正常性的一个有用指标。它还提供了一个周期阶段相关的荷尔蒙、组织学和形态学测量的阐释手段，并能用于交配雌性的状态监控。通过观察大鼠和大鼠阴道涂片细胞学的变化可以监控其发情周期的正常性（Long et al.，1922；Cooper et al.，1993）。阴道涂片细胞学对了解雌性周期最有效，应在给药前、给药开始后和尸检前至少 3 个正常发情周期进行日常检测

（Kimmel G A et al.，1995）。然而，实际测试的限制可能会使得只能在交配或尸检之前的阶段进行检测。

啮齿动物的日常阴道涂片数据可以提供以下信息：①周期长度；②发情的出现或持续时间；③发情间期或持续时间；④自发假孕发病率；⑤假孕与怀孕的区别（基于涂片白细胞持续天数）；⑥怀孕后 12 天涂片血液表征胎儿死亡和再吸收的。该技术还可以检测啮齿动物生殖退化的开始（LeFevre et al.，1988），并可以进一步检测阴道中精子的存在以作为交配的证据。

（略）

发情周期（或灵长类动物的月经周期）紊乱的显著迹象应被视为不利影响，其中包括周期长度或模式异常、排卵失败或月经不调的迹象。

3.2.4.5 乳腺和哺乳期

正常成熟雌性的乳腺在分娩期间变化较大，这是由于大量性腺及性腺外激素的影响。母乳的减少取决于哺乳的刺激和垂体后叶催产素的释放。因此，乳腺组织的发育和功能具有高度内分泌依赖性（Wolff，1993；Imagawa et al.，1994；Tucker，1994）。

乳腺大小、乳液的产生和释放及其组织学会受到毒性物质的不利影响，且许多外源性化学品和药物会转移到乳液中（美国儿科药物学术委员会，1994；Oskarsson et al.，1995；Sonawane，1995）。幼儿生长障碍可能是由乳液的可得性、适口性和质量的降低，分泌到乳汁中的毒物摄取，或与授乳能力无关的其他因素（如缺乏吸吮能力或母体机能不完善）造成的。产前的类固醇激素和其他化学品暴露可能会引发成年期乳腺形态病变和肿瘤的生成。由于哺乳雌性脂肪组织中油脂的流动以及油脂分泌进入乳液的倾向，乳液中含有的亲脂性物质浓度可能等于或高于母体血液或器官中存在的浓度。因此，哺乳的后代对此类物质的暴露水平可能更高。

Tucker（1994）研究了啮齿动物乳房组织发育、核酸含量、乳液产量和成分的测定技术。在哺乳期间，乳腺的解剖和称重很困难。乳腺的 RNA 含量可以作为衡量授乳潜力的指标。乳液产量更直接的估计可以通过测量幼体哺乳前后的重量直接获得。同样也可以在尸检时对幼体胃中取出的乳液进行称重。尸检时可以对全部乳腺进行清理和染色制备，用于病理检查。毒物给药之后乳腺 DNA、RNA 和脂质含量以及乳液成分的测定可以作为该靶器官的毒性指标。

乳液产量的显著降低或乳液质量的负面影响，无论是直接测量所得，还是反映为幼体发育损伤，均应被视为负面生殖影响。

3.2.4.6 生殖衰老

正常情况下，随着年龄的增长，幼年至成年雌性大鼠会出现常规卵巢周期和相关的子宫正常周期性变化，以及阴道上皮细胞的损失（Cooper et al.，1979）。虽然这一周期性损失的机制尚不完全清楚，但是下丘脑－垂体的排卵控制的确会随着年龄变化（Cooper et al.，1980；Finch et al.，1984）。正如成年期采用雌激素给药一样，对卵巢分泌的雌激素的累积性暴露可能会加速卵巢功能随年龄增长的损失（Brawer et al.，1983）。相比之下，人类卵巢周期性损失的主要原因似乎是卵母细胞的消耗（Mattison，1985）。

在雌性产前或产后使用雌激素或雌激素杀虫剂进行处理也会造成排卵受损或不育（Gorski，1979）。这些结论意味着卵巢功能的病变可能不会在给药之后立即显现，而是可能在青春期逐渐或者影响生殖衰老发生的年龄显现。

测定结果若显示出雌性生殖退化发生年龄显著下降的效应，应被视为不利影响。正常周期的停止，可以通过阴道涂片细胞学、卵巢组织学或者与该结果一致的内分泌图谱进行测定，并应该被纳入负面影响。

3.2.5 发育和青春期影响

3.2.5.1 发育影响

生殖分化和发育的病变包括内分泌系统紊乱引发的效应，会导致不孕、生殖系统功能和形态改变以及癌症（Steinberger et al.，1985；Gray，1991）。产前和产后的毒物暴露会引发一些从对成年人的影响中无法预测的变化，而这些变化往往是不可逆转的。不论雌雄，不良发育结果都可能是由于在子宫内的毒物暴露，与暴露母体的接触，或母乳的摄入造成的。在母体哺乳期间给药也可能会通过损害母体哺乳能力引发发育影响。

啮齿动物对于化学物质的发育暴露之后观察到的影响包括生殖器病变（包括肛门—生殖器距离）、乳头发育抑制（雌性）或阻滞（雄性）、性行为障碍、青春期延误或加速、繁殖力下降（Gray et al.，1985，1994，1995；Gray et al.，1995；Kelce et al.，1995）。影响可能包括性行为或产生配子能力的异常，而这通常在青春期后才可以观测到。雄性在发育期间形成的负责类固醇代谢的肝酶系统可能会受到影响。睾丸从腹腔下沉到阴囊的过程可能会延迟甚至停滞。一般来说，可见影响会因为暴露发生的发育阶段不同而有所不同。

这些影响中有很多已经在胎儿期暴露于己烯雌酚（DES）、其他雌激素、孕激素、雄激素和抗雄激素的人类女性和男性身上发现（Giusti et al.，1995；Harrison et al.，1995）。在实验室研究中，雌性动物和女性产前、产后对激素活性物质的暴露也引发生殖衰老的加速和生殖道肿瘤的形成。然而，并不只有那些已知具有直接激素活性的物质有能力影响性别分化。一些行为模式尚未确定（如马利兰、除草醚）或间接影响内分泌系统（如多氯联苯、二噁英）的其他物质，可以在发育关键时期通过不同的机制影响性别分化和生殖系统发育。

3.2.5.2 青春期影响

对于雌性大鼠，阴道口开放的年龄是最常用的青春期指标，该结果是由于血液中雌激素水平的提高。雌性第一次角化（发情）阴道涂片，第一次发情间期阴道涂片和阴道周期开始时的年龄、体重也被用作青春期开始的终点。对于雄性大鼠，包皮分离或者尿液和精液中精子的出现可作为青春期的标志。青春期的体重可以作为一种区别青春期的特殊延迟和发育的一般延迟的手段。化学物质可能会以不同方式影响青春期有关的各个终点，所以最好获取多个指标的信息。

青春期可能由于外源性物质而加速或延迟，这两种影响都可能是不利的（Gray et al.，1989，1995；Gray et al.，1995；Kelce et al.，1995）。例如，阴道口开放的加速可能与周期开始的延误、不育和生殖衰老加速有关（Gorski，1979）。啮齿动物青春期发育迟缓通常与下丘脑—垂体的成熟延缓或功能抑制有关。已经有报道说啮齿动物青春期测定结果受到影响相差一周或以上时，会出现不良生育结果，但相差一两天时，该变化的生物学意义尚不可知（Gray，1991）。

3.2.5.3 负面影响

产前或产后诱发或观测到的影响应该采用《发育毒性风险评价导则》（U.S.EPA，1991）和本导则中的说明进行判断。肛门—生殖器距离或青春期开始年龄的显著影响，或早或晚，都应该像内部或外部生殖器畸形一样，被视为不利影响。雌性的不利影响应包括乳头发育的影响、阴道口开放年龄的影响、周期性阴道涂片病变、发情或月经病变或与发情及月经周期一致的内分泌或行为模式病变。雄性的不利影响应该包括睾丸下沉的延迟或失败、包皮分离或尿液、精液中出现精子年龄的延迟。

3.2.6 内分泌评估

毒物可以通过影响下丘脑—垂体—性腺—生殖道的任何部分干扰内分泌系统功

能。无论性别，都可能通过改变激素合成、储存、释放、运输或清除以及通过改变激素受体识别或受体后响应诱发效应。关于雌性生殖内分泌系统生理状态和毒理学是本附录第 3.2.4 节很重要的组成部分（雌性特异性终点）。该章节中的内容应与以下内容结合考虑。

雄性生殖系统会由于正常内分泌平衡的紊乱受到不利影响。（略）

发育的神经系统可能是化学品的目标。（略）

具有激素活性的化学物质已被证明会导致雌性大鼠中枢神经系统雄性化。（略）

雌性的情况要比雄性复杂得多，这是由于女性周期、受精过程、妊娠期和哺乳。雌性生殖系统的所有功能都受内分泌的控制，因此对生殖内分泌系统的扰动很敏感。

正如雄性一样，发育期间正常内分泌模式的扰动可能会导致雌性生殖道的发育畸形，而这种暴露水平往往低于影响成年雌性的水平（Gellert，1978；Brouwer et al.，1995）。与上述的分化机制一致，雌性的遗传型雄激素暴露会引发不同程度的生殖道假两性畸形以及大脑发育的病变。但是，在发育过程中对雌激素物质的暴露也会形成结构和功能的负面影响，包括大鼠的生殖器畸形。对于人类，女性子宫内的已烯雌酚暴露已被证实会增加阴道透明细胞腺瘤发病率（Giusti et al.，1995）。二噁英可能是作用于 Ah 受体，也会干扰雌性生殖系统的发育（Gray et al.，1995）。

标准化毒性试验中可以纳入一些有能力检测，但不专门针对生殖内分泌系统扰动效应的终点。对于成年暴露的影响，终点可以被纳入亚慢性毒性程序或生殖毒性程序中。对于那些发育过程中诱发的效应，需要一些程序包括整个发育过程中的暴露并可以进行生殖的后青春期评估。专门测试的数据包括体外筛选试验，也许可用于进一步评估行为位点、时间和机制。

标准化试验中可以检测仅成年期暴露的内分泌相关影响的终点包括繁殖力、生殖器官外观、重量和组织病理学、卵母细胞数、周期正常性和交配行为的评估。除成年期暴露动物确定之外，还可以用来检测发育期间内分泌系统紊乱诱发效应的终点，包括第 3.2.5 节中确定的生殖发育终点。如果结果一致且具有生物学意义，对这些测定结果的显著影响可以被认为是不利的。

生殖激素水平通常无法从毒性试验常规获取，但是雄性生殖激素测定结果可以提供一些试验动物潜在生殖毒性补充评估（Sever et al.，1984；Heywood et al.，1985；NRC，1989）。在必须对方法的侵袭性加以限制的情况下，这些测定对人类更为重要。测定的生殖激素往往是 LH、促卵泡激素（follicle stimulating hormone，FSH）和睾丸激素的流通水平。其他可行且有用的测定包括催乳素、抑制素和雄激素结合蛋白的水平。此外，外源性药物（如促性腺激素释放激素、LH 或人体绒毛膜促性腺激素）测试可以洞察垂体和睾丸间质细胞的功能响应。

如果可以获取一系列激素的信息，可以促进对激素内分泌效应的解释。然而，在评估这些数据时，很重要的一点是要考虑到如 FSH、LH、泌乳素和雄激素之类的血清激素其在 24 小时内呈周期性变化（Fink，1988）。因此，采样时间应严格加以控制，以避免差异过大（Nett，1989）。顺序采样可以检测给药有关的生理和脉动节奏变化。

生殖系统激素水平模式能够提供关于生殖系统功能影响可能的位点和类型的有用信息。例如，如果一个化合物作用于下丘脑或垂体，那么血清 LH 和 FSH 可能会减少，从而导致睾酮水平下降。另外，严重干扰支持细胞功能或产精可能会提高血清 FSH 水平。成年期体中抗雄激素活性物质可能会提高血清 LH 和睾酮水平。睾丸重量可能不会受到影响，而附属性腺的重量和大小可能会减少。具体的抗雄激素暴露的内分泌图谱可能有明显不同，这是因为组织特异性和受体动力学以及暴露年龄的差异。

内分泌数据缺乏时，生殖系统结构、性行为、垂体、子宫或附属性腺重量或病理组织学、雌性周期正常性或睾丸间质细胞病理学的显著影响可能暗示内分泌系统的紊乱。在这种情况下，可能需要对内分泌影响的进一步测试。雌激素、孕激素、睾酮、催乳素、LH 或 FSH 周期水平的显著改变可能表明现有的垂体或性腺损伤。当这些激素的水平相对于控制水平发生显著变化时，应该加以关注，因为它们可能影响、伴随或来自配子形成、配子成熟、交配能力或繁殖力的病变。这种影响，如果与其他现有信息相符，可以被视为不利影响并且可用于确立 NOAEL、LOAEL 或基准剂量。此外，内分泌数据可能促进毒物行为位点或机制的识别，尤其是短期暴露获取的数据。

3.2.7 生殖机能的试管试验

很多可行的和研发中的体外试验可以测定或检测化学物质诱发的雄性和雌性生殖系统各个方面的变化（Kimmel G L et al.，1995）。这包括采用分离配子的体外受精，全器官（如睾丸、卵巢）灌注，生殖器官的分离细胞培养（如睾丸间质细胞、支持细胞、颗粒细胞、输卵管或附睾上皮细胞），多种分离细胞群落、卵巢、部分睾丸、生精小管片段的共同培养，各种受体对生殖细胞和转染细胞层的结合测定等。

精子性质和功能测试已经应用于生殖毒理学试验，包括精子对黏性介质的穿透

（Yeung et al.，1992），体外获能和生殖力测定（Holloway et al.，1990a，1990b；Perreault et al.，1993；Slott et al.，1995），以及精子核完整性评估（Darney，1991）。此外，人类精子功能的评估可能包括精子对宫颈黏液的穿透、精子进行顶体反应的能力、以及穿透仓鼠非透明带卵母细胞或结合人体半透明带的能力（Franken et al.，1990；Liu et al.，1992）。

此类试验获得的诊断信息可能有助于确定生殖系统的潜在影响。然而，每个测试都避开了完整动物系统的某些重要组分，因此，仅凭测试本身是不能够预测引发完整动物体内毒性的暴露水平的。尽管有一定的可能用体外试验取代完整动物测试，这种试验目前仍用于毒性潜力的筛选和行为、代谢的机制研究（Perreault，1989；Holloway et al.，1990a，1990b）。

3.3 人体研究

（略）

3.3.1 流行病学研究

有效的流行病学研究可以为人体风险评价提供宝贵数据。由于流行病学研究有许多不同的设计，不存在单一规则。风险评价人员在进行具体分析时应寻求流行病学专业人士的协助。下文综述了生殖影响风险评价中需考虑的关键事项。

3.3.1.1 研究结果筛选

正如之前所讨论的，负面生殖影响评估中可以考虑很多终点。但是，有一些结果在人体中不易观察，例如，早期胚胎损失，其后代的生殖能力以及生殖功能的侵入性评价（如睾丸活检）。目前，用于流行病学研究最可行的终点有：①繁殖力/不育的间接测定；②某些妊娠结果的生育史研究（如胚胎/胎儿死亡、出生体重、性别比例、先天性畸形、产后功能、新生儿的生长和生存）；③精液评价；④月经史；⑤血液或尿液激素水平。设计和分析中需要控制的因素（如下文所述的效应修正和干扰因素）可能因研究所选择的具体结果不同而不同。

现有的流行病学研究可得的生殖结果受到很多因素的限制，包括暴露的相对程度、人群规模和统计学特征以及观察人体结果的能力。采用一些先进方法对结果进行测定，如采用较敏感的尿液 HCG 测试（人体绒毛膜促性腺激素）检测胚胎损失，可以扩大研究所需结果的可用范围（Wilcox et al.，1985；Sweeney et al.，1988；Zinaman et al.，1996）。其他不那么容易的终点可能需要采取侵入性技术获取样本（如组织病理学），或可能具有高度的个体内或个体间差异（如血清激素水平、精子数量）。

人口的统计学特征，如婚姻状况、年龄、教育、社会经济地位（SES）和以前的生育史都与夫妇尝试要孩子的概率相关。节育措施的差异也会影响研究可得的结果数量。

除了上述因素，生殖终点可以是从怀孕之前持续到胎儿死亡的各个时间节点。但是许多研究的评估终点只限定该过程的某一特定时间。例如，在一个基于存活胎儿的缺陷研究中，不会考察一个畸形的死胎，即使病因可能是相同的（Bloom，1981）。此外，结果时间谱的不同可能是由于暴露时机或水平的差异（Selevan et al.，1987）。

下文讨论了各种男性和女性生殖终点。这些结果可能表征了低产或不育。之后是关于生育史研究的讨论。

3.3.1.1.1　男性终点——精液评估

3.2.3.4 中讨论了精液分析的采用。关于物质对精液特征潜在影响，多数流行病学研究都是针对职业组和接受药物治疗的病人组进行的。因为关于性和生育的社会及文化态度可能会影响研究团体的合作，所以要提高大众的参与度是很困难的。参与度较高的人群多半集中在那些打算要孩子，或者关心现有生育问题及现有暴露的潜在病理影响的男性。除非采取一定的控制手段，否则这种偏向性的参与可能会导致暴露相关风险的非典型估计，并进而影响数据对风险评价的有效性。尽管有一些研究例外（Ratcliffe et al.，1987；Welch et al.，1988），但是在这种研究中的响应率通常不超过 70%，而在对照组中甚至可能更低（Egnatz et al.，1980；Lipshultz et al.，1980；Milby et al.，1980；Lantz et al.，1981；Meyer，1981；Milby et al.，1981；Rosenberg et al.，1985；Ratcliffe et al.，1989）。虽然这可能有很大的群体差异，但有些低响应率可能是由于人群中包含输精管结扎的男性（Milby et al.，1980）。对照组的参与可能偏向那些预先存在生殖问题的。适当的教育和支付报酬很可能显著提高响应率（Ratcliffe et al.，1986，1987）。

有几个因素可能影响精液的评价，其中包括样本收集之前的禁欲期、健康状况和社交习惯（如酒精、软性毒品、吸烟）。这些因素的数据可以通过采访收集，用于妊娠结果研究所存在的限制性。

精液分析研究报告很少包括对暴露男性的内分泌状况的评估（血液或尿液中激素水平）（Lantz et al.，1981；Ratcliffe et al.，1989）。相反，关于内分泌状态的研究报告一般也都没有精液质量的数据（Mason，1990；McGregor et al.，1991；Egeland et al.，1994）。

3.3.1.1.2 女性终点

生殖影响可能来自于各种暴露。例如，可能是对卵母细胞有毒的环境暴露，从而导致原生卵母细胞的损失，并不可逆转地影响妇女的生育能力。关键暴露可能会出现在产前或产后。因为测试具有侵袭性，所以女性卵母细胞的损耗难以直接测定，但是可以通过生殖衰老（绝经期）的年龄评估间接研究（Everson et al.，1986）。

目前已经制定了许多诊断方法用于评估女性生殖功能障碍。（略）下文的临床观察包括了病例报告或流行病学研究报告中可能报道的终点。

生殖功能障碍也可以通过月经周期不规则性的评估加以研究。不过，月经周期性受到很多改变内分泌反馈因素的影响，如年龄、营养状况、压力、运动水平、某些药物以及避孕措施的使用。经期的阴道出血是一种类固醇支持消退的反应，特别是孕激素。阴道出血可发生于月经中期、早期流产、避孕类固醇的停用或黄体不足之后。月经周期的长度，尤其是滤泡期（排卵前），因不同个体而变化，可能使得很难确定女性群体周期长度的显著影响（Burch et al.，1967；Treloar et al.，1967）。人体阴道细胞学检查可以提供生殖周期功能状态的信息。宫颈黏液黏度变化的评估结合细胞学评价，可以用于估计排卵的发生，并确定生殖周期的不同阶段（Kesner et al.，1992）。月经功能障碍的数据已被用于研究可能存在职业性毒物暴露女性的负面生殖影响（Lemasters，1992）。

月经功能前瞻性临床评价的报告（Kesner et al.，1992；Wright et al.，1992）表明泌尿内分泌测定是实用而有效的。女性的内分泌状况可以通过血液和尿液激素水平测量。孕激素还可以通过唾液测定。由于女性生殖内分泌环境呈周期性变化，单样本分析并不能提供生殖功能改变评估的足够信息。尽管如此，对于周期稳定的女性，在预计月经中期促性腺激素达峰值之后 7～9 天，其单样本的孕激素测定足以证明功能性黄体的存在及之前的卵泡成熟和排卵。还可以检测单样本促性腺激素、类固醇或其他生化指标的正常临床水平。但是，更有效的设计应涉及多个样品的收集以及与月经周期联合的观测结果。

排卵日期可以通过基础体温的阶段性变化进行估计。排卵还可以通过血液或尿液激素水平的系列检测和月经中期的雌激素与促性腺激素状态分析确定。排卵后，可以分析孕激素分泌状况并评价子宫内膜组织学，来评估黄体功能。输卵管通畅可能受到发育异常、子宫内膜异位症或感染的影响，是一个可以进行生殖功能临床观察的终点（Forsberg，1981）。由于之后的这些子宫内膜组织学和输卵管通畅评估程序具有侵袭，因此不太可能出现在目前的流行病学研究或监控程序中。

3.3.1.2 生殖史研究

3.3.1.2.1 繁殖力测定

低生育力可能被认为是无关紧要的事情：一对夫妇在特定时间段无法生育孩子。因此，繁殖力或生育力下降的流行病学测定通常是间接的，是通过比较出生率或者出生或怀孕之间的时间间隔完成的。这些测定结果使用的方法有：标准化的出生率（standard birth ratio，SBR，也称为标准化繁殖率）和怀孕或生育的时间长度。在这些评估中，会估计夫妻的共同生育能力。SBR 比较了实际出生数量和基于观测人数—年数的预计数量，并根据不同因素进行分级，如时间、年龄、种族、婚姻状况、已生育数和避孕措施的（如果可能的话）使用（Wong et al.，1979；Levine et al.，1980，1981，1983；Levine，1983；Starr et al.，1986）。SBR 法类似于标准化死亡比（SMR），是在职业组别研究中经常采用的测定，并且在阐释时也具有类似的局限性（Gaffey，1976；McMichael，1976；Tsai et al.，1986）。SBR 法与精液分析相比，在影响的识别上敏感性不足（Welch et al.，1991）。此外，相关数据也可以采用泊松回归进行分析。

确认怀孕或生育婴儿之间的时间分析是一个可用于间接测定繁殖力的较新的方法，（Dobbins et al.，1978；Baird et al.，1985；Baird et al.，1986；Weinberg et al.，1986；Rowland et al.，1992）。因为生育之间的时间间隔随胎次的增加而增加（Leridon，1977），先后生育（已生育数）之内的比较是比较合适的。统计学方法（Cox 回归）可以根据生育或怀孕次序分级，以辅助控制这些事件对于同一位女性或同一对夫妇的非独立性。

繁殖力也可能受到性行为改变的影响。然而，毒性暴露和这些人体变化的关联数据是有限的，并不易于在流行病学研究中获得（见 3.3.1.4）。

3.3.1.2.2 发育结果

关于父母暴露的人体研究中，检测的发育结果可能包括胚胎或胎儿死亡、先天畸形、出生体重的影响、出生时的性别比率以及可能的产后影响（如身体的生长发育，器官或系统功能和暴露的行为影响）。关于发育影响更为详细的讨论见《发育毒性风险评价导则》（U.S. EPA，1991）。如上所述，流行病学研究只关注某一类发育结果，或一对父母的暴露，可能会错过暴露的真正影响。

剂量—响应关系的证据在潜在毒物暴露评估中通常是一项重要标准。然而，传统的剂量—响应关系在某些终点中未必总能观测到（Wilson，1973；Selevan et al.，1987）。

例如，随着剂量的增加，妊娠可能最终以胚胎或胎儿的死亡告终，而不是畸形的存活婴儿。结果类型的差异也可能源于暴露水平或时机的差异（Wilson，1973；Selevan et al.，1987），更详细的说明见 3.3.1.4。因此，风险评价应在可能的情况下，尝试考察不同的生殖终点和暴露模式之间的关系。

除上述影响外，暴露可能产生生殖细胞的基因损伤。生殖细胞突变的结果可能包括受精概率的下降和胚胎、胎儿死亡、产后发育影响概率的增加等。基于试验物种的研究，生殖细胞或早期受精卵是潜在有毒物质的关键靶目标。生殖细胞突变性也可以表现为后代的遗传性疾病。不幸的是，这些研究在人群中难以进行，因为暴露和结果之间时间间隔过长，且需要大量研究组别。关于这些数据评估的更多信息和导则，请参考《致突变性风险评价导则》（U. S. EPA，1986）。

3.3.1.3　社区研究和监控程序

流行病学研究可以基于大量人群开展，如社区，或是全国范围内的概率抽样，或监控程序（如出生缺陷登记处）。有一些研究检测了室外空气、食品、水和土壤潜在有毒物质之类的环境暴露影响。这些研究可以通过居住环境路径，假设某些暴露（生态研究）。对于给定的生殖影响，环境测定和暴露关键期之间的联系，可能难以确定。其他的研究可能深入分析更多细节，评估上述暴露途径，和室内空气、房屋尘土，以及个体的职业暴露（Selevan，1991）。此类关于个体暴露健康结果的环境研究应该对暴露的错误分类较少。

社区研究中定义的暴露，在暴露—影响关系的评估中有一些局限性。例如，在许多社区为基础的研究中，也许不可能区分父母双方介导效应的影响，因为父母双方都在相同的家庭环境中度过相同的时间。此外，较低的暴露水平（与工业环境相比）可能需要非常大量的研究组别。很多个案研究检测了某些社区或国家父母不同职业类别与胚胎/胎儿死亡（Silverman et al.，1985；McDonald et al.，1989；Lindbohm et al.，1991）、出生缺陷（Hemminki et al.，1980；Kwa et al.，1980；Papier，1985）以及儿童癌症（Fabia et al.，1974；Hemminki et al.，1981；Peters et al.，1981；Gardner et al.，1990）之间的关系。在这些报告中，通常基于对某几类物质的暴露或暴露水平概率将工作分为宽泛的不同类别。这些研究对于进一步的研究主题的确定颇有裨益。然而，由于类型或暴露水平组别的宽泛性，这些研究对某种特定物质的风险评价通常收效甚微。

职业环境中也可以进行监控程序。在这种情况下，可以进行生殖历史（包括月经周期）或精液评价，以监测暴露的生殖影响。如果有足够的暴露信息，这可能会生成对风险评价非常有用的数据。生殖历史往往更容易搜集且成本较低，而精液评估则相当昂贵。在工作场所能否成功实施这样的计划，取决于工人对生殖数据保密性且不会影响就业的信心（Samuels，1988；Lemasters et al.，1993）。

3.3.1.4 生殖影响关键暴露因素的识别

生殖影响和潜在毒性暴露之间关系的检测，对产生暴露影响的定义至关重要。父母任意一方的受孕前暴露和子宫内暴露与常见的检查结果可相互佐证（如胎儿流产、畸形、出生体重较低、不育或低生育力的测定）。除上述暴露，出生后通过母乳、食物和环境的暴露，对产后发育也会带来影响（如生长、行为和认知功能的变化）。

许多因素会影响暴露的强度和时长。一般环境暴露通常低于工业和农业环境中发现的水平。不过，随着工作环境暴露的减少以及人们所知的环境暴露的增加，这一关系可能会发生变化（如室内空气接触、家用杀虫剂的使用）。在风险测定值可能较低的低剂量暴露环境中，需要较大的人群才能达到足够的暴露强度（Lemasters et al.，1984）。此外，个体暴露可能会随着他们在暴露水平和类型不同的地域之间迁入迁出而改变，从而影响研究的暴露数量和对照情况。

关于人体研究的暴露数据往往是定性的，如就业或居住历史。由于某些研究设计的性质（如回顾性研究）和历史暴露估计的局限性，更多的量化数据可能很难取得。此外，许多生殖影响来自某些关键时期的暴露。合理的暴露分类取决于暴露作用的生物学机制以及物质的生物学半衰期。半衰期结合暴露模式（如连续或间断）会影响个体的身体负担及关键时期的实际剂量。暴露状况错误分类的可能性会影响对研究中真实影响的识别能力（Selevan，1981；Hogue，1984；Lemasters et al.，1984；Sever et al.，1984；Kimmel C A et al.，1986）。随着越来越多的前瞻性研究工作的开展，需要制定更佳的暴露估计方法。

3.3.1.5 一般设计思路

在很多出版物中关注了可强化研究并提高其在风险评价中的有效性的因素（Selevan，1980；Bloom，1981；Hatch et al.，1981；Wilcox，1983；Sever et al.，1984；Axelson，1985；Tilley et al.，1985；Kimmel C A et al.，1986；Savitz et al.，1991）。以下将介绍一些较为突出的因素。

3.3.1.5.1 研究的效力

一项研究的效力，或者发现真实影响的能力，取决于研究组别的规模、普通人群中症状出现的频率和识别出的风险水平。在群体研究中，一些常见的结果，如胎儿死亡，需要数百名孕妇才能保证可信的概率，从而能够检测风险的适度增加（如暴露组和非暴露组共 133 名孕妇检测双倍增加，$\alpha = 0.05$，能力= 80%）。而不太常见的结果，如出生时识别的所有畸形总数，则需要成千上万的孕妇才能达到相同的概率（如暴露组和非暴露组共 1 200 多名孕妇）（Bloom，1981；Selevan，1981，1985；Sever et al.，1984；Stein Z et al.，1985；Kimmel CA et al.，1986）。精液评价所要求的试验者较少，具体数量取决于所评估的精液指标，特别是当每个男性以自身作为对照时（Wyrobek，1982，1984）。在个案研究中，研究的规模取决于源群体内暴露的频率。人们对一项显示没有影响的研究结果的信心，与用于检测终点明显差异的研究力量直接相关。

研究的效力可以采用元分析方法进行研究以结合来自多项研究的群体进行增强（Greenland，1987）。结合分析可以增强人们对物质不存在风险这一结果的信心，但是在可能非相似的研究组进行结合时必须谨慎。

对阴性的研究结果应认真评估，审查研究的效力以及本研究与其他研究之间的一致性（包括仔细检查细节的可比性，如负面终点和研究设计的相似性）。不同研究结果之间的一致性可以通过比较不同研究结果的统计学置信区间进行评估。效力较低的研究往往会产生更广泛的置信区间。如果阴性研究结果和阳性研究结果的置信区间重叠，那么这两个研究结果可能没有冲突。

3.3.1.5.2 数据收集的可能偏差

偏差可能来自研究组别选择或信息收集的方式（Rothman，1986）。当个体的参与意愿随着暴露或健康状况的变化时，可能存在选择偏差。此外，选择偏差可能出现在研究对象的识别上。例如，在研究早孕流产时，采用医院记录确定研究组别会不够明确，因为这样的女性并不总是求医。在风险评价中应更多地考虑如何获得研究所需的更加完备的孕妇列表，例如，搜集试验成员怀孕状态的生物学数据（如人体绒毛膜促性腺激素[HCG]测定）。这些数据的代表性可能会受到一些因素的影响，如不同群体的女性是否愿意在整个研究周期持续参与。采访数据会比医院记录更加完备，但是这个策略带有潜在的回忆偏差，下文将作进一步讨论。对各种级别完备性的其他例子包括：①采用医院记录研究先天性畸形，因为医院的记录比出生证明载有更完整的畸形数据（Mackeprang et al.，1972；Snell et al.，1992)；②利用精子银行或生育诊所数据进行精液研究。任何来源的精液数据都是精选数据，因为通常精液捐助者的生育能力毋庸置疑，而生育诊所的男性则属于积极尝试受孕的低生育力夫妇的一部分。因此，使用不同记录源鉴定生殖结果的研究需要在风险评价之前对其确定性进行评估。

针对在家庭外工作的女性的研究存在一些可能的附加偏差，因为一些影响就业的因素可能也会影响生殖终点。例如，因为照顾子女的责任，女性可以终止就业，正如那些希望要孩子但有生育问题史的女性，同样关注工作环境暴露（Joffe，1985；Lemasters et al.，1989)。因此，女性暴露的回顾性研究并不包括终止工作的女工，从而限制了其在风险评价中的应用，因为这些结果的风险水平可能被高估（Lemasters et al.，1989)。

信息偏差可能源于研究识别的个体或事件特征的错误分类。回忆偏差是信息偏差的一种，当一些受访者关于暴露或结果的回忆信息不同于那些没有暴露或结果的受访者时，就可能会出现。采访偏差则可能源于采访者了解被试者隶属的暴露（群体研究）或结果（个案研究）类别的先例时，采用高度结构化的问卷调查或“不知情”采访可以减少这种偏差的可能性。这种偏差可能性较低的研究，应在风险评价中占更大的权重。

通过访谈或问卷调查收集数据时，合适的被试者取决于数据或研究的类型。例如，一个丈夫—妻子关于生殖问题的对照采访发现，妻子对妊娠有关的问题回答得比丈夫更加完整和有效，而个体关于自身职业暴露与健康特征的自我报告比他/她的伴侣的报告更为可靠（Selevan，1980；Selevan et al.，1982)。基于合适被试者采访数据的研究应该占更大的比重。

任何来源的数据都可能会有错误或偏差。很难估计所有类型的偏差；但是，使用独立的数据源（例如，权威或医院记录）的进行验证，若采用暴露或结果的生物标志，可以表征存在误差的程度，并提高研究结果的可信度。偏差数据概率较低的研究应占有更多的比重（Axelson，1985；Stein A et al.，1987；Weinberg et al.，1994)。

各种分类错误（如当某些亚群体比其他群体错分的可能性更大时）也可能高估或低估风险。无差异的错误分类将导致结果偏向于“无影响”(Rothman，1986)。

3.3.1.5.3 其他风险因子影响修正和干扰因素的数据收集

生殖毒性的风险因素包括年龄、吸烟、酒精或咖啡因消费、吸毒和过去生育史等特征。根据基因、爱好（如行为）或发育特点（如童年暴露影响更大）的不同，群体或个体可能存在易感的亚群体。应该对已知和潜在的风险因素进行检查，以便识别可能的干扰因素或效应修正。效应修正是一个在该因素不同水平产生不同暴露—响应关系的因子。例如，如果既定暴露相关的风险会随年龄改变，则年龄就是一个效应修正（例如，如果老年男性存在暴露相关的精液变化，而年轻男性没有）。干扰因素是一个研究结果的风险因子，并与所研究的暴露有关，但并不是暴露的后果。干扰因素可能同时扭曲目标暴露和结果之间关系测定的程度和方向。例如，在社会经济地位和生育的关联度研究中，吸烟可能是一个干扰因素，因为吸烟与两者都有联系。

在研究设计或分析时需要同时控制效应修正和干扰因素，以改善暴露影响的估计（Kleinbaum et al.，1982），更深入的讨论可参考其他资料（监管机构间联络小组流行病学工作组，1981；Kleinbaum et al.，1982；Rothman，1986）。用于这些因素控制的统计学方法需要在应用和阐释时慎重考虑（Kleinbaum et al.，1982；Rothman，1986）。无法阐明这些重要因素的研究应该在风险评价中占有较小比重。

3.3.1.5.4 统计学因子

正如动物试验的研究，同一女性经历的怀孕过程并不是完全的非独立事件。例如，经报道曾经历过胎儿流产的女性更有可能经历后续流产（Leridon，1977）。在动物试验的研究中，可以采用胎体作为处理胎内响应非独立性的测定单位。在人体研究中，怀孕是连续的，分析时需要考虑该事件的非独立性（监管机构间联络小组流行病学工作组，1981；Kissling，1981；Selevan，1981；Zeger et al.，1986）。如果包含一个以上的孕妇，正如小型研究组别所需，非独立性的观测会高估对照组别的真实规模，从而人为地增加了达到统计学有效性的概率（Stiratelli et al.，1984）。分析问题可能出现以下情况：①之前的负面后果源自相同暴露；②之前的负面后果可能减少暴露的行为。有一些研究提出了处理这些问题的方法（Kissling，1981；Stiratelli et al.，1984；Selevan，1985；Zeger et al.，1986），这些方法包括每个家庭选择一个孕妇（Selevan，1985）或采用广义的估计方程（Zeger et al.，1986）。

3.3.2 群组，病例报告或系列检查

负面生殖影响个案或群体的识别一般仅限于个体参与的识别或医生临床确定的那些。识别的可能性随暴露人的性别而变化。对男女双方低生育力的鉴定都是很困难的，因为这可能被认为是一个令人不悦的鉴定（如受孕失败或没有孩子），所以也比一些发育影响更难识别，包括子宫暴露导致的畸形。

由于文化观念可能会减少男性生育能力受损的报道，男性的负面生殖结果个案或群体的识别可能有限。此外识别也会受到其他因素的限制，如承认对后代发育不良的影响来自父亲暴露的可能性与来自母亲暴露相比更低。迄今为止，只有一种引发男性生殖毒性的物质，二溴氯丙烷（DBCP）已经通过由于男性低生育力造成的不育群体的观测被确定。这个结论被确定是由于工人精子总数、精子活动率及精子活动能力受 DBCP 的影响而被观察到（Whorton et al.，1977，1979；Biava et al.，1978；Whorton et al.，1980）。

迄今为止，通过群体和个案报告确定的女性负面影响都限于胚胎死亡、先天性畸形等不良妊娠结局。而如上所述，其他影响的鉴定，如低繁殖力/低生育力或月经周期紊乱，则可能会更困难。

病例报告在外对引发生殖毒性物质的识别上有一定的重要性，然而它们最大的用途是为进一步研究指明方向。在风险评价中群体报告和病例报告/系列报告最好与有效的实验室数据联合使用，以表明在试验动物观察到的影响也适用于人体。

3.4 药代动力学因素

获取有关测试物种，甚至人体关于某种物质的药代动力学数据可有效助于物种间毒性数据的外推。关于吸收、半衰期、稳态或峰值血浆浓度、胎盘代谢和转变、比较代谢以及母体靶器官化合物和代谢物的浓度等的信息对于预测生殖毒性风险都可能有用。关于人体和测试物种之间差异的信息也可用于一些因素的评估，如毒物活性和失活之间平衡的年龄相关差异。这些类型的数据都可能有助于确定导致不良影响的事件次序和剂量一响应曲线，从而更准确地比较物种的敏感性，包括人类的敏感性（Wilson et al.，1975，1977），以及确定在靶位点剂量，比较不同剂量或暴露途径的药代动力学图谱。美国 EPA 的“预防杀虫剂和有毒物质办公室”发布了代谢研究程序，可提供可疑物质生殖毒性风险评价的有用信息。如果可以获得与人体相仿出现生殖损害状态和周期阶段（如孕期、非孕期、胚胎或胎儿、新生儿、青春期、成年）的动物试验数据，那么生殖毒理学中的药代动力学研究将会非常有用。

皮肤发育毒性研究工作组的成员就药代动力学数据发展和应用两方面的具体导则达成了一致（Kimmel C A et al.，1990）。该导则也适用于非表皮生殖毒性研究。工作组成员认为，无论真皮研究有没有显示影响的存在，都需要吸收的数据。显示无影响且没有血液浓度水平数据的真皮研究结果可能存在误导性，且不足以进行风险评价，特别是被视为一个“阴性”研究时。在研究中检测不良影响时，无论暴露途径如何，都可以采用药代动力学数据确定母系和父系动物的体内剂量，用于风险推断。

输精管中支持细胞屏障的存在（以前称为血睾屏障）可能会通过限制化合物进入输精管近腔室的途径来影响具有潜在睾丸毒性物质的药代动力学。支持细胞屏障是由于支持细胞之间的紧密联合，将输精上皮细胞划分为基底和近腔室（Russell et al.，1990）。基底室包含了精原细胞和细线前期的初级精母细胞，而更多高级生殖细胞都位于小室边。该选择性渗透屏障可以有效的限制大分子和亲水性分子从管间淋巴进入小室边细胞卵巢中还没有发现类似的屏障，尽管透明带和粒层细胞可以调节化学品进入卵母细胞的途径（Crisp，1992）。

生殖器官似乎具有较广泛的代谢功能，直接作用于类固醇和异生型物质代谢。然而，器官内不同近腔室之间在酶活性类型和水平上有重大差异（Mukhtar et al.，1978）。认识到这些差异对于理解物质具有特殊毒性的可能性颇为重要。

多数药代动力学研究都没有彻底考察毒性物质的分布以及后续在生殖器官内的代谢速率。基于肝脏代谢的概况不一定足以预测物质在睾丸、卵巢、胎盘或孕体内的命运。例如，既定物质的代谢功能在男性的肝脏和睾丸之间以及女性的肝脏、卵巢和胎盘之间都可能有所不同。睾丸、卵巢、胎盘和孕体代谢能力的详细种间对照也尚未进行。对于一些异源物质，已经确定在男性和女性之间存在显著的代谢差异（Harris R Z et al.，1995）。这在一定程度上影响了促进肝脏发育的性腺激素的组织结构（Gustafsson et al.，1980；Skett，1988）。此外，对成年人来说，性类固醇已被证明会影响支配化合物代谢相关的大量酶的活性。因此，有毒物质的血液含量，以及靶组织的最终浓度，在男女之间差异很大。如果要将数据有效用于种间对照和这些目标系统的推断，需要更多关注生殖器官内以及生殖激素影响的其他器官内化学物的药代动力学特性。

3.5 分子结构比较

通过比较某种化学物质与那些已知会引发生殖毒性物质的化学和物理性质可能会表征该物质的潜在生殖毒性。在只有少量数据时，这类信息可能有助于制定物质测定或潜在毒性评价的优先级。生殖毒性的结构—效应关系（structure-activity relationship，SAR）还没有很完整的研究结论，对于生殖毒性的预测也非常有限。通过早期文献调研，提出了一些报道男性生殖系统行为的相对结构（Bernstein，1984）。关于结构—效应关系的可得数据在风险评价中效用很有限，只能针对某几类化学物质（如乙二醇醚、一些雌激素、雄激素、其他类固醇、酚类取代物、类视黄醇、邻苯二甲酸酯、短链卤化烃农药、烷基取代氯二苯并呋喃、多氯联苯、乙烯环己烯和其他烯烃、卤代丙烷、金属和偶氮染料）进行毒性评价。McKinney 等（1994）研究过多氯联苯作用于甲状腺素、Ah 和雌激素受体的定性 SAR 特征。尽管其范围和可靠性要求有限，但这种关系提供了测定的基本假设。

生殖毒性 SAR 相关的信息很有限，在某些情况下（如对于新的化学物质），当数据很少甚至没有时，此程序可用于评估潜在毒性。

3.6 剂量—响应关系评估

剂量—响应关系的描述和评价是危害定性的重要组成部分，而剂量—响应关系的证据则是确定生殖毒性作用的一个重要标准。它包括人体和试验动物研究数据的评估。如果可能的话，应该采用药代动力学数据确定靶器官的有效剂量。当获取各种暴露范围足够的人体剂量—响应数据时，就可以测定人体的剂量—响应关系。由于人体剂量—响应关系的量化数据通常无法获取，剂量—响应关系评估通常是基于试验动物测定的数据评估。

在数据解释时需要考察单一终点和多终点联合的剂量—响应关系。剂量—响应评估需要考虑在不同暴露水平下观测到的不同终点之间对结果的竞争风险的影响。例如，某种物质可能会干扰细胞功能，在低剂量水平下，导致精子形态异常的增加。而在高剂量水平下，则导致细胞死亡，从而减少精子数量并可能出现畸形精子比例的下降。

当可以获取多个物种的数据时，剂量—响应评估的数据选择最好基于与人体最为相近的物种的响应（如可比的生理、药理、药代动力学和药效学过程），足够的剂量，给药途径的适用性以及选择的终点。但是，这些内容中很多相关信息通常是非常有限的。对于剂量—响应评估，没有哪种单一的试验动物物种可以认为是最适用于人体生殖毒性风险预测的。但是，在某些情况下，例如，在月经紊乱相关生理参数的评估中，较高级的非人类灵长动物被认为与人类大致相同。在缺乏明确的相关物种时，可以采用最敏感物种（即最低剂量下显示毒性影响的物种）的数据，因为人体敏感度被假定一般至少与最敏感的测试动物物种相同（Nisbet et al.，1983；Kimmel C A et al.，1984，1990；Hemminki et al.，1985；Meistrich，1986；Working，1988）。

剂量—响应关系的评估包括有效剂量水平的鉴定以及与对照组相比负面影响发生率没有增长或增长较低的相关剂量。重点关注点之一是关键影响的识别（即在最低剂量水平下产生的不利影响），LOAEL、NOAEL 或影响相关的基准剂量（见第 4 节）。

一般来说，在不进行生殖毒性评估的研究中，只检测成年男性和非孕期女性。因此，不会测定孕期女性对物质更为敏感的概率。在进行了生殖毒性评价的研究中，应该同时确定生殖和其他形式系统毒性的有效剂量范围，并与其他成人毒性数据的相应值进行比较，以确定怀孕或哺乳期的女性是否对物质更为敏感。

除给定物质产生生殖和其他形式系统毒性的有效剂量范围之外，还应该识别并评估暴露的途径、时间和期限，影响的种属特异性，以及任何可能影响与人体暴露情况对照的药代动力学和其他因素。健康数据库的建立应始终包含该信息（详情见本附录下一节）。

由于发育过程中有机体的变化较快，且在很多阶段较为敏感，便假设发育关键期某种暴露的发育影响可能会产生负面作用（U. S. EPA，1991）。因此，对于吸入性暴露，日常剂量通常不会调整至发育毒性 24 h 当量时间，除非取得相应的药代动力学数据。但是，对于其他生殖影响，吸入途径的日常剂量可以按暴露期限调整。美国 EPA 正在计划审查这些观点，以确定未来最合适的做法。

3.7 健康数据库的建立

（略）

下文（表 6）给出了某种物质生殖毒性已有证据的一种判断方法。该方案包含两大类，“充分”和“不足”，定义见表 6。所有现有研究数据，不管是否表明目标物质潜能，在风险定性或生殖毒理学中都会进行评估并应用。可能的话，首要考虑是人体数据，其次是实验动物数据。关于数据是否充分的判断需要考虑很多关于整体数据质量的参数，例如，研究的力量（如样本大小和数据的差异）、检测终点的数量和类型、影响的重现性、人体和试验动物研究暴露途径和时间的相关性以及试验动物研究中测试物种和剂量选择的适应性。另外，药代动力学数据和结构—活性因素，其他毒性研究的数据，以及其他可能影响证据决策的因素，都应加以考虑。

表 6 健康数据库分类

证据充分
证据充分的类别是指能够联合提供充分信息，以便判断影响范围内是否存在生殖危害以及暴露的剂量、期限、时机和途径。该类别可能包括人体和实验动物证据
充分的人体证据
该类别包括一些具有令人信服的流行病学研究证据（如病例对照和群体）可判断暴露和生殖毒性是否存在因果关系的物质。病例系列结合其他支持证据也可以判定为充分证据。流行病学评价和临床案例研究需要讨论观察到的影响是否具有化学暴露相关的生物学意义
充分的试验动物数据/有限的人体数据
该类别包含一些有充足的实验动物研究证据和/或有限的人体数据可判断是否存在潜在生殖危害的物质。一般来说，根据美国 EPA 的两代生殖影响测试导则（但不限于这样的设计）进行过测试的物质将包括在这一类。确定是否存在潜在危害必要的最少证据是单个测试物种设计和执行良好的单次研究中表明不良生育影响的数据。确定潜在危害不存在的最少证据将包括在两个物种的多次研究中的充分多的终点，在引发负面影响的最小毒性剂量下显示没有负面生殖影响的数据。药代动力学、机制或化学物质类别的已知属性等信息可能会加强证据力度
证据不足
该类别包括达不到生殖毒性潜能评估必需的最少证据的物质。包括的情况很多，如无法获得生殖毒性数据；数据库来源于设计或执行不完善的测试动物或人体研究（例如，少量的测试动物或人体被试对象，不恰当的剂量选择或暴露信息，其他不可控因素）；仅检测了少量终点且报道没有负面生殖影响的研究数据；或仅限于结构—活性关系，短期或体外试验，药代动力学数据，或代谢前体信息的数据库

一般来说，定性的评估是导则中定义的风险定性或剂量—响应分析所必需的最少证据标准。在研究设计和研究组别的选择中有相当大的变数，所以确定进行人体数据定量分析的最少证据要求往往很困难。人体数据的主体应该包含令人信服的证据，符合“充足的人体证据”类的描述。由于需要判断是否存在因果关系的人体数据通常很有限，几乎没有什么物质可分为这一类。根据美国 EPA 的两代生殖影响测试导则（U. S. EPA，1982，1985，1996）和如两代连续生育研究等方法中要求，进行过试验动物测试的物质一般包括在“充足实验动物证据/有限的人体数据”类别中。在某些情况下，关于某种物质潜在生殖毒性（如单代生殖影响研究，全面检测过生殖器官的标准亚慢性或慢性毒性研究）的数据更有限。如果在这些有限的研究中观测到生殖毒性，那么这些数据将有助于达成生殖系统危害的相关决议，包括参考剂量（RfD）或参考浓度（RfC）的确定。

在数据有限的情况下，有必要适当调整不确定性因素，以反映使用这些数据随之增加的不确定性，直至获得更明确的数据。所增加的不确定性的识别和不确定性因素调整的充分理由需要清晰说明。

与得到具有潜在危害结论的研究相比，同时从生物学和统计学两方面支持关于无明显危害的结果更为困难，所以需要更多的数据支持这样的结论。例如，要判断某种物质是否存在生殖毒性危害，要求的最少证据可以是在某个设计和执行良好的单一物种研究中显示存在负面生殖影响的数据，或充分且全面的临床或流行病学研究证据。正如在所有的情况下，重要的是，结果必须具有生物学意义且不悖常理。另一方面，要判定某种物质不大可能引发生殖毒性危害，最低限度的证据应包括一系列终点的数据，以及来自多物种的多次研究，且相关数据和研究显示，在造成成年期动物最小毒性的剂量下，没有负面生殖影响。此外，相应人体研究的数据可以支持没有明显危害的结论。当某种给定化合物存在大量数据，但是没有一个研究满足现有的测试导则时，风险评价人员应该采用科学判断决定合成数据库是否符合“足够”的标准。

确定健康数据库可信度的一些重要因素如下：

- 来自人体暴露的同等质量数据占的比重大于测试物种暴露数据。
- 尽管高质量的单一研究可能足以达到较高水平的可信度，重现性仍然有助于提高这些结果的可信度。
- 可以从关于人类或被认为可以预测人体响应的其他哺乳动物物种的有一定质量的一个或多个体外研究中获取数据。
- 数据要表现出剂量—响应关系。
- 测试结果具有统计学显著性和生物学意义。
- 当有多个研究时，结果需一致。
- 获得足够的信息可以调和不一致的数据。
- 适当的暴露途径、水平、持续时间和频率。
- 检测充足数量的终点。
- 研究的力量和统计学处理适当。

在统计学上与体外影响基准水平的显著性偏差需要进一步的检测。要确定这样的偏差是否构成不利影响，需要了解其在一个复杂系统中的作用，并确定是否观测到“真实效应”。上述标准的应用，结合 3.2 提出的导则，能够促进这样的测定。

对性行为、繁殖力或发育、月经（发情）周期正常性、精子评价、生殖病理学、生殖器官重量以及生殖内分泌等与生殖功能直接相关的其他终点，对其重大不利影响应该具有生殖危害识别的最大信度。如果研究质量合格，对这些终点产生不利影响的物质可以归为“证据充足”类。

针对非哺乳动物的数据或者结构—活性关系，当只有体外试验的测定数据，且仅有阳性结果可引发后续研究，以扩展初步数据并确定受影响的功能及其程度时，这样的结果信度较低。无论这类研究结果是否说明影响的存在或是否具有暗示性，没有其他证据时都应将其归为“证据不足”类。

若动物试验常规评估的终点（即繁殖力、组织病理学、产前发育和器官重量）未显示受到影响，可构成充分证据，将某种化学物质的潜在生殖毒性作为低优先级。然而，在这种情况下，需要谨慎考虑这些终点的敏感性和这些终点数据的质量。还应该考虑常规检测反映不出的不良影响的可能性（例如，生殖细胞突变、发情周期或活力、形态等精子特性的改变，发育暴露的机能影响）。

某健康数据库显示潜在生殖危害的判断并不意味着该物质在所有暴露水平（因为剂量—响应非线性的假定）或在任何情况下（例如，危害的类型和程度随暴露途径和时机有很大差别）都有危害。在最终风险定性中，危害特性的总结应始终包含定量剂量—响应分析的信息，可能的话还应包含人体暴露估计。

4 定量剂量—响应分析

在定量剂量—响应评估中，非致癌健康影响的剂量—响应都假设成非线性，除非行为模式或药效学资料表明并非如此。如果有足够的数据，可以采用生物学方法针对具体化学物质预测观察范围内剂量—响应曲线的形状。可以肯定的是，某些生物学过程（如支持细胞屏障选择性、生殖细胞的代谢和修复功能）可能会阻碍与负面效应有关的低剂量水平暴露之后，目标位点物质浓度的变化。非线性剂量—响应的假设表明，NOAEL、LOAEL 或基准剂量中大量的不确定因素，可能阻止人类引发环境中显著风险的暴露水平。而对于线性的剂量—响应，假设某种风险在任何暴露水平均存在，则风险随暴露降低而减少。

LOAEL 是有充足证据的数据库中与相应对照组相比负面生殖影响频率明显增加

的最低剂量，NOAEL 是最高剂量。所谓显著增加，是基于统计学意义或生物学意义的趋势。行为模式，或支持该影响出现的较低暴露水平的其他生物学证据，可以强化生物学显著性。动物实验研究中，NOAEL 的存在并不说明观测范围之下剂量—响应的形状，而只是定义了该研究条件下不会引发负面效应显著增加的最高暴露水平。另外，可以建立试验范围内剂量—响应关系的数学模型。该方法可以用于确定基准剂量，基准剂量可以代替 NOAEL 作为计算 RfD、RfC、MOE 或其他暴露估计的出发点。

有研究给出了 NOAEL 应用的一些限制条件（Kimmel C A et al.，1988；U. S. EPA，1995）：①NOAEL 只关注剂量，并不包含剂量—响应曲线斜率或者数据差异性的信息；②由于未考虑数据差异性（即未使用信度限制），NOAEL 可能因为样本规模的减小或研究执行质量的下降而升高，而这两种情况通常与数据差异性的增加相关；③NOAEL 只限于其中一个实验剂量；④研究中剂量的数量和间隔可能影响 NOAEL 剂量的选择；⑤由于 NOAEL 定义为不产生与对照水平相比负面响应明显变化的剂量且依赖于研究的力量，理论上与此有关的风险可能下降至从零到可检出的控制水平以下某个指数之间的任意水平（通常为数据 7%～10%的范围内）。针对一些数据集估计的 NOAEL 下发育毒性风险的 95%信度上限为 2%～6%（Crump，1984；Gaylor，1989），其他生殖影响数据还没有类似的评价。由于 NOAEL 应用有关的局限性，当有足够数据时，美国 EPA 正开始使用基准剂量方法进行定量剂量—响应评估。

基准剂量的计算与使用见美国 EPA 文件《健康风险评价中基准剂量方法的使用》（U. S. EPA，1995）。美国 EPA 目前正在制定基准剂量应用指南，包括分析各个步骤使用的决策过程（U. S. EPA，1996）。基准剂量是基于某一发病率水平的模型衍生估计得出的，如 5%或 10%的发病率。给定终点的 BMD/C 可以作为低剂量外推的一个稳定出发点。在某些情况下，行为模式数据足以估计低于目标健康风险且可观测的各个水平的 BMD/C。基准响应（BMR）的 5%通常是标准发育毒性研究常规终点可充分评估的最低风险水平（Allen et al.，1994）。胎儿体重是一个连续性终点，距对照平均值 5%的变化就接近标准产前毒性研究的检测线（Kavlock et al.，1995）。发育毒性评估中较为推荐的建模方法（U. S. EPA，1995）是曲线拟合模型，该模型具有生物合理性，但不包含行为模式。类似的方法可以应用于其他生殖毒性数据，以便计算出观测剂量范围内数据的剂量—响应曲线，但不一定能够准确地预测低暴露水平时的风险。美国 EPA 正在制定 BMD/C 应用的进一步导则（U. S. EPA，1996c）。

生殖毒性的 RfD 或 RfC 是人群日常暴露的估计值，假定在暴露生命周期没有可预见的有害生殖影响风险，RfD 或 RfC 量可以采用 NOAEL、LOAEL（NOAEL 未知时）或基准剂量的不确定性因素计算。由于大部分发育毒性研究时间较短，因此会测定负面发育影响的特征值（RfD_{DT} 或 RfC_{DT}）。对于发育毒性之外终点的负面生殖影响，尚无具体说明。在计算 RfD 或 RfC 时需同时考虑生殖毒性的数据（包括发育毒性）和该化学物质的其他数据。

在计算 RfD 或 RfC 时，确定 NOAEL、LOAEL 或基准剂量时采用的效应，应是最适宜或最敏感的（适宜性无法确定时）哺乳动物物种负面生殖终点（即关键效应）（见本附录第 2 和 3.2.1 部分）。NOAEL 或基准剂量采用的生殖或其他形式的系统毒性的不确定性因素，一般各包括 3 种至 10 种关于种间和种内差异的因素。其他因子可以用于数据库中可能存在的其他不确定性因素。在只有 LOAEL 的情况下，可能需要采用多达 10 种额外的不确定性，具体数量取决于评估终点的敏感性、测试剂量水平的充分性或 LOAEL 的一般信度。

计算 RfD 或 RfC 时，还可能识别出其他的不确定性领域，采用的修正因子取决于数据库的特性（例如，仅有单代繁殖影响研究的数据可用，见 3.7），药代动力学数据或其他可能改变数据信度水平的因素（U. S. EPA，1987）。不确定性因素的总规模对于不同物质有所不同，需要进行科学判断，同时考虑到种间差异、物种内部变化、剂量—响应曲线斜率、实测生殖影响类型、效应发病率背景值、给药途径以及药代动力学数据。

NOAEL、LOAEL 或基准剂量除以最适宜或最敏感哺乳动物物种关键效应所选择的总体不确定因子即为 RfD 或 RfC。如果其他形式系统毒性的 NOAEL、LOAEL 或基准剂量低于生殖毒性的相应值，应该在风险定性中加以说明，并比较该值和其他成年期动物暴露的研究数据。因此，生殖毒性数据应该结合其他毒性数据进行讨论。

通常假设生殖毒性的剂量—响应关系是非线性的。这是基于已知的机体在毒性终点出现之前须将其克服的体内稳态、代偿或适应性机制，以及已知生殖系统和发育机体的细胞和器官具有损伤修复能力的原理作出的假设。但是在人群中，有毒物质背景值和预先存在的条件可能会增加人群中某些个体的敏感性。因此，毒物暴露可能会导致人群中某些个体（不一定是全部）负面影响风险的增加。

人们正在努力制定更具生物学意义的模型。这些模型应该更为准确地估计人体低剂量风险。生殖毒理学中具有生物学意义的剂量—响应模型的发展受到很多因素的阻碍，包括对基本生殖毒性生物学机制有限的了解，生殖活动类型的种内和种间差异，相应药代动力学数据的缺乏，剂量—响应曲线上其他类型系统毒性影响的信息不足等。目前生殖毒理学中关于行为模式的研究大有希望，且可能为将来的相应模型提供有用数据。

4.1 风险定性信息的采用

最终风险定性分析中将纳入危险定性和定量剂量—响应评价，以及人体暴露估计的信息。分析取决于动物和人体试验（如果有）健康相关数据准确性和充分性的科学判断，显著影响的生物学关联，以及在解释和将数据应用到人体时的其他重要因素。科学判断始终是必要的，而且在许多情况下，都建议就具体学科（如生殖毒理学、流行病学、统计学）与科学家进行互动。

（略）

5 暴露评估（略）

6 风险定性

6.1 概述（略）

6.2 风险定性，定量剂量—响应和暴露评估的整合

在风险评价每个组成部分的制定中，风险评价人员必须判断毒性数据的人体关联度，包括可得的各种实验动物模型的适应性数据，以及预期人体暴露相关的暴露途径、时机和周期。在风险评价过程中的各阶段都应该总结这些判断。当没有数据可以支持这样的判断时（事实上经常如此），概述中（第 1 节）讨论的背景资料和假设设定了默认立场。但需清楚陈述采取的默认立场及每个默认立场使用背后的理由。在整合评估各部分时，风险评价人员必须确定是否有某些判断对评估的其他部分产生影响，以及评估各

组成部分是否兼容。

有关数据的描述应指出评估的主要优势和弱点，从数据可用性和质量以及理解毒性机制的局限性。风险评价结果的可信度取决于这些分析结果的可信度。每一部分（危害特性，定量剂量—响应分析和暴露评估）应该有相应的总结，而这些总结应该纳入整体风险定性中。应该对数据结论加以阐释，并清楚告知风险管理人员评估各个重要方面存在的一致性。当数据支持多个解释时，应该给出可行的替代方法，以及那些立场的优势、弱点和影响。如果已经优化选择了某个解释或选项，应给出理由；若没有，则应作为可行的替代方法同时列出。

风险定性不仅要检查判断结果，也应解释现有数据的限制性和对有关研究现象的了解，其中包括：

- 化学物质对人体健康产生特定危害可能性的定性结论，实测效应的性质，在什么暴露条件下（途径、剂量、时间和周期）引发这些效应，以及健康数据是否充足和相关，可用于风险评价。
- 讨论关键效应的剂量—响应模式和它们与其他毒性数据之间的关系，例如，各个其他终点剂量—响应曲线的形状和斜率；NOAEL、LOAEL 和/或基准剂量计算背后的理论依据；RfD、RfC 或其他暴露估计的基本假设。
- 人体暴露范围估计的描述（如中心趋势、高端）、暴露途径、周期和方式、相关药代动力学，可能暴露人群的规模和特点。
- 被评估物质的生殖毒性风险定性分析应该根据基于最合适的测试物种，或最敏感的测试物种获取的数据。也应该基于不良生殖影响最敏感的指标，无论是男性、女性（非孕期或孕期），抑或是发育机体，并应与其他形式毒性联合考虑。应该明确说明该指标与人类生殖结果的相关性以及决策的合理性。

如果风险定性分析中采用的数据来自与预计人体暴露不同的暴露途径，那么应采用药代动力学数据，进行暴露途径外推。没有这样的数据时，美国 EPA 设定了某些假设，关于可能的吸收量或者一个途径到另一个途径数据的适用性（U. S. EPA，1985，1986）。对其中一些问题的讨论可以参考《皮肤发育毒性研究可接受性和解读研讨会会议记录》（Kimmel C A et al.，1990）和《风险评价途径到途径外推原则》（Gerrity et al.，1990）。风险定性分析应确定暴露途径交叉采用的外推方法，并讨论该方法的优点和局限性。

应该尽可能明确危害特性和定量剂量—响应评估的可信度水平，包括物质关于健康数据充足性的合理归类（见 3.7 节）。理想的综合风险评价包括各个终点的信息，可提供潜在生殖响应各个方面的全方位视角。整合人体和测试物种数据，且同时纳入敏感性终点（如适当进行且全面评估的组织病理学）和功能相关性（如繁殖力）的文件可提高既定物质风险评价的可信度。

对潜在人体暴露性质的描述对预测不同亚群不同暴露条件下的具体分析结果，持久性或可逆转性分析具有重要意义（U. S. EPA，1992；Clegg，1995）。

在风险评价过程中，风险估计是暴露的函数，负面影响风险随暴露增加而增加。人群中不同成员的暴露水平信息对了解可能发生的风险范围具有关键作用。对暴露水平的其他描述，如人群的特点和范畴及他们各自暴露条件、中心趋势和高端暴露估计应该加以说明。不同个体在吸收率、代谢或其他因素的差异，意味着个人或亚群在同样的暴露水平和模式下可能存在不同的易感性。例如，暴露的后果在发育机体、青年人和老年人之间可能有明显不同，包括影响是永久抑或暂时的。人体暴露相关的其他因素可能包括怀孕或哺乳期，对其他物质暴露的可能，并发疾病，营养状况，生活方式，种族背景和遗传多态性以及可能产生的后果。对导致负面影响的分子的了解可用于确定敏感性人群易感性的范畴。

表 7 列出了具体化学物质风险评价发育生殖风险定性的指南和设计辅助手段。一个通用的设计将协助风险管理人员评估和使用生殖风险特性。该大纲有两个部分，第一部分跟踪生殖风险评价并提出了其主要结论；第二部分整合了定性生殖风险的信息。

6.3 生殖风险的描述

生殖风险的描述需回答风险相关问题，每个描述都提供了不同的信息和视角。有很多方法可以描述风险。关于如何使用这些描述的详细内容，可参考风险定性导则（Browner，1995），下文即提取了其中一些信息。

在大多数情况下，目前的科学状态还不足以定义人群易感性等因素的分布。下文的指导原则讨论了很多主要反映暴露估计差异的风险描述。如果无法给出人群易感性范畴的全面描述，从多种原因来讲都应努力识别高度易感性的亚群。

表7 生殖影响具体化学物质风险定性制定导则

第一部分 风险定性主要结论总结

Ⅰ. 危害特性

A. 可以提供生殖影响健康关注基础的关键毒理学研究是什么？

- 关键研究有多好？
- 数据来自实验室还是现场研究？单物种还是多物种？
- 检测的负面生殖终点是什么，关键影响的要素是什么？
- 描述支持该结果的其他研究。
- 讨论与该结果冲突的所有可靠研究。

B. 除关键研究中观察到的生殖影响外，有其他关注的健康终点吗？显著的数据缺陷是什么？

C. 讨论可得的流行病学或临床数据。对于临床病学研究：

- 采用的数据类型是什么（例如：人体生态学，个案控制或群组研究，者个案及系列报告）？
- 描述暴露描述的程度。
- 描述关注的干扰因素的情况。
- 描述排除的其他因果因素的情况。

D. 关于化学物质如何（通过什么样的生物学机制）引发负面生殖影响方面知道多少？

- 讨论行为或代谢机制的相关研究。
- 该信息有助于毒性数据的阐释吗？
- 潜在负面生殖效应的影响是什么？

E. 论述动物或人类的所有非正面数据，以及在危害特性中是否考虑了这些数据。

F. 如果在野生鸟兽物种中观测到负面健康影响，通过讨论以上A到E相关问题定性这样的影响。

G. 总结危害特性并讨论以下内容的显著性：

- 结论可信度。
- 数据同样支持的可选结论。
- 数据的明显缺陷。
- 主要假设提要。

Ⅱ. 剂量—响应特性

A. 采用什么数据制定剂量—响应曲线？换一组数据集结果是否显著不同？

- 如果采用实验室动物数据：

  采用什么物种？

  最敏感物种的值、所有物种平均值、或其他？

  排除某些研究吗？为什么？

- 如果采用流行病学数据：
  采用哪些研究？
  只有正面研究，所有研究，还是一些其他的联合？
  排除了某些研究吗？为什么？
  联合流行病学研究时进行元分析吗？采用什么方法？
  研究被排除了吗？为什么？

B. 是否采用模型制定剂量—响应曲线？如果是，采用哪个模型？该选择的合理性？是否有具体化学物质的信息支持该方法？

- RfD/RfC（或其他可接受范围）如何计算？
- 采用什么假设和不确定因素？
- 估计的可信度？

C. 讨论观测暴露的途径、水平和周期，并于预期人体暴露比较。

- 可以获得与预期人体暴露途径相同的数据吗？如果不行，可以获得不同暴露途径外推的药代动力学数据吗？
- 从实测数据外推到环境暴露需要多远？一级或二级？或是多级？外推的影响是什么？

D. 如果在野生鸟兽物种中观测到负面健康影响，采用以上 A 到 C 列出的程序定性剂量—响应信息。

III. 暴露定性

A. 环境暴露最重要的来源是什么？
有不同媒介暴露源的数据吗？
不同暴露源的相对比例？
最重要的环境暴露路径是什么？

B. 描述评估的人群，包括一般人群，高度暴露组别和高度易感性组别。

C. 描述暴露评估的基础，包括暴露分布的监测、建模或其他分析，如 Monte Carlo 或 Krieging 方法。

D. 暴露的关键描述是什么？
描述暴露（范围）：“均值”个体、“高端”个体、一般人群、高暴露组别、孩童、易感性人群、男性、女性（非孕期、孕期、哺乳期）。
中心趋势估计如何计算？
计算时采用什么因素和/或方法？
如何计算高端估计？
有高暴露亚群的信息吗？
他们是谁？
他们的暴露水平如何？
评估中他们占多大比例？

E. 有关注累积或多暴露的生物学、民族、种族或社会经济学理由吗？

F. 如果在野生鸟兽物种中观测到负面生殖影响，通过讨论以上 A 到 E 的相关问题定性野生鸟兽暴露。

G. 总结暴露结论并讨论：

- 不同方法的结果，即模型、监测、概率分布；
- 各自的局限性和最合理值域；
- 结果的可信度和限制性。

第二部分 风险结论和比较
Ⅳ. 风险因素 A．基于危害，定量剂量—响应和暴露特性的总体风险情况如何？ B．三种主要分析各自主要结论和评估的优势是什么（即危害特性，定量剂量—响应和暴露评估）？ C．三种主要分析的主要限制性和不确定性？ D．三种主要分析各自的科学政策选择？ 评估的可选方法是什么？ 选择的理由？ Ⅴ. 风险情况 A．生殖危害的定性风险是什么（如可控或不可控，技术上的或自然的等）？如果有的话，与该危害或相似危害相关的风险感知研究发现的论述。 B．该生殖危害的可选方案是什么？如何比较风险？ C．该生殖风险如何与其他风险比较？ 该风险如何与本监控项目中其他风险或美国 EPA 已做出决策的其他类似风险进行比较？ 适用情况下，该风险能与 EPA 过去的决策，其他联邦或州环保局决策或者人们熟悉的常见风险比较吗？描述进行这些比较的限制性。 D．论述影响风险公众感知的重要大众关注点。 Ⅵ. 已有风险信息 论述美国 EPA，其他联邦机构或其他组织已经完成的该化学物质其他生殖风险评价。它们具有明显不同的结论需要讨论吗？ Ⅶ. 其他资料 有针对这种情况，可能对风险管理人员或公众有用且以上未涉及的资料吗？

6.3.1 个体暴露分布

风险管理人员通常感兴趣的问题有：①谁是风险最高的人，为什么？②目标人群个体平均风险或风险分布？③“他们在做什么”“他们住在哪里”等可能导致他们的高风险的问题。

暴露和个体生殖风险描述的目的是提供这些问题的答案。为了描述风险范围，无论高端还是中心趋势描述都用于传达人群中不同个体经历的风险水平分布。针对美国 EPA 的宗旨，高端风险描述是针对那些处于风险分布上限个体的可信风险估计。鉴于个体对引发生殖毒性物质敏感性差异现有研究的限制性，高端描述通常会表明高端暴露或剂量。从概念上讲，高端暴露表示人群分布约 90%以上的暴露，但不高于人群中最高暴露的个体。中心趋势描述普遍反映暴露或剂量的中心估计。这种描述可根据任意一种算术平均暴露（平均估计）或中位数暴露（中位数估计），具体选择应明确标示。风险定性中选择哪种描述取决于现有数据和评估目标。

6.3.2 人群暴露

人群风险是指整体人群损害程度的评估。理论上来讲，可以通过目标人群中所有个体风险加和计算。这项任务需要更多信息。生殖影响人群风险描述解决的问题包括：某个参考水平特定范围内的人口比例，如超过 RfD（剂量）、RfC（浓度）或其他健康相关水平？

对于生殖影响，风险评价技术通常尚未发展到可对风险概率进行加和的程度，但 Hattis（1994）和 Silver（1994）提出了某些具体案例的方法。因此，以下的描述通常是适用的：某个特定风险水平以上或某参考水平特定范围内（如超过 RfD、RfC、LOAEL 或其他特定水平）的人群百分比或人数。RfD 或 RfC 被假定为不会发生重大风险的上限水平。因此，RfD 或 RfC 以下（“不太可能有风险”）或者以上（“可能存在风险”）的人群暴露评估信息可能对风险管理人员有用。在经过考虑后估计可能要从“可能存在风险”类中移除的人数，尤其有助于风险管理人员考虑采取行动以改善人群风险。该描述必须通过人群分布的测定或模拟获得。

6.3.3 暴露边界

在风险定性中，剂量—响应信息和人体暴露估计可以通过比较 RfD 或 RfC 和人类暴露估计，或者通过计算暴露边界（MOE）进行合并。MOE 是最适宜或最敏感物种的 NOAEL 或基准剂量与所有可能来源的人体暴露水平估计的比值（U. S. EPA，1985a）。如果无法获得 NOAEL，可用 LOAEL 进行计算，但是可接受度的考量将会与 NOAEL 有所不同。MOE 可接受程度的考虑与 NOAEL、LOAEL 或计算 RfD 所用基准剂量不确定性因素的选择类似。MOE 必须同步给出数据库特性，包括毒性和暴露数据的优点和弱点、受影响物种的数量以及剂量—响应、路线、时机、周期等信息。RfD 或 RfC 与人类暴露估计的比较以及 MOE 的计算在概念上是类似的，但可以用于不同的监管情况。

方法的选择取决于几个因素，包括涉及的章程、处理的情况、采用的数据库以及决策者的需要。RfD、RfC 或 MOE 需要与其他风险评价和风险管理决策问题结合考虑，但处理时需要考虑的科学问题在这里已经涉及。

6.3.4 暴露分布和不同亚群风险

风险管理人员也可能会问关于目标人群各部分之间风险负担分布的问题，例如，暴露和生殖风险如何影响各个亚群以及某个特定亚群的人群风险如何。关于人群各部分之间暴露和生殖风险分布的问题需要更多的风险描述。

6.3.4.1　高度暴露

该测定是为了描述暴露分布的上限，便于风险管理人员评估某些个体是否存在不合比例或不可接受的高风险。其目标是考察暴露分布的上限以计算相对高暴露个体的实际估计。风险分布的“高端”被定义（Habicht，1992；Browner，1995）为实际（测定或估计）分布 90%以上的值。只要有可能，必须给出高度暴露组中的个体数量或比例，若可以获取数据，还需讨论更高水平暴露的可能。

高度暴露的亚群需被识别，并在可能的情况下进行定性，同时量化风险程度。当存在（或预期）某个亚群经历的暴露或剂量与大部分人群有显著不同时，该描述将非常有用。这些亚群可通过年龄、性别、生活方式、经济因素或其他人口统计学变量进行识别。例如，在污染土壤里玩耍且食用大量鱼类的幼儿代表的亚群可能面临某些物质的较大暴露。

如果缺乏人口数据，通常可以采用暴露参数的上限百分数或基于判断的数值描述高端暴露的情况。在这些情况下，如果达到“合理”暴露估计，应谨慎处理避免高估高端值。

6.3.4.2　高度易感

高度易感亚群也需被识别，如果可能的话，可以进行定性分析，并量化风险程度。当特定亚群对效应的敏感性或易感性（预计）与大部分人群显著不同时，该描述将非常有用。因此，该测定的目的是量化识别出敏感或易感性人群对关注物质的暴露。敏感或易感性个体是那些不利影响表达风险较高的暴露人群，如怀孕或哺乳期女性，卵母细胞数目减少的女性，“边缘”精子数量的男性，或婴儿。为了计算这些亚群的风险，有时就必须使用不同的剂量—响应关系。例如，对某种化学品的暴露，怀孕或哺乳期女性、老人、不同年龄的儿童，以及具有某些疾病的人可能比整体人群更加敏感。

一般来说，有关毒性机制的研究尚不足以识别大多数物质的敏感性亚群，尽管年龄、营养、个人习惯（如吸烟、酒精消耗及药物滥用）、现有的疾病（如糖尿病或性传播疾病）、遗传多态性等可能使得一些个体对各种物质的生殖影响更趋于敏感。

然而，需要考虑到美国 EPA 关于参考剂量和参考浓度（RfDs 和 RfCs）制定的现有方法旨在保护敏感人群。如果可以获取敏感人群的数据（并且数据质量可信），那么 RfD 的制定是基于敏感人群观测不到的负面影响的剂量水平。如果无法获得这样的数据（例如，如果制定 RfD 采用的数据来自人体均值或者未知敏感性的人群），那么会有额外 3～10 倍的因素可用于考虑平均人体暴露和更敏感个体响应之间的差异（见第 4 节）。

一般来说，选择高度易感性的人群段落要考虑的是分组优先关注的问题（如环境公正的考虑），此时风险评价人员和风险管理人员可以共同商定重点分组，或者评估过程中发现敏感或高度暴露分组的问题。无论哪种情况，一旦确定，分组可作为独立人群处理，采用与大部分人群相同的方法定性，使用人群和个人风险描述符。

6.3.5 具体案例信息

以“如果……怎样？”的问题形式提出重要暴露情况和亚群的具体案例情况，有助于风险管理人员进行分析。在这种情况下通常被问的问题是，对于任何给定的暴露水平，可能面临更高水平暴露的个体数量或比例是多少？

“如果……怎样？”的问题，例如以下的这些，可用于考察候选风险管理问题：

- 如果农民在没有防护设备时使用农药会带来什么生殖风险？
- 如果该地点成为未来的居住地会带来什么风险？
- 如果我们设定标准为 100 ppb，生殖风险如何？

回答此类“如果……怎样？”的问题需要根据评估中提出的特定因素组合计算风险。仅有对这些问题的回答并不能给出关于实际人群数值组合的可能性或者有多少人（如果有的话）可能受到未来潜在的生殖风险的信息。但是，评估中最好包括关于假设情况出现可能性的信息。

在处理预计人群变化（预计的未来发育或不同监管方案的审议）时，通常应该计算并考虑以上所述的所有生殖风险描述。在制定某情况下的中心趋势或高端估计时，这些描述应反映对未来行为的合理预期。例如，在特定地点的风险评价中，未来的情景时，当有未来土地利用的实际预测时应评估未来的情形，并应在报告中制定生殖风险描述。

6.3.6 风险描述不确定评估

生殖风险描述是为了解决人群中风险差异和对人群整体的不利影响的问题。特别是高端和中心趋势估计值的差异反映人群的差异，但并非风险估计固有的科学不确定性。正如上面所讨论的，所有生殖风险估计都有不确定性。这些不确定因素可能包括测定的不确定度、建模的不确定性以及弥补数据缺陷的假设。风险评价人员应明确这些因素各自对生殖风险估计值可信度的影响。

不确定性的定性和定量评价都向评估用户提供了有用信息。不确定性的定量分析技术正在迅速发展，且 SAB（Loehr et al.，1993）和 NRC（1994）都曾呼吁美国 EPA 在风险分析中纳入这些技术。但是，应该注意的是，只采用评估员关于人群变量分布最佳估计的概率评估解决了变异性，而不是不确定性。估计风险分布的不确定性需要单独评价。已有研究提出了一个估计非癌症风险评价不确定性分布的方法（Baird et al.，1996）。

6.4 总结和研究需求

该导则总结了美国 EPA 在评估物质引发生殖毒性潜能时遵守的程序。讨论了由于我们对基本生物学过程和如何在不同物种间比较生物学过程的知识缺陷，在生殖毒性风险评价中必须设定的假设。促进数据解释和种间外推的研究是必要的。本研究包括：①更彻底地定性和定义女性及男性生殖终点；②更完全地描述发育毒性的可能类型；③评估终点之间的相互关系；④考察终点（如精子计数）和功能（如繁殖力）之间的定量外推；⑤更好地了解生殖毒性及其他形式毒性的关系；⑥探索目标的药代动力学性质；⑦考察药代动力学性质相关的机械学现象。这些类型的研究，结合易感人群非线性剂量—响应的深入评估，应提供风险评价更精确的方法。

PART B：科学顾问委员会和公众的评论回复（略）

参考文献（略）